现代基础化学实验

曹 渊 陈昌国 主编

重庆大学出版社

内容简介

现代基础化学实验教材包括“现代基础化学实验”和“实验化学导论——技术与方法”，它是世界银行贷款建设项目“中国高等教育发展”的子项“重庆大学基础化学实验教学示范中心建设”的配套教材，在重庆大学教学改革项目和精品课程建设项目的资助下，经过第4次修订后，作为重庆市化学实验教学示范中心的配套教材。“现代基础化学实验”分为基本操作练习、物质的分离与提纯、物质的性质与鉴别、物质的定量分析与结构表征、物质的合成与制备、基本物理量与物化参数的测定及综合应用实验等7章及附录，编入125个实验，突破了无机化学、有机化学、分析化学、物理化学实验内容分类编著的界限，将四大基础化学实验内容按照新的思路重新整合，力求去粗取精，减繁就简，使之融为一体，在保证对学生的基本训练基础上，加强了创新意识的培养。本套书可作为各类大专院校化学、应用化学、材料、环保、制药、化工和医学等专业学生基础化学实验教材，也适用于高等职业院校相关专业，还可供有关专业技术人员参考使用。

图书在版编目（CIP）数据

现代基础化学实验/曹渊，陈昌国主编.—重庆：重庆大学出版社，2010.10（2020.2 重印）
ISBN 978-7-5624-5520-2

Ⅰ.①现… Ⅱ.①曹… ②陈… Ⅲ.①化学实验—医学院校—教材 Ⅳ.①06-3

中国版本图书馆 CIP 数据核字（2010）第125640号

现代基础化学实验
曹 渊 陈昌国 主编
责任编辑：何 明 版式设计：李 懋
责任校对：贾 梅 责任印制：赵 晟
*
重庆大学出版社出版发行
出版人：饶帮华
社址：重庆市沙坪坝区大学城西路21号
邮编：401331
电话：（023）88617190 88617185（中小学）
传真：（023）88617186 88617166
网址：http://www.cqup.com.cn
邮箱：fxk@cqup.com.cn（营销中心）
全国新华书店经销
POD：重庆新生代彩印技术有限公司
*
开本：787mm×1092mm 1/16 印张：20.25 字数：505千
2010年10月第1版 2020年2月第3次印刷
ISBN 978-7-5624-5520-2 定价：48.00元

前　言

现代基础化学实验教材包括“现代基础化学实验”和“实验化学导论——技术与方法”。它是世界银行贷款建设项目“中国高等教育发展”的子项“重庆大学基础化学实验教学示范中心建设”的配套教材;在重庆大学教学改革项目和精品课程建设项目的资助下,经过第4次修订后,作为重庆市化学实验教学示范中心的配套教材。

化学是以实验为主的基础学科之一,大学基础化学实验课程体系的改革与实践关系到我国化学化工以及相关专业高素质复合型人才的培养。在传统的化学实验教学课程体系中,大学基础化学实验课均是按照无机化学实验、有机化学实验、分析化学实验、物理化学实验等方式独立设课来进行划分和安排的。这种传统的教学课程体系具有系统性强等优点,但其布局则是各自独立、教学内容重复,难以适应新世纪培养高水平创新型人才的需要。为此,我们在利用世界银行贷款建设“基础化学实验中心”教学基地的同时,组织编写了这套大学基础化学实验课程教材。在教材的编写过程中,我们既重视利用兄弟院校大学基础化学实验课程的改革成果,又充分吸取重庆大学数十年来在大学基础化学实验教学中所积累起来的经验与特点。

参加本教材编写的有:曹渊、余丹梅、唐金晶(负责无机化学实验部分);马利、罗自萍、邹小兵、尹伟(负责有机化学实验部分);徐溢、季金荀(负责分析化学实验部分);孙大贵、高文亮(负责物理化学实验部分)等。全套书由陈昌国教授组织编写,本册由曹渊副教授统稿。

编写现代基础化学实验教材是为了探索并建立新的实验教学模式和课程体系,难度较大,书中难免存在不足之处,特请使用本教材的老师和同学们提出宝贵的意见和建议,以供进一步修改。

编　者

2010年7月

前言

目录

1 基本操作练习

实验1 玻璃仪器的洗涤、干燥和使用

1. 实验概述

洗涤玻璃仪器是化学实验前必须做的一项准备工作，仪器洗涤是否符合要求，对实验结果的准确性和精密度均有影响。洗刷仪器时，应首先将手用肥皂洗净，以免手上的油污附在仪器上，增加洗刷的困难。如仪器长久存放附有尘灰，应先用清水冲去，再按要求选用洁净剂洗刷或洗涤。如用去污粉，将刷子蘸上少量去污粉，将仪器内外全刷一遍，再边用水冲边刷洗至肉眼看不见有去污粉时，用自来水洗3~6次，再用蒸馏水冲3次以上。一个洗干净的玻璃仪器，应该以挂不住水珠为度。如仍能挂住水珠，需要重新洗涤。用蒸馏水冲洗时，要用顺壁冲洗方法并充分震荡，经蒸馏水冲洗后的仪器，用指示剂检查应为中性。实验经常要用到的仪器应在每次实验完毕后洗净干燥备用。

2. 实验目的

①掌握常用仪器的洗涤和干燥方法。

②掌握量筒、移液管、滴定管量取液体的方法。

3. 实验器材

(1)仪器　试管架，试管，玻棒，吸管，150 mL烧杯，100 mL、10 mL量筒，20 mL移液管，10 mL吸量筒，酸式滴定管，碱式滴定管。

(2)试剂　0.1 mol·L^{-1} HCl溶液，0.1 mol·L^{-1} NaOH溶液，铬酸洗液。

4. 实验方法

(1)洗实验器皿　用自来水和去污粉刷洗小烧杯和试管、玻棒等，检查是否洗净。将洗净的试管烘干。

(2)量筒的使用　分别用100 mL量筒量取26.0 mL的水，用10 mL量筒量取4.5 mL的水。

(3)试管容量的估计　小试管装满水，倒入10 mL的量筒中，记下量得的毫升数。将试管盛少量的水，根据水的体积占试管的长度，估计水的体积，然后倒入量筒中，检查估量是否正确，重复操作直至估量误差不超过±0.5 mL为止。

(4)移液管的使用　用洗液、自来水、蒸馏水依次洗涤移液管洗至内壁不挂水珠为止。洗涤时,按图1.1吸取洗液约1/3体积(注意移液管下端要保持在液面下10 mL)。取出后,逐渐平放、转动,使移液管的球部每一处都经洗液洗涤,然后从上端倒洗液回洗液瓶。用自来水冲洗,用蒸馏水漂洗。洗净后,吸取少量要移取的液体,漂洗3次(为什么?),然后吸取液体至标线刻度以上,迅速用食指按住上部管口,取出靠在容器的壁上,稍微放松食指,使标线上的液体缓缓流出,当液体的弯月面最低处与标线相切时,按紧管口,使液体不再下流,取出移液管,移至准备接受液体的容器中,仍使其出口尖端与容器壁接触,让接受器倾斜,移液管保持垂直,支起食指,使液体自由顺壁流入接受器中(见图1.1),待液体全部流出后,约等15 s,取出移液管。

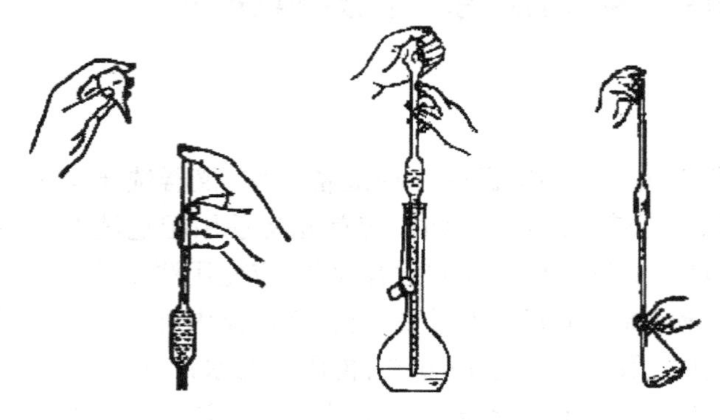

图1.1　用移液管移取液体

按以上步骤操作,用20 mL移液管,量取蒸馏水20 mL,直至能正确操作为止。

吸量管的使用方法与移液管相仿。用吸量管每次量取稀盐酸溶液4.5 mL,直至能正确操作为止。

(5)滴定管的使用　检查滴定管是否漏水。不漏水时,才能洗涤使用,洗涤时用试管刷醮肥皂水刷洗,然后用自来水冲洗、蒸馏水漂洗(注意活塞下方的玻璃管也要冲洗)。必要时可先用洗液漂洗。

洗涤后的滴定管在装入液体前,一定要用少量待装的液体漂洗3次。

洗涤过程中,用左手练习活塞的开起或挤压玻璃球以流出液体。

装液体半满后,排除出口管中的汽泡。酸式滴定管只需将活塞打开,利用激流将气泡冲出。碱式滴定管,将出口玻璃尖管向上,挤压玻璃球,使气泡随液体从出口排出(图1.2)。

酸式滴定管(左手旋转活塞)

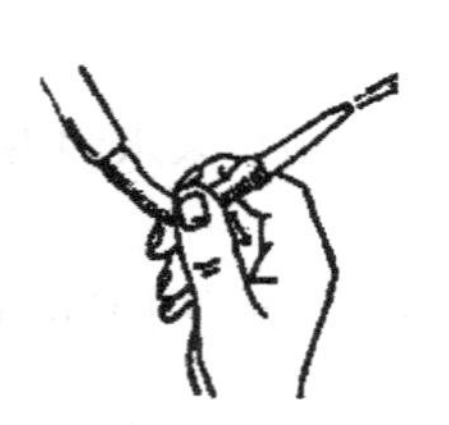

碱式滴定管(挤压玻璃球)

图1.2　滴定管中气泡的排除方法

从酸式滴定管中量取 13.50,24.62 mL 的 0.1 mol · L^{-1} HCl 溶液。
从碱式滴定管中量取 11.26,21.44 mL 的 0.1 mol · L^{-1} NaOH 溶液。
经教师检查,认为操作和读数均正确为止。

思考题

(1)什么情况才选用重铬酸钾洗涤仪器？使用该洗液时应注意什么？
(2)选择何种洗涤剂方能洗净管壁沾有二氧化锰和油污的试管？
(3)烘干试管时为何管口要略向下倾斜？
(4)为什么量筒不允许倒入热溶液,不允许在量筒内配制溶液。为什么移液管不允许吸量热溶液,滴定管也不允许装入热溶液？
(5)滴定管下端如有气泡必须排除后才使用。如果不排气泡会带来什么影响？

实验2　玻璃的简单加工操作

1. 实验概述

虽然标准磨口玻璃仪器的普及使用为仪器的连接装配带来极大的方便,但在许多情况下仍需实验者自己动手做玻璃的简单加工,如测熔点或减压蒸馏所用的毛细管,导入或导出气体所用的玻璃弯管以及滴管、玻璃药匙、搅拌棒等。简单玻璃工操作主要指玻璃管和玻璃棒的切割、弯曲、拉伸、按压和熔封等。

2. 实验目的

①学会酒精灯、酒精喷灯的正确使用。
②练习截、弯、拉玻璃管(棒)的基本操作。
③练习塞子的钻孔操作。

3. 实验器材

酒精喷灯,酒精灯,玻璃管,玻璃棒,橡皮塞,三角锉刀(或小砂轮片),钻孔器,小圆锉,塑料瓶,乳胶管,小木方,火柴。

4. 实验方法

1)灯的使用
①观察酒精灯的构造,熟悉操作方法。
②按酒精喷灯的使用方法,点燃酒精喷灯,将火焰调至稳定。
2)截断玻璃管和玻璃棒
①用一些废玻璃管(棒)反复练习切断玻璃管和玻璃棒的基本操作。
②制作长 16 cm,14 cm 的玻璃棒各 1 根,并烧熔好断口(不要烧过头)。玻璃棒的直径选取 4 ~5 mm 为宜。

3)拉细玻璃管和玻璃棒

①练习拉细玻璃管和玻璃棒的基本操作。

②制作小玻璃棒和滴管各 2 支,规格如图 2.1 所示。

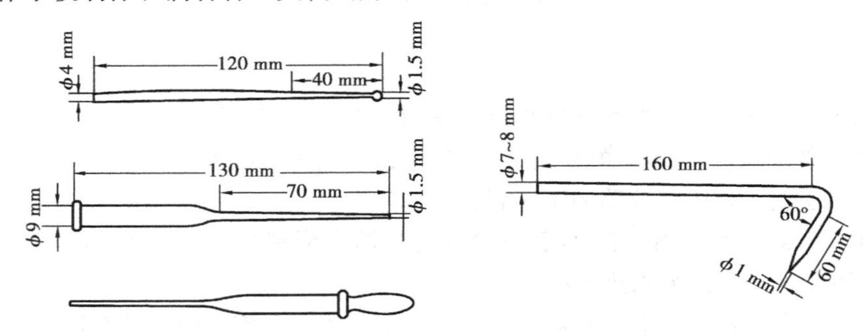

图 2.1　加工玻璃件的规格

烧熔滴管小口一端要特别小心,不能长久地置于火焰中,否则,管口直径会收缩,甚至封死。熔烧滴管粗口一端则要完全烧软,然后在石棉网上垂直加压(不要用力过大),使管口变厚略向外翻,以便套上橡皮帽。制作的滴管规格要求是从滴管中每滴出 20 ~ 25 滴水的体积约等于 1 mL。

4)弯曲玻璃管

①练习玻璃管的弯曲,弯成 120°,90°,60°等角度。

②制作上述规格的玻璃管各 1 根(图 2.1),准备装配洗瓶(塑料)用。

5)塞子钻孔

①按塑料瓶口的直径大小选取一个合适的橡皮塞,塞子应以能塞入瓶口 1/3 为宜。

②根据玻璃管直径选用一钻孔管,在所选胶塞中间钻一孔。

6)装配洗瓶

①把制作好的弯管按图 2.2 所示的方法,边转边插入胶塞中去。操作时可先将玻璃管醮些水以保持润滑,不要硬塞。孔径过小时可以用圆锉把孔锉大一些,否则玻璃管易折断而伤手。

②把已插入橡胶塞中去的玻璃管的下半部再按图 2.3 的要求,用火加热玻璃管下端 3 cm 处(若有水需火烘干),弯出一个 150°角,此角和上面的 60°角是同一方向,还必须在同一平面上。

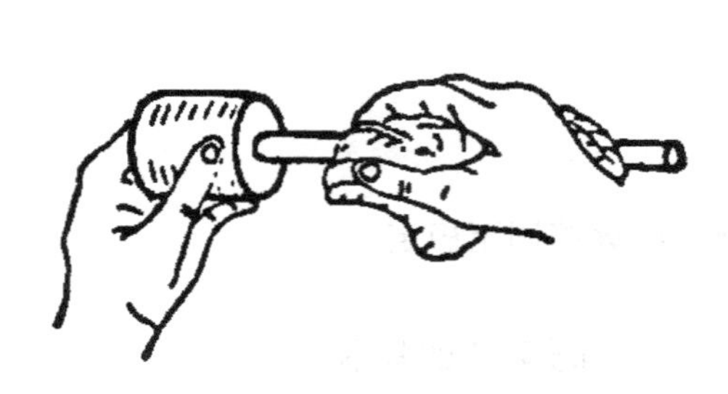

图 2.2　玻管套上塞子

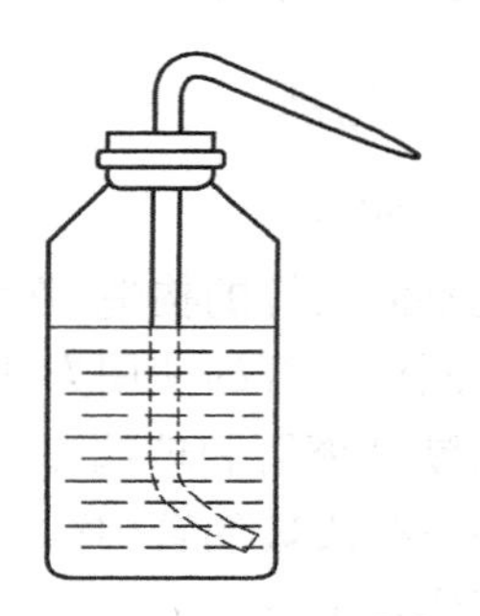

图 2.3　装配的洗瓶

思考题

(1)为什么往酒精灯、酒精喷灯中加入酒精要适量?

(2)在本实验中为避免玻璃刺伤和烫伤皮肤要特别注意些什么?

(3)弯曲较小锐角的玻璃管时,为什么要采取多次加热弯曲的操作?

(4)在塞子钻孔操作中,怎样才能使钻出的孔道大小适宜和不歪斜?

实验3 化学试剂的取用和加热

1.实验概述

取用固体试剂要用干净的药勺,用过的药勺必须洗净和擦干后才能再使用,以免沾污试剂。取用试剂后立即盖紧瓶盖。称量固体试剂时,必须注意不要取多,取多的药品,不能倒回原瓶。一般的固体试剂可以放在干净的纸或表面皿上称量。具有腐蚀性、强氧化性或易潮解的固体试剂不能在纸上称量,应放在玻璃容器内称量。有毒的药品要在教师的指导下处理。

从滴瓶中取液体试剂时,要用滴瓶中的滴管,滴管不能伸入所用的容器中,以免接触器壁而沾污药品。从试剂瓶中取少量液体试剂时,则需要专用滴管。装有药品的滴管不得横置或滴管口向上斜放,以免液体滴入滴管的胶皮帽中。从细口瓶中取出液体试剂时,用倾注法。先将瓶塞取下,反放在桌面上,手握住试剂瓶上贴标签的一面,逐渐倾斜瓶子,让试剂沿着洁净的试管壁流入试管或沿着洁净的玻璃棒注入烧杯中。取出所需量后,将试剂瓶扣在容器上靠一下,再逐渐竖起瓶子,以免遗留在瓶口的液体滴流到瓶的外壁。

在试管里进行定性实验,若不需要准确量取液体体积,可以估计取出液体的量。例如用滴管取用液体时,1 cm 相当于多少滴,5 cm 液体占一个试管容器的几分之几等。倒入试管里的溶液的量,一般不超过其容积的1/3。

定量取用液体时,用量筒或移液管取。量筒用于量度一定体积的液体,可根据需要选用不同量度的量筒。

2.实验目的

①掌握化学试剂的取用和加热方法。

②学会试纸的使用方法。

3.实验器材

(1)仪器　研钵,带橡皮塞和玻璃弯管的大试管,试管,铁架台,自由夹,温度计(673 K 以上),50 mL 烧杯,酒精灯,小木块,pH 试纸(1~14),$Pb(Ac)_2$ 试纸。

(2)试剂　5 $mol \cdot L^{-1}$ HCl 溶液,1 $mol \cdot L^{-1}$ H_2SO_4 溶液,1 $mol \cdot L^{-1}$ Na_2CO_3 溶液,2 $mol \cdot L^{-1}$ NaAc 溶液,0.1 $mol \cdot L^{-1}$ $AgNO_3$ 溶液,0.02 $mol \cdot L^{-1}$ $MnSO_4$ 溶液,酚酞溶液,$NH_4Cl(s)$,$Ca(OH)_2(s)$,$K_2S_2O_8(s)$,$CuSO_4 \cdot 5H_2O(s)$,Zn 粉,S 粉。

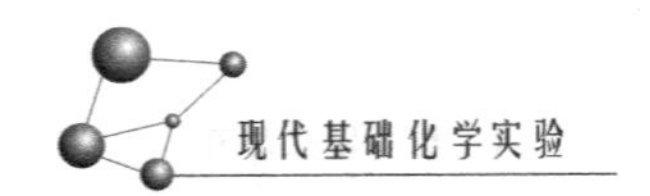

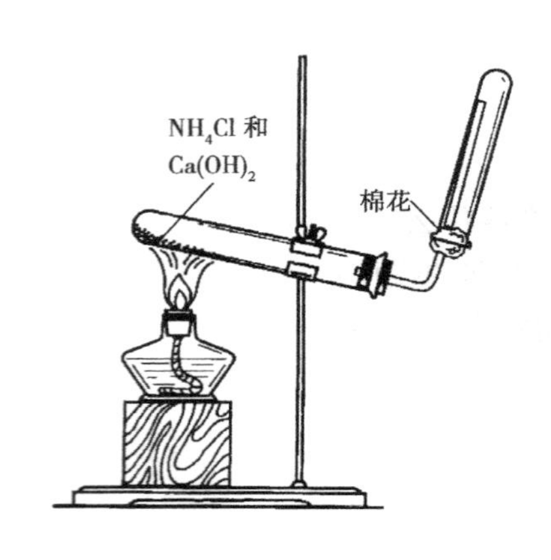

图 3.1　制备氨的装置

4. 实验方法

(1) NH_3 的制备　取等量(约 1 g)的 $NH_4Cl(s)$，$Ca(OH)_2(s)$，放在研钵内混合均匀(这时可闻到氨的嗅味，用湿润的酚酞试纸检查，试纸可变红)。将混合物装入一支干燥的试管中，按图 3.1 把仪器装好(管底略高于管口)，微热混合物，用排气法在另一支干燥试管中收集氨气，待管内充满氨气后(如何判断?)轻轻地取下试管，用橡皮塞塞住管口，停止加热，同时将盛氨气的试管倒立在盛水蒸发皿中，取开橡皮塞，观察管内的水面上升。用 pH 试纸试验水的酸碱性。

(2) $Na(Ac)_2$ 的水解　取 1 mL 的 2 $mol \cdot L^{-1}$ NaAc 于试管中，滴 1 滴酚酞溶液，摇匀，观察颜色，然后煮沸，再观察溶液的颜色。用精密 pH 试纸检查溶液的 pH。

(3) $K_2S_2O_8$(过二硫酸钾)的氧化性　在试管中加入 5 mL 的 1 $mol \cdot L^{-1}$ H_2SO_4 溶液、5 mL 蒸馏水、1 滴 0.02 $mol \cdot L^{-1}$ $MnSO_4$ 溶液和 1 滴 0.1 $mol \cdot L^{-1}$ $AgNO_3$ 溶液，混合均匀。再加入少量 $K_2S_2O_8$ 固体，水浴加热。观察溶液颜色有何变化。反应式：

$$2Mn^{2+} + 5S_2O_8^{2-} + 8H_2O \xlongequal{Ag^+} 2MnO_4^- + 10SO_4^{2-} + 16H^+$$

(4) ZnS 与 HCl 反应　用角勺取锌粉半勺、硫粉一勺，放入研钵混匀后，倒入试管中，加 1 滴 5 $mol \cdot L^{-1}$ HCl，把湿润的 $Pb(Ac)_2$ 试纸放在管口，观察试纸颜色变化，并闻一下试管内冒出气体的气味。写出反应式。

(5) 由 $CuSO_4 \cdot 5H_2O$ 制备 $CuSO_4$　在不同温度下，水合硫酸铜逐渐失水而成白色粉末状的无水硫酸铜：

$$CuSO_4 \cdot 5H_2O \xlongequal{375\ K} CuSO_4 \cdot 3H_2O + 2H_2O$$

$$CuSO_4 \cdot 3H_2O \xlongequal{386\ K} CuSO_4 \cdot H_2O + 2H_2O$$

$$CuSO_4 \cdot H_2O \xlongequal{531\ K} CuSO_4 + H_2O$$

取约 1 g $CuSO_4 \cdot 5H_2O$ 放入干燥的瓷坩埚中，将坩埚放在砂浴锅内，使其 3/4 的体积埋入砂中，再在靠近坩埚的砂浴内插入 1 支温度计(873 K)，它的末端与坩埚的底部同一水平。将砂浴慢慢加热至 853 K，维持温度 5 ~ 20 min，停止加热，将坩埚移入干燥器中，冷至室温，即可得无水硫酸铜。

实验 4　称量练习与分析量器的校正

1. 实验概述

分析化学实验是一门重要的基础课，在工农业生产、科学研究及国民经济各部门中起着重要的作用。称量和分析量器的校正是分析化学的基本操作技能，也是其他化学实验的基础,要求同学们能正确和熟练地掌握。通过本实验的学习,培养严谨的工作作风和实事求是的科学态度,树立严格的"量"的概念,为将来从事化学教学和科研等工作打下坚定的基础。

2. 实验目的

①了解分析天平的构造,学会正确的称量方法。
②掌握在称量中如何运用有效数字。
③掌握分析量器的校准原理和方法。

3. 实验器材

(1)仪器　分析天平,台平,100 mL 容量瓶,50 mL 滴定管,50 mL 带塞锥形瓶,温度计(0~50 ℃)。
(2)试剂　蒸馏水。

4. 实验方法

1)容量瓶的校准

将100 mL 容量瓶洗净、晾干,在(20±5)℃的实验室恒温,在天平上准确称量。取下容量瓶,注入已在实验室恒温的纯水至标线以上几毫米,等待2 min,用滴管吸出多余的水,使弯液面的最低点与标线的上边缘水平相切(此时调定液面的方法与使用时有所不同,但效果相同),盖上瓶塞,再准确称量,然后测定容量瓶中的水温。两次称量之差即该容量瓶容纳纯水的质量,按下式计算该容量瓶的实际容量:

$$V_{20} = (m_L - m_E)[1/(\rho_W - \rho_A)](1 - \rho_A/\rho_B)[1 - \gamma(t - 20\ ℃)]$$

式中　m_L——盛水容器的质量,g;
m_E——空容器的质量,g;
ρ_W——温度为 t 时的纯水密度,$g \cdot mL^{-1}$;
ρ_A——空气密度,$g \cdot mL^{-1}$;
ρ_B——砝码密度,$g \cdot mL^{-1}$;
γ——量器材料的体热膨胀系数,$℃^{-1}$;
t——校准时所用纯水的温度,℃。

2)50 mL 滴定管的校准

洗净1支50 mL 的带塞滴定管,用洁布擦干外壁,倒挂于滴定台上5 min以上。打开旋塞,用洗耳球使水从管尖吸入,仔细观察液面上升过程是否变形,如果变形应重新洗涤。

将滴定管注水至标线以上约5 mm 处,垂直挂在滴定台上,等待30 s 后,调节液面至0.00 mL。

在天平上准确称量一个洗净、晾干的50 mL 带塞锥形瓶。然后,从滴定管向锥形瓶内排水,当滴定管液面降至被校正分度线以上约0.5 mL 时,等待15 s。随后,在10 s 内将液面调整至分度线,立即用锥形瓶内壁靠下挂在尖嘴下的液滴,迅速塞好瓶塞进行称量。测量水温后即可计算被校分度线的实际容量,并求出校正值 ΔV(对滴定管每5 mL 段进行校正,绘制校正曲线)。

思考题

(1)在称量的记录和运算中,如何正确运用有效数字?

(2)从滴定管放纯水于称量锥形瓶中时,应注意什么?

(3)酸式滴定管的玻塞应怎样涂脂?为什么?

实验5　酸(HCl)碱(NaOH)标准溶液的配制与标定

1. 实验概述

盐酸和氢氧化钠都不能直接配制成标准溶液,需要先配制近似浓度的溶液,然后用基准物质标定其准确浓度。盐酸溶液可以直接由浓盐酸稀释获得,而配制氢氧化钠溶液时,需要除去生成的 $NaCO_3$,常用的方法为:

(1)称取比计算量略多的 NaOH,用少许不含 CO_2 的蒸馏水(新煮沸、冷却的蒸馏水)冲洗 NaOH 表面 2～3 次,以洗掉 NaOH 表面的 $NaCO_3$,留下的固体 NaOH 用不含 CO_2 的蒸馏水溶解,稀释至一定体积,摇匀后标定;

(2)称取比计算量略多的 NaOH,用少许不含 CO_2 的蒸馏水溶解,配制成 50% 的浓溶液,在这种浓 NaOH 溶液中 $NaCO_3$ 溶解度非常小,待 $NaCO_3$ 沉下后,取上层清液,用不含 CO_2 的蒸馏水稀释至一定体积,摇匀后标定。

NaOH 溶液常以酚酞为指示剂,用邻苯二甲酸氢钾为基准物质进行标定,也可以用标定好的盐酸标准溶液标定。而盐酸一般以甲基红为指示剂,用硼砂或碳酸钠基准物质进行标定。

2. 实验目的

①学习溶液配制和标定操作的方法。

②掌握酸式及碱式滴定管、容量瓶、移液管的正确使用方法。

③掌握滴定操作和滴定终点的判断。

3. 实验器材

(1)仪器　滴定装置,分析天平,台平,移液管(25 mL),干燥器,锥形瓶,试剂瓶,称量瓶。

(2)试剂　浓 HCl 溶液,NaOH(s),硼砂($Na_2B_4O_7 \cdot 10H_2O$)(基准物质),邻苯二甲酸氢钾(基准物质),甲基橙指示剂(0.1% 水溶液),甲基红指示剂(0.2% 乙醇溶液),酚酞指示剂(0.1% 乙醇溶液)。

4. 实验方法

1)HCl 和 NaOH 溶液的配制

(1)0.1 $mol \cdot L^{-1}$ NaOH 溶液的配制　称取 NaOH ____ g(学生自己计算),用不含 CO_2 的蒸馏水配制成 50% 的浓溶液,静置,吸取上层清液于 500 mL 的试剂瓶中,用不含 CO_2 的蒸馏水稀释至 500 mL,用橡皮塞盖紧,摇匀、待标定。

(2)$0.1\ mol\cdot L^{-1}$ HCl 溶液的配制　用量筒量取浓盐酸____ mL(学生自己计算),倒入500 mL 的试剂瓶中,用蒸馏水稀释至 500 mL,盖上玻璃塞,摇匀、待标定。

2)酸、碱溶液浓度比较

(1)以甲基红为指示剂,进行酸碱溶液比较　自碱式滴定管放出 25 mL 的 $0.1\ mol\cdot L^{-1}$ NaOH 溶液于锥形瓶中,加入 1~2 滴甲基红指示剂,以 $0.1\ mol\cdot L^{-1}$ HCl 溶液滴定至溶液由黄色刚刚变为橙红色,即为终点。重复做 3 次。

(2)以酚酞为指示剂,进行酸碱溶液比较　自酸式滴定管放出 25 mL 的 $0.1\ mol\cdot L^{-1}$ HCl 溶液于锥形瓶中,加入 2 滴酚酞指示剂,以 $0.1\ mol\cdot L^{-1}$NaOH 溶液滴定出现浅红色并在 30 s 内不褪为止。重复 3 次。

(3)以甲基橙为指示剂,按步骤(1)进行酸碱比较　溶液由黄变橙为终点。重复 3 次。

以上滴定结果以 $V(HCl)/V(NaOH)$ 表示之。同一指示剂的 3 次测定值相对平均偏差不应超过 0.2%,并比较使用不同指示剂时的 $V(HCl)/V(NaOH)$ 值。

3)HCl 溶液的标定

准确称取硼砂____ g(学生自己计算)3 份分别置于 3 只 250 mL 锥形瓶中,用 50 mL 蒸馏水溶解(必要时可微热之),加 1~2 滴甲基红指示剂,以配好的盐酸溶液滴定至溶液由黄色变为橙红色,记下所消耗的 HCl 溶液体积,按下式计算 HCl 溶液的浓度:

$$c(\mathrm{HCl}) = \frac{W(\text{硼砂}) \times 2\ 000}{V(\mathrm{HCl}) \times 381.4}$$

式中　W(硼砂)——硼砂称取量,g;

381.4——硼砂的分子量;

$V(HCl)$——消耗的 HCl 溶液体积,mL。

4)NaOH 溶液的标定

准确称取邻苯二甲酸氢钾____ g(学生自己计算)3 份分别置于 3 只 250 mL 锥形瓶中,用 50 mL 无 CO_2 的蒸馏水加热溶解,冷却后,加 2 滴酚酞指示剂,用配好的 NaOH 溶液滴定至微红色,记下所消耗的 NaOH 溶液体积,按下式计算 NaOH 溶液的浓度:

$$c(\mathrm{NaOH}) = \frac{W(\text{邻}) \times 1\ 000}{V(\mathrm{NaOH}) \times 204.2}$$

式中　W(邻)——邻苯二甲酸氢钾称取量,g;

204.2——邻苯二甲酸氢钾的分子量;

$V(NaOH)$——消耗的 NaOH 溶液体积,mL。

5)溶液中 HCl 含量的测定

取适量盐酸试液于一洗净的 250 mL 容量瓶中,将其用蒸馏水稀释至刻度,摇匀后用 25 mL移液管吸此溶液 3 份分别置于 3 只 250 mL 锥形瓶中,加入 1~2 滴甲基红指示剂,用 NaOH 标准溶液滴定,溶液由红色刚变成黄色(微带橙)为终点,记下用去的 NaOH 溶液毫升数,按下式计算 250 mL 容量瓶中 HCl 的质量:

$$m(\mathrm{HCl}) = \frac{c(\mathrm{NaOH}) \times V(\mathrm{NaOH}) \times 36.46/1\ 000}{25.00/250.0}$$

其中 36.46 为 HCl 的分子量。

思考题

(1) HCl、NaOH 标准溶液为什么不直接配制？

(2) 用甲基红、甲基橙、酚酞 3 个不同指示剂进行酸碱比较，为什么酸碱体积比 $V(\text{HCl})/V(\text{NaOH})$ 不相等？哪个最小？

(3) 以硼砂为基准物质标定 HCl 溶液时，为什么要选择甲基红为指示剂？

(4) 如果在配制 NaOH 溶液时，蒸馏水中有 CO_2 或 NaOH 表面的 Na_2CO_3 没有除掉，在不同指示剂下，用 HCl 标准溶液标定时消耗盐酸的体积有何不同？

实验 6　容量法测定气体常数

1. 实验概述

理想气体状态方程式为 $pV = nRT$，即气体常数 $R = \frac{pV}{nT}$。对一定量的气体，若能在一定温度、压力下测出其所占体积，则 R 可求。本实验通过金属铝置换出盐酸中的氢来测定 R 的数值。其反应为：

$$2Al + 6HCl \longrightarrow 2AlCl_3 + 3H_2\uparrow$$

准确称取一定质量的铝片与过量盐酸反应，在一定温度和压力下，可以测出反应所放出的氢气的体积。实验时的温度与压力，可分别由温度计和气压计测得。氢的物质的量可由反应中的铝的质量和其摩尔质量求得。由于氢气是在水面上收集的，因此其中还混有水蒸气。若查得实验温度下水的饱和蒸汽压，则根据分压定律，氢气的分压可由下式求得：

$$p = p(H_2) + p(H_2O)$$

$$p(H_2) = p - p(H_2O)$$

将以上所得各项数据代入

$$R = \frac{p(H_2)V(H_2)}{n(H_2)T}$$

即可求出 R 值。

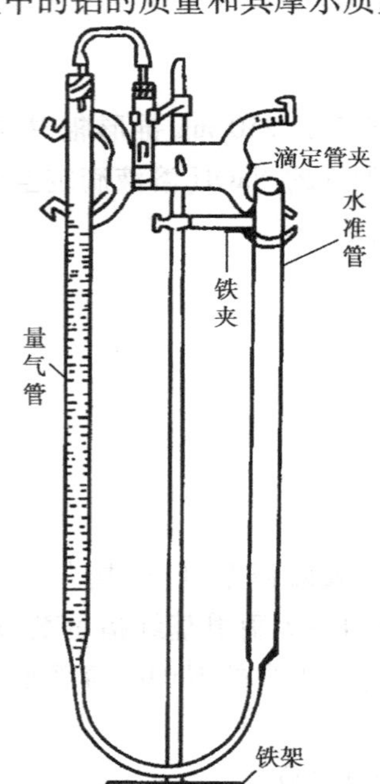

图 6.1　测定气体常数的装置

2. 实验目的

①了解一种测定气体常数的方法及其操作。

②掌握理想气体状态方程式和分压定律的应用。

③学习量气管和气压计的使用方法。

3. 实验器材

(1) 仪器　测定气体常数的装置（见图 6.1），10 mL 量筒，温度计，气压计。

(2)试剂　2 mol · L^{-1} HCl 溶液,铝片。

4. 实验方法

(1)称量　用分析天平准确称取铝片,每份重 0.03 ~ 0.04 g(称准至 0.000 1 g)。

(2)仪器的装置和检查　按图 6.1 安装仪器,注意将铁圈装在滴定管夹的下面以便可以移动水准管。取下量气管的橡皮塞,从水准管注入自来水,使量气管内液面略低于刻度零。

为了准确量出生成氢气的体积,整个装置不可有漏气的地方。检查漏气的方法如下:塞紧装置中连接处的橡皮塞,然后将水准管向下(或向上)移动一段距离,使水准管内液面低于(或高于)量气管内液面。若水准管固定后,量气管内液面仍不断下降(或上升),表示装置漏气,则检查各连接处(注意橡皮塞是否紧密),予以纠正。如果装置不漏气,即可将水准管放到原来位置上。

(3)金属与稀酸作用前的准备　取下试管,用量筒量取 10 mL 的 2 mol · L^{-1} HCl 溶液注入试管中。把试管略倾斜,将已知质量的铝片用水沾湿,贴在试管上部内壁,确保铝片不与 HCl 接触,如图 6.2 所示。然后小心固定试管,塞紧橡皮塞。再次检查装置是否漏气,方法同上。若不漏气,调整水准管位置,使量气管液面与水准管液面在同一水平面上。然后准确读出量气管内液面弯月面底部所在位置,将读数记下(此时量气管液面读数应在"0"刻度附近)。

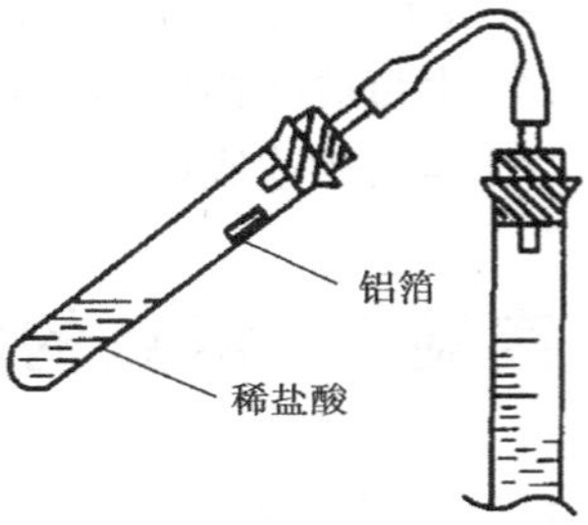

图 6.2　铝箔贴在试管壁上半部

(4)氢气的发生、收集和体积的量度　松开夹子,将试管底部略微抬高,让铝片落入 HCl 中(切勿使管口橡皮塞松动)。重新固定试管,用酒精灯加热试管底部,以加速反应。反应产生的氢气进入量气管,此时量气管内液面开始下降。为了不使量气管内压力过大而造成漏气,在量气管液面下降的同时应慢慢向下移动水准管,使量气管和水准管中的液面基本保持在同一水平面上。直到量气管中液面停止下降,可将水准管固定。待试管冷却到室温,再移动水准管,使两液面处于同一水平面,读出量气管液面所在位置。然后每隔 2 ~ 3 min,读数一次,直到读数不变为止。将最后读数记下,再记录实验时的室温和大气压力,从附录中查出室温时水的饱和蒸汽压,计算 R 值及实验测定误差填入表 6.1 中。

表 6.1　实验数据记录与计算

铝片质量/g	m =
反应前量气管液面读数/mL	V_1 =
反应后量气管液面读数/mL	V_2 =
室温/℃	t =
大气压/Pa	p =
室温时水的饱和蒸汽压/Pa	$p(H_2O)$ =
氢气体积/m^3	$V(H_2)$ =
氢气分压/Pa	$p(H_2)$ =
氢气的物质的量/mol	$n(H_2)$ =
气体常数/(m^3 · Pa · K^{-1} · mol^{-1})	R =

$$误差 = \frac{|R_{通用值} - R_{实验值}|}{R_{通用值}} \times 100\%$$

1 atm = 760 mmHg = 101 325 Pa, 1 bar = 10^5 Pa

讨论造成误差的主要原因。

思考题

(1)为什么必须检查装置是否漏气？本实验检查漏气的方法基于什么原理？

(2)读取量气管内液面读数时，为什么要使水准管中液面与量气管中液面相同？

(3)量气管内气体的体积是否等于反应产生的氢气的体积？量气管内气体的压力是否等于氢气的压力？

(4)盐酸的浓度和用量是否应严格控制和准确量取？

(5)铝与盐酸作用完毕后，为什么要等试管冷却至室温时方可读数？

(6)本实验造成误差的原因有哪些？哪几步是关键操作？

实验 7　熔点的测定及温度计校正

1. 实验概述

热力学对熔点的严格定义应为在大气压力下固液两态平衡时的温度。

在熔点的测定中，通常将物质加热到一定的温度，把物质从固态转变为液态时的温度视为物质的熔点。也就是说，在实际的测定中，不可能达到热力学关于熔点定义的严格条件——热力学平衡态，只是一个尽量使加热升温速度很慢(1 ~ 2 ℃/min)，逼近热力学平衡态的过程，所以实际测定的熔点，不是一个温度，而是从初熔至全熔的一个温度范围。

纯粹的固体有机化合物一般都有固定的熔点，自初熔至全熔的熔程，不超过 0.5 ~ 1 ℃。如该物质含有杂质，则其熔点往往较纯粹者为低，且熔程也较长。这对于鉴定纯粹的固体有机化合物来讲具有很大的价值，即根据熔程长短可定性地看出该化合物的纯度，所以在测熔点时一定要记录初熔和全熔的温度。

通常将熔点相同的两物质混合后测定熔点，如无降低现象即认为两种物质相同(至少测定 3 种比例，即 1:9，1:1和9:1)。但有时(如形成新的化合物或固溶体)两种熔点相同的不同物质混合后熔点并不降低或反而升高。虽然混合熔点的测定，由于有少数例外情况而不绝对可靠，但对于鉴定有机化合物仍有很大的实用价值。

2. 实验目的

①了解熔点的测定的原理及其在固体有机化合物鉴定中的应用；

②掌握熔点测定的基本操作技术。

3. 实验器材

提勒(Thiele)管，熔点管，温度计，表面皿，玻璃管(30 ~ 40 cm)，酒精灯，石蜡油。

4. 实验方法

(1)样品的装入　放少许待测熔点的干燥样品(约 0.1 g)于干净的表面皿上,用玻璃棒或不锈钢刮刀将其研成粉末并集成一堆。把熔点管开口端向下插入粉末中,装入少量药品。取一支长 30 ~ 40 cm 的玻璃管,垂直于一干净的表面皿上,然后把熔点管开口端向上,使其从玻管上端自由落下,以使粉末落入和填紧管底。为了使管内装入高 2 ~ 3 mm 紧密结实的样品,一般需如此重复数次。一次不宜装入太多,否则不宜夯实。

(2)熔点的测定　在提勒管中加入液体石蜡,垂直夹于铁架台上。将熔点管用橡胶圈固定在温度计上,使样品处于温度计水银球中部,将温度计小心地固定在提勒管的液体石蜡中(图 7.1)。用小火在图示部分缓慢加热。开始时升温速度可以较快,到距离熔点 10 ~ 15 ℃时,调整火焰使温度升高 1 ~ 2 ℃/min。越接近熔点,升温速度应越慢(掌握升温速度是准确测定熔点的关键)。记下样品开始塌落并有液相(俗称出汗)产生时(初熔)至固体完全消失(全熔)的温度计读数,即为该化合物的熔程。例如一物质在 120 ℃时开始萎缩,121 ℃时有液滴出现,122 ℃时全部液化,应记录如下:熔点 121 ~ 122 ℃。熔点测定,至少要有两次重复的数据。

如果要测定未知物的熔点,应先对样品粗测一次。加热速度可以稍快,知道大致的熔点范围后,待浴温冷至熔点以下 30 ℃左右,再另取一根装样的熔点管做精密的测定。

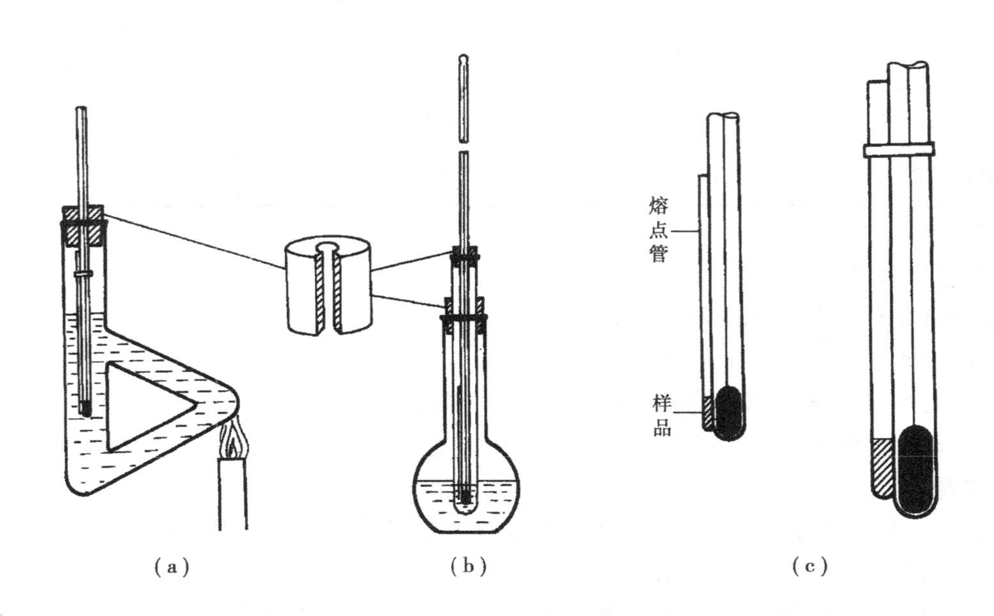

图 7.1　熔点测定装置

(a)b 形管;(b)样品的位置;(c)双浴式

(3)温度计校正　用以上方法测定熔点时,温度计上的熔点读数与真实熔点之间常有一定的偏差[1]。这可能是由于温度计的质量所引起。例如一般温度计中的毛细孔径不一定很均匀,有量刻度也不很精确。其次,温度计有全浸式和半浸式两种。全浸式温度计的刻度是在温度计的汞线全部受热的情况下刻出来的,而测熔点时仅有部分汞线受热,因而露出的汞线温度当然较全部受热时为低。另外经长期使用的温度计，玻璃也可能发生体积变形而使刻度不准。因此，若要精确测定物质的熔点，就须校正温度计。为了校正温度计，可选用一标准温度计与之比较，通常也可采用纯粹有机化合物的熔点作为校正的标准。通过此法校正的温度计，上述误差可一并除去。校正时只要选择数种已知熔点的纯粹化合物作为标准，测定它们的熔点，以观察到的熔点作纵坐标，测得熔点与应有熔点的差数作横坐标，画成曲线。在任一温度时的校正值可直接从曲线中读出。用熔点方法校正温度计的标准样品如下，校正时可以具体选择，部分物质的熔点见表7.1。

表7.1　部分物质的熔点

物　质	熔点/℃	物　质	熔点/℃
水-冰[1]	0	苯甲酸	122.4
萘酚	50	尿素	132.7
二苯胺	54～55	二苯基羟基乙酸	151
对二氯苯	53.1	水杨酸	159
苯甲酸苄酯	71	对苯二酚	173～174
萘	80.55	3,5-二硝基苯甲酸	205
间二硝基苯	90.02	蒽	216.2～216.4
二苯乙二酮	95～96	酚酞	262～263
乙酰苯胺	114.3	蒽醌	286(升华)

(4)测试样品

①测定尿素的熔点(mp:132.7 ℃)。

②测定肉桂酸的熔点(mp:133 ℃)。

③测定50%尿素和50%肉桂酸混合物样品的熔点[2]。

④由教师提供未知物1～2个，测定熔点并鉴定之[3]。

[注释]

[1]熔点值偏高或偏低，可能是学生观察错误或温度计存在误差或升温太快或太慢所致。

[2]测混合物时，要待晶体全部熔完时再停止加热，否则会导致熔程变短。

[3]不得将已测过熔点的样品经冷却再二次测定，因为经过加热的某些化合物会部分分解或晶形改变，导致熔点改变。

思考题

(1)3个瓶子中分别装有A,B,C 3种白色结晶的有机固体，每一种都在149～150 ℃熔化。一种A与B 50:50的混合物在130～139 ℃熔化，一种A与C 50:50的混合物在149～150

℃熔化。那么 B 与 C 50:50的混合物在什么样的温度范围内熔化呢？你能说明 A,B,C 是同一种物质吗？

(2)测定熔点时,若遇到下列情况,将产生什么结果？

(a)熔点管壁太厚；

(b)熔点管底部未完全封闭,尚有一针孔；

(c)熔点管不洁净；

(d)样品未完全干燥或含有杂质；

(e)样品研得不细或装得不紧密；

(f)加热太快。

实验8 恒温水浴器的性能测定

1. 实验概述

物理化学实验数据的测定常需要控制在恒定的温度下进行,恒温水浴器是常用的一种控温加热装置(图8.1)。恒温水浴器的原理是通过温度调节器、继电器、加热器、搅拌器与一系列部件的配合工作来控制恒温水的温度,不可避免地存在着不少滞后现象,即当恒温水的温度到达设定值时,虽然继电器已切断电源使加热器停止工作,但加热器仍有余热散发。反之亦然。另外,继电器、搅拌过程等均有滞后,从而引起恒温水的温度产生波动。特别是当恒温水的温度与环境温度相差较大时,这种波动就更大。

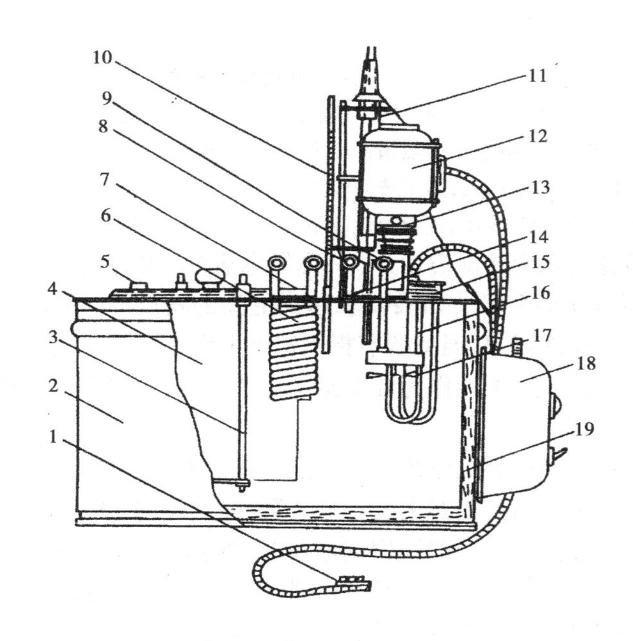

图8.1 恒温器示意图

1—电源插头;2—外壳;3—恒温支架;4—恒温槽;5—加水口;6—冷凝管;7—恒温槽盖;8—水泵进水口;9—水泵出水口;10—温度计;11—水银接触温度计;12—电动机;13—水泵;14—加水口;15—加热元件盒;16—加热元件;17—搅拌叶片;18—继电器;19—保温层

恒温水温度波动的程度可用灵敏度来表示,它是反映恒温水浴器性能优劣的一个主要标志。灵敏度 S 通常以实测的最高度 $T_{高}$ 与最低温度 $T_{低}$ 之差的一半来表示。即

$$S = \pm \frac{T_{高} - T_{低}}{2} \tag{8.1}$$

测定灵敏度的方法是在设定温度下,记录恒温水温度随时间变动的情况,以记录温度为纵坐标,相应的时间为横坐标,绘制灵敏度曲线。为了测量恒温器的精确度,应选用精确度和灵敏度较高的贝克曼温度计或数字温度计。

影响恒温器灵敏度的因素主要有加热器功率的大小、搅拌速率、感温元件、继电器的性能、工作介质的性质以及各部件之间的相互位置等。

常见几种灵敏度曲线的形式见图 8.2。

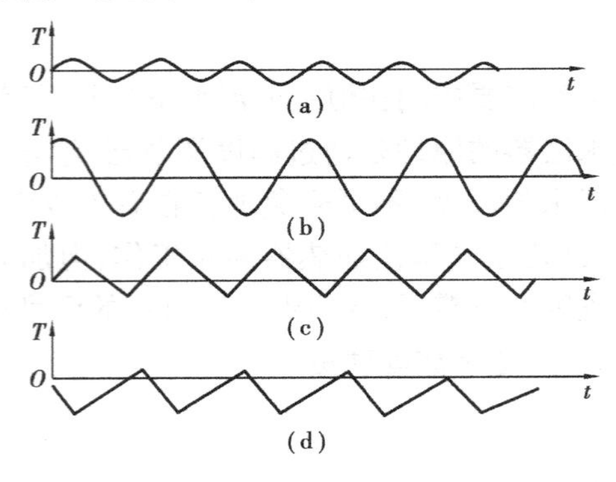

图 8.2　常见几种灵敏度曲线

(a)加热器功率适中、热惰性小、温度波动小,灵敏度较高,性能稳定;

(b)加热器功率适中,但热惰性较大,灵敏度较低;

(c)加热器功率过大,温度波动较大;

(d)加热器功率较小,或保温性能不良

常用的温度调节器是水银接触温度计(又称导电表)。水银接触温度计的控温精度一般是 ±0.1 ℃,最高可达 ±0.025 ℃。如果要求达到更高的精度时,可采用甲苯-水银温度调节器或热敏感温器件。但应注意,从温度调节指示螺母上沿在标尺上的位置可以估读出控温设定的温度值,因该值比较粗略,不能作为温度指示。调节时,螺母上沿不能超过所需设定的温度值刻度。

温度控制器由继电器和控制电路组成。从温度调节器传来的信号经控制电路放大后,推动继电器开关加热器。常用的控制器主要有电子管继电器和晶体管继电器。

常用的加热器是电加热器。一般采用间歇加热的方式来实现恒温控制。电加热器具有热容小、导热性好、容易控制的优点。加热器的功率大小根据恒温槽的容积和需要温度的高低来决定。为了便于控制和提高恒温器的灵敏度和稳定性,常采用多个发热元件组合而成,加热时多个发热元件工作,恒温时单个发热元件工作。

搅拌器对保持恒温起着非常重要的作用,要求搅拌器运转平稳、振动小、噪声小,并带有调速器调节搅拌速度,搅拌器应安装在加热器附近。在超级恒温浴中还装有循环泵来加强循环或导流。

工作介质的选择,则应根据恒温范围而定。常用的液体介质及其适用温度范围为:乙醇或乙醇水溶液:-60 ~30 ℃,水:0 ~90 ℃,甘油:80 ~160 ℃,液体石蜡或硅油:70 ~200 ℃。若用水浴,最好选用蒸馏水,切勿使用硬度较大的水,若用自来水必须经常进行清洗,防止积垢后影响恒温灵敏度。

恒温器各部件间合理布局能提高灵敏度。成品恒温器中各部件的位置已经固定,一般不要轻易改动。另外,恒温槽内各点处的温度也存在一定的差异,因此,往往划有工作区,使用时应尽量在工作区内。

2. 实验目的

①了解恒温水浴器的构造及其工作原理,学会恒温水浴器的使用方法。

②了解影响恒温水浴灵敏度的因素。

③测绘恒温水浴的灵敏度曲线。

3. 实验器材

恒温水浴器,水银接触温度计,水银温度计(0 ~100 ℃,分度值为 0.1 ℃),贝克曼温度计或数字温度计,停表(或自动记录仪)。

4. 实验方法

(1)恒温器的调试　安装并连接好接触温度计、温度计、贝克曼温度计,并加入约 3/4 容积的蒸馏水。用万用表电阻挡检查电源插头是否有短路或绝缘不良现象。若电路正常,则将电源插头接通电源,依次开启恒温器控制面板上的电源开关、电动泵开关、加热器开关,并观察动转是否平稳,噪声是否较小。

(2)温度的调节和控制　若在室温为 20 ℃时,欲设定实验温度为 25 ℃,可按如下方法调节:旋松接触温度计端调节固定螺丝,旋转调节帽使温度指示螺母的上沿位于大约 24 ℃处,开启加热器和搅拌器,这时加热指标灯发亮。当加热指示灯熄灭 1 ~2 min 后,观察温度计所示温度是否达到所需温度,如未达到所需温度,再沿顺时针方向旋转调节帽至指示灯发亮;若灯灭时还未达到所需温度,再次调节,直到达到所需温度时,关闭加热开关(恒温加热元件仍然导通),旋紧调节帽锁定螺丝,恒温器进入自动调节控制恒温状态。

(3)恒温水浴灵敏度曲线的测定

①每一分钟读一次温度,连续 30 min,记录温度随时间波动情况。

②依次将温度设定为 30 ℃、35 ℃、40 ℃,测定恒温灵敏度曲线。

③在同一温度下,测定恒温槽内不同点处的灵敏度曲线。

5. 数据记录和处理

①记录大气压、室温、水温、仪器名称及规格与编号、原始数据。

②绘制恒温器在不同温度下的灵敏度曲线,分别计算其灵敏度。

③根据实验结果,评价恒温器的性能,并讨论实验条件及操作对灵敏度的影响。

思考题

(1)影响恒温器灵敏度的主要因素有哪些?

(2)欲提高恒温器的灵敏度,应采用哪些措施?

2　物质的分离与提纯

实验 9　粗食盐的提纯

1. 实验概述

粗食盐中通常有 K^+、Ca^{2+}、Mg^{2+}、SO_4^{2-}、CO_3^{2-} 等可溶性杂质的离子，还含有不溶性的杂质，如泥沙。科学研究以及医用生理食盐水都需要较纯的 NaCl，因此，必须将上述杂质除去。

不溶性的杂质可用溶解、过滤的方法除去。可溶性杂质要加入适当的化学试剂除去。

①在粗食盐溶液中加入稍过量的 $BaCl_2$ 溶液，可将 SO_4^{2-} 转化为 $BaSO_4$ 沉淀，过滤可除 SO_4^{2-}。

$$SO_4^{2-} + Ba^{2+} = BaSO_4 \downarrow$$

②向食盐溶液中加入 NaOH 和 Na_2CO_3 可将 Ca^{2+}、Mg^{2+} 和 Ba^{2+} 转化为 $Mg_2(OH)_2CO_3$，$CaCO_3$，$BaCO_3$ 沉淀后过滤除去。

$$2Mg^{2+} + 2OH^- + CO_3^{2-} = Mg_2(OH)_2CO_3 \downarrow$$

$$Ca^{2+} + CO_3^{2-} = CaCO_3 \downarrow$$

$$Ba^{2+} + CO_3^{2-} = BaCO_3 \downarrow$$

③用稀 HCl 溶液调节食盐溶液 pH 至 2～3，可除去 OH^- 和 CO_3^{2-} 两种离子。

$$OH^- + H^+ = H_2O$$

$$CO_3^{2-} + 2H^+ = CO_2 \uparrow + H_2O$$

K^+ 离子含量较少，用浓缩结晶的方法留在母液中除去。

2. 实验目的

①练习过滤、减压过滤及蒸发等基本操作；

②熟悉粗食盐提纯的原理和方法；

③掌握定性检查 NaCl 纯度的方法。

3. 实验器材

(1)仪器　真空泵，250 mL、100 mL 烧杯，100 mL、10 mL 量筒，蒸发皿，表面皿，玻璃棒，布氏漏斗，吸滤瓶，漏斗架，玻璃漏斗，pH 试纸。

(2)试剂　2 $mol \cdot L^{-1}$ HCl 溶液，2 $mol \cdot L^{-1}$ NaOH 溶液，1 $mol \cdot L^{-1}$ Na_2CO_3 溶液，

1 mol · L^{-1} $BaCl_2$ 溶液，饱和 $(NH_4)C_2O_4$ 溶液，65%酒精，镁试剂，粗食盐。

4. 实验方法

1）粗食盐的提纯

（1）溶解粗食盐　用台称称取5.0 g粗食盐放入100 mL烧杯中，加25 mL蒸馏水，加热搅拌使大部分固体溶解，剩下少量不溶的泥沙等杂质。

（2）除去 SO_4^{2-} 离子　边加热、搅拌，边滴加1 mL的1 mol · L^{-1} $BaCl_2$，继续加热使 $BaSO_4$ 沉淀完全。2～4 min后停止加热。待沉淀下降后，在上层清液中滴加 $BaCl_2$ 以检验 SO_4^{2-} 离子是否沉淀完全，如有白色沉淀生成，则需在热溶液中再补加适量的 $BaCl_2$，直至沉淀完全。用倾泌法过滤。用少量的蒸馏水洗涤沉淀2～3次，滤液收集在250 mL烧杯中。

（3）除去 Ca^{2+}、Mg^{2+} 和 Ba^{2+} 离子　在滤液中加入10 mL的2 mol · L^{-1} NaOH和1.5 mL的1 mol · L^{-1} Na_2CO_3，加热至沸，静置片刻，以检验沉淀是否完全。沉淀完全后，用倾泌法过滤，滤液收集在100 mL烧杯中。

（4）除去 OH^- 和 CO_3^{2-} 离子　在滤液中逐滴加入2 mol · L^{-1} HCl，使pH达到2～3。

（5）蒸发结晶　将滤液放入蒸发皿中，小火加热，将溶液浓缩至糊状，停止加热。冷却后减压抽滤，将NaCl抽干，并用少量65%酒精溶液洗涤晶体，把晶体转移至事先称量好的表面皿中，放入烘箱内烘干后，取出冷却至室温，称量，计算产率。

$$产率 = \frac{精盐质量}{5.0\ g} \times 100\%$$

2）产品纯度的检验

取粗食盐和精食盐各0.5 g放入试管内，分别溶于5 mL蒸馏水中，然后各分3等份，盛在6支试管中，分成3组，用对比法比较它们的纯度。

（1）SO_4^{2-} 离子检验　向第一组试管中各滴加2滴1 mol · L^{-1} 的 $BaCl_2$ 溶液，观察现象。

（2）Ca^{2+} 离子检验　向第二组试管中各滴加2滴 $(NH_4)C_2O_4$ 饱和溶液，观察现象。

（3）Mg^{2+} 离子检验[1]　向第三组试管中各滴加2滴2 mol · L^{-1} 的NaOH溶液，再加入1滴镁试剂，观察有无蓝色沉淀生成。

[注释]

[1]镁试剂是对硝基偶氮间苯二酚，它在酸性溶液中呈黄色，碱性溶液中呈红色或紫色，被 $Mg(OH)_2$ 吸附后呈天蓝色。

思考题

（1）5.0 g食盐溶解在25 mL水中，所配溶液是否饱和？为什么不配成饱和溶液？

（2）如何检验 SO_4^{2-} 离子是否沉淀完全？

（3）如何除去过量的 Ba^{2+} 离子？

（4）什么情况下可用倾泌法？什么情况下用常压过滤或减压过滤？

实验 10　萘的重结晶

1. 实验概述

重结晶是纯化固体有机化合物的有效方法。粗产品采用回流装置加热至溶剂的沸点，制成饱和溶液，趁热过滤，除去不溶性杂质，滤液冷却，结晶、抽滤，得提纯后的有机化合物产品，可溶性杂质留在母液中被除去。

重结晶的关键在于溶剂的选择，理想的溶剂应具备：

①不与被提纯物反应；

②在较高温度时能溶解多量的被提纯物质，在室温或更低温度时，只能溶解很少量的该种物质；

③对杂质的溶解度非常大或者非常小；

④容易挥发，易于结晶分离除去；

⑤能给出较好的结晶；

⑥价廉易得，无毒或毒性很小。

2. 实验目的

①学习重结晶的基本原理。

②掌握重结晶的基本操作。

③学习常压过滤和减压过滤的操作。

3. 实验器材

图 10.1 为重结晶热过滤装置，图 10.2 为抽滤装置。

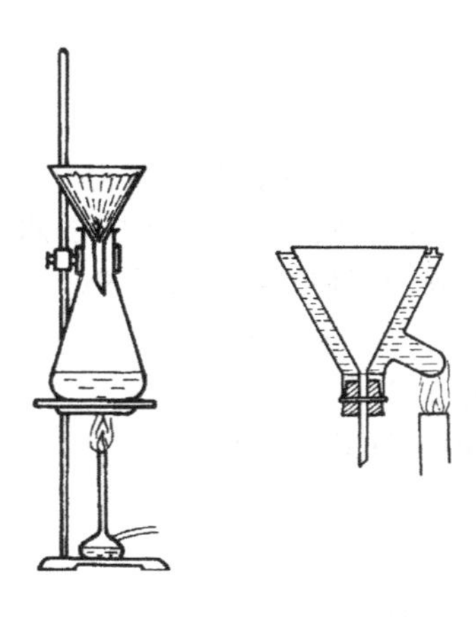

图 10.1　重结晶热过滤装置

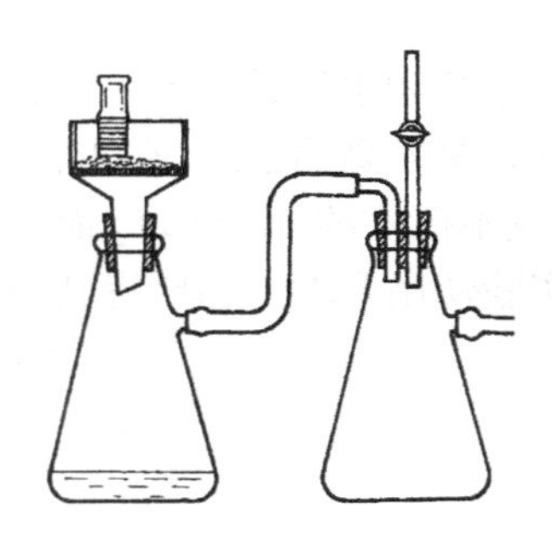

图 10.2　抽滤装置

(1)仪器　冷凝管，蒸馏烧瓶，100 mL 锥形瓶 2 个，无颈漏斗，滤纸，布氏漏斗，酒精灯，抽滤瓶，表面皿，干燥器，水泵，或者成套的磨口仪器；

(2)试剂　粗萘,70% 乙醇,活性炭,沸石。

4. 实验方法

在 50 mL 蒸馏烧瓶中,加 2 g 粗萘,30 mL 的 70% 乙醇[1]和几粒沸石。加热回流溶解,稍冷,加少许活性炭[2],搅拌使混合均匀,继续加热微沸 3 ~ 5 min。趁热过滤,转移至一小烧杯中,放置冷却结晶[3]。

结晶完成后,用布氏漏斗抽滤(滤纸用少量冷水润湿,吸紧)、洗涤、干燥。称量并计算回收率。

[注释]

[1]溶剂量的多少,应同时考虑两个因素。溶剂少则收收率高,但可能给热过滤带来麻烦,并可能造成更大的损失;溶剂多,显然会影响回收率。故两者应综合考虑。一般可比需要量多加 20% 左右的溶剂(有的教科书上认为一般可比需要量多 20% ~100% 的溶剂)。

[2]若溶液中含有色杂质,则应加活性炭脱色,应特别注意活性炭的使用。活性炭绝对不可加入正在沸腾的溶液中,否则将造成暴沸现象! 加入活性炭的量约相当于样品量的1% ~5% 。

[3]重结晶只适宜杂质含量在 5% 以下的固体有机混合物的提纯。从反应粗产物直接重结晶是不适宜的,必须先采取其他方法初步提纯,然后再重结晶提纯。

思考题

(1)重结晶时最适合的溶剂应具备哪些条件?
(2)溶液进行热过滤时,怎样尽量减少溶剂的挥发?
(3)简述固体有机化合物重结晶的各步骤及各步的作用。

实验 11　工业乙醇的蒸馏与精制

1. 实验概述

由于乙醇和水形成共沸物,故含量低于 95% 的工业乙醇需通过蒸馏方法获得 95% 乙醇,若要得到含量较高的乙醇,在实验室中用加入 CaO(生石灰)加热回流,使乙醇中的水与 CaO 作用,生成不挥发的 $Ca(OH)_2$ 而除去。这样制得的无水乙醇,其纯度最高可达 99.5% ,已满足一般实验使用要求。如要得到纯度更高的绝对乙醇,可用金属 Mg 或金属 Na 进行处理。

$$2C_2H_5OH + Mg = (C_2H_5O)_2Mg + H_2\uparrow$$
$$(C_2H_5O)_2Mg + H_2O = 2C_2H_5OH + MgO$$

或

$$2C_2H_5OH + Na = C_2H_5ONa + H_2\uparrow$$
$$C_2H_5ONa + H_2O = C_2H_5OH + NaOH$$

2. 实验目的

学习 95% 乙醇和无水乙醇的制备原理及方法,掌握蒸馏操作。

3. 实验器材

(1)仪器　蒸馏瓶(125 mL),玻璃漏斗,冷凝管,温度计,锥形瓶,回流冷凝管,干燥管,圆底烧瓶(250 mL)或全套磨口仪器;

(2)试剂　95%乙醇,工业乙醇,邻苯二甲酸二乙酯,I_2,金属 Na,镁条(或镁屑),$CaCl_2$,CaO,沸石。

4. 实验方法

1)乙醇的蒸馏

在 125 mL 蒸馏瓶中,放置 80 mL 的 95% 工业乙醇[1]。加料时用玻璃漏斗沿着面对蒸馏支管口的瓶颈壁将蒸馏液体小心倒入,注意勿使液体从支管流出。加入 2 ~ 3 粒沸石,塞好装有温度计的塞子,通入冷凝水[2],然后用水浴加热,开始火焰可稍大些,并注意观察蒸馏瓶中的现象和温度计读数的变化。当瓶内液体开始沸腾时,蒸汽前沿逐渐上升,待达到温度计所处高度时,温度计读数急剧上升。这时应适当调小火焰,使温度略为下降,让水银球上的液滴和蒸汽达到平衡。然后再稍微加大火焰进行蒸馏。调节火焰,控制流出的液滴以每 2 s 1 滴为宜。当温度计读数上升至 77 ℃时,换一个已称量过的干燥的锥形瓶作接受器[3]。收集77 ~ 79 ℃的馏分。当瓶内只剩下少量(0.5 ~ 1 mL)液体时,(若维持原来的加热速度,温度计读数会突然下降),即可停止蒸馏,不应将瓶内液体完全蒸干。称量所收集馏分的重量或量其体积,并计算回收率。实验装置如图11.1所示。

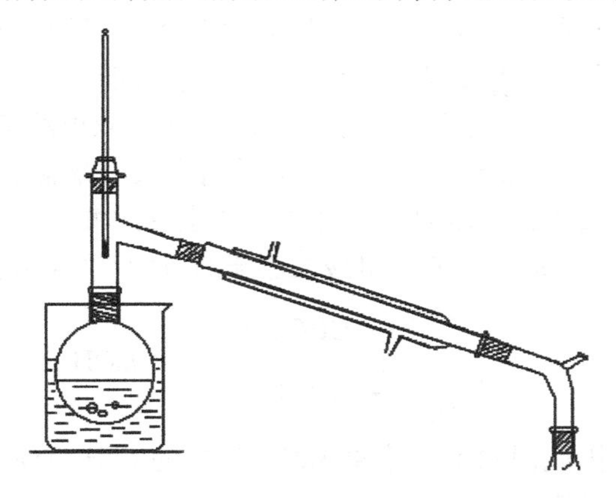

图 11.1　蒸馏装置示意图

2)无水乙醇(w(乙醇) = 99.5%)的制备

在 500 mL 圆底烧瓶[4]中,放置 200 mL 的 95% 乙醇和 50 g CaO[5],用木塞塞紧瓶口,放置至下次实验[6]。

下次实验时,拔去木塞,装上回流冷凝管,其上端接一氯化钙干燥管,在水浴上回流加热 2 ~ 3 h,稍冷后取下冷凝管,换上装有温度计的蒸馏头,改成蒸馏装置。蒸去前馏分后,用干燥的蒸馏瓶作接受器,其支管接一氯化钙干燥管,使与大气相通。用水浴加热,蒸馏至几乎无液滴流出为止。称量无水乙醇的重量或量其体积,计算回收率。

3)绝对乙醇(含量 99.95%)的制备

(1)用金属 Na 制取　250 mL 圆底烧瓶中,放置 2 g 金属 Na[7]和 100 mL 纯度至少为 99% 的乙醇,加入几粒沸石。加热回流 30 min 后,加入 4 g 邻苯二甲酸二乙酯[8],再回流 10 min。取下冷凝管,改成蒸馏装置,按收集无水乙醇的要求进行蒸馏。产品储于带有塞子的容器中。

(2)用金属 Mg 制取　在圆底烧瓶中放置 0.6 g 干燥的镁条(或镁屑)和 10 mL 的 99.5%

乙醇[9]。在水浴上微热后,移去热源,立即投入几小粒碘片[10](注意此时不要摇动),不久碘粒周围即发生反应,慢慢扩大,最后可达到相当激烈的程度。当全部镁条反应完毕后,加入100 mL 的 99.5% 乙醇和几粒沸石,回流加热 1 h。以下操作同上(1)。

纯粹乙醇的沸点为 78.5 ℃,折光率 n_D^{20} 为 1.361 1。

[注释]

[1]95% 乙醇为一共沸混合物,而非纯净物,它具有一定的沸点和组成,不能借普通蒸馏法进行分离。

[2]冷却水的流速以能保证蒸汽充分冷凝为宜,通常只需要保持缓缓的水流即可。

[3]蒸馏有机溶剂均应用小口接受器,如锥形瓶等。接液管与接受器之间不能用塞子塞住,否则会造成封闭体系,引起爆炸事故。

[4]本实验中所用仪器均需彻底干燥。由于无水乙醇具有很强的吸水性,故实验方法中和存放时必须防止水分浸入。

[5]一般用干燥剂干燥有机溶剂时,在蒸馏前应先过滤除去。但 CaO 与乙醇中的 H_2O 反应生成的 $Ca(OH)_2$,因在加热时不分解,故可留在瓶中一起蒸馏。

[6]若不放置,可适当延长回流时间。

[7]取用金属 Na 时应用镊子,先用双层滤纸吸去沾附的溶剂油后,用小刀切去表面的氧化层,再切成小条。切下来的钠屑应放回原瓶中,切勿与滤纸一起投入废物缸内,并严禁将大量金属 Na 与水接触,以免引起燃烧爆炸事故。

[8]加入邻苯二甲酸二乙酯的目的,是利用它和 NaOH 进行如下反应:

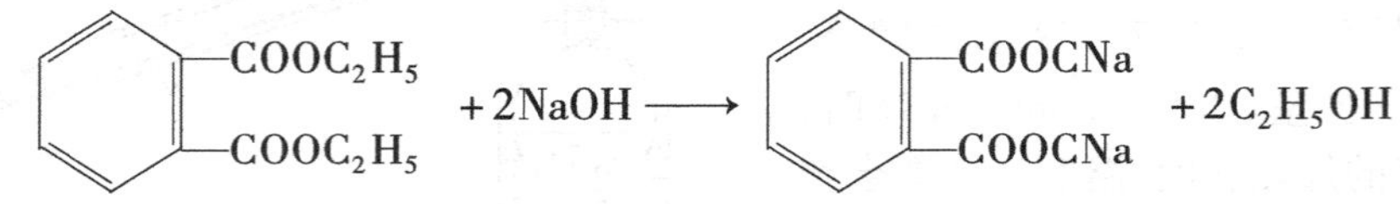

因此消除了乙醇和 NaOH 生成的 C_2H_5ONa 再和的 H_2O 作用,这样制得的乙醇可达到极高的纯度。

[9]所用乙醇的水分不能超过 0.5%,否则反应相当困难。

[10]碘粒可加速反应进行,如果加碘粒后仍不开始反应,可再加几粒,若反应仍很缓慢,可适当加热促使反应进行。

思考题

(1)什么叫沸点?液体的沸点和大气压有什么关系?文献上记载的某物质的沸点温度是否即为当地的沸点温度?

(2)蒸馏时为什么蒸馏瓶所盛液体的量不应超过其容积的 2/3,也不应少于 1/3?

(3)蒸馏时加入沸石的作用是什么?如果蒸馏前忘加沸石,能否立即将沸石加至将近沸腾的液体中?当重新进行蒸馏时,用过的沸石能否继续使用?

(4)为什么蒸馏时最好控制馏出液的速度为每 2 s 1 滴?

(5)如果液体具有恒定的沸点,那么能否认为它是单纯物质?

(6)制备无水试剂时应注意什么事项?为什么在加热回流和蒸馏时冷凝管的顶端和接受器支管上要装置氯化钙干燥管?

(7)用200 mL工业乙醇(95%)制备无水乙醇时,理论上需要CaO多少克?

(8)工业上是怎样制备无水乙醇的?

(9)回流在有机制备中有何优点?为什么在回流装置中要用球形冷凝管?

实验12 乙酰乙酸乙酯的水蒸气蒸馏

1. 实验概述

水蒸气蒸馏(Steam Distillation)是将水蒸气通入不溶于水的有机物中或使有机物与水经过共沸而蒸出的操作过程。它是用来分离和提纯液态或固态有机化合物的一种方法。根据分压定律:当水与有机物混合共热时,其总蒸汽压为各组分分压之和。即:

$$p = p_A + p_B$$

当总蒸汽压(p)与大气压力相等时,则液体沸腾。有机物可在比其沸点低得多的温度,而且在低于100 ℃的温度下随蒸汽一起蒸馏出来,这样的操作叫做水蒸气蒸馏。

水蒸气蒸馏经常适合于下列几种情况:

①某些沸点高的有机化合物,在常压蒸馏虽可与副产品分离,但易将其破坏;

②混合物中含有大量树脂状杂质或不挥发性杂质,采用蒸馏、萃取等方法都难于分离的;

③从较多固体反应物中分离出被吸附的液体。

被提纯物质必须具备以下几个条件:

①不溶或共溶于水;

②共沸腾下与水不发生化学反应;

③在100 ℃左右时,必须具有一定的蒸汽压(至少666.5 ~1 333 Pa)。

2. 实验目的

①了解水蒸气蒸馏的原理及其在有机物分离纯化中的应用;

②掌握水蒸气蒸馏的基本操作。

3. 实验器材

(1)仪器 全套磨口仪器,水蒸气发生器;

(2)试剂 乙酰乙酸乙酯。

4. 实验方法

在150 mL三颈瓶中,加入25 mL乙酰乙酸乙酯,按图连接水蒸气蒸馏装置,通冷凝水,打开螺旋夹A。加热水蒸气发生器,当其中的水沸腾,A处有大量蒸汽冒出时,夹上螺旋夹A[1],将水蒸气导入三口瓶进行水蒸气蒸馏。必要时可在三口瓶下置一石棉网,用小火加热。

在蒸馏的过程中若发现A处有大量水沉积,应打开A放出沉积的水,避免因此而产生的堵塞。在蒸馏过程中,若发现任何不正常的现象(如堵塞、倒吸),均应首先打开A,连通大气[2]。

蒸馏结束后[3]，打开 A，停止加热，关冷凝水。稍冷后，从右至左拆除装置。馏出液转入分液漏斗，分出下层的乙酰乙酸乙酯。分别称量所收集到的乙酰乙酸乙酯和水，计算回收率。

图 12.1 为水蒸气蒸馏装置。

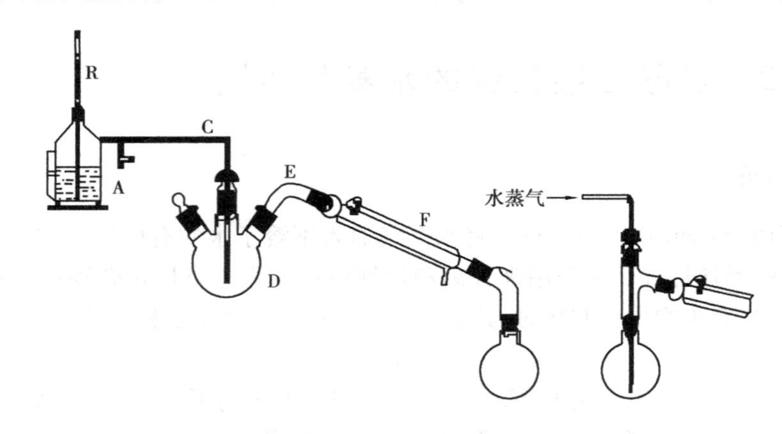

图 12.1 水蒸气蒸馏装置

[注释]

[1]蒸馏前打开夹子，待水蒸气从 T 形管中冲出时将夹子夹紧。

[2]注意安全管中水柱的情况，若出现不正常的水柱上升，应立即打开 T 形管的夹子，移去热源，排除故障。

[3]馏出液澄清透明为水蒸气蒸馏的终点，停止蒸馏时应先打开 T 形管上的夹子，移去热源，以防倒吸。

思考题

(1)互不相溶的两种物质组成的液体，其蒸汽压有什么特点？如何将这种特点用于混合物分离？

(2)用水蒸气蒸馏分离混合物时，被分离混合物应具备什么条件？

(3)水蒸气蒸馏操作时，什么时候应该停止蒸馏？停止时首先应该做什么？

(4)水蒸气蒸馏操作时，发现安全管水位不正常上升，此时应该做什么？

实验 13 乙酰乙酸乙酯的减压蒸馏

1. 实验概述

减压蒸馏是分离和提纯有机化合物的一种重要方法。液体的沸点是指它的蒸汽压等于外界大气压时的温度。所以液体沸腾的温度是随外界压力的降低而降低的。如用真空泵等降低液体表面的压力，即可降低液体的沸点。这种在较低压力下进行蒸馏的操作称为减压蒸馏。当蒸馏系统内的压力降低后，其沸点便降低，当压力降低到 1.3 ~ 2.0 kPa(10 ~ 15 mmHg)时，许多有机化合物的沸点可以比其常压下的沸点降低 80 ~ 100 ℃。因此，减压蒸馏对于分离提纯沸点较高或高温时不稳定的液态有机化合物具有特别重要的意义。

减压蒸馏时物质的沸点与压力有关系，可根据下面的一个经验曲线，找出该物质在此压力下的沸点近似值，如图 13.1 所示。

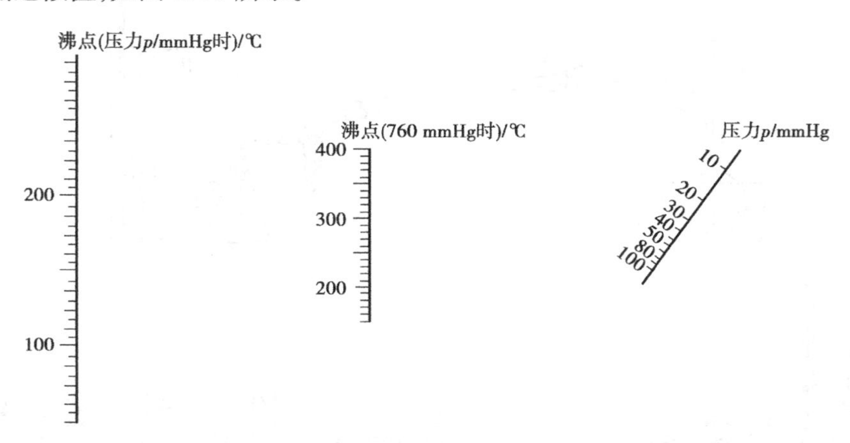

图 13.1 液体在常压下的沸点与减压下的沸点的近似关系图

2. 实验目的

①了解减压蒸馏的原理及其在有机物分离纯化中的应用；

②掌握减压蒸馏的基本操作技术。

3. 实验器材

(1) 仪器　水循环泵，蒸馏瓶，克氏蒸馏头，毛细管，温度计，冷凝管，接受器，或全套磨口仪器；

(2) 试剂　乙酰乙酸乙酯。

4. 实验方法

在 50 mL 三口瓶中，加入 20 mL 乙酰乙酸乙酯，按图 13.2(1) 连接减压蒸馏装置(注意在所有接口处涂抹真空脂)[1]，通冷凝水，打开螺旋夹 D 和 G。打开真空泵，关闭螺旋夹 G，调节螺旋夹 D，使有少量的气泡平稳地冒出，调节螺旋夹 G，使系统的压力维持在所需要的真空度。加热，蒸馏收集乙酰乙酸乙酯。

在减压蒸馏过程中，出现任何意外现象，均应首先缓慢打开 D 连通大气。减压蒸馏结束后，也应先打开 D，连通大气，然后停止加热、关闭冷凝水，拆除装置[2]。

乙酰乙酸乙酯的沸点与压力的关系如下：

压力/mmHg	8	12.5	14	18	29	55	80
沸点/℃	66	71	74	79	88	94	100

乙酰乙酸乙酯常压的沸点为 180.4 ℃，折射率 $n_D^{20}=1.419\ 4$。

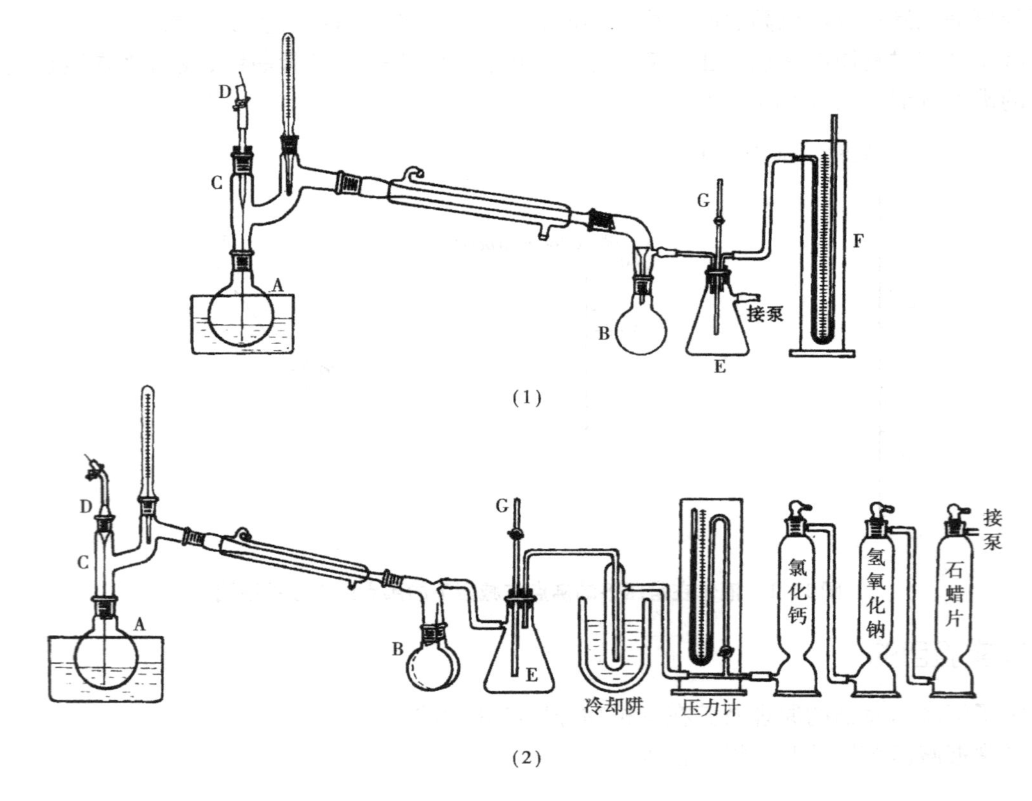

图 13.2　减压蒸馏的装置

[注释]

[1]仪器安装好后,先检查系统是否漏气。

[2]蒸馏完毕,移去热源,慢慢旋开夹在毛细管上的橡皮管的螺旋夹,待蒸馏瓶稍冷后再慢慢开启安全瓶上的活塞,平衡内外压力(若开得太快,水银柱很快上升,有冲破测压计的可能),然后才关闭抽气泵。如果空气被允许从别的某处进入装置中而控制毛细管的螺旋夹却仍旧关闭着,那么液体就可能倒灌而在毛细管中上升。

思考题

(1)在什么情况下才用减压蒸馏?

(2)使用油泵减压时,使用哪些吸收和保护装置?其作用是什么?

(3)在进行减压蒸馏时,为什么必须用热浴加热,而不能直接用火加热?为什么进行减压蒸馏时须先抽气才能加热?

(4)当减压蒸完所要的化合物后,应如何停止减压蒸馏?为什么?

实验 14　有机混合物的萃取分离

1. 实验概述

萃取是利用物质在两种不互溶(或微溶)溶剂中溶解度或分配比的不同来达到分离、提取或纯化的一种操作,是有机化学实验中用来提取或纯化有机混合物的常用操作之一。应用萃取可以从固体或液体混合物中提取出所需要的物质,也可以用来洗去混合物中少量的杂质。通常称前者为“抽滤”或“萃取”,后者为“洗涤”。

另外一类萃取原理是利用萃取剂能与被萃取物质起化学反应。这种萃取通常用于从化合物中移去少量杂质或分离混合物。常用的这类萃取剂如 5% NaOH 水溶液、5% 或 10% $NaCO_3$水溶液、$NaHCO_3$ 水溶液、稀 HCl、稀 H_2SO_4 及浓 H_2SO_4 等。

2. 实验目的

①了解萃取的原理和用途;
②学习萃取的实验操作。

3. 实验器材

(1)仪器　分液漏斗、托盘天平及砝码、量筒;
(2)试剂　对甲苯胺、肉桂酸、萘、乙醚、浓 HCl、10% NaOH、石蕊试纸。

4. 实验方法

取 3 g 混合物(由对甲苯胺、肉桂酸、萘组成),溶于 25 mL 乙醚中,转入分液漏斗后,加入 3 mL 浓 HCl 溶解在 25 mL 水中的溶液,分液,水相放入锥形瓶中,再分别用同样的酸及 10 mL 水各萃取一次[1],合并 3 次酸性溶液放置待处理。

上层的乙醚溶液用 25 mL 的 10% NaOH 溶液萃取两次[2],并用 10 mL 水再萃取一次,合并碱性溶液放置待处理。

将剩下的乙醚溶液(其中含哪一种组分?)从分液漏斗颈部倒入一锥形瓶中,加入适量无水氯化钙干燥除水,然后倾壁转移至一蒸馏烧瓶中,水浴蒸馏出乙醚,称量残留物质量。

向酸性溶液中加入 NaOH 溶液至红色石蕊试纸变蓝。然后用 25 mL 乙醚萃取两次,合并乙醚萃取液,用固体 NaOH 干燥,同样的方法蒸出乙醚,称量残留物的质量(其中含哪一种组分?)。

向碱性溶液中滴加浓 HCl 至蓝色石蕊试纸变红,此时有大量白色沉淀析出,抽滤,干燥,称量。

[注释]

[1]分液漏斗的使用操作:振摇、放气、静置、分液等。

[2]准确判断萃取液与被萃取液的上下层关系(水相 ~ 有机相)。

思考题

(1)此3组分离实验中,利用了什么性质?在萃取过程中各组分发生的变化是什么?写出分离提纯的流程图。

(2)乙醚作为一种常用的萃取剂,其优缺点是什么?

(3)若用下列溶剂萃取水溶液,它们将在上层还是下层?

(a)乙醚　(b)氯仿　(c)己烷　(d)苯

实验 15　茶叶中提取咖啡因

1. 实验概述

茶叶中含有多种生物碱,其中以咖啡碱(又称咖啡因)为主,占1% ~5%。另外还含有11% ~12%的丹宁酸(又名鞣酸)和0.6%的色素、纤维素、蛋白质等。咖啡碱是弱碱性化合物,易溶于氯仿(12.5%)、水(2%)及乙醇(2%)等。在苯中的溶解度为1%(热苯为5%)。丹宁酸易溶于水和乙醇,但不溶于苯。

咖啡碱是杂环化合物嘌呤衍生物,它的化学名称是1,3,7-三甲基-2,6-二氧嘌呤,其结构如下:

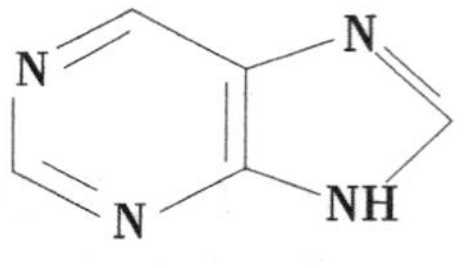

嘌呤 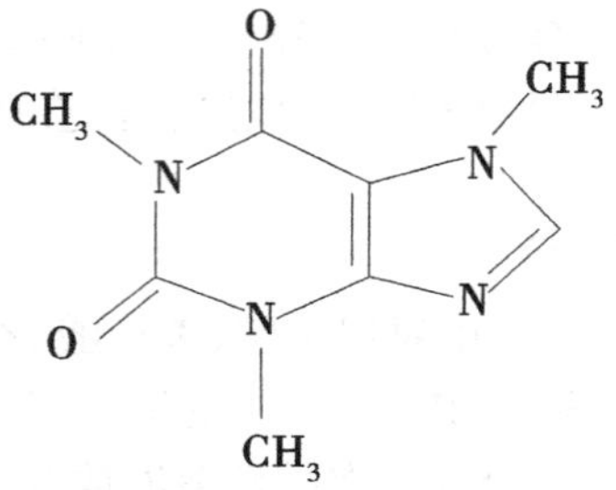　　　　咖啡因

含结晶水的咖啡因系无色针状结晶,味苦,能溶于水、乙醇、氯仿等溶剂。在100 ℃时即失去结晶水,并开始升华;120 ℃时升华速度明显;至178 ℃时升华很快。无水咖啡因的熔点为234.5 ℃。

为了提取茶叶中的咖啡因,往往利用适当的溶剂(氯仿、乙醇、苯等)在脂肪提取器中连续抽提,然后蒸去溶剂,即得粗咖啡因。

粗咖啡因还含有其他一些生物碱和杂质,利用升华可进一步提纯。

工业上,咖啡因主要通过人工合成制得。它具有刺激心脏、兴奋大脑神经和利尿等作用,因此可作为中枢神经兴奋药。它也是复方阿斯匹林(APC)等药物的组分之一。

2. 实验目的

①学习索氏提取器使用方法;

②掌握升华提纯操作。

3. 实验器材

(1)仪器　索式提取器,酒精灯,表面皿,漏斗,蒸馏装置;
(2)试剂　95%乙醇,生石灰 CaO,茶叶末。

4. 实验方法

称取茶叶末 10 g,放入脂肪提取器的滤纸套筒[1]中,在圆底烧瓶内加入 80 mL 的 95%乙醇,用水浴加热。连续提取 2 ~3 h 后[2],待冷凝液刚刚虹吸下去时,立即停止加热。然后改成蒸馏装置,回收抽取液中的大部分乙醇。再把残液倾入蒸发皿中,拌入 3 ~4 g 生石灰粉[3],在蒸汽浴上蒸干。最后将蒸发皿移至煤气灯(或酒精灯)上焙炒片刻,勿使水分全部除去。冷却后,擦去沾在边上的粉末,以免在升华时污染产物。取一只合适的玻璃漏斗,罩在隔着刺有许多小孔的滤纸的蒸发皿上,用砂浴小心加热升华[4]。当纸上出现白色结晶时,暂停加热,冷至 100 ℃左右,揭开漏斗滤纸,仔细地把附在纸上及器皿周围的咖啡因用小刀刮下,残渣经拌和后用较大的火再加热片刻,使升华完全。合并两次收集的咖啡因,测定熔点。若产品不纯时,可用少量热水重结晶提纯(或放入微量升华管中再次升华)。

[注释]

[1]滤纸套大小既要紧贴器壁,又能方便取放,其高度不得超过虹吸管;滤纸包茶叶末时要严实,防止漏出堵塞虹吸管。纸套上面折成凹形,以保证回流液均匀浸润被萃取物。

[2]若提取液颜色很淡时,即可停止提取。

[3]生石灰起吸水和中和作用,以除去部分杂质。

[4]在萃取回流充分的情况下,升华操作的好坏是本实验成败的关键。在升华过程中,始终都须用小火间接加热。温度太高会使滤纸碳化变黑,并把一些有色物烘出来,使产品不纯。第二次升华时,火亦不能太大。否则会使被烘物大量冒烟,导致产物损失。

思考题

(1)写出咖啡因水杨酸盐的结构式?
(2)实验中哪些步骤是微量操作?

实验 16　混合氨基酸的纸色谱分离

1. 实验概述

色谱法是分离、纯化和鉴定有机化合物的重要方法之一。色谱法的基本原理是利用混合物各组分在某一物质中的吸附或溶解性能(分配)的不同,或其亲和性的差异,使混合物的溶液流经该种物质进行反复的吸附或分配作用,从而使各组分分离,如图 16.1 所示。

色谱法在有机化学中的应用主要包括以下几方面:

(1)分离混合物　一些结构类似、理化性质也相似的化合物组成的混合物,一般应用化学方法分离很困难,但应用色谱法分离,有时可得到满意的结果。

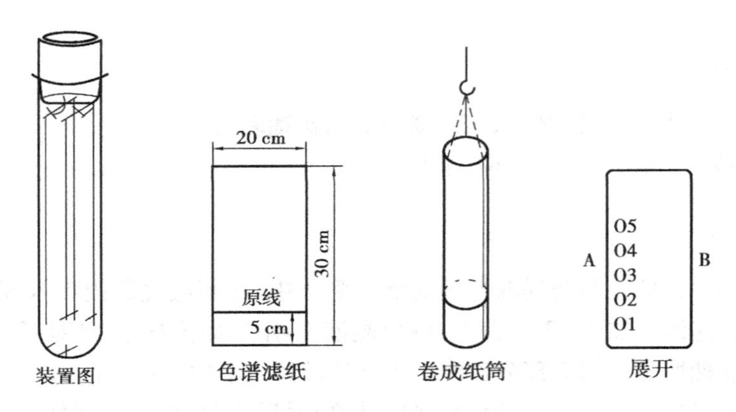

图 16.1　纸层析示意图

(2)精制提纯化合物　有机化合物中含有少量结构类似的杂质,不易除去,可利用色谱法分离除去杂质,得到纯品。

(3)鉴定化合物　在条件完全一致的情况,纯碎的化合物在薄层色谱或纸色谱中都呈现一定的移动距离,称比移值(R_f 值),所以利用色谱法可以鉴定化合物的纯度或确定两种性质相似的化合物是否为同一物质。但影响比移值的因素很多,如薄层的厚度,吸附剂颗粒的大小,酸碱性,活性等级,外界温度和展开剂纯度、组成、挥发性等。所以,要获得重现的比移值就比较困难。为此,在测定某一试样时,最好用已知样品进行对照。

根据组分在固定相中的作用原理不同,可分为吸附色谱、分配色谱、离子交换色谱、排阻色谱等;根据操作条件的不同,又可分为柱色谱、纸色谱、薄层色谱、气相色谱及高效液相色谱等类型。

利用氨基酸在特定溶剂中分配系数的不同,采用标准样品和试样在同一张层析纸上进行层析。比较复杂的氨基酸混合物,必须采用双相层析,才可将其分开。在相同条件下,经展开剂展开,比较它们的 R_f 值,以达到分离和鉴定氨基酸的目的。

$$R_f = \frac{\text{溶质最高浓度中心至原点的距离}}{\text{溶剂前沿至原点的距离}}$$

2. 实验目的

①学习纸层析法原理和方法;

②了解纸层析的用途。

3. 实验器材

(1)仪器　纸层析缸,喷雾器,层析纸,铅笔等。

(2)试剂　乙醇,醋酸,组氨酸,蛋氨酸,谷氨酸和异亮氨酸等。

4. 实验方法

1)展开剂、标准样品和混合样品配制

(1)展开剂　V(乙醇)∶V(水)∶V(醋酸)=50∶30∶1

(2)标准样品　组氨酸、蛋氨酸、谷氨酸和异亮氨酸分别配制成0.1% ~0.3% 的水溶液。

(3)混合样品　将已配好的四标样以等体积混合均匀即可。

2)点样

取滤纸条(8 cm×15 cm)[1],于其一端约 2 cm 处用铅笔画一横线,在线上画出 5 个点(等距离)编好号。第五个点为混合样品。

取 5 支毛细管分别点已配制的 4 个标样和 1 个混合样品,晾干或以电吹风吹干,再重复点 2 次即可[2]。

3)展开

将已点好样品的一端卷成筒状放入已加入展开剂的层析缸中,注意样品斑点一定要在液面上。当展开剂上升到一定高度,取出滤纸记下展开剂的前沿,晾干。

4)显色

用喷雾器将茚三酮水溶液[3]均匀地喷在滤纸上,放在烘箱中于 80~100 ℃烘 20~30 min,直到显色完全为止。立即用铅笔画好斑点轮廓。量出斑点中心到原点的距离(见图 16.2),计算每个氨基酸的 R_f 值,并判断混合样品成分[4]。

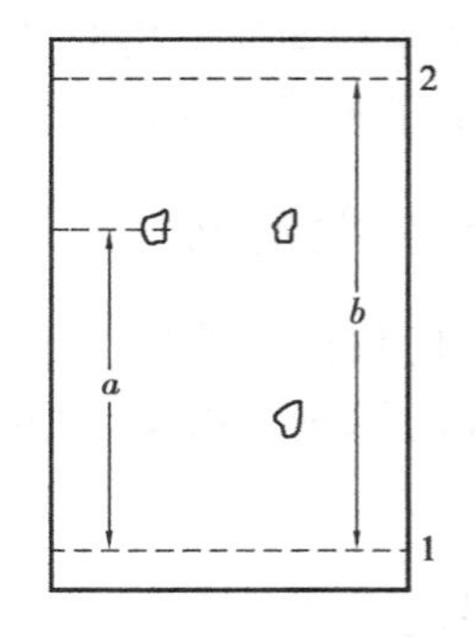

图 16.2　R_f 值计算示意图

1—起点线; 2—展开剂前沿

$$比移值\ R_f = \frac{a}{b}$$

式中　a——斑点中心到原点的距离,cm;

b——溶剂前沿到原点的距离,cm。

[注释]

[1]手指印含有一定氨基酸,在本实验中足以检出,因此不能直接用手触摸滤纸。

[2]点样品时,所点之点不可太大,否则会有拖尾巴现象。

[3]用茚三酮显色不稳定,氨基酸浓度低时几小时后颜色即褪尽。

[4]可根据 4 种标样分别配制几组不同混合成分的样品供学生实验。

思考题

(1)层析中,可否用纸层析进行定性分析?

(2)在实验操作中,选择实施的标准样品氨基酸的种类有何要求?

实验 17　邻间对硝基苯胺的薄层层析分离

1. 实验概述

薄层色谱又叫薄板层析,是色谱法中的一种,是快速分离和定性分析少量物质的一种很重要的实验技术,属固-液吸附色谱,它兼备了柱色谱和纸色谱的优点,一方面适用于少量样品(几克到几微克,甚至 0.01 微克)的分离;另一方面在制作薄层板时,把吸附层加厚加大,又可用来精制样品,此法特别适用于挥发性较小或较高温度易发生变化而不能用气相色谱分析的物质。此外,薄层色谱法还可用来跟踪有机反应及进行柱色谱之前的一种“预试”。

薄层色谱是指在一块洁净的玻璃底板上铺上一薄层吸附剂(固定相),并用毛细管在薄层板底部附近的一点上“点样”或“点板”,将点好样的薄层板放在盛有一浅层溶剂(流动相)的密闭容器中进行展开或“爬板”。利用混合物中各组分沿板上行的速率显出差异,从而使各组分分离。

2. 实验目的

①学习薄层层析原理和方法;

②了解薄层层析操作的实际应用。

3. 实验器材

(1)仪器　玻片,干燥器,毛细管,层析缸,表面皿等。

(2)试剂　乙醇,丙酮,氯仿,邻-硝基苯胺,间-硝基苯胺,对-硝基苯胺,2,4-二硝基苯胺,硅胶 G。

4. 实验方法

1)硅胶 G 硬板的制作　取 3.5 cm×7.8 cm 左右的玻片 6 块,洗净,干燥待用。于层析缸内称取硅胶 G25 g,慢慢加到约 80 mL 氯仿-乙醇混合液(V(氯仿):V(乙醇)=2:1)中用玻棒很好搅拌,使成均匀的糊状液[1],用拇指和食指捏住两片紧贴的玻片上端浸入糊状液中,然后以均匀的速度垂直向上拉出,维持数秒,使多余的糊状液滴完后,即把玻片分开,水平放置在室温干燥,再放入烘箱中缓缓升温至 110 ℃,恒温活化半小时。取出稍冷后放入干燥器中备用。

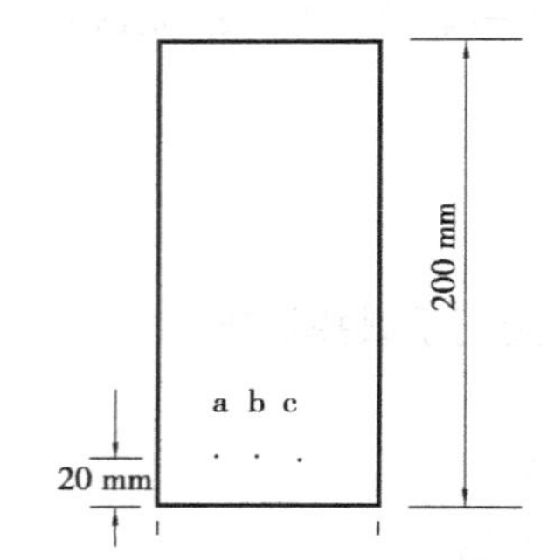

图 17.1　点样示意图

2)点样

如图 17.1 所示,制作点样毛细管 6 根,毛细管内径为 0.2 ~ 0.4 mm。

在小试管中分别加入 5 mg 样品,用约 0.5 mL 丙酮使样品完全溶解,贴上标签。

样品:邻-硝基苯胺,间-硝基苯胺,对-硝基苯胺,2,4-二硝基苯胺,未知混合物Ⅰ及未知混合物Ⅱ。

在距薄层板一端 1 cm 处用铅笔轻轻画一直线为点样线。取管口平整的毛细滴管[2]插入试液中,在点样线处轻轻点样[3]。每块板点样 3 个[4]。第一块板上分别点样邻-硝基苯胺、间-硝基苯胺及对-硝基苯胺。第二块板上分别点样邻-硝基苯胺、对-硝基苯胺及未知混合物Ⅰ。第三块上分别点样间-硝基苯胺、2,4-二硝基苯胺及未知混合物Ⅱ。

3)展开

如图 17.2 所示,在层析杯内放好滤纸衬里,注意留出观察窗口,倒入少许氯仿展开剂,使滤纸全部润湿,氯仿的高度应为 0.5 cm 左右,盖好层析杯,稍加摇振,待层析杯内被氯仿蒸汽饱和后,将点好样的薄层板放入层析杯内,注意勿使板上涂层部分接触滤纸。点样一端在下,浸入展开剂内约 0.5 cm[5],盖上表面皿,待溶剂前沿距吸附剂顶部约 0.5 cm 时,立即取出薄层板,用铅笔记下溶剂前沿位置[6],晾干。

 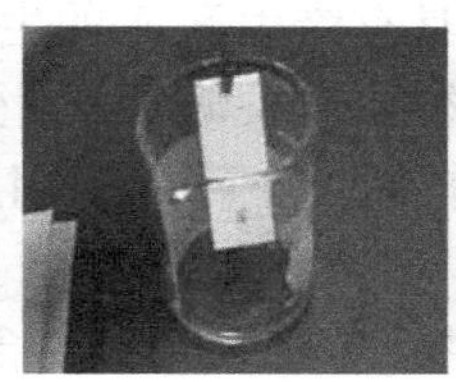  

图 17.2　薄层层析示意图

4)数据处理及分析

①在实验报告本上记下每块展开后的薄层板图样。

②计算第一块板上各纯样品的 R_f[7]值,解释各个班点的归属。

③根据相对 R_f 值,确定未知混合物 Ⅰ 和 Ⅱ 的组分。

[注释]

[1]浆料不宜过浓,否则制板时不易厚薄均匀,制硅胶板更是如此。

[2]点样用的毛细滴管必须专用,不得弄混。

[3]点样时,使毛细滴管尖端刚好触及即可,点样过重会使薄层破坏。

[4]点样时各点之间距离及样品点与吸附剂边之间的距离约 1 cm。

[5]展开剂一定要在点样线下,不能超过。

[6]若为无色物质,薄层板上晾干后,应喷洒显色剂或在显色缸内用显色剂蒸汽显色,也可用紫外光照射显色。实验分离的物质具有颜色,可省去显色一步。

[7]R_f = 溶质的最高浓度中心至原点的距离/溶剂前沿至中心的距离

思考题

(1)在一定的操作条件下,为什么可利用 R_f 值来鉴定化合物?

(2)邻-硝基苯胺、间-硝基苯胺及对-硝基苯胺极性大小与它的 R_f 值值大小有何关系?

(3)如果层析杯内空间未被展开剂蒸汽饱和,对实验结果有何影响? 如何加速其蒸汽饱和?

(4)实验中是如何确定混合物中各组分的?

实验 18　菠菜中提取叶绿素与柱层析分离(设计性实验)

1. 实验概述

绿色植物如菠菜叶中含有叶绿素(绿)、胡萝卜素(橙)和叶黄素(黄)等多种天然色素。叶绿素分为叶绿素 a 和叶绿素 b,其差别仅是叶绿素 a 中一个甲基被 b 中的甲酰基所取代。它们都是吡咯衍生物与金属镁的络合物,是植物进行光合作用所必需的催化剂。植物中叶绿素 a 的含量通常是 b 的 3 倍。尽管叶绿素分子中含有一些极性基团,但大的烃基结构使它易溶于醚、石油醚等一些非极性的溶剂。

胡萝卜素($C_{40}H_{56}$)是具有长链结构的共轭多烯。它有 3 种异构体,即 α-胡萝卜素、β-胡萝卜素和 γ-胡萝卜素,其中 β-胡萝卜素含量最多,也最重要。生长期较长的绿色植物中,异构体中β-胡萝卜素的含量多达90%。β-胡萝卜素具有维生素A的生理活性,它是由两分子维生素A在链端失去两分子水结合而成的。在生物体内,β-胡萝卜素受酶催化氧化即形成维生素A。目前β-胡萝卜素已可进行工业生产,可作为维生素A使用,也可作为食品工业中的色素。

叶黄素($C_{40}H_{56}O_2$)是胡萝卜素的羟基衍生物,它在绿叶中的含量通常是胡萝卜素的两倍。与胡萝卜素相比,叶黄素较易溶于醇而在石油醚中溶解度较小。

叶绿素a ($R=CH_3$)

叶绿素b ($R=CHO$)

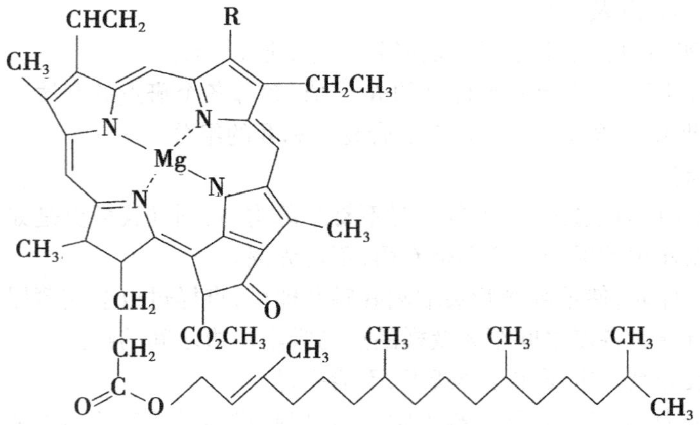

β-胡萝卜素($R=H$)

叶黄素($R=OH$)

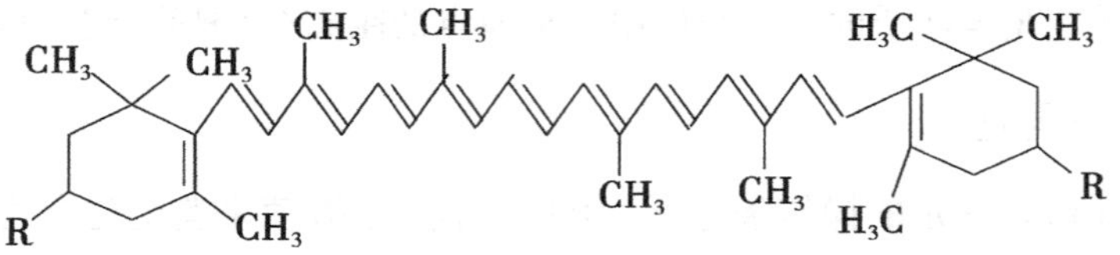

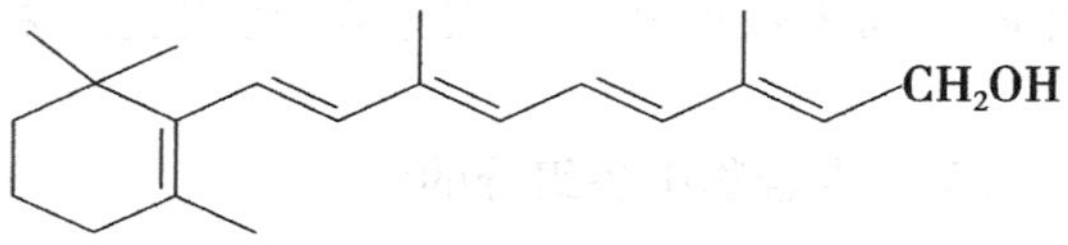

维生素A

可先从菠菜叶中提取上述几种色素,再通过柱层析进行分离。若条件许可,亦可进行β-胡萝卜素的紫外光谱测定。

2. 实验目的

①初步掌握提取和分离叶绿素的方法。

②了解柱色谱的原理,掌握柱层析的一般操作和定性鉴定方法。

3. 实验要求

①提取菠菜色素。

②柱层析分离色素。

根据提示拟出实验步骤及所需的仪器及试剂,待指导老师同意后方可进行实验。

思考题

试比较叶绿素、叶黄素和胡萝卜素3种色素的极性,为什么胡萝卜素在层析柱中移动最快?

3　物质的性质与鉴别

实验 19　化学反应速率与活化能

1. 实验概述

1) 浓度对化学反应速率的影响

通过浓度对化学反应速率的影响，测定反应速率、确定反应级数、计算速率常数。

在酸性溶液中，KIO_3 与 Na_2SO_3 发生如下反应：

$$HIO_3 + 3H_2SO_3 = 3H_2SO_4 + HI$$

从反应方程式来看，似乎反应速率与浓度 $c(H_2SO_3)$ 的三次方成比例，但实验结果并不如此。有人认为反应按下列步骤进行：

$$HIO_3 + H_2SO_3 = HIO_2 + H_2SO_4$$
$$HIO_2 + 2H_2SO_3 = HI + 2H_2SO_4$$
$$5HI + HIO_3 = 3I_2 + 3H_2O$$
$$I_2 + H_2SO_3 + H_2O = H_2SO_4 + 2HI$$

这 4 步反应中，第一步反应最慢，第四步反应瞬间完成，说明反应速率与 $c(H_2SO_3)$ 的一次方成比例。但实验表明，反应速度并不与 $c(H_2SO_3)$ 的一次方成比例。可见这一反应的实际情况比上述机理还要复杂。

实验中，使 KIO_3 过量，Na_2SO_3 在反应过程中消耗完，反应终点以生成 I_2 为标志。预先在 Na_2SO_3 溶液中加入可溶性淀粉，I_2 遇淀粉显蓝色。从反应开始到蓝色出现所需的时间以 s 计，所用的时间越短，表明反应速率越大；反之则越小。

测定反应时间 Δt 内 Na_2SO_3 浓度的变化量 $\Delta c(Na_2SO_3)$，则反应的平均速率为：

$$\bar{v}(Na_2SO_3) = -\frac{\Delta c(Na_2SO_3)}{\Delta t}$$

由于反应时间内 Na_2SO_3 已消耗完，$\Delta c(Na_2SO_3) = 0 \sim c(Na_2SO_3)$，则

$$\bar{v}(Na_2SO_3) = \frac{c(Na_2SO_3)}{\Delta t}$$

对于任一化学反应　　$aA + bB \longrightarrow cC + dD$

其速率方程可表示为：　　$v = kc_A^m \cdot c_B^n$

两边取对数得　　$\lg v = \lg k + m \lg c_A + n \lg c_B$

当 c_B 固定时，上式变为 $\lg v = c' + m \lg c_A$（c' 为常数）以 $\lg v$ 对 $\lg c_A$ 作图，可得一条直线，

斜率即为 m。

同理，当 c_A 固定时，可求出 n。$m+n$ 即为该反应的级数。将 m 和 n 代入速率方程。即可求得该温度下反应的速率常数 k。

$$k = \frac{v}{c_A^m \cdot c_B^n}$$

2）温度对反应速率的影响

温度对反应速率的影响可用阿仑尼乌斯（Arrhenius）公式表示：

$$k = Ae^{-E_a/RT}$$

或

$$\lg k = -\frac{E_a}{2.303RT} + \lg A$$

式中　k——反应速率常数；

E_a——反应活化能；

R——摩尔气体常数；

T——热力学温度；

A——给定反应的特征常数，称为指前因子。

温度升高，k 值增大，从而使反应速率增加。在不同温度下，测出 k 值，以 $\lg k$ 为纵坐标，$\frac{1}{T}$为横坐标作图，得一直线，其斜率为 $-\frac{E_a}{2.303R}$，由斜率可求出反应的活化能 E_a。

2. 实验目的

①掌握浓度、温度对化学反应速率的影响；

②学会测定酸性溶液中 KIO_3 与 Na_2SO_3 的反应速率，并计算该反应的反应级数、速率常数和活化能。

3. 实验器材

(1)仪器　3 个 20 mL 量筒，100 mL 锥形瓶，大试管，洗瓶，温度计，水浴（可用烧杯代替），停表。

(2)试剂　0.01 $mol \cdot L^{-1}$ KIO_3 溶液[1]，0.01 $mol \cdot L^{-1}$ Na_2SO_3 溶液（内含 0.2% 可溶性淀粉和 0.018 $mol \cdot L^{-1}$ H_2SO_4）[2]。

4. 实验方法

1）浓度对反应速率的影响

在室温下，按表 19.1 给定的用量，用标号相同的量筒量取各溶液体积。先将 0.01 $mol \cdot L^{-1}$ KIO_3 和 H_2O 倒入 100 mL 锥形瓶中混匀，迅速将 Na_2SO_3-淀粉溶液倒入同一锥形瓶，记时，摇匀，当溶液变蓝时停止记时。写出该反应的速率方程式；确定反应级数；求出室温下该反应的速率常数 k。

表 19.1　实验条件

实验编号		1	2	3	4	5
试剂用量/mL	KIO_3	10.0	10.0	10.0	15.0	20.0
	Na_2SO_3-淀粉溶液	10.0	15.0	20.0	10.0	10.0
	H_2O	20.0	15.0	10.0	15.0	10.0
试剂起始浓度的对数	$\lg c(KIO_3)(\lg c_A)$					
	$\lg c(Na_2SO_3)(\lg c_B)$					
反应时间 Δt/s						
反应速率 $v=\dfrac{c(Na_2SO_3)}{\Delta t}$						
$\lg v$						
k						

图 19.1　水浴加热

2)温度对反应速率的影响

测定温度每升高(或降低)10 ℃时的反应速率:在 100 mL 锥形瓶中加入 10.0 mL 0.01 mol · L^{-1} KIO_3 溶液和 40 mL H_2O;在一大试管中加入 10.0 mL 0.01 mol · L^{-1} Na_2SO_3 淀粉溶液;

将锥形瓶和大试管放在水浴中(见图 19.1),当反应物温度达到要求后,把试管中的 Na_2SO_3 试液迅速倒入锥形瓶,立刻计时,摇匀,当溶液变蓝时停止记时。

试验要求见表 19.2。

表 19.2　温度对反应速率的影响记录表　　　　室温:℃

实验编号	1	2	3	4	5
反应温度/K	室温	室温 −10 ℃	室温 +10 ℃	室温 +20 ℃	室温 +30 ℃
反应时间/s					
反应速率/v					
反应速率常数/k					
$\lg k$					
$1/T$					

根据表 19.2 中结果,作 $\lg k-1/T$ 图,得一直线,此直线的斜率为 $-E_a/2.303R$,由此求反应的活化能 E_a。

[注释]

[1] KIO_3 溶液的配制:称 21.4 g KIO_3(s)于 100 mL 烧杯中,加水溶解,定量转移到

1 000 mL容量瓶中,加水稀释至刻度。

[2]Na_2SO_3-淀粉溶液配制:称2.0 g可溶性淀粉于小烧杯中,加约5 mL水调成稀糊状,在不断搅拌下倒入盛有100 mL沸水的250 mL烧杯,煮沸,再加入100 mL水搅匀,冷却。在上述溶液中加入1.26 g Na_2SO_3(s),溶解后再加1 mL浓H_2SO_4,定量转移到1 000 mL容量瓶中,加水稀释至刻度。

思考题

(1)影响反应速率的因素有哪些?

(2)如何通过实验求反应速率常数、反应级数和活化能?

(3)本实验中为什么要用过量的KIO_3?如果Na_2SO_3过量将会怎样?

(4)本实验中,为什么可用溶液中蓝色的出现作为Na_2SO_3反应完的标志?该反应的反应速率怎样表示?

实验20 沉淀反应与电离平衡

1.实验概述

电解质在水溶液中存在弱电解质的电离平衡、弱酸或弱碱盐的水解平衡、难溶电解质饱和溶液的多相离子平衡。

弱电解质在水溶液中部分电离,一定条件下达到平衡,称为电离平衡,如:

$$HAc \rightleftharpoons H^+ + Ac^-$$

$$NH_3 + H_2O \rightleftharpoons NH_4^+ + OH^-$$

在弱电解质溶液中,加入含有相同离子的另一种强电解质时,电离平衡将发生移动,使弱电解质电离程度减小,这种效应称为同离子效应。

在弱酸及其盐或弱碱及其盐的混合溶液中,加入少量酸或碱或将其适当稀释时,溶液的pH值基本保持不变,这种溶液称为缓冲溶液。

盐类水解平衡是影响溶液酸碱性的一个因素,其平衡常数称为水解常数K_h。K_h与成盐的弱酸或弱碱的K_a和K_b有关。盐溶液的浓度、温度和pH值是影响盐类水解的重要因素。升高温度或稀释溶液等都可使盐类的水解度加大。

在难溶电解质饱和溶液中,多相离子平衡的平衡常数称为溶度积K_s。K_s的大小反映了难溶电解质溶解能力的大小。沉淀的生成和溶解是分离电解质的基本手段,根据溶度积规则可以判断沉淀的生成和溶解,若难溶电解质(A_mB_n)溶液中各离子浓度的乘积:

$c^m(A^{n+}) \cdot c^n(B^{m-}) > K_s$　有沉淀析出或溶液过饱和

$c^m(A^{n+}) \cdot c^n(B^{m-}) = K_s$　饱和溶液

$c^m(A^{n+}) \cdot c^n(B^{m-}) < K_s$　无沉淀析出或沉淀溶解

一种难溶电解质转化为另一种难溶电解质的过程称为沉淀转化,溶解度较大的难溶电解质可转化为溶解度较小的难溶电解质。

在一定温度下,用酸度计测得一系列已知不同浓度的醋酸溶液的pH。即可求得不同浓度醋酸溶液的电离度 $\alpha=\frac{c(H^+)}{c}$，根据醋酸的电离平衡，从而求出该温度下醋酸的电离平衡常数 $K_a=\frac{c\alpha^2}{1-\alpha}$。

2. 实验目的

①加深对电离平衡、同离子效应、盐类水解等知识的理解；
②学习缓冲溶液的配制并了解其缓冲作用；
③掌握溶度积规则及其应用；
④学会正确使用酸度计，了解弱酸电离常数的测定原理和方法。

3. 实验器材

(1)仪器　酸度计，离心机，50 mL 烧杯，滴定管，试管，玻棒。

(2)试剂　0.1 mol·L^{-1}、1 mol·L^{-1}、6 mol·L^{-1} HCl 溶液，6 mol·L^{-1} HNO_3 溶液，0.1 mol·L^{-1}、2 mol·L^{-1} HAc 溶液，0.1 mol·L^{-1}、2 mol·L^{-1} NaOH 溶液，0.1 mol·L^{-1}、2 mol·L^{-1} $NH_3 \cdot H_2O$ 溶液，0.1 mol·L^{-1} NaCl 溶液，0.02 mol·L^{-1} KI 溶液，0.1 mol·L^{-1} $CaCl_2$ 溶液，0.1 mol·L^{-1} $MgCl_2$ 溶液，0.1 mol·L^{-1} $FeCl_3$ 溶液，0.2 mol·L^{-1} $CuSO_4$ 溶液，0.2 mol·L^{-1} $ZnSO_4$ 溶液，0.2 mol·L^{-1} $MnSO_4$ 溶液，0.1 mol·L^{-1} $NaHCO_3$ 溶液，0.1 mol·L^{-1} $Al_2(SO_4)_3$ 溶液，0.1 mol·L^{-1} $AgNO_3$ 溶液，0.1 mol·L^{-1} K_2CrO_7 溶液，0.1 mol·L^{-1} $SbCl_3$ 溶液，0.01 mol·L^{-1} $Pb(Ac)_2$ 溶液，H_2S(饱和)，NaAc(s)，NH_4Cl(s)，$Fe(NO_3)_3 \cdot 9H_2O$(s)，pH 试纸(广泛和精密)，甲基橙指示剂，酚酞指示剂。

4. 实验方法

1)同离子效应

取 1 mL 的 0.1 mol·L^{-1}HAc 溶液于小试管中，滴一滴甲基橙，摇匀，观察溶液的颜色，然后加入少量的 NaAc(s)，振摇，观察溶液颜色的变化。

自行设计实验方案，用类似的方法证明同离子效应对氨水电离平衡的影响。

2)缓冲溶液

根据实验室提供的试剂配制 pH = 4.0、pH = 9.0 的两种缓冲溶液各 30 mL，用酸度计测其 pH。

0.1 mol·L^{-1} HAc　　0.1 mol·L^{-1} NaAc

0.1 mol·L^{-1} $NH_3 \cdot H_2O$　　0.1 mol·L^{-1} NH_4Cl

用上面配好的缓冲溶液分别加入 1 mL 的 0.1 mol·L^{-1} HCl 和 1 mL 的 0.1 mol·L^{-1} NaOH，用酸度计测定其 pH，说明缓冲溶液的性质。用蒸馏水作对照实验。

3)盐类水解

取少量 $Fe(NO_3)_3 \cdot 9H_2O$(s)，溶于约 6 mL 蒸馏水中，观察溶液的颜色，并用 pH 试纸测定溶液的 pH。然后分为 3 份，第一份留作比较，第二份加数滴 6 mol·L^{-1} HNO_3 溶液，第三份小火加热煮沸约 1min，观察颜色的变化。Fe(Ⅲ)的水合离子无色，水解产生的各种碱式盐为棕黄色。由观察到的颜色变化，说明加酸、加热对水解平衡有何影响？

取试管一支，尽量倒干水份，加入 0.5 mL 的 0.1 $mol \cdot L^{-1}$ $SbCl_3$，用水稀释，有白色沉淀($SbOCl$)生成，滴加 6 $mol \cdot L^{-1}$ HCl 溶液至沉淀消失，试解释观察到的现象？写出水解反应方程式。

$NaHCO_3$ 溶液可促进 $Al_2(SO_4)_3$ 溶液的水解，试用所给的这两种溶液混合(注意用量)，生成沉淀，离心分离，水洗两次，用实验方法证明沉淀为 $Al(OH)_3$ 而非 $Al_2(CO_3)_3$。

4)沉淀反应

在试管中加入 5 滴 0.01 $mol \cdot L^{-1}$的 $Pb(Ac)_2$ 和 5 滴 0.02 $mol \cdot L^{-1}$的 KI，混合均匀。

在另一支试管中加入 2 滴 0.01 $mol \cdot L^{-1}$ $Pb(Ac)_2$，用蒸馏水 4 mL 冲稀后再加 2 滴 0.02 $mol \cdot L^{-1}$ KI 溶液，混合均匀。

观察两支试管的现象是否相同？为什么？

(1)$Ca(OH)_2$、$Mg(OH)_2$ 和 $Fe(OH)_3$ 溶解度的比较　取 3 支试管，分别加入 0.5 mL 的 0.1 $mol \cdot L^{-1}$ $CaCl_2$，0.5 mL 的 0.1 $mol \cdot L^{-1}$ $MgCl_2$，0.5 mL 的 0.1 $mol \cdot L^{-1}$ $FeCl_3$，各加入数滴 2 $mol \cdot L^{-1}$的 NaOH，摇匀，观察沉淀的情况。

用 2 $mol \cdot L^{-1}$ $NH_3 \cdot H_2O$ 代替 NaOH 溶液作实验。

用 2 $mol \cdot L^{-1}$ $NH_3 \cdot H_2O$ 与饱和 NH_4Cl 等体积混合，用这个混合溶液代替(1)中 NaOH 溶液作实验。

根据 3 支试管生成沉淀的情况，比较 $Ca(OH)_2$、$Mg(OH)_2$ 和 $Fe(OH)_3$ 在水中的溶解度。通过上述实验能否设计出 Ca^{2+}、Mg^{2+}、Fe^{3+}混合溶液中分离出相应离子的办法？

(2)CuS、ZnS 和 MnS 溶解度的比较　取 3 支离心试管，分别加入 1 mL 的 0.2 $mol \cdot L^{-1}$ $CuSO_4$，1 mL 的 0.2 $mol \cdot L^{-1}$ $ZnSO_4$，1 mL 的 0.2 $mol \cdot L^{-1}$ $MnSO_4$，各加入 0.5 mL 的 1 $mol \cdot L^{-1}$ HCl，分别加入数滴饱和 H_2S，观察哪支离心试管有沉淀？在没有沉淀的试管中，加入少量 NaAc(s)，使溶液的 pH 值达到 4～5，哪支离心试管有沉淀？在没有生成沉淀的离心试管中，加数滴 2 $mol \cdot L^{-1}$的 $NH_3 \cdot H_2O$ 到有沉淀生成为止。

根据生成物的颜色(CuS 黑色、ZnS 白色、MnS 肉色)和沉淀生成的情况，比较它们在水中的溶解度大小。能否设计出 Cu^{2+}、Zn^{2+}、Mn^{2+}混合溶液中分离出相应离子的办法？

(3)沉淀的转化　$AgNO_3$ 溶液与 $K_2Cr_2O_7$ 溶液混合，可生成砖红色的 Ag_2CrO_4 沉淀，反应式如下：

$$4AgNO_3 + K_2Cr_2O_7 + H_2O = 2Ag_2CrO_4 \downarrow + 2KNO_3 + 2HNO_3$$

离心分离，洗涤沉淀，然后在沉淀上滴加 NaCl 溶液，观察砖红色沉淀逐渐变为白色的 AgCl 沉淀。试解释沉淀为什么能发生转化？

5)pH 法测定醋酸电离常数

取 4 只洗净烘干的 50 mL 小烧杯依次编成 1#～4#。

从酸式滴定管中分别向 1#、2#、3#、4#各小烧杯中准确放入 32.00 mL、16.00 mL、8.00 mL、4.00 mL 的 0.100 0 $mol \cdot L^{-1}$ HAc 溶液。

用碱式滴定管分别向 2#、3#、4#各小烧杯中准确放入 16.00 mL、24.00 mL、28.00 mL 的蒸馏水，并用小玻棒将杯中溶液搅混均匀。

用酸度计依次测定 4#～1#各小烧杯中醋酸溶液的 pH，并如实将测定数据记录于下表：

烧杯编号	HAc 溶液体积 V(HAc)/mL	H_2O 体积 $V(H_2O)$/mL	配制的 HAc 溶液浓度 $c(HAc)/(mol\cdot L^{-1})$	pH	H^+的浓度 $c(H^+)/(mol\cdot L^{-1})$	醋酸电离度 α/%	HAc 电离平衡常数 $K_a = c\alpha^2/(1-\alpha)$
1#							
2#							
3#							
4#							
醋酸电离平衡常数平均值 K(HAc)							

思考题

(1)什么叫同离子效应？你能设计出几类同离子效应？

(2)常见缓冲溶液有几种类型？配制缓冲溶液应注意哪些问题？

(3)如何抑制或促进盐类水解？举例说明。

(4)沉淀溶解和转化的条件是什么？

实验 21　氧化还原反应与电极电势

1. 实验概述

物质氧化还原能力的大小与其本性有关，一般可从电极电势大小来判断。电极电势代数值越大，表示氧化还原电对所对应的氧化态物质的氧化能力越强，还原态物质的还原能力越弱；电极电势代数值越小，表示所对应的还原态物质的还原能力越强，氧化态物质的氧化能力越弱。

利用氧化还原反应产生电流的装置叫做原电池。原电池的电动势等于正极的电极电势减负极的电极电势。电极电势与组成原电池正负极的物质在水溶液中离子浓度的关系可用能斯特公式表示：

$$E = E^{\ominus} + \frac{0.0529}{n}\lg\frac{c(\text{氧化态})/c^{\ominus}}{c(\text{还原态})/c^{\ominus}}$$

氧化还原反应进行的方向，可以根据反应的吉布斯自由能 ΔG 来判断。根据 $\Delta G = -nFE$，若 $\Delta G < 0$，则 $E > 0$，反应可以正方向自发进行，即作为氧化剂物质的电对的电极电势代数值应大于作为还原剂物质的电对的电极电势。当氧化剂和还原剂的电极电势相差较大时，通常可直接用标准电极电势来判断，即 $E_+^{\ominus} > E_-^{\ominus}$，反应向正方向进行。若两者的标准电极电势代数值相差不大时，则应考虑浓度、介质的酸碱性等对电极电势的影响，此时，可按能斯特方程式进行计算。如果在溶液中同时存在多种氧化剂（或还原剂），而它们又能与同一还原剂（或氧化剂）发生氧化还原反应，则电极电势差值最大的先发生反应。

2. 实验目的

①加深对原电池、电极电势等概念的理解;
②了解浓度、酸度对电极电势的影响;
③学会应用电极电势判断物质氧化还原能力的相对强弱和氧化还原反应的顺序;
④了解电极电势、介质的酸碱性和反应物浓度等对氧化还原反应的影响。

3. 实验器材

(1)仪器　试管、离心试管、50 mL 烧杯、250 mL 烧杯、电炉、酒精灯、酸度计、盐桥、锌片、铜片、KI-淀粉试纸、pH 试纸、砂纸。

(2)试剂　3 $mol \cdot L^{-1}$、6 $mol \cdot L^{-1}$ H_2SO_4 溶液,1 $mol \cdot L^{-1}$ 浓 HCl 溶液,2 $mol \cdot L^{-1}$ HNO_3 溶液,6 $mol \cdot L^{-1}$ HAc 溶液,3 $mol \cdot L^{-1}$ NaOH 溶液,0.100 0 $mol \cdot L^{-1}$ $ZnSO_4$ 溶液,浓 $NH_3 \cdot H_2O$,0.100 0 $mol \cdot L^{-1}$ $CuSO_4$ 溶液,0.1 $mol \cdot L^{-1}$ KI 溶液,0.1 $mol \cdot L^{-1}$ KBr 溶液,0.01 $mol \cdot L^{-1}$、0.1 $mol \cdot L^{-1}$ $KMnO_4$ 溶液,0.1 $mol \cdot L^{-1}$ $FeCl_3$ 溶液,0.1 $mol \cdot L^{-1}$ $FeSO_4$ 溶液,0.1 $mol \cdot L^{-1}$ $SnCl_2$ 溶液,0.1 $mol \cdot L^{-1}$ KSCN 溶液,饱和 $NaNO_2$ 溶液,0.1 $mol \cdot L^{-1}$ $KClO_3$ 溶液,0.1 $mol \cdot L^{-1}$ $Na_3A_3O_4$ 溶液,$MnO_2(s)$,$Na_2SO_3(s) \cdot Br_2 \cdot H_2O$,$I_2 \cdot H_2O$,$CCl_4$,2% 淀粉液。

4. 实验方法

1)原电池电动势与电极电势的测定

(1)Cu-Zn 原电池电动势的测定　按下列电池符号组装原电池:

$$Zn \mid ZnSO_4(0.1\ mol \cdot L^{-1}) \parallel CuSO_4(0.1\ mol \cdot L^{-1}) \mid Cu$$

用酸度计测出该原电池电动势,记录数据。

(2)Zn^{2+}/Zn 电极电势的测定　将 Zn 片和甘汞电极插入 0.1 $mol \cdot L^{-1}$ $ZnSO_4$ 溶液中,即组成 Hg-Zn 原电池。

$$Zn \mid ZnSO_4(0.1\ mol \cdot L^{-1}) \parallel KCl(\text{饱和}) \mid Hg_2Cl_2(s) \mid Hg\text{-}Pt$$

测定电动势,记录数据及实验时的室温,计算 $E(Zn^2 +/Zn)$。

已知饱和甘汞电极的电极电势为:

$$E(\text{甘汞}) = +0.241\ 5\ V$$

甘汞电极的电极电势随温度的变化略有改变,可按下式进行计算:

$$E(\text{甘汞}) = +0.241\ 5\ V - 0.000\ 65(t-25)V$$

式中,t 取摄氏温度值不带℃。

(3)Cu^{2+}/Cu 电极电势的测定　装置下列原电池:

$$Pt\text{-}Hg \mid Hg_2Cl_2(s) \mid KCl(\text{饱和}) \parallel CuSO_4(0.1\ mol \cdot L^{-1}) \mid Cu$$

测定电动势,记录数据和实验时的室温,计算 $E(Cu^{2+}/Cu)$。

2)电极电势与氧化还原反应的关系

①用下列试剂:0.1 $mol \cdot L^{-1}$ KI,0.1 $mol \cdot L^{-1}$ $FeCl_3$,0.1 $mol \cdot L^{-1}$ KBr,0.1 $mol \cdot L^{-1}$ $KMnO_4$,3 $mol \cdot L^{-1}$ H_2SO_4,CCl_4(萃取剂)。

设计方案,证明 I^- 的还原能力大于 Br^- 的还原能力。

②用下列试剂:$Br_2 \cdot H_2O$,$I_2 \cdot H_2O$,0.1 mol·L^{-1} $SnCl_2$,0.1 mol·L^{-1} $FeSO_4$,CCl_4。

设计方案,证明 Br_2 的氧化能力大于 I_2 的氧化能力。

③于试管中加入5滴0.1 mol·L^{-1} $FeCl_3$ 和2滴0.01 mol·L^{-1} $KMnO_4$,摇匀。逐滴加入0.1 mol·L^{-1} $SnCl_2$,振摇试管,待 $KMnO_4$ 溶液褪色后,加入1滴0.1 mol·L^{-1} KSCN,再滴加 $SnCl_2$ 溶液至血红色消失。

根据以上实验结果,比较 Br_2/Br^-、I_2/I^-、Fe^{3+}/Fe^{2+}、MnO_4^-/Mn^{2+} 和 Sn^{4+}/Sn^{2+} 5个电对的电极电势的相对大小,并说明电极电势与氧化还原反应方向及顺序的关系,写出有关反应式。

3)浓度对氧化还原反应的影响

于50 mL烧杯中加入5 mL的0.1 mol·L^{-1} $CuSO_4$,加入浓氨水,至形成深蓝色的铜氨配位化合物后,测量电极电势,与实验1(3)比较,有什么变化?为什么?

在2支试管中分别加入1 mL浓HCl和1 mol·L^{-1} HCl,再各加入少量 MnO_2(s),观察现象,并用润湿的KI淀粉试纸检查有无 Cl_2 气产生?(注意 Cl_2 可把 I_2 进一步氧化成 IO_3^-;Cl_2 有毒,反应应在通风橱中进行)。试从电极电势的变化加以解释,并写出有关反应式。

4)介质对氧化还原反应的影响

①酸度对含氧酸盐氧化性的影响　取4~5滴0.1 mol·L^{-1} $KClO_3$ 溶液,加入4~5滴饱和 $NaNO_2$ 溶液,混匀后,有无变化?再滴加2 mol·L^{-1} HNO_3,又有何变化?如何检验溶液中 Cl^- 有存在?写出有关反应式并解释。

取0.5 mL的0.1 mol·L^{-1} $FeSO_4$,加入4~5滴0.1 mol·L^{-1} $KClO_3$,混匀后,有无变化?再滴加3 mol·L^{-1} H_2SO_4,又有何变化?如何检验溶液中有 Fe^{3+} 存在?写出有关反应式并解释。

②酸度对氧化还原反应速度的影响　在2支各盛有1 mL的0.1 mol·L^{-1} KBr的试管中,分别加入0.5 mL的6 mol·L^{-1} H_2SO_4 和0.5 mL的6 mol·L^{-1} HAc,然后各加入2滴0.01 mol·L^{-1} $KMnO_4$,观察并比较2支试管中紫红色褪色的快慢,写出反应式并解释。

③介质的酸碱性对氧化还原反应方向的影响　于试管中加入1 mL的0.1 mol·L^{-1} KI,3滴0.2%淀粉液,再加入1 mL的0.1 mol·L^{-1} Na_3AsO_4,摇匀。滴加3 mol·L^{-1} H_2SO_4 不断振摇试管,有何现象?再滴加3 mol·L^{-1} NaOH(注意溶液 $pH<9$),又有何现象?写出反应方程式并解释。

④介质的酸碱性对氧化还原反应产物的影响　用0.01 mol·L^{-1} $KMnO_4$ 作氧化剂,Na_2SO_3(s)作还原剂,拟定实验方案,证明在酸性、中性及碱性介质中,$KMnO_4$ 被还原的产物不同。写出反应式。

思考题

(1)什么叫电极电势?如何确定它的大小?浓度、酸碱度对电极电势有何影响?

(2)介质的酸碱性对哪些氧化还原反应有影响?为什么?$KClO_3$、$K_2Cr_2O_7$ 作氧化剂为什么必须在酸性介质中才具有强氧化性?

(3)能否用电极电势来解释氧化还原反应的快慢？为什么？

(4)如何确定原电池的正负极？Cu-Zn 原电池的两溶液之间为什么必须加盐桥？

实验 22 s 区元素——碱金属和碱土金属

1. 实验概述

周期系ⅠA、ⅡA 族元素分别称为碱金属、碱土金属。碱金属包括：Li、Na、K、Rb、Cs、Fr，碱土金属包括：Be、Ca、Mg、Sr、Ba、Ra，价电子构型分别为 ns^1、ns^2，所以，其单质的化学性质常表现为还原性。碱金属氢氧化物易溶于水(或醇类)，而碱土金属的氢氧化物在水中的溶解度却较小。碱金属的盐类也易溶于水，只有少数溶解性差。但碱土金属的盐类大多数是难溶的，其中碳酸盐、磷酸盐和草酸盐都是难溶的，而硫酸盐和铬酸盐的溶解度差别较大，$BaSO_4$ 和 $BaCrO_4$ 的溶解度最小，$MgSO_4$ 和 $MgCrO_4$ 等则易溶。因此，在化学领域，广泛应用溶解度的不同来分离、鉴定碱金属和碱土金属。

2. 实验目的

①了解金属钠、钾、钙、镁的活泼性及递变规律；

②了解 Li、Na、K 盐的溶解性能；

③比较 Mg、Ca、Ba 的氢氧化物、草酸盐、碳酸盐、铬酸盐和硫酸盐的溶解性。

3. 实验器材

(1)仪器 250 mL 烧杯，坩埚，漏斗，镊子，试管，温度计，pH 试纸，滤纸，砂纸。

(2)试剂 2 mol·L^{-1} 浓 H_2SO_4 溶液，2 mol·L^{-1} HCl 溶液，2 mol·L^{-1} HAc 溶液，2 mol·L^{-1} NaOH 溶液(新配)，6 mol·L^{-1} $NH_3·H_2O$ 溶液，0.5 mol·L^{-1}、1 mol·L^{-1} LiCl 溶液，0.5 mol·L^{-1} NaCl 溶液，0.5 mol·L^{-1} KCl 溶液，0.5 mol·L^{-1}、0.1 mol·L^{-1} $MgCl_2$ 溶液，0.5 mol·L^{-1}、0.1 mol·L^{-1} $CaCl_2$ 溶液，0.5 mol·L^{-1}、0.1 mol·L^{-1} $SrCl_2$ 溶液，0.5 mol·L^{-1}、0.1 mol·L^{-1} $BaCl_2$ 溶液，饱和 $(NH_4)_2C_2O_4$ 溶液，饱和 NH_4Cl 溶液，0.5 mol·L^{-1} Na_2SO_4 溶液，饱和 $(NH_4)_2SO_4$ 溶液，0.1 mol·L^{-1} K_2CrO_4 溶液，0.1 mol·L^{-1} $KMnO_4$ 溶液，0.1 mol·L^{-1} KI 溶液，1 mol·L^{-1} Na_2CO_3 溶液，饱和 $K[Sb(OH)_6]$ 溶液，饱和 $NaHC_4H_4O_6$ 溶液，1 mol·L^{-1} NaF 溶液，1 mol·L^{-1} Na_2HPO_4 溶液，甲醇，酚酞，Na(s)，K(s)，Ca(s)，Mg(s)，Na_2O_2(s)，LiCl(s)，NaCl(s)，KCl(s)。

4. 实验方法

1)金属钠、钾、钙、镁活泼性的比较[1]

用下列器材：Na(s)、K(s)、Ca(s)、Mg(s)、1% 酚酞溶液、蒸馏水、坩埚、镊子，滤纸，设计试验方案，验证金属钠、钾、钙、镁的活泼性顺序，并用标准电极电势($E^{\ominus}$)解释。

2)过氧化钠的性质

(1)过氧化钠的碱性　取自制的过氧化钠[2],用pH试纸测定其酸碱性。

(2)过氧化钠的不稳定性　在少量的Na_2O_2固体中加入2 mL蒸馏水,微热。观察是否有气体放出,检验气体是否为氧气?并写出相关化学反应方程式。

(3)过氧化钠的氧化还原性　用下列试剂:0.1 mol·L^{-1} $KMnO_4$,0.1 mol·L^{-1} KI,2 mol·L^{-1} H_2SO_4,Na_2O_2(s),设计方案,证明Na_2O_2既具有氧化性又具有还原性,试验并写出相关化学反应方程式。

3)锂、钠、钾盐的溶解性

(1)微溶性锂盐的生成　在3支试管中各加入少量1 mol·L^{-1} LiCl,然后分别滴加1 mol·L^{-1} NaF、1 mol·L^{-1} Na_2CO_3及1 mol·L^{-1} $NaHPO_4$,观察现象,必要时可微热,并写出相关化学反应方程式。

(2)微溶性钠盐的生成　在1支试管中加入1 mL的1 mol·L^{-1} NaCl,再加入1 mL饱和$K[Sb(OH)_6]$,放置数分钟,如无晶体析出,可用玻璃棒摩擦试管内壁[3],观察现象,该过程的化学反应方程式为:

$$NaCl + K[Sb(OH)_6] = Na[Sb(OH)_6] + KCl$$

(3)微溶性钾盐的生成　在1 mL的1 mol·L^{-1} KCl中,加入1 mL的饱和酒石酸氢钠($NaHC_4H_4O_6$),观察$KHC_4H_4O_6$(s)的生成(如无晶体析出,可采取与(2)同样的操作),该过程的化学反应方程式为:

$$KCl + NaHC_4H_4O_6 = KHC_4H_4O_6 + NaCl$$

4)碱土金属氢氧化物的溶解性

在4支试管中,分别加入0.5 mL的0.5 mol·L^{-1} $MgCl_2$,0.5 mol·L^{-1} $CaCl_2$,0.5 mol·L^{-1} $SrCl_2$,0.5 mol·L^{-1} $BaCl_2$。然后,再各加入等体积新配制的0.5 mol·L^{-1} NaOH。加热观察生成沉淀的情况,比较溶解度大小,并通过溶度积规则解释现象。

用新配制的4 mol·L^{-1} $NH_3·H_2O$代替NaOH溶液,重复上述实验,观察现象,并对两者进行比较。为什么有的试管中能生成沉淀,而有的则不能?在有沉淀生成的试管中加入饱和NH_4Cl溶液,观察现象并解释。

5)碱土金属难溶盐溶解性的比较

(1)碳酸盐　在试管中加入2~3滴0.1 mol·L^{-1} $MgCl_2$,再加入1滴0.1 mol·L^{-1} Na_2CO_3,观察有无白色沉淀生成[$Mg_2(OH)_2CO_3$],继续滴加Na_2CO_3溶液,有何现象?请解释。

分别用0.1 mol·L^{-1} $CaCl_2$,0.1 mol·L^{-1} $BaCl_2$代替$MgCl_2$溶液,重复上述实验,有何现象?观察这些沉淀在2 mol·L^{-1}HAc中的溶解情况。

(2)草酸盐　分别用$MgCl_2$、$CaCl_2$、$BaCl_2$ 3种溶液与饱和$(NH_4)_2C_2O_4$溶液作用(控制用量),观察有无沉淀生成。分别观察这些沉淀在2 mol·L^{-1} HAc和2 mol·L^{-1} HCl中的溶解情况,写出相关的化学反应方程式。

(3)铬酸盐　分别用0.5 mol·L^{-1} $MgCl_2$,0.5 mol·L^{-1} $CaCl_2$,0.5 mol·L^{-1} $SrCl_2$,0.5 mol·L^{-1} $BaCl_2$与0.1 mol·L^{-1} $K_2Cr_2O_7$作用。观察有无沉淀,分别观察这些沉淀在2 mol·L^{-1} HAc和2 mol·L^{-1} HCl中的溶解情况,并解释[4]。

(4)硫酸盐　用0.5 mol·L^{-1} Na_2SO_4与$MgCl_2$、$CaCl_2$和$BaCl_2$溶液作用,观察反应产物

的颜色和状态。在盛有 1 mL$CaCl_2$ 和 $BaCl_2$ 溶液的试管中各加入 3 滴饱和$(NH_4)_2SO_4$ 溶液，观察现象(若无沉淀,检查是否形成过饱和溶液)。写出相关的化学反应方程式。

通过上述 4 个实验,比较 Mg、Ca、Ba 的草酸盐、碳酸盐、铬酸盐和硫酸盐的溶解性。

[注释]

[1]活泼金属钠、钾与水作用猛烈,可能发生火花和炸裂的现象,因此,实验时应该取量宜少,以保证安全。

钠、钾在空气中易氧化燃烧,因此,常以长条块保存于轻质煤油中。使用时用镊子夹离煤油,放于滤纸上(吸干煤油),刮去表面氧化物轻轻切割成所需小块(要避免摩擦氧化)。留于滤纸上的碎屑,应倾上少许酒精,使其作用而成化合物,以免煤油干后,金属钠、钾在空气中燃烧而引发事故。金属钠、钾和 Na_2O_2 不能与皮肤接触,以防灼伤。

[2]自制 Na_2O_2:首先用滤纸吸干金属 Na 表面的煤油,并立即置于坩埚中加热至金属钠刚刚开始燃烧,停止加热,生成淡黄色的 Na_2O_2。

[3]有些物质的溶液在冷却过程中,易形成过饱和溶液。摩擦器壁、振荡溶液或外加晶种等方法可以破坏过饱和状态。

[4]$CaCrO_4$、$SrCrO_4$ 和 $BaCrO_4$ 的溶解度依次减小,所以,通常条件下 $SrCrO_4$、$BaCrO_4$ 沉淀生成时,$CaCrO_4$ 沉淀不能析出。

思考题

(1)为什么在比较 $Mg(OH)_2$、$Ca(OH)_2$ 和 $Ba(OH)_2$ 的溶解度时,所用 NaOH 溶液必须是新配的?

(2)为什么从 $SrCrO_4$ 和 $BaCrO_4$ 能否溶于 HCl 和 HAc 就可以比较出其溶解度的相对大小?

(3)往 $BaCl_2$、$CaCl_2$ 的水溶液中,分别加入 $MgCO_3$,接着加入 HAc,再加入 $KCrO_4$ 时,有何现象?写出反应式。

实验 23 p 区元素——卤素

1. 实验概述

周期系ⅦA 族元素包括 F、Cl、Br、I 称为卤素,外层电子构型为 ns^2np^5。因此,在化合物中最常见的氧化数为 -1,除氟外,氯、溴、碘还能呈现正氧化数。随着核电荷数的增加,原子半径增大,卤素的氧化能力依次减弱,即 $F_2 > Cl_2 > Br_2 > I_2$,还原能力则按 $F^- < Cl^- < Br^- < I^-$ 的顺序递增。

卤素单质具有很强的化学活泼性,在一定条件下能与一些非金属单质和金属单质作用。氯、溴、碘的单质在水或碱性溶液中易发生歧化反应,随着反应温度、碱溶液浓度的改变,歧化反应产物不同。

氯、溴和碘有 HXO、HXO_2、HXO_3、HXO_4 4 种类型的含氧酸,大多数的含氧酸仅存在于溶液中。将卤素的含氧酸还原到卤素单质或阴离子时,一般情况下,氯的氧化能力随氧化数的增高而减小；而溴和碘的上述规律常被高溴酸和高碘酸所打乱。常温下 BrO^- 很快发生歧化反应，IO^- 在溶液中不存在，因此讨论 IO^- 的氧化性并无实际意义。氯酸盐、次氯酸盐的氧化性在酸性介质中比在碱性介质中强。

2. 实验目的

①了解卤素的氧化性、还原性及其递变规律；
②了解氯、溴、碘单质的歧化反应及条件；
③掌握 HClO 和氯酸盐的制备及氧化性；
④了解 Cl_2、Br_2、$KClO_3$ 等有害物质的安全操作[1]。

3. 实验器材

(1)仪器　台秤，试管，500 mL、300 mL、50 mL 烧杯，250 mL 蒸馏瓶，100 mL 分液漏斗，100 mL 量筒，玻璃砂漏斗，吸滤瓶，干燥管，酒精灯，PbAc 试纸，KI-淀粉试纸，冰，玻璃丝。

(2)试剂　3 mol·L^{-1}浓 H_2SO_4，浓 HCl，2 mol·L^{-1} NaOH 溶液，2 mol·L^{-1}、6 mol·L^{-1} KOH 溶液，0.1 mol·L^{-1} KBr 溶液，0.1 mol·L^{-1}、0.01 mol·L^{-1} KI 溶液，0.1 mol·L^{-1} Na_2SO_3 溶液，0.1 mol·L^{-1} KIO_3 溶液，0.1 mol·L^{-1} $MnSO_4$ 溶液，氯水，1∶4溴水，碘水，硫化氢水溶液，CCl_4，品红溶液，1%淀粉溶液，KI(s)，KBr(s)，NaCl(s)，MnO_2(s)，$KClO_3$(s)。

4. 实验方法

1)卤素的氧化性

(1)卤素单质的置换次序　在试管中加入 3 滴 0.1 mol·L^{-1} KBr，5 滴 CCl_4，再滴加氯水，边滴边振荡。观察 CCl_4 和水层的颜色(Br_2 溶于苯或 CCl_4 中，浓度小时呈橙黄色，浓度大时呈橙红色)。

在试管中加 1 滴 0.1 mol·L^{-1} KI 溶液，5 滴 CCl_4，再滴加氯水，边滴边振荡。观察 CCl_4 和水层的颜色(I_2 溶于苯或 CCl_4 中呈紫红色，溶于水呈红棕色或黄棕色)。

在试管中加 1 滴 0.1 mol·L^{-1} KI，5 滴 CCl_4，再滴加溴水，边滴边振荡。观察 CCl_4 层的颜色。

(2)氯水对溴、碘离子混合溶液的氧化顺序　在试管中加入 1 mL 的 0.1 mol·L^{-1} KBr 和 1 滴 0.1 mol·L^{-1} KI，再加入 0.5 mL 的 CCl_4，逐滴加入氯水，每加 1 滴氯水，即振荡 1 次试管，仔细观察 CCl_4 层的颜色变化，根据 CCl_4 层先后出现的不同颜色，写出相应的化学反应方程式，并用电极电势解释。

(3)碘水与硫化氢水溶液的反应　在碘水中滴加饱和的硫化氢水溶液，观察现象，写出相应的化学反应方程式。

通过上述实验总结卤素的氧化性及其变化规律。

2)卤素的还原性

往盛有少量(黄豆大小)KI(s)的试管中，加入 0.5 mL 的浓 H_2SO_4，反应发生后有 I_2 和 H_2S 气体产生，从碘蒸汽的紫色证实 I_2 的存在，用 $Pb(Ac)_2$ 试纸检查 H_2S 气体的产生，相关的化学反应方程式为：

$$8KI + 9H_2SO_4 \longrightarrow 8KHSO_4 + H_2S\uparrow + 4I_2 + 4H_2O$$

$$H_2S + Pb(Ac)_2 \longrightarrow PbS\downarrow + 2HAc$$

用 KBr(s)代替 KI(s)重复上述实验，反应产物应为 Br_2、SO_2 和少量的 HBr 气体。用 KI-淀粉试纸检验 Br_2。相关的化学反应方程式为：

$$2KBr + 3H_2SO_4 \longrightarrow 2KHSO_4 + SO_2\uparrow + Br_2 + 2H_2O$$

$$Br_2 + 2KI \longrightarrow I_2 + 2KBr$$

如何证明有 SO_2 气体产生而没有 H_2S 气体产生？

用 NaCl(s)代替 KI(s)重复上述实验，证明生成的气体只有 HCl 而无 Cl_2、H_2S 或 SO_2，并写出相关的化学反应方程式。

往盛有少量 NaCl(s)和 MnO_2(s)混合物的试管中加入 1 mL 浓 H_2SO_4，微热，观察现象，从气体的颜色和气味判断反应物，并写出相关的化学反应方程式。

通过上述实验总结卤素的还原性及其变化规律。

3) Cl、Br、I 单质的歧化反应

(1) Cl_2 的歧化反应　取氯水 10 mL 逐滴加入 2 $mol \cdot L^{-1}$ NaOH 至溶液呈弱碱性(用 pH 试纸检验)。将溶液分成 5 份，第一份溶液与 2 $mol \cdot L^{-1}$ HCl 反应，检验有何种气体产生？写出相关的化学反应方程式，另外 4 份留作次氯酸钠氧化性实验用。

另取 5 mL 的 6 $mol \cdot L^{-1}$ KOH，水浴加热溶液至近沸后通入氯气，待有晶体析出后，用冰水冷却试管，滤去溶液，观察产物状态，写出相关的化学反应方程式。晶体留作氯酸钾氧化性实验用。

(2) Br_2 的歧化反应　取 0.5 mL 溴水，滴加 2 $mol \cdot L^{-1}$ NaOH，边滴边振荡试管，观察溶液颜色的变化，再滴加 3 $mol \cdot L^{-1}$ H_2SO_4，颜色有何变化？写出相关的化学反应方程式。

(3) I_2 的歧化反应　取 0.5 mL 碘水，滴加 1 ~ 2 滴 1% 淀粉溶液，重复上述实验，观察现象，写出相关的化学反应方程式。

应用氯、溴、碘的元素电势图解释所观察的现象。

4) 次氯酸盐和氯酸盐的性质

(1) 次氯酸钠的氧化性　用自制的 NaClO 溶液进行下列实验：

①与浓盐酸反应：取 0.5 mL 的 NaClO，滴加浓盐酸，观察有何气体产生(检验)，写出相关的化学反应方程式。

②与 $MnSO_4$ 溶液反应：取 1 mL 的 NaClO，加入 4 ~ 5 滴 0.1 $mol \cdot L^{-1}$ $MnSO_4$。观察有无沉淀产生。若有，呈何颜色？写出相关的化学反应方程式。

③与品红溶液反应：取 1 mL 品红溶液，滴加 NaClO 溶液，观察品红溶液是否褪色？

④与 KI 溶液反应：取约 0.5 mL 的 0.1 $mol \cdot L^{-1}$ KI，慢慢滴加 NaClO 溶液，观察 I_2 的生成，并检验，写出相关的化学反应方程式。

通过实验总结次氯酸及其盐的化学性质，并对比次氯酸及其次氯酸盐的存在形式、稳定性、氧化还原能力等的区别。

(2) $KClO_3$ 的氧化性

①与浓盐酸的反应：取少量 $KClO_3$ 晶体或 $KClO_3$ 溶液，滴加浓盐酸，观察产生气体的颜色，相关的化学反应方程式为[2]：

$$8KClO_3 + 24HCl \xlongequal{} 9Cl_2 + 8KCl + 6ClO_2(\text{黄}) + 12H_2O$$

②与 KI 溶液的反应：取少量 $KClO_3$ 晶体，加水溶解，再加 3 ~ 5 滴 0.1 $mol \cdot L^{-1}$ KI 和少量 CCl_4、振荡，观察水层和 CCl_4 层的颜色有何变化？再加入 1 mL 的 3 $mol \cdot L^{-1}$ H_2SO_4，振荡，观察现象，写出相关的化学反应方程式。总结 $KClO_3$ 氧化性受介质酸碱性的影响，比较氯酸及其盐的氧化能力、稳定性的规律。

通过上述实验比较次氯酸及其盐与氯酸及其盐的氧化性强弱。

5）碘酸盐的氧化性

在试管中加入 0.5 mL 的 0.1 $mol \cdot L^{-1}$ KIO_3，再加入几滴 3 $mol \cdot L^{-1}$ H_2SO_4 酸化后加入 1 滴淀粉溶液，滴加 0.1 $mol \cdot L^{-1}$ Na_2SO_3，观察现象，写出相关的化学反应方程式。若体系不酸化，情况又如何？为什么？

6）设计实验

①现有一含 Cl^-、Br^-、I^- 的混合液，试拟出分离、鉴定 3 种卤素离子的实验方案，并进行实验，描述观察到的现象，写出相关的化学反应方程式。

②有 3 瓶未贴标签的白色固体，它们分别是 KClO、$KClO_3$ 与 $KClO_4$，试拟鉴别方案并进行实验，描述观察到的现象，写出相关的化学反应方程式。

[注释]

[1]氯气有毒且有刺激性，人体吸入后会刺激气管粘膜，引起咳嗽和喘息。因此，有氯气产生的实验应在通风橱内进行。

溴液具有很强的腐蚀性，会灼伤皮肤，严重时能使皮肤溃烂，故移取溴液时应戴橡皮手套。溴水的腐蚀性虽较溴弱，使用时，也应用滴管吸取，以免溴水接触皮肤，若不慎把溴水溅在手上，可用水冲洗，再用酒精洗涤。

溴蒸汽对气管、肺、眼、鼻、喉都有强刺激作用，故进行有溴产生的实验时，应在通气橱内操作，若不慎吸入了溴蒸汽，可吸入少量氨气和新鲜空气解毒。

氯酸钾是强氧化剂，它与硫、磷、碳混合后形成炸药。因此，绝不能把它们混在一起保存。氯酸钾易水解，不宜大力研磨或烘烤，若需烘干，一定要严格控制温度，不能过高。

用氯酸钾进行实验后，应将剩余物回收，不要直接倒入废液缸中。

[2]为使实验现象明显，应加入足量 HCl。但是，反应不能加热，因为产物中有 ClO_2 生成，此物无论是气态还是液态皆易爆炸。

思考题

(1)在进行卤素还原性实验时往往会产生一些有毒气体，应注意哪些安全问题？

(2)如何区别次氯酸钠溶液和氯酸钾溶液？本实验中哪些实验可以比较出次氯酸钠和氯酸钾的氧化性？在水溶液中氯酸钾的氧化性与介质有何关系？

(3)KI(s)与过量浓 H_2SO_4 反应时，用 $Pb(Ac)_2$ 试纸反而不易检查到 H_2S 气体，为什么？

(4)在进行 KIO_3 的氧化性实验时，如果在试管中先加入 Na_2SO_3 溶液和其他溶液，然后再加入 KIO_3 溶液，实验现象有何不同？为什么？

实验 24 p 区元素——硫

1. 实验概述

硫元素位于周期表的第三周期、ⅦA 族，价电子构型为 $2s^22p^4$，能形成氧化数为 -2、+2、+4、+8 的稳定化合物。其中，-2、+2 价的化合物具有较强的还原性。例如 H_2S、Na_2SO_3 等是实验室常用的还原剂。

大多数金属硫化物具有不同颜色和溶解性，如硫化锌白色，溶于稀酸；硫化镉为黄色，溶于浓酸；硫化铜为黑色，溶于硝酸等。由于难溶金属硫化物的生成和在酸中的溶解性与溶度积有一定关系，所以，可根据弱酸的电离平衡常数、酸度、硫化物的溶度积进行相关计算。

常利用 S^{2-} 离子与酸作用生成能使 $Pb(Ac)_2$ 试纸变黑，并具有臭味（毒性）的 H_2S 来进行鉴定；也可以利用其在弱酸性条件下与亚硝酰铁氰化钠（$Na_2[Fe(CN)_5NO]$）作用生成紫红色配合物来鉴定，化学反应式为：

$$S^{2-} + [Fe(CN)_5NO]^{2-} \xlongequal{} [Fe(CN)_5NOS]^{4-}$$

可溶性硫化物的溶液能够溶解单质硫生成多硫化合物。多硫化物的颜色随着 S 的增加由黄色、橙黄，至红色。

$S_2O_3^{2-}$ 除具有还原性外，还具有与某些金属离子生成配离子的性质，如：

$$Ag^+ + 2S_2O_3^{2-} \xlongequal{} [Ag(S_2O_3^{2-})_2]^{3-}$$

Ag^+ 与少量 $S_2O_3^{2-}$ 反应，首先生成白色 $Ag_2S_2O_3$ 沉淀，但迅速变为黄色、棕色至黑色的 Ag_2S 沉淀，利用此特性可以鉴别 $S_2O_3^{2-}$：

$$2AgNO_3 + Na_2S_2O_3 \xlongequal{} Ag_2S_2O_3\downarrow + 2NaNO_3$$

$$Ag_2S_2O_3 + H_2O \xlongequal{} Ag_2S\downarrow + H_2SO_4$$

氧化数为 +4 的硫化物既有氧化性又具还原性，通过实验验证它们氧化还原性的相对强弱。

过二硫酸及其盐是强氧化剂，在 Ag^+ 离子的催化下能将 Mn^{2+} 氧化为 MnO_4^- 离子，此性质可用来鉴定 Mn^{2+} 或 $S_2O_8^{2-}$。

2. 实验目的

①了解 H_2S、硫代硫酸盐的还原性，SO_2 的氧化还原性，以及过二硫酸盐的氧化性；

②了解金属硫化物的溶解性；

③掌握离心分离操作。

3. 实验器材

(1)仪器　台秤，离心机，150 mL 烧杯，200 mL 烧杯，点滴板，100 mL 量筒，10 mL 量筒，离心试管，试管，蒸发皿，分液漏斗，蒸馏瓶，滤纸，pH 试纸，$Pb(Ac)_2$ 试纸。

(2)试剂　2 mol·L^{-1}浓 H_2SO_4 溶液，1 mol·L^{-1}、2 mol·L^{-1}、6 mol·L^{-1}浓 HCl 溶液，

6 mol · L^{-1}浓 HNO_3 溶液，2 mol · L^{-1} NH_3 · H_2O 溶液，0.1 mol · L^{-1} $KMnO_4$ 溶液，0.1 mol · L^{-1} KI 溶液，0.1 mol · L^{-1}饱和 $ZnSO_4$ 溶液，0.1 mol · L^{-1} $CdSO_4$ 溶液，0.1 mol · L^{-1} $CuSO_4$ 溶液，0.1 mol · L^{-1} $Hg(NO_3)_2$ 溶液，0.1 mol · L^{-1} $AgNO_3$ 溶液，0.1 mol · L^{-1} Na_2S 溶液，1% $Na_2[Fe(CN)_5NO]$溶液，0.01 mol · L^{-1} $K_4[Fe(CN)_5NO]$溶液，0.1 mol · L^{-1} $K_2Cr_2O_7$ 溶液，0.1 mol · L^{-1} $Na_2S_2O_3$ 溶液，0.002 mol · L^{-1} $MnSO_4$ 溶液，碘水，氯水，饱和 SO_2 水溶液，饱和硫化氢水溶液，品红溶液，$Na_2SO_3(s)$，$K_2SO_3(s)$，硫磺粉，活性炭。

4. 实验方法

1) H_2S 和硫化物[1]

(1) H_2S 的还原性　在 3% H_2O_2 溶液*中，滴加饱和 H_2S 水溶液，观察现象，写出相应的化学反应方程式。

在试管中加入 1 ~2 滴 0.1 mol · L^{-1} $KMnO_4$，并加入 2 mol · L^{-1} H_2SO_4 酸化，再逐滴加入饱和 H_2S 水溶液，观察现象，写出相应的化学反应方程式。

(2) 硫化物的溶解性　在 5 支离心试管中分别加入 1 滴 0.1 mol · L^{-1} NaCl、0.1 mol · L^{-1} $ZnSO_4$、0.1 mol · L^{-1} $CdSO_4$、0.1 mol · L^{-1} $CuSO_4$ 和 0.1 mol · L^{-1} $Hg(NO_3)_2$，然后滴加约 1 mL 饱和 H_2S 溶液，观察是否都有沉淀产生，记录各种沉淀的颜色。离心沉降，吸去上面的清液，并在各沉淀中分别加入数滴 2 mol · L^{-1} HCl，观察沉淀的溶解情况。将不溶解的沉淀再次进行离心分离后，用数滴 6 mol · L^{-1} HCl 处理沉淀，观察沉淀溶解情况。将仍未溶解的沉淀离心分离、洗涤后用数滴浓 HNO_3 处理沉淀，微热，观察沉淀溶解情况。对仍然不溶解的沉淀用王水，微热，观察沉淀是否溶解。根据实验结果比较金属硫化物溶解度的大小，结论是否与溶度积数值的大小相吻合？

(3) S^{2-} 的鉴定　在点滴板上滴加 1 滴 0.1 mol · L^{-1} Na_2S，再加 1 滴 1% $Na_2[Fe(CN)_5NO]$，出现紫红色表示 S^{2-} 存在。

在试管中加入 5 滴 0.1 mol · L^{-1} Na_2S，再滴加 6 mol · L^{-1} HCl，微热，将湿润的 $Pb(Ac)_2$ 试纸放在试管口上，若试纸变黑，表示有 S^{2-} 存在。

(4) 多硫化物　在试管中加入少量硫粉，再加入 2 mL 的 0.1 mol · L^{-1} Na_2S，将溶液煮沸，注意溶液颜色的变化。离心分离剩余的硫，吸取清液于另一试管中，加入 0.5 mL 的 6 mol · L^{-1} HCl，用 $Pb(Ac)_2$ 试纸检验逸出的气体，并观察溶液的变化，写出相应的化学反应方程式。

2) SO_2 的制备和性质

(1) 制备　以 $Na_2SO_3(s)$ 和浓 H_2SO_4 为原料，自拟方案（列出所需仪器并绘出装置图），写出相应的化学反应方程式，说明制备 SO_2 时的注意事项。

(2) 性质　向盛有饱和 H_2S 水溶液的试管中通入 SO_2 气体（或加入 SO_2 饱和溶液），观察现象，写出相应的化学反应方程式。

---

* 指该溶液中 H_2O_2 的质量分数 $\omega(H_2O_2)=3\%$，本书以下出现以百分数或小数表示某物质的溶液均指该溶液含该物质的质量分数。

向盛有 1 mL 的 0.1 mol·L^{-1} $KMnO_4$ 和 5 滴 2 mol·L^{-1} H_2SO_4 中，通入 SO_2 气体(或加入饱和 SO_2 溶液)，观察现象，写出相应的化学反应方程式。

将 SO_2 气体通入品红溶液中，观察现象，写出相应的化学反应方程式。

根据实验结果总结 SO_2 及 H_2SO_3 的性质。

(3)SO_3^{2-} 的鉴定　在点滴板上滴加 2 滴饱和 $ZnSO_4$ 溶液，加入新配的 1 滴0.01 mol·L^{-1} $K_4[Fe(CN)_5NO]$和 1 滴新配的 1% $Na_2[Fe(CN)_5NO]$，再滴入含 SO_3^{2-} 的溶液，搅拌均匀出现红色沉淀，表示 SO_3^{2-} 存在。由于酸能使红色沉淀消失，所以当待测液呈酸性时，需滴加 2 mol·L^{-1} $NH_3·H_2O$ 使溶液呈中性。

3) $Na_2S_2O_3$ 的性质

在 0.5 mL 的 0.1 mol·L^{-1} $Na_2S_2O_3$ 中滴加碘水，注意观察碘水颜色变化，写出相应的化学反应方程式。

在 0.5 mL 的 0.1 mol·L^{-1} $Na_2S_2O_3$ 中滴加氯水，观察现象，写出相应的化学反应方程式。

向 0.1 mol·L^{-1} $Na_2S_2O_3$ 中加入稀 HCl 溶液，注意观察溶液的变化和气体的产生，写出相应的化学反应方程式。

向 0.5 mL 的 0.1 mol·L^{-1} $AgNO_3$ 中，逐滴加入 0.1 mol·L^{-1} $Na_2S_2O_3$(严格控制)至白色沉淀生成，观察沉淀颜色的变化(将由白→黄→棕黑)，写出相应的化学反应方程式。此反应可用来鉴定 $S_2O_3^{2-}$。

根据实验结果总结硫代硫酸及其盐的性质。

4) $K_2S_2O_8$ 的氧化性

在试管中加入 5 mL 的 2 mol·L^{-1} H_2SO_4、5 mL 蒸馏水和 2 滴 0.002 mol·L^{-1} $MnSO_4$，混合均匀后分成两份：向其中一份中加入 1 滴 0.1 mol·L^{-1} $AgNO_3$ 和少量 $K_2S_2O_8$(s)，水浴加热，观察溶液颜色变化[2]；另一份中仅加入少量 $K_2S_2O_8$ 固体，水浴加热。观察溶液的颜色有何变化[3]。对比两个实验，讨论 $AgNO_3$ 在反应中的作用，Mn^{2+} 的用量对反应有何影响[4]？向盛有 0.5 mL 的 0.1 mol·L^{-1} KI 中加入少量 $K_2S_2O_8$(s)，观察溶液颜色变化，写出相应的化学反应方程式。

5) 鉴别实验

现有 4 种溶液：$NaHSO_3$、Na_2SO_4、$Na_2S_2O_3$、$K_2S_2O_8$，请设计方案并通过实验进行鉴别。

[注释]

[1] H_2S 是无色，具有臭鸡蛋味的有毒气体，人体吸入少量即会引起头痛和头晕，若空气中的 H_2S 超过 0.1%，稍久的呼吸可使人昏迷甚至死亡。所以，有 H_2S 产生的实验，应在通风橱内进行。实验结束后，应立即将剩余物处理掉，以免污染空气。

[2] Mn^{2+} 不能过量，否则生成的 MnO_4^- 会与过量的 Mn^{2+} 发生反歧化反应而得不到 MnO_4^-。

[3] 有时有无色气泡产生，这是由于 $K_2S_2O_8$ 在稀酸溶液中分解放出氧气。

[4] 在酸性介质中，用 $(NH_4)_2S_2O_8$ 使 Mn^{2+} 氧化为 MnO_4^-，反应速度较慢，若加入 Ag^+，反应速度加快，Ag^+ 在反应中起催化剂作用，其反应机理是：

$$Ag^{+} + S_2O_8^{2-} \longrightarrow Ag^{3+} + 2SO_4^{2-}$$

生成的 Ag^{3+} 将 Mn^{2+} 氧化成 MnO_4^-，而自身又还原成 Ag^+：

$$Ag^{3+} + 2Mn^{2+} + 4H_2O \longrightarrow Ag^{+} + 2MnO_4^{-} + 8H^{+}$$

思考题

(1)制备 H_2S 气体能否用 HNO_3 或浓 H_2SO_4 代替 HCl？为什么？

(2)长久放置于空气中的 H_2S、Na_2S、$Na_2S_2O_3$ 溶液会发生什么变化？有何现象产生？

实验 25　p 区元素——氮族

1. 实验概述

在周期系中，VA 族包括 N、P、As、Sb、Bi 元素，称为氮族，价电子构型为 ns^2np^3。硝酸、亚硝酸是氮元素常见的含氧酸。其中，硝酸是一种具有强氧化性的重要无机酸，很多金属和非金属都能被硝酸氧化。亚硝酸很不稳定，仅存在于冷的稀溶液中，溶液浓度大或受热时，会分解为 NO 和 NO_2。

磷酸有 3 种类型的盐，它们的溶解性不相同，溶液的酸碱性也不同。磷酸盐和酸式磷酸盐与 $AgNO_3$ 溶液反应均生成黄色沉淀。焦磷酸盐与偏磷酸盐与 $AgNO_3$ 溶液反应均生成白色沉淀，但 PO_3^- 在 HAc 溶液中能使蛋白凝聚，此特性可用来鉴别 PO_3^-。

砷、锑、铋都能形成 +3 和 +5 两种氧化态的化合物。铋以 +3 氧化态为稳定。砷、铋(包括 N、P)比较典型地体现了周期表中同族元素及其化合物(包括氧化物、氢氧化物、硫化物等)性质的递变规律，关系如下：

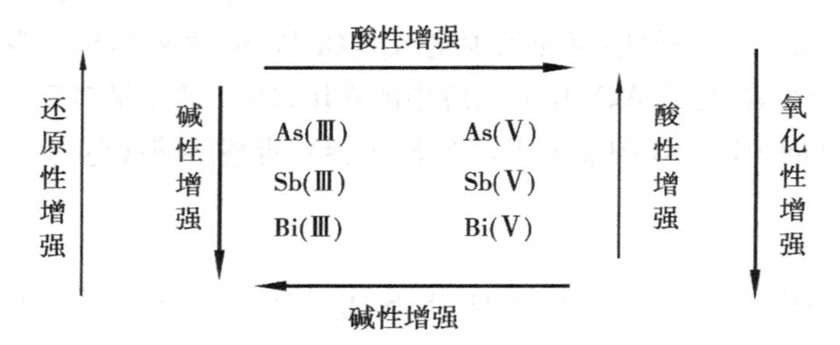

As_2O_3 是以酸性为主的两性氧化物，易溶于碱而难溶于酸；Sb_2O_3 是两性氧化物，易溶于酸和碱；Bi_2O_3 是碱性氧化物，只溶于酸，不溶于碱。

As(Ⅲ)和 Sb(Ⅲ)的还原性比 Bi(Ⅲ)强。在碱性介质中 AS_2O_3 能被 I_2 氧化，而 Bi_2O_3 只能被强氧化剂氧化：

$$Bi_2O_3 + 2Na_2O_2 \longrightarrow 2Na_2BiO_3 + Na_2O$$

As_2S_3 和 As_2S_5 为黄色，Sb_2S_3 和 Sb_2S_5 为橙红色，Bi_2S_3 为黑色。As_2S_3、Sb_2S_3 和 Bi_2S_3 的酸碱性不同，在酸碱溶液中的溶解性也有很大差别，遵循上述递变关系：

$$As_2S_3 + 6NaOH \longrightarrow Na_3AsO_3 + Na_3AsS_3 + 3H_2O$$

$$Sb_2S_3 + 6NaOH = Na_3SbO_3 + Na_3SbS_3 + 3H_2O$$
$$Sb_2S_3 + 12HCl = 3H_3SbCl_3 + 3H_2S\uparrow$$
$$Si_2S_3 + 6HCl = 2BiCl_3 + 3H_2S\uparrow$$

As_2S_3 和 Sb_2S_3 溶于$(NH_4)_2S$ 或 Na_2S 中生成硫代酸盐,但硫代酸盐在酸性溶液中不稳定,会析出相应的硫化物,如:

$$3Na_2S + As_2S_3 = 2Na_3AsS_3$$
$$3Na_2S + Sb_2S_3 = 2Na_2SbS_3$$
$$2Na_3AsS_3 + 6HCl = As_2S_3\downarrow + 3H_2S\uparrow + 6NaCl$$
$$2Na_3SbS_3 + 6HCl = Sb_2S_3\downarrow + 3H_2S\uparrow + 6NaCl$$

As_2S_5 和 Sb_2S_5 的酸性分别比相应的 M_3S_2(M 代表 As、Sb)强,故更易溶于碱金属硫化物中。

$$3Na_2S + As_2S_5 = 2Na_3AsS_4$$
$$3(NH_4)_2S + Sb_2S_5 = 2(NH_4)_3SbS_4$$
$$2Na_3AsS_4 + 6HCl = As_2S_5\downarrow + 3H_2S\uparrow + 6NaCl$$
$$2(NH_4)_3SbS_4 + 6HCl = Sb_2S_5\downarrow + 3H_2S\uparrow + 6NH_4Cl$$

AsO_3^{3-} 与 AsO_4^{3-} 与 Ag^+ 生成黄色与棕色沉淀,可用于 AsO_3^{3-} 与 AsO_4^{3-} 的鉴定。Sb^{3+} 与 SbO_4^{3-} 在锡片上被还原为金属锑,使锡片呈显黑色,利用此反应可鉴定 Sb^{3+} 和 SbO_4^{3-}。Bi^{3+} 的鉴定通常可以采用亚锡酸钠将其还原为黑色金属来进行,反应式为:

$$2Bi^{3+} + 6OH^- + 3Na_2SnO_2 = 2Bi\downarrow + 3Na_2SnO_3 + 3H_2O$$

2. 实验目的

①了解硝酸、亚硝酸的性质;

②了解磷酸盐的主要性质和鉴定方法;

③了解 As、Sb、Bi 氧化物和氢氧化物的酸碱性及其变化规律;

④了解 As、Sb、Bi 的不同氧化态化合物的氧化还原性及在水溶液中的稳定性;

⑤了解 As、Sb、Bi 硫化物、硫代酸盐的生成和转化。

3. 实验器材

(1)仪器　离心机,200 mL 烧杯,试管,离心试管,pH 试纸,滤纸。

(2)试剂　6 mol·L^{-1} HNO_3 溶液,浓 HNO_3,2 mol·L^{-1} HCl 溶液,6 mol·L^{-1} HCl 溶液,浓 HCl,2 mol·L^{-1} NaOH 溶液,6 mol·L^{-1} NaOH 溶液,40% KOH 溶液,0.5 mol·L^{-1} $NaNO_2$ 溶液,0.1 mol·L^{-1} $KMnO_4$ 溶液,0.1 mol·L^{-1} KI 溶液,0.1 mol·L^{-1} NaH_2PO_4 溶液,0.1 mol·L^{-1} Na_2HPO_4 溶液,0.1 mol·L^{-1} Na_3PO_4 溶液,0.1 mol·L^{-1} $Na_4P_2O_7$ 溶液,0.1 mol·L^{-1} $MnSO_4$溶液,0.1 mol·L^{-1} $AsCl_3$ 溶液,0.1 mol·L^{-1} $SbCl_3$ 溶液,0.1 mol·L^{-1} $Bi(NO_3)_3$ 溶液,0.1 mol·L^{-1} Na_3AsO_3 溶液,0.1 mol·L^{-1} Na_3AsO_4 溶液,2 mol·L^{-1} Na_2S 溶液,5% $AgNO_3$溶液,氯水,碘水,CCl_4,饱和 H_2S 水溶液,蛋白溶液,Zn(s),Cu(s), S(s),Al(s),As_2O_3(s),$SbCl_3$(s),$Bi(NO_3)$(s),Na[As(OH)$_6$](s),K[Sb(OH)$_6$](s),$NaBiO_3$(s),Na_2SO_3(s)。

4. 实验方法

1)亚硝酸及其盐

(1)亚硝酸盐的氧化还原性　将0.5 mol·L^{-1} $NaNO_2$分别与酸化的0.1 mol·L^{-1} $KMnO_4$、0.1 mol·L^{-1} KI 反应,观察现象,写出相关化学反应式。

(2)亚硝酸的分解　在0.5 mol·L^{-1} $NaNO_2$ 溶液中滴加稀硫酸,边振荡边观察现象,写出相关化学反应式。

2)硝酸的氧化性

(1)浓硝酸与非金属反应　在少许硫粉中加入浓 HNO_3,水浴加热,当反应进行一段时间后,用滴管取几滴清液,检验有无 SO_4^{2-} 生成。

(2)硝酸和金属锌、铜的反应　将2 mol·L^{-1} HNO_3 分别与金属锌、铜反应。如果反应慢可加热(在通风橱中进行),0.5 h 后,用气室法鉴定金属锌与稀 HNO_3 的反应液中是否存在 NH_4^+。

3)磷酸盐的性质

(1)磷酸盐溶液的酸碱性　取3支试管,各加入10滴 Na_3PO_4、Na_2HPO_4、NaH_2PO_4 溶液,用 pH 试纸分别检查其 pH,再分别加入2滴0.1 mol·L^{-1} $AgNO_3$,观察沉淀的生成。然后再分别用 pH 试纸检查其酸碱性。有何变化?试加以解释。

(2)PO_3^-、PO_4^{3-}、$P_2O_7^{4-}$ 的鉴定　自拟实验方案鉴别 PO_3^-、PO_4^{3-}、$P_2O_7^{4-}$,并通过实验验证。

4)As(Ⅲ)、Sb(Ⅲ)、Bi(Ⅲ)的氧化物和氢氧化物的酸碱性

(1)As_2O_3 的性质　取少许 As_2O_3[1],分别测试其在蒸馏水、6 mol·L^{-1} HCl、浓 HCl、2 mol·L^{-1} NaOH 中的溶解情况,总结实验结果,并写出相关化学反应式。保留 As_2O_3 与 NaOH 反应得到的溶液,以供下面实验用。

(2)氢氧化亚锑的生成和性质　用 $SbCl_3$ 溶液与2 mol·L^{-1} NaOH 制备氢氧化亚锑沉淀。将 $Sb(OH)_3$ 沉淀分别与6 mol·L^{-1} NaOH 和6 mol·L^{-1} HCl 反应,观察现象,总结实验结果,写出相关化学反应式。

(3)氢氧化铋(Ⅲ)的生成和性质　以 $Bi(NO_3)_3$ 溶液代替 $SbCl_3$ 溶液,进行同样的实验,观察现象,写出相关化学反应式。

综合以上3个实验的结果,比较+3价氧化态的砷、锑、铋氧化物的酸碱性,并总结它们的变化规律。

5)Sb(Ⅲ)和 Bi(Ⅲ)盐的水解

取少量 $SbCl_3$(s)加入盛有1 mL 蒸馏水的试管中,振荡,观察现象,滴加6 mol·L^{-1} HCl,观察沉淀是否溶解,然后再加水稀释,又有何现象?写出相关化学反应式。

以 $Bi(NO_3)_3$ 固体代替 $SbCl_3$ 固体,进行同样的实验,观察现象,写出相关化学反应式。

6)As(Ⅲ)、Sb(Ⅲ)、Bi(Ⅲ)的还原性

在5 mL 40% KOH 中加入2~3滴0.1 mol·L^{-1} $KMnO_4$,加入少量 Na_2SO_3(s),制备出 K_2MnO_4。将此溶液分成3份,然后,分别加入 $AsCl_3$ 溶液、$SbCl_3$ 溶液和 $BiCl_3$ 溶液,观察现象,写出相关化学反应式。

在3支试管中制备出$[Ag(NH_3)_2]^+$溶液,然后,分别加入少量的 Na_3AsO_2 溶液(自制)、Na_3SO_3 溶液(自制)和0.1 mol·L^{-1} $Bi(NO_3)_3$ 溶液,微热试管,观察现象,写出相关化学反应式。

在2支试管中分别加入0.1 mol·L^{-1} $AsCl_3$ 及0.1 mol·L^{-1} $SbCl_3$，再加入饱和的$NaHCO_3$至溶液呈弱酸性，滴加碘水，观察现象，写出相关化学反应式。

取少量0.1 mol·L^{-1} $Bi(NO_3)_3$ 滴加6 mol·L^{-1}NaOH至白色沉淀生成后，加入氯水(或溴水)，观察现象，写出相关化学反应式。

根据实验结果比较As(Ⅲ)、Sb(Ⅲ)和Bi(Ⅲ)的还原性，并总结其变化规律。

7)As(Ⅴ)、Sb(Ⅴ)、Bi(Ⅴ)的氧化性

在3支试管中分别加入少量的$Na[As(OH)_6](s)$、$K[Sb(OH)_6](s)$、$NaBiO_3(s)$，加少量的水溶解，并以稀酸酸化，再加入少量KI溶液及CCl_4，观察现象，写出相关化学反应式。

在3支试管中分别加入2滴0.1 mol·L^{-1} $MnSO_4$ 溶液，并用稀酸酸化，再分别加入少量的$Na[As(OH)_6](s)$、$K[Sb(OH)_6](s)$、$NaBiO_3(s)$，观察现象，写出相关化学反应式。

根据实验结果比较As(Ⅴ)、Sb(Ⅴ)、Bi(Ⅴ)的氧化性，并总结其变化规律。

8)As(Ⅲ)、Sb(Ⅲ)、Bi(Ⅲ)的硫化物和硫代酸盐的生成和性质

在3支离心试管中分别加入0.5 mL的0.1 mol·L^{-1} $AsCl_3$，0.1 mol·L^{-1} $SbCl_3$，0.1 mol·L^{-1} $Bi(NO_3)_3$，再加入新配制的饱和H_2S水溶液，水浴加热，观察现象。离心分离，除去溶液，用蒸馏水洗涤沉淀两次。分别试验这3种硫化物沉淀能否溶于6 mol·L^{-1} HCl，如果不溶，可在水浴中加热。如果仍然不溶解，使用6 mol·L^{-1} HNO_3 观察能否溶解。

按上述方法制备3种硫化物沉淀并加入1 mL的6 mol·L^{-1} NaOH，搅拌之，观察哪种沉淀溶解？哪种沉淀不溶解？在已溶的清液中加入的2 mol·L^{-1} HCl酸化，又有何变化？写出相关的化学反应方程式。

按上述方法制备3种硫化物沉淀，并试验它们能否溶于2 mol·$L^{-1}$$Na_2S$中，写出相关的化学反应方程式。

根据上述实验小结As(Ⅲ)、Sb(Ⅲ)、Bi(Ⅲ)硫化物酸碱性变化规律，以及其硫代酸盐的生成和稳定性的条件。

[注释]

[1]As_2O_3(俗名砒霜)是极毒的物质，内服0.1 g即致死，其他可溶性的砷化合物都是剧毒物质。切勿进入口内或与伤口接触，有效的解毒剂是服用新配制的氯化镁与硫酸铁溶液强烈振动而生成的氢氧化铁悬浮液。

锑、铋的化合物也都有一定毒性，使用时也要注意。

思考题

(1)在氧化还原反应中，为什么一般不用HNO_3、HCl作反应的酸性介质？在哪些情况下可以用它们作酸性介质？

(2)总结浓、稀硝酸与活泼金属、不活泼金属、非金属的反应规律。

(3)在本实验中溶液的酸碱性影响氧化还原反应进行方向的实验有哪些？

(4)试判断下列反应能否发生？为什么？

$$Na_3AsO_4 + MnSO_4 + H_2SO_4 \rightarrow$$

$$Na_3SbO_4 + MnSO_4 + H_2SO_4 \rightarrow$$

$$Na_3BiO_3 + MnSO_4 + H_2SO_4 \rightarrow$$

(5)如何分离 Sb^{3+} 和 Bi^{3+}?

实验 26　p 区元素——碳族

1. 实验概述

周期系中ⅣA 族元素又称为氮族元素,价电子构型为 ns^2np^2,包括 C、Si、Ge、Sn、Pb。常见的氧化态有 +2、+4,且随着原子序数的增大,稳定氧化态逐渐由 +4 变为 +2。锡、铅的重要化合物性质的递变规律与 VA 族有相似之处。

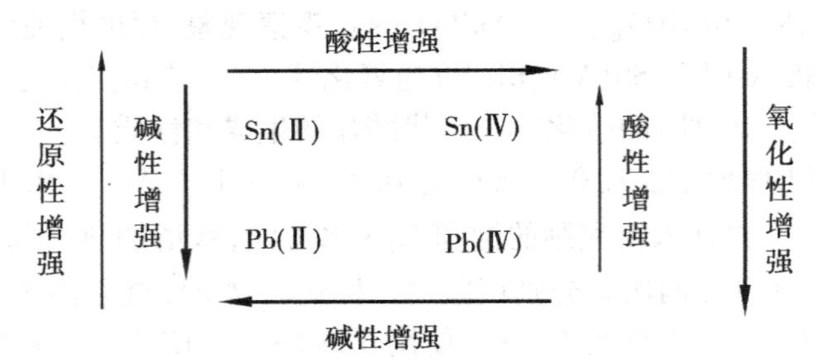

碳酸能形成正盐和酸式盐两种类型,除铵盐和碱金属(锂除外)的碳酸盐,多数碳酸盐难溶于水,而多数酸式碳酸盐易溶于水;由于水解可溶性碳酸盐的水溶液呈碱性,酸式碳酸盐的水溶液呈微碱性。碳酸盐的热稳定性的一般规律为:碳酸盐 > 酸式碳酸盐 > 碳酸。

$Sn(OH)_2$、$Pb(OH)_2$ 呈两性,但 $Pb(OH)_2$ 的碱性强于 $Sn(OH)_2$,H_2SnO_3 的酸性强于 H_2SnO_2。SnS、SnS_2 和 PbS 具有一定的颜色,它们都不溶于水和稀酸。SnS、PbS 显碱性不溶于 Na_2S、$(NH_4)_2S$ 中,而溶于浓盐酸中。

$$SnS + 4HCl = H_2SnCl_4 + H_2S\uparrow$$

$$PbS + 4HCl = H_2PbCl_4 + H_2S\uparrow$$

但 SnS_2 却因为能与硫化钠(或硫化铵)反应生成硫代酸盐而溶解:

$$SnS_2 + Na_2S = Na_2SnS_3$$

大多数 +2 价的铅盐都难溶于水,Pb(Ⅱ)的卤化物微溶于水,但随温度升高溶解度剧增,而且还可溶于相应的浓氢卤酸中:

$$PbCl_2 + 2HCl = H_2PbCl_4$$

$SnCl_2$ 与 $HgCl_2$ 反应,首先生成 Hg_2Cl_2 白色沉淀,若 $SnCl_2$ 过量,则生成黑色金属汞(粉末状),此特性可用来鉴定 Sn^{2+} 与 $HgCl_2$。

2. 实验目的

①了解碳酸盐的热稳定性、水解性及硅酸盐易成凝胶的特性;

②了解 Sn(Ⅱ)、Pb(Ⅱ)氢氧化物的酸碱性和某些难溶性铅盐的重要性质;

③了解 Sn(Ⅱ)的还原性和 Pb(Ⅳ)的氧化性;

④了解 Sn 和 Pb 硫化物的难溶性与酸碱性。

3. 实验器材

(1)仪器　离心机,试管,离心试管,150 mL 烧杯,点滴板,启普发生器,玻璃导管,酒精灯,温度计,pH 试纸。

(2)试剂　3 mol·L^{-1} H_2SO_4 溶液,2 mol·L^{-1}浓 HCl 溶液,6 mol·L^{-1} HNO_3 溶液,6 mol·L^{-1} HAc 溶液,2 mol·L^{-1}、6 mol·L^{-1} NaOH 溶液,20% Na_2SiO_3 溶液,0.2 mol·L^{-1} $FeCl_3$ 溶液,0.1 mol·L^{-1} $MgCl_2$ 溶液,0.1 mol·L^{-1} $Pb(NO_3)_2$ 溶液,0.1 mol·L^{-1} $CuSO_4$ 溶液,0.1 mol·L^{-1}、1 mol·L^{-1} Na_2CO_3 溶液,0.5 mol·L^{-1} $NaHCO_3$ 溶液,0.1 mol·L^{-1} $Bi(NO_3)_3$溶液,0.1 mol·L^{-1} $SnCl_2$ 溶液,0.1 mol·L^{-1} $SnCl_4$ 溶液,0.1 mol·L^{-1} $K_2Cr_2O_7$ 溶液,0.1 mol·L^{-1} K_2CrO_4 溶液,0.1 mol·L^{-1} $HgCl_2$ 溶液,0.1 mol·L^{-1} $MnSO_4$ 溶液,1 mol·L^{-1} Na_2S 溶液,1 mol·L^{-1}多硫化铵溶液,0.1 mol·L^{-1} KI 溶液,饱和 NaAc 溶液,饱和 H_2S 水溶液,$Na_2CO_3(s)$,$NaHCO_3(s)$,$CaCl_2(s)$,$CuSO_4(s)$,$Co(NO_3)_2(s)$,$NiSO_4(s)$,$ZnSO_4(s)$,$MnSO_4(s)$,$FeCl_3(s)$,$Cu_2(OH)_2CO_3(s)$,$CaCO_3(s)$,$PbO_2(s)$,$Pb_3O_4(s)$。

4. 实验方法

1)碳酸盐的性质

(1)碳酸盐的水解作用　取少量 $Na_2CO_3(s)$、$NaHCO_3(s)$放入试管中,加水溶解,用 pH 试纸测定 pH。

(2)碳酸盐热稳定性的比较　给 3 支分别盛有约 2 g $Cu_2(OH)_2CO_3(s)$、$Na_2CO_3(s)$、$NaHCO_3(s)$的试管加热,将生成的气体通入盛有石灰水的试管中,观察石灰水变混浊的顺序,作出理论解释。

(3)与某些盐的反应　分别向盛有 0.2 mol·L^{-1} $FeCl_3$,0.1 mol·L^{-1} $MgCl_2$,0.1 mol·L^{-1} $Pb(NO_3)_2$,0.1 mol·L^{-1} $CuSO_4$ 的试管中滴加 1 mol·L^{-1} Na_2CO_3,观察现象。再分别向 4 支盛有以上溶液的试管中滴加 0.1 mol·L^{-1} $NaHCO_3$,观察现象。根据有关 K_{sp}数值,通过计算初步确定反应产物,并写出相关的化学反应方程式。

2)硅酸凝胶和难溶硅酸盐的生成

(1)硅酸钠溶液与 CO_2 的反应　往盛有 1 mL 的 20% 硅酸钠溶液的试管中通入 CO_2 气体,观察生成物的颜色和状态,并写出相关的化学反应方程式。

(2)难溶性硅酸盐的生成——“水中花园”　在 50 mL 烧杯中加入约占其容积 2/3 的 20% 水玻璃(硅酸钠),然后把固体 $CaCl_2$、$ZnSO_4$、$CuSO_4$、$MnSO_4$、$NiSO_4$、$FeCl_3$ 及 $Co(NO_3)_2$ 各一小粒投入烧杯内(注意:不要把不同的固体混在一起),并记住它们的位置,放置 1 h 后,观察到什么现象?

3)锡、铅的氧化还原性

(1)Sn(Ⅱ)的还原性　在自制的亚锡酸钠溶液加入 $Bi(NO_3)_3$ 溶液,立即出现黑色沉淀,相应的化学反应式为:

$$3Sn(OH)_4^{2-} + 2Bi^{3+} + 6OH^- \longrightarrow 3Sn(OH)_6^{2-} + 2Bi\downarrow$$

此反应可用来鉴定 Sn^{2+} 和 Bi^{3+} 离子。

在0.1 mol · L^{-1} $K_2Cr_2O_7$ 中，滴加自制的亚锡酸溶液，观察现象，相应的化学反应式为：

$$Cr_2O_7^{2-} + 2OH^- = 2CrO_4^{2-} + H_2O$$

$$2CrO_4^{2-} + Sn(OH)_4^{2-} + OH^- \longrightarrow Cr(OH)_6^{3-} + Sn(OH)_6^{2-} + H_2O$$

在 $K_2Cr_2O_7$ 溶液中滴加 $SnCl_2$ 溶液，能否发生反应？用实验证实并加以解释。

在0.1 mol · L^{-1} $HgCl_2$ 中，逐滴加入0.1 mol · L^{-1} $SnCl_2$，观察有何变化？继续滴加 $SnCl_2$，又有什么变化？反应式为：

$$SnCl_2 + HgCl_2 = Hg_2Cl_2\downarrow + SnCl_4$$

（白色）

$$SnCl_2 + Hg_2Cl_2 = 2Hg\downarrow + SnCl_4$$

（黑色）

（2）Pb(Ⅳ)的氧化性　在少量 PbO_2 中加入浓盐酸，观察现象，并检查有无氯气生成？写出相应的化学反应方程式。

在2 mL的3 mol · L^{-1} H_2SO_4 和1滴0.1 mol · L^{-1} $MnSO_4$ 混合溶液中，加入少量 PbO_2，在水浴中微热，观察溶液的颜色变化，写出相应的化学反应方程式。

4）锡和铅的硫化物

（1）SnS的生成和性质　在1 mL的 $SnCl_2$ 溶液中，加入几滴饱和 H_2S 水溶液，观察棕色SnS沉淀的生成，离心分离，用蒸馏水洗涤沉淀。分别试验沉淀与1 mol · L^{-1} Na_2S 和1 mol · L^{-1}多硫化铵或多硫化钠溶液的作用。如沉淀溶解，再用稀HCl酸化，观察有何变化？写出相应的化学反应方程式。

（2）SnS_2 的生成和性质　在 $SnCl_4$ 溶液中加入几滴饱和 H_2S 水溶液，观察黄色 SnS_2 沉淀的生成，离心分离，洗涤沉淀。试验沉淀物与1 mol · L^{-1} Na_2S 作用。如沉淀溶解，再用稀盐酸酸化，观察有何变化？写出相应的化学反应方程式。

（3）PbS的生成和性质　在 $Pb(NO_3)_2$ 溶液中加入几滴饱和 H_2S 水溶液，观察沉淀颜色，试验沉淀物与1 mol · L^{-1} Na_2S 和1 mol · L^{-1}多硫化铵溶液的作用。

根据实验结果，比较SnS与 SnS_2；SnS与PbS在性质上的差异。

5）Pb(Ⅱ)的难溶盐

（1）Pb(Ⅱ)的卤化物

①$PbCl_2$：取数滴0.1 mol · L^{-1} $Pb(NO_3)_2$ 加入1 mL水中，再加几滴稀盐酸，即有白色沉淀生成。将白色沉淀物加热，观察沉淀是否溶解？冷却时又有何变化？

②PbI_2：用 $Pb(NO_3)_2$ 和KI溶液制备少量 PbI_2，观察 PbI_2 的颜色，并试验温度改变对 PbI_2 溶解度的影响。

（2）Pb(Ⅱ)的含氧酸盐

①$PbCrO_4$：用 $Pb(NO_3)_2$ 与 K_2CrO_4 制备少量 $PbCrO_4$ 沉淀，分别试验 $PbCrO_4$ 在6 mol · L^{-1} HNO_3 和6 mol · L^{-1} HAc中的溶解性，写出相应的化学反应方程式。

②$PbSO_4$：用 $PbNO_3$ 与稀 H_2SO_4 制备少量 $PbSO_4$ 沉淀，分别试验与 HNO_3、NaOH、饱和NaAc溶液的反应，观察沉淀是否溶解，写出相应的化学反应方程式，并解释原因。

6)设计实验

通过实验证实铅丹(Pb_3O_4)中 Pb 的氧化态为 +2 与 +4 两种(用本实验的试剂)。

思考题

(1)试说明下例两个反应有无矛盾?为什么?

$$CO_2 + Na_2SiO_3 + H_2O = H_2SiO_3 \downarrow + Na_2CO_3$$

$$Na_2CO_3 + SiO_2 = Na_2SiO_3 + CO_2 \uparrow$$

(2)如何鉴定 $SnCl_4$ 和 $SnCl_2$?如何分离 PbS 和 SnS?

(3)试验 $Pb(OH)_2$ 的酸碱性应使用什么酸?为什么?

(4)为什么铅的卤化物能溶于相应的浓氢卤酸中?

实验 27 p 区元素——硼铝铍

1. 实验概述

硼、铝是ⅢA 族同族元素,而铍是ⅡA 族元素,但铍与铝处于周期系中相邻两个族的对角线上,Be^{2+} 与 Al^{3+} 的电荷与半径比接近,故铝与铍化合物的重要性质十分相似。因此,了解铝及其化合物的性质,可推测铍及其化合物的一些性质。故将硼、铝、铍安排在同一实验中。

硼属于非金属元素。当无氧化剂存在时,无定形硼不溶于酸中,但热浓 H_2SO_4、热浓 HNO_3 能逐渐把硼氧化成硼酸。而有氧化剂存在时,硼和强碱共溶而得偏硼酸。

硼酸为白色片状晶体。在冷水中溶解度小(273 K 时,100 g 水最大限度仅溶解 6.35 g 硼酸),加热溶解度增大(373 K 时,100 g 水中可溶解 27.6 g 硼酸),所以,制备硼酸时需用冰水冷却。硼酸溶解于水中不电离出 H^+ 离子,而是通过结合 H_2O 电离出的 OH^- 而释放出质子,为典型的路易士酸。硼酸易与多羟基化合物(甘油、甘露醇等)作用生成稳配合物。上述性质均体现出氧化态为 +3 的硼化物是典型的缺电子化合物,硼酸酯燃烧产生特殊的绿色火焰,利用此特性可鉴定硼酸根。

由于铍和铝的氢氧化物具有两性,在强碱溶液中生成 $Al(OH)_4^-$、$Be(OH)_4^{2-}$。所以制备氢氧化物时不宜用 NaOH,应改用弱碱(如 $NH_3 \cdot H_2O$ 等)。

铍和铝的弱酸盐易水解,如碳酸铝、硫化铝水解生成氢氧化铝沉淀。

$$2Al^{3+} + 3CO_3^{2-} + 3H_2O = 2Al(OH)_3 + 3CO_2 \uparrow$$

可溶性的碳酸盐与铍盐作用生成 $Be_2(OH)_2CO_3$ 沉淀。碱式碳酸铍溶解于过量 CO_3^{2-} 中生成$[Be(CO_3)_2]^{2-}$配合离子,这是由于 Be^{2+} 易与含氧配位体形成 Be—OH—Be(或 Be—O—Be)桥键配合物的缘故。

2. 实验目的

①了解硼、硼酸、硼砂的重要性质和硼酸酯燃烧时的特征焰色;

②了解 Be 和 Al 的重要化合物的重要性质以及铍、铝化合物性质上的异同。

3. 实验器材

（1）仪器　酸度计，试管，150 mL 烧杯，蒸发皿，坩埚钳，硬质试管，电炉，砂纸。

（2）试剂　浓 H_2SO_4 溶液，2 $mol \cdot L^{-1}$ HCl 溶液，浓 HNO_3 溶液，2 $mol \cdot L^{-1}$ NaOH 溶液，2 $mol \cdot L^{-1}$ $NH_3 \cdot H_2O$ 溶液，饱和 $(NH_4)_2CO_3$ 溶液，3 $mol \cdot L^{-1}$ NH_4Ac 溶液，0.2 $mol \cdot L^{-1}$、2 $mol \cdot L^{-1}$ $BeSO_4$ 溶液，0.1 $mol \cdot L^{-1}$、1 $mol \cdot L^{-1}$ $Al_2(SO_4)_3$ 溶液，饱和 $(NH_4)_2SO_4$ 溶液，0.1 $mol \cdot L^{-1}$ NaF 溶液，0.5 $mol \cdot L^{-1}$ Na_2S 溶液，1 $mol \cdot L^{-1}$ NaAc 溶液，铝试剂，乙醇，甘油，冰，pH 试纸，1% 酚酞溶液，1% 甲基橙溶液，NaOH(s)，硼砂(s)，硼酸(s)，Al(s)，B 粉。

4. 实验方法

1）硼酸及其盐

（1）硼酸的溶解性　试验硼酸在室温、冰水、热水中的溶解情况，并总结温度对硼酸溶解性的影响。

（2）硼酸的酸性　用 pH 试纸与酸度计测定硼酸溶液的 pH，然后向溶液中加入甘油，再测 pH。对比实验结果，从理论上加以解释。

$$\begin{matrix} H_2C—OH \\ | \\ HC—OH \\ | \\ H_2C—OH \end{matrix} + \begin{matrix} HO \\ \quad\diagdown \\ \quad B—OH \\ \quad\diagup \\ HO \end{matrix} \longrightarrow \left[HO—CH \begin{matrix} \diagup CH_2—O \diagdown \\ \\ \diagdown CH_2—O \diagup \end{matrix} B—O \right]^- + H^+ + 2H_2O$$

（3）硼砂溶液的酸碱性　用 pH 试纸试验硼砂溶液的酸碱性并解释。

（4）硼化物的鉴别　取少量硼酸晶体放在蒸发皿中，加少许乙醇[1]和几滴浓 H_2SO_4 混合均匀后，点燃。观察硼酸三乙酯蒸汽燃烧时产生的特征绿色火焰。该实验可用于鉴别含硼的化合物：

$$3C_2H_5OH + H_3BO_3 = B(OC_2H_5)_3 + 3H_2O$$

$$2B(OC_2H_5)_3 + 12O_2 = B_2O_3 + CO_2\uparrow + H_2O$$

2）硼、铝与酸、碱的作用

取两块用砂纸擦净的铝片分别与 2 $mol \cdot L^{-1}$ HCl 和 2 $mol \cdot L^{-1}$ NaOH 作用，观察有无 H_2 放出（必要时加热）？[2]

取少量硼粉分别与 2 $mol \cdot L^{-1}$ HCl 和 2 $mol \cdot L^{-1}$ NaOH 作用，观察有无 H_2 放出？

取一小块用砂纸擦净的铝片放入盛有冷浓 HNO_3 的试管中，观察有无现象？

取硼粉少许放入冷浓 HNO_3 的试管中，观察有无现象？加热后又有何现象？

$$B + 3HNO_3(浓) = B(OH)_3 + 3NO_2\uparrow$$

根据实验结果比较单质硼、铝与酸、碱作用的情况，并找出它们在性质上的差异。

3）铍、铝性质的相似相异性

（1）铍、铝氢氧化物的两性　分别向 2 支试管中加入 0.2 $mol \cdot L^{-1}$ $BeSO_4$，0.1 $mol \cdot L^{-1}$ $Al_2(SO_4)_3$。再分别加入 2 $mol \cdot L^{-1}$ $NH_3 \cdot H_2O$，观察现象。将每份沉淀分为 3 份，分别试验它们与稀酸、稀碱和过量 $NH_3 \cdot H_2O$ 反应，观察现象，写出相应的化学反应方程式。

（2）铍酸盐与铝酸盐的水解特性　取 0.5 mL 的 0.2 $mol \cdot L^{-1}$ $BeSO_4$，滴加 2 mL 的 $NH_3 \cdot$

H_2O 至 $Be(OH)_2$ 沉淀生成，再加 2 $mol \cdot L^{-1}$ NaOH 至沉淀刚刚溶解为止，加热溶液又有什么变化？写出相应的化学反应方程式并解释。

取 0.5 mL 的 0.1 $mol \cdot L^{-1}$ $Al_2(SO_4)_3$，滴加 2 $mol \cdot L^{-1}$ $NH_3 \cdot H_2O$ 至 $Al(OH)_3$ 沉淀生成，再加入 2 $mol \cdot L^{-1}$ NaOH 至沉淀刚刚溶解为止，加热溶液又有什么变化？试说明 $[Be(OH)_4]^{2-}$、$[Al(OH)]^{4-}$ 水解情况的差异。

(3)成矾作用　取 1.0 mL 的 1.0 $mol \cdot L^{-1}$ $Al_2(SO_4)_3$ 加入 1.0 mL 饱和 $(NH_4)_2SO_4$，稍稍静置，有何现象？若溶液仍是澄清透明，可磨擦试管壁，又观察现象，写出相应的化学反应方程式。

取 2.0 $mol \cdot L^{-1}$ $BeSO_4$ 按上述操作进行试验，写出相应的化学反应方程式。

(4)配合作用

①与 CO_3^{2-} 的配合作用。在 0.2 $mol \cdot L^{-1}$ $BeSO_4$ 中慢慢滴加饱和的 $(NH_4)_2CO_3$，观察 $Be_2(OH)_2CO_3$ 沉淀的生成，再加入过量的饱和 $(NH_4)_2CO_3$ 溶液，沉淀溶解，相应的化学反应式为：

$$2Be^{2+} + 2CO_3^{2-} + H_2O = Be_2(OH)_2CO_3 \downarrow + CO_2 \uparrow$$

$$Be_2(OH)_2CO_3 + 3CO_3^{2-} + 2NH_4^+ = 2[Be(CO_3)_2]^{2-} + 2NH_3 + 2H_2O$$

将所得的溶液倒入大约 100 mL 沸水中，观察现象，写出相应的化学反应方程式。

另取 0.1 $mol \cdot L^{-1}$ $Al_2(SO_4)_3$，进行同样试验，观察它们的现象有何不同？写出相应的化学反应方程式。

②与 F^- 的配合作用。向 0.2 $mol \cdot L^{-1}$ $BeSO_4$ 中滴加 0.1 $mol \cdot L^{-1}$ NaF 溶液，观察现象，继续加入 NaF 溶液，水浴加热并用玻棒磨擦管壁，静置冷却，观察现象，相应的化学反应式为：

$$Be^{2+} + 2F^- + 2H_2O = Be(OH)_2 \downarrow + 2HF$$

$$Be(OH)_2 + 2HF + 2NaF = Na_2BeF_4 \downarrow + 2H_2O$$

取 0.1 $mol \cdot L^{-1}$ $Al_2(SO_4)_3$ 进行同样的试验，并写出相应的化学反应方程式。

(5) Al^{3+}、Be^{2+} 的水解　分别试验 0.2 $mol \cdot L^{-1}$ $BeSO_4$ 与 0.1 $mol \cdot L^{-1}$ $Al_2(SO_4)_3$ 的酸碱性。

分别往 2 支盛有 0.2 $mol \cdot L^{-1}$ $BeSO_4$ 的试管中，加入 0.1 $mol \cdot L^{-1}$ Na_2S，1.0 $mol \cdot L^{-1}$ NaAc，观察现象，写出相应的化学反应方程式。

取 0.1 $mol \cdot L^{-1}$ $Al_2(SO_4)_3$ 进行同样的试验。解释现象，写出相应的化学反应方程式。

根据实验结果总结 Be、Al 化合物性质的异同。

4) Al^{3+} 的鉴定

在试管中加入 5 滴 0.1 $mol \cdot L^{-1}$ $Al_2(SO_4)_3$，再加入 2 滴 3 $mol \cdot L^{-1}$ NH_4Ac，使之接近中性（检查 pH），然后加入 1 ~ 2 滴铝试剂，搅拌后微热，有红色沉淀生成，表明有 Al^{3+} 存在。

[注释]

[1]乙醇的量要控制好，不能过量，否则在观察硼酸三乙醋蒸汽燃烧时，不但有绿色的火焰，而且有较多的乙醇蒸汽燃烧的黄色火焰直接影响实验效果。如用甲醇代替乙醇效果更好些，但甲醇有毒，特别是对人的眼睛毒害较大。

[2] Al 的表面上有一层保护膜（Al_2O_3）应该用砂纸擦净。铝与稀酸作用，反应较慢，应加热，但当反应开始进行时，应停止加热。

思考题

(1)加入多羟基化合物后,为什么硼酸溶液的酸度会增大?从结构上加以解释。

(2)能否在水溶液中制得 Al_2O_3、Al_2S_3?为什么?

(3)混合溶液中含有 Mg^{2+}、Be^{2+}、Al^{3+},如何把它们分离?

(4)铍及其化合物有毒,实验中应注意什么问题?如何处理废液?

实验 28　d 区元素——铬和锰

1. 实验概述

在酸性溶液中 Cr(Ⅲ)化合物最稳定,Cr(Ⅵ)化合物有强氧化性,Cr(Ⅱ)化合物有强还原性。副族元素易形成配位化合物,而且配位离子的颜色与中心离子的结构、配位体的性质密切相关。如$[Cr(H_2O)_6]^{3+}$呈紫色,$[Cr(H_2O)SO_4]^+$、$[Cr(H_2O)Cl]^{2+}$、$[Cr(H_2O)_4Cl_2]^+$均呈绿色,而$[Cr(H_2O)_4(NH_3)_2]^{3+}$、$[Cr(H_2O)_2(NH_3)_4]^{3+}$均呈红色。

锰最稳定的化合物是 MnO_2,在酸性溶液中 MnO_4^- 具有强氧化性。在碱性溶液中 $Mn(OH)_2$易被空气氧化为 Mn(Ⅳ),可用 $MnO(OH)_2$ 表示。

MnO_2 在酸性介质中可被浓 HCl、H_2O_2、SO_2 等还原为 Mn(Ⅱ)化合物。Mn^{2+}离子稀溶液无色,浓溶液呈淡红色。在碱性介质中 MnO_2 易被氧化为 MnO_4^{2-}。一般,工业上常将 MnO_2 和 Na_2CO_3 混合在空气加热制备 MnO_4^{2-};而实验室则将 MnO_2 与 KOH 固体、$KClO_3$ 固体混合加热氧化制备 MnO_4^{2-}。MnO_4^{2-} 在酸性介质中不稳定,易发生歧化反应:

$$3MnO_4^{2-} + 4H^+ \xlongequal{} 2MnO_4^- + MnO_2 + 2H_2O$$

由于产品的 1/3 又回到 MnO_2,所以最好用电解的方法使 MnO_4^{2-} 全部转变为 MnO_4^-。

$$2MnO_4^{2-} + 2H_2O \xlongequal{} 2MnO_4^- + 2OH^- + H_2\uparrow$$

通常在酸性介质中,用强氧化剂(如 $NaBiO_3$ 固体)直接将 MnO_2 或 Mn^{2+} 氧化成特有的紫红色 MnO_4^- 来证实锰化合物的存在。

$Cr_2O_7^{2-}$ 则常用在弱酸性溶液中生成特殊颜色的沉淀:Ag_2CrO_4(砖红色)、$PbCrO_4$(黄色)、$BaCrO_4$(淡黄色),或($Cr_2O_7^{2-}$)与 H_2O_2 生成蓝色的 CrO_5(在乙醚中稳定存在)而加以鉴定。

2. 实验目的

①了解 Cr(Ⅲ)与 Cr(Ⅵ)化合物的相互转化条件及其在酸、碱性溶液中的存在形式。

②了解 $Cr_2O_7^{2-}$、MnO_4^- 和 MnO_2 在酸性溶液中的氧化性。

③了解 Cr、Mn 化合物的检验方法。

3. 实验器材

(1)仪器　离心机,离心试管,150 mL 烧杯,试管,蒸发皿,铁坩埚,铁架台,铁夹,铁棒,酒精灯,电炉。

(2)试剂　6 mol·L^{-1}浓 H_2SO_4 溶液,2 mol·L^{-1} HNO_3 溶液,2 mol·L^{-1} HAc 溶液,2 mol·L^{-1}、6 mol·L^{-1} NaOH 溶液,6 mol·L^{-1} NH_3·H_2O 溶液,0.1 mol·L^{-1}饱和 $K_2Cr_2O_7$ 溶液,0.1 mol·L^{-1} K_2CrO_4 溶液,0.1 mol·L^{-1} $Pb(NO_2)_2$ 溶液,0.1 mol·L^{-1} $BaCl_2$ 溶液,1 mol·L^{-1} Na_2SO_3溶液,3% H_2O_2 溶液,饱和氯水,酒精,乙醚或戊醇,冰,$KClO_3$(s),$KMnO_4$(s),KOH(s),KNO_2(s),MnO_2(s),Na_2SO_4(s),$NaBiO_3$(s),NH_4Cl(s)。

4. 实验方法

1)Cr(Ⅲ)与 Cr(Ⅵ)化合物的相互转化

从重铬酸钾出发,利用 6 mol·L^{-1} H_2SO_4、2 mol·L^{-1} NaOH、0.1 mol·L^{-1} $K_2Cr_2O_7$、1 mol·L^{-1} Na_2SO_3,3% H_2O_2,拟出实验方案实现下列转化,并验证:

$$\begin{array}{ccc} Cr_2O_7^{2-} & \longrightarrow & Cr^{3+} \\ \uparrow\downarrow & & \uparrow\downarrow \\ CrO_4^{2-} & \longleftarrow & CrO_2^{-} \end{array}$$

注意:

$$Cr_2O_7^{2-} + 4H_2O_2 + 2H^+ = 2CrO_5 + 5H_2O$$

$$4CrO_5 + 12H^+ = 4Cr^{3+} + 7O_2\uparrow + 6H_2O$$

在实现上述转化时,要考虑使用 H_2O_2 时的用量和消除其影响的方法。

用 2 mol·L^{-1} HNO_3 酸化 $Cr_2O_7^{2-}$ 溶液,用 KNO_2 溶液还原,观察所得溶液的颜色,并与实验转化过程中所得 Cr^{3+} 离子的颜色进行比较。

在绿色的 Cr^{3+}溶液中滴加 6 mol·L^{-1} NH_3·H_2O,观察溶液变为红色(必要时,加入少量的 NH_4Cl 固体)。

2)$Cr_2O_7^{2-}$、CrO_4^{2-} 的鉴别

取 $Cr_2O_7^{2-}$ 和 CrO_4^{2-} 分别加 Ag^+,观察所得的沉淀颜色是否相同,为什么? 用 Pb^{2+} 和 Ba^{2+}代替 Ag^+作实验,观察现象。

$Cr_2O_7^{2-}$ 的酸性溶液中,加入少量乙醚,滴加 3% H_2O_2,边滴边摇,观察乙醚层出现的蓝色 CrO_5。但 CrO_5 不稳定,慢慢分解,注意观察乙醚层颜色的变化,写出相关的化学反应方程式。

3)CrO_3 的生成和性质

在离心试管中加入 2 mL 饱和 $K_2Cr_2O_7$ 溶液,放在冰水中冷却,再慢慢加入用冰水冷却过的浓硫酸,观察红色 CrO_3 晶体生成。离心分离,弃去溶液,把晶体转至蒸发皿中,放在水浴上烘干,冷却,然后往晶体上加入几滴酒精,由于反应猛烈而发生燃烧:

$$4CrO_3 + C_2H_5OH = 2Cr_2O_3 + 2CO_2\uparrow + 3H_2O$$

4)MnO_2 和 Mn^{2+}的相互转化

用 3% H_2O_2,6 mol·L^{-1} H_2SO_4,6 mol·L^{-1} NaOH,0.1 mol·L^{-1} $MnSO_4$,MnO_2(s),实现下列转化:

$$\begin{array}{ccc} MnO_2 & \longrightarrow & Mn^{2+} \\ \uparrow & & \downarrow \\ MnO(OH)_2 & \longleftarrow & Mn(OH)_2 \end{array}$$

5) $KMnO_4$ 的性质

(1) $KMnO_4$ 溶液的氧化性　在 2 mL 的 0.1 $mol \cdot L^{-1}$ $KMnO_4$ 中,加入 0.5 mL 的 6 $mol \cdot L^{-1}$ NaOH,加入少量 Na_2SO_3(s),摇匀,溶液应为绿色,放置一段时间后,溶液出现棕黑色沉淀。酸化后棕黑色沉淀消失,溶液接近无色(注意最初 Na_2SO_3 固体宜少,若静置后不出现棕黑色沉淀,或酸化时棕黑色沉淀不消失,再补加少量 Na_2SO_3 固体)。通过实验小结溶液酸碱性对 $KMnO_4$ 还原产物的影响。

取 $KMnO_4$(s)少许于蒸发皿中,加几滴浓 H_2SO_4 调成糊状,再加 5 滴酒精,观察酒精的燃烧(如室温较低要稍等片刻,酒精才能燃烧)。

(2) $KMnO_4$ 固体的热分解　拟定实验方案证实 $KMnO_4$ 固体的分解(因 O_2 量少,只要验证有 MnO_2 和 K_2MnO_4 生成)。

6) MnO_2 还原性

取软锰矿(或 MnO_2)少许于试管中,加入 2 mL 的 2 $mol \cdot L^{-1}$ HNO_3,再加 $NaBiO_3$(s)少许,水浴加热,观察两相交界处出现紫色的 MnO_4^-(不宜振荡)。

取约 0.5 g $KClO_3$(s)和 0.7 g KOH(s),放在铁坩埚中混匀,用铁夹将坩埚固定在铁架上,小心加热(防止固体炸裂、伤人、毁物),等混合物熔融后,一面用铁搅拌,一面将 0.7 g MnO_2(s)粉末,缓慢分批加入。熔融物粘度逐渐增大,大力搅拌,防止结块,待反应物干涸后,提高温度强热 5 min,此时仍要翻动干涸物。当反应物冷却后,从坩埚中取出熔融物,在研钵中研细,用 10 mL 水(分 3 次)浸取,浸取时不断搅拌,合并浸取液,静置观察溶液颜色。分别进行下列试验:

取浸取液 1.0 mL,酸化观察有无沉淀生成及溶液颜色;

取浸取液 1.0 mL,加 0.5 mL 饱和氯水,观察溶液颜色。

将剩余的浸取液倒入回收瓶中。

思考题

(1)用 3% H_2O_2 将 CrO_2^- 氧化为 CrO_4^{2-},酸化时可能得不到 $Cr_2O_7^{2-}$ 而得到绿色的 Cr^{3+},为什么?用什么办法可以防止这一现象的发生而使 CrO_4^{2-} 转化为 $Cr_2O_7^{2-}$?

(2)用 3% H_2O_2 将 $Cr_2O_7^{2-}$ 氧化为 CrO_4^{2-} 后,用 $AgNO_3$ 检查 CrO_4^{2-},有时(若 H_2O_2 过量)得不到砖红色的 $AgCrO_4$ 沉淀,而得到黑色沉淀,为什么?

实验 29　d 区元素——铁钴镍

1. 实验概述

铁、钴、镍均有 +2、+3 价氧化态。铁以 +3 价较稳定,钴和镍在溶液中以 +2 价稳定,钴的 +3 价氧化态稳定存在于配合物和固体中,而镍的 +3 价氧化态只存在于固体中。$Fe(OH)_2$ 在空气中迅速被氧化为 $Fe(OH)_3$,$Co(OH)_2$ 在空气中缓慢被氧化为 $Co(OH)_3$,而 $Ni(OH)_2$ 必须与较强的氧化剂作用才能被氧化。$Fe(OH)_3$ 溶于浓 HCl 中生成 $FeCl_3$,而 $Co(OH)_3$ 和

$Ni(OH)_3$ 溶于浓 HCl 中生成 $CoCl_2$ 和 $NiCl_2$，并放出 Cl_2。Fe^{2+} 具有较强的还原性，尤其是在碱性介质中还原能力更强，而 Co^{2+} 和 Ni^{2+} 离子还原性很弱。Fe^{3+} 离子的氧化性远比 Co^{3+} 与 Ni^{3+} 弱，反映出从铁到镍高氧化态化合物稳定性降低，而低氧化态化合物稳定性增强。

Fe(Ⅱ)、Fe(Ⅲ)、Co(Ⅱ)、Ni(Ⅱ)的水合离子、氢氧化物、盐、配合物等都具有一定颜色。通过实验仔细观察，并应用理论知识加以解释。

Fe、Co、Ni 都能生成不溶于水而易溶于稀酸的硫化物。但是 CoS 和 NiS 从溶液中析出并放置一段时间后，由于结构改变，成为难溶物质，不再溶于稀酸。Fe_2S_3 只存在于固体中。

形成配合物也是铁、钴、镍的共同特征，有的因其特殊颜色有实际用途。例如铁的硫氰配合物稳定，钴的硫氰配合物在戊醇或乙醚中才较稳定，镍的硫氰配合物不稳定。相反 Ni(Ⅱ)的氨配合物在空气中被氧化为 Ni(Ⅲ)配合物，Fe(Ⅱ)与 Fe(Ⅲ)盐在溶液中易发生水解，但其复盐较稳定。

2. 实验目的

①了解 Fe、Co、Ni 的 +2、+3 价氧化态氢氧化物的制备和性质；

②了解 Fe(Ⅱ)、Co(Ⅱ)、Ni(Ⅱ)硫化物的生成和性质；

③了解 Fe、Co、Ni 配合物的形成、性质及应用。

3. 实验器材

(1)仪器　200 mL 烧杯，试管，试管夹，点滴板，酒精灯，KI－淀粉试纸。

(2)试剂　1 $mol \cdot L^{-1}$ H_2SO_4，2 $mol \cdot L^{-1}$、6 $mol \cdot L^{-1}$浓 HCl，2 $mol \cdot L^{-1}$ HAc，2 $mol \cdot L^{-1}$、6 $mol \cdot L^{-1}$ NaOH，2 $mol \cdot L^{-1}$、6 $mol \cdot L^{-1}$浓 $NH_3 \cdot H_2O$，0.1 $mol \cdot L^{-1}$ $K_4[Fe(CN)_6]$，0.1 $mol \cdot L^{-1}$ $K_3[Fe(CN)_6]$，0.1 $mol \cdot L^{-1}$ $CoCl_3$，0.1 $mol \cdot L^{-1}$ $NiSO_4$，0.1 $mol \cdot L^{-1}$ $(NH_4)_2Fe(SO_4)_2$，0.1 $mol \cdot L^{-1}$ KI，0.1 $mol \cdot L^{-1}$ $FeCl_3$，0.1 $mol \cdot L^{-1}$ $CuSO_4$，1% H_2O_2，0.1 $mol \cdot L^{-1}$、1 $mol \cdot L^{-1}$ KSCN，1 $mol \cdot L^{-1}$ NH_4F，饱和 KNO_2，溴水，碘水，饱和 H_2S 水溶液，CCl_4，戊醇，1% 二乙酰二肟(酒精溶液)，$(NH_4)_2Fe(SO_4) \cdot 6H_2O(s)$，KCl(s)，$NH_4Cl(s)$，Cu 片，铁屑。

4. 实验方法

1)Fe(Ⅱ)、Co(Ⅱ)、Ni(Ⅱ)化合物的还原性

(1)酸性介质　在 $(NH_4)_2Fe(SO_4)_2$[1] 溶液(自己配制)中加入几滴溴水，观察颜色变化，检验 Fe(Ⅲ)的生成，写出相关化学反应方程式。

在 $CoCl_2$ 和 $NiSO_4$ 溶液中，分别加入溴水。观察现象，并与上面实验进行比较。

(2)碱性介质　在试管中放入 1 mL 蒸馏水和一些稀酸，煮沸以除去溶于其中的空气，然后加入少量 $(NH_4)_2Fe(SO_4) \cdot 6H_2O$ 晶体。在另一试管加入 2 mL 的 6 $mol \cdot L^{-1}$ NaOH，小心煮沸除去空气，冷却后，用滴管吸取 0.5 mL，插入 $(NH_4)_3Fe(SO_4)_2$ 液内(直至试管底部)，慢慢放出 NaOH 溶液(整个操作过程都要避免将空气带进溶液中)，观察 $Fe(OH)_2$ 白色沉淀生成，放置一段时间，观察又有何变化，写出相关化学反应方程式。

在 $CoCl_2$ 溶液中滴加 6 $mol \cdot L^{-1}$ NaOH，观察现象。将试管不断振荡，观察沉淀颜色的变

化。将沉淀分为3份,2份用于试验 $Co(OH)_2$ 的酸碱性,另一份静置片刻后,观察沉淀颜色的变化,如不变(或变化很小),则加入数滴3% H_2O_2,再观察有何变化。写出相关化学反应方程式。沉淀物留着下面实验用[2]。

用 $NiSO_4$ 溶液重做上面实验[3]:根据实验结果比较Fe(Ⅱ)、Co(Ⅱ)、Ni(Ⅱ)化合物还原性的差异以及 $Fe(OH)_2$、$Co(OH)_2$ 与 $Ni(OH)_2$ 的酸碱性。

2)Fe(Ⅲ)、Co(Ⅲ)、Ni(Ⅲ)化合物的氧化性

氢氧化铁的制备及其氧化性:用 $FeCl_2$ 溶液、NaOH溶液、浓HCl、KI溶液来制备氢氧化铁沉淀,拟出实验方案,并试验其氧化性,写出相关化学反应方程式。

取 $CoCl_2$ 溶液加NaOH溶液以制备 $Co(OH)_2$,拟出制备 $Co(OH)_2$ 的实验方案,并试验Co(Ⅲ)化合物的氧化性,写出试验结果及相关化学反应方程式。

取 $NiSO_4$ 溶液加NaOH溶液以制备 $Ni(OH)_2$ 沉淀,拟出制备 $Ni(OH)_2$ 的实验方案,并试验Ni(Ⅲ)化合物的氧化性,写出试验结果及相关化学反应方程式。

根据实验结果比较Fe(Ⅲ)、Co(Ⅲ)、Ni(Ⅲ)化合物氧化性的差异。

3)Fe的还原性和Fe(Ⅲ)的氧化性

在 $CuSO_4$ 溶液中加入少量纯Fe屑。观察现象,写出相关化学反应方程式。

在 $FeCl_3$ 溶液中加入一小块Cu片,放置一段时间后,铜片的表面有何现象?写出相关化学反应方程式。

取1 mL的0.1 $mol \cdot L^{-1}$ $FeCl_3$,加数滴2 $mol \cdot L^{-1}$ HCl酸化,再滴加 Na_2S 溶液,有何现象?请解释,写出相关化学反应方程式。

4)铁、钴、镍的硫化物

在3支试管中,分别加入 $(NH_4)_2Fe(SO_4)_2$ 溶液、$CoCl_2$ 溶液和 $NiSO_4$ 溶液,加入饱和的 H_2S 溶液,有无沉淀产生?然后各自逐滴加入2 $mol \cdot L^{-1}$ $NH_3 \cdot H_2O$ 至有足够多的沉淀产生为止。静止片刻在各沉淀中加入稀盐酸,沉淀是否都溶解?为什么?

5)铁、钴、镍配合物的性质与应用

(1)铁的配合物　分别试验 $K_3[Fe(CN)_6]$、$K_4[Fe(CN)_6]$ 溶液与NaOH作用。

试验 $K_4[Fe(CN)_6]$ 溶液与 $FeCl_3$ 溶液作用,观察深蓝色沉淀或溶胶的生成(鉴定 Fe^{3+})。另取 $(NH_4)_2Fe(SO_4)_2$ 溶液代替 $FeCl_3$ 溶液做同样试验,比较二者结果有何不同[4]。

试验 $K_3[Fe(CN)_6]$ 溶液与 $(NH_4)_2Fe(SO_4)_2$ 溶液作用(鉴定 Fe^{2+})。另取 $FeCl_3$ 溶液代替 $(NH_4)_2Fe(SO_4)_2$ 溶液做同样试验,比较二者结果有何不同[5]。

试验KI溶液分别与 $K_3[Fe(CN)_6]$、$FeCl_3$ 溶液作用。

试验碘水分别与 $K_4[Fe(CN)_6]$、$(NH_4)_2Fe(SO_4)_2$ 溶液作用。

在 $FeCl_3$ 溶液中加入KSCN溶液,观察有何现象?然后再加入 NH_4F 溶液,观察又有何变化?写出相关化学反应方程式,并解释。

总结三价铁与二价铁形成配合物后氧化还原性的变化规律;不同配合物的稳定性及其应用。

(2)钴的配合物　在 $CoCl_2$ 溶液中加入0.5 mL戊醇,再滴加1 $mol \cdot L^{-1}$ KSCN,振荡,观察水相和有机相颜色变化(鉴定 Co^{2+})[6]。

在少量 $CoCl_2$ 溶液中加入少量醋酸酸化,再加入少量KCl、KNO_2 溶液,微热,观察黄色

$K_3[Co(NO_2)_6]$沉淀生成[7]，该反应可用于鉴定 Co^{2+} 或 K^+。

在少量 $CoCl_2$ 溶液中加入少许 NH_4Cl 固体，然后滴加浓氨水，观察土黄色$[Co(NH_3)_6]Cl_2$ 配合物的生成。滴加 H_2O_2 溶液，配合物颜色有何改变？反应式为：

$$Co^{2+} + 6NH_3 \cdot H_2O \xlongequal{NH_4Cl} [Co(NH_3)_6]^{2+} + 6H_2O$$

$$2[Co(NH_3)_6]^{2+} + H_2O_2 + 2H^+ \xlongequal{} 2[Co(NH_3)_6]^{3+} + 2H_2O$$

6）镍的配合物

在 $NiSO_4$ 溶液中滴加 6 $mol \cdot L^{-1}$ $NH_3 \cdot H_2O$ 至生成的沉淀刚好溶解为止。观察现象，写出相关化学反应方程式。

分别试验该配合物与 1 $mol \cdot L^{-1}$ H_2SO_4 和 2 $mol \cdot L^{-1}$ NaOH 反应以及加热和加水稀释对其稳定性的影响。

取 5 滴 0.1 $mol \cdot L^{-1}$ $NiSO_4$，加入 5 滴 2 $mol \cdot L^{-1}$ $NH_3 \cdot H_2O$[8]，再加 1 滴 1% 乙酰肟溶液，观察鲜红色沉淀的生成[9]，此反应可用来鉴定 Ni^{2+}，反应式为：

$$Ni^{2+} + 2\begin{matrix} CH_3-C{=}NOH \\ | \\ CH_3-C{=}NOH \end{matrix} + 2NH_3 \xlongequal{} \left[Ni\left(\begin{matrix} CH_3-C{=}NOH \\ | \\ CH_3-C{=}NOH \end{matrix} \right)_2 \right]\downarrow + 2NH_4^+$$

7）设计实验

已知溶液中含有 Fe^{3+}、Co^{2+}、Ni^{2+} 3 种离子，设计实验方案进行鉴定。

［注释］

[1] Fe(Ⅱ)化合物在水溶液中易被空气氧化，但其复盐如$(NH_4)_2Fe(SO_4)$或 $FeSO_4$ 的硫酸溶液较稳定，因此使用 Fe^{2+} 离子常用其复盐。

[2] Co^{2+} 与 NaOH 溶液作用，先生成蓝色碱式盐沉淀：

$$CoCl_2 + NaOH \xlongequal{} CoOHCl\downarrow + NaCl$$

继续加碱并加热，则沉淀通常转化为玫瑰色的氢氧化钴(Ⅲ)。

[3] $Ni(OH)_2$ 比 $Co(OH)_2$ 稳定，过氧化氢不能将 $Ni(OH)_2$ 氧化为 $Ni(OH)_3$，通常需用 NaClO、Br_2 水或 Cl_2 水。

[4] 亚铁氰化钾与 Fe^{2+} 作用生成 $Fe_2[Fe(CN)_6]$ 白色沉淀，但在空气中由于 Fe^{2+} 被氧化而变成蓝色沉淀——铁蓝。

[5] 铁氰化钾与 Fe^{2+} 不生成沉淀，但溶液变成暗红色。

[6] 由于$[Co(SCN)_4]^{2-}$配合离子不甚稳定，故应加入过量的 SCN^-，以降低它的离解，若 Co^{2+} 溶液中混有 Fe^{2+} 离子时，则加入 KSCN 溶液时将有红色的$[Fe(SCN)_6]^{3-}$配合物生成会干扰 Co^{2+} 的鉴定，此时可加入适量 F^- 离子，使生成无色 FeF_6^{3-} 再加入戊醇即可。

[7] 在此试液中，若有 Ni^{2+} 离子存在，则生成$[Ni(NO_2)_6]^{4-}$配合离子，不沉淀，故不影响 Co^{2+} 的鉴定。

[8] 必须控制好氨水的量，若加过量则很不易往回调。

[9] Fe^{3+}、Cu^{2+}、Co^{2+} 也能与丁二酮肟分别生成红色、褐色和黄褐色配合物，对 Ni^{2+} 的鉴定有干扰，但在氨水溶液中由于 Fe^{3+} 生成 $Fe(OH)_3$ 沉淀，Cu^{2+} 和 Co^{2+} 生成了配合离子，且不被乙醇萃取，故可消除这些离子的干扰。丁二酮肟镍溶于乙醇呈粉红色，此反应灵敏度高，为检查 Ni^{2+} 的特效反应。

思考题

(1)如何实现下列物质的相互转化?

$FeSO_4$ 与 $Fe_2(SO_4)_3$;$FeCl_2$ 与 $FeCl_3$

(2)怎样从 $Fe(OH)_2$、$Co(OH)_3$ 和 $Ni(OH)_3$ 制得 $FeCl_2$、$CoCl_2$ 和 $NiCl_2$?

(3)本实验中怎样试验 Fe(Ⅱ)盐的还原性与 Fe(Ⅲ)盐的氧化性? 实验室配制的 $FeSO_4$ 溶液时常加入硫酸和铁钉,为什么?

(4)在碱性介质中氯水能把二价钴氧化成三价钴,而在酸性介质中三价钴又能把氯离子氧化成氯气,二者有无矛盾? 为什么?

(5)怎样鉴别 Fe^{2+}、Fe^{3+}、Co^{2+} 和 Ni^{2+}?

(6)比较 $Fe(OH)_3$、$Al(OH)_3$、$Cr(OH)_3$ 的性质,如何从含 Fe^{3+}、Cr^{3+}、Al^{3+} 3 种离子的混合液中把它们分离出来?

实验 30　d 区元素——钛和钒

1. 实验概述

钛(Ti)的价电子构型为 $3d^24s^2$,最高氧化数为 +4,其中 IV 化合物最稳定,Ti 的Ⅲ化合物具有还原性,可被空气氧化。钒(V)的价电子构型为 $3d^34s^2$,其 V 化合物最稳定,而且具有氧化性; V 的Ⅲ化合物具有较强的还原性(在空气中就能被氧化)。

2. 实验目的

①了解钛的含氧酸、V_2O_5 的生成及性质;

②了解低氧化态的 Ti、V 化合物的生成及性质;

③了解钛、钒过氧离子的生成及性质;

④试验钒酸根的缩合及反应。

3. 实验器材

(1)仪器　200 mL 烧杯,试管,试管夹,坩锅,酒精灯,KI^-淀粉试纸。

(2)试剂　2 $mol \cdot L^{-1}$ HCl 溶液,6 $mol \cdot L^{-1}$、浓 HCl 溶液,浓 H_2SO_4 溶液,6 $mol \cdot L^{-1}$ NaOH 溶液,2 $mol \cdot L^{-1}$ $NH_3 \cdot H_2O$ 溶液, 0.2 $mol \cdot L^{-1}$ $CuCl_2$ 溶液,0.1 $mol \cdot L^{-1}$ $TiOSO_4$ 溶液,饱和 NH_4VO_3 溶液,0.1 $mol \cdot L^{-1}$ VO_2Cl 溶液,3% H_2O_2 溶液,0.1 $mol \cdot L^{-1}$ NH_4VO_3 溶液,锌粒(s)。

4. 实验方法

1)Ti(Ⅲ)化合物的生成和还原性

往 1 mL $TiOSO_4$ 中加入一粒锌,观察溶液颜色的变化。将溶液放置几分钟后,倾入少量 0.2 $mol \cdot L^{-1}$ $CuCl_2$ 中,观察现象,并根据实验结果说明三价离子的还原性。

$$2TiO^{2+} + Zn + 4H^{+} = 2Ti^{3+} + Zn^{2+} + 2H_2O$$

$$Ti^{3+} + Cu^{2+} + Cl^{-} + H_2O = CuCl\downarrow + TiO^{2+} + 2H^{+}$$

2)过氧钛离子的生成

往0.5 mL $TiOSO_4$ 中滴加3% H_2O_2,观察反应产物的颜色和状态。

$$TiO^{2+} + H_2O_2 = (TiO_2)^{2+} + H_2O$$

3)α-钛酸和β-钛酸的生成和性质

(1)α-钛酸的生成和性质　取4支试管,分别加入0.5 mL $TiOSO_4$ 并滴加2 mol·L^{-1} $NH_3 \cdot H_2O$,至有沉淀产生为止,观察反应产物的颜色。取两份α-钛酸沉淀分别试验在6 mol·L^{-1} NaOH 和6 mol·L^{-1} HCl 中的溶解情况(可用生成过氧钛离子的方法加以检验)。

(2)β-钛酸的生成和性质　往上面剩余的两份α-钛酸沉淀中加少量水,煮沸几分钟,α-钛酸即转变为β-钛酸,试验β-钛酸在6 mol·L^{-1} NaOH 和6 mol·L^{-1} HCl 中的溶解情况(可用生成过氧钛离子的方法加以检验)。

比较α-钛酸和β-钛酸的生成条件和性质有何不同。

4)V_2O_5 的生成和性质

取少量 NH_4VO_3 固体放在坩锅中,用小火加热并不断搅拌,观察反应过程中固体颜色的变化和产物的颜色和状态,然后把分解产物分成4份。

用一份固体先试验与浓 H_2SO_4 的作用,固体是否溶解?然后把所得的溶液稀释(稀释时,应把含浓 H_2SO_4 的溶液加入水中),其颜色有什么变化?往第二份固体中加入6 mol·L^{-1} NaOH 溶液,加热,有何变化?往第三份固体中加入少量蒸馏水,煮沸,待其冷却后,用pH试纸确定其pH。最后往第四份固体中加入浓HCl,观察有何变化,煮沸,观察反应产物的颜色和状态,再用水稀释溶液,其颜色有什么变化?

$$V_2O_5 + H_2SO_4 = (VO_2)_2SO_4 + H_2O$$

$$V_2O_5 + 2NaOH \overset{\triangle}{=} 2NaVO_3 + H_2O$$

$$V_2O_5 + 6HCl \overset{\triangle}{=} 2VOCl_2 + Cl_2\uparrow + 3H_2O$$

5)钒酸根的缩合反应

取10 mol 饱和 NH_4VO_3 溶液,在不断搅拌下,逐滴加入6 mol·L^{-1} HCl,注意观察溶液变化,解释实验现象(留下所得溶液供下一步骤实验用)。

6)低氧化态的钒化合物的生成

往2 mL VO_2Cl 溶液中加入两粒锌,把溶液放置片刻,观察反应过程中溶液颜色变化。

$$2VO_2Cl + 4HCl + Zn = 2VOCl_2 + ZnCl_2 + 2H_2O$$

$$2VOCl_2 + 4HCl + Zn = VCl_3 + ZnCl_2 + 2H_2O$$

$$2VCl_3 + Zn = 2VCl_2 + ZnCl_2$$

7)过氧钒离子的生成

往0.5 mL 饱和 NH_4VO_3 溶液中加入0.5 mL 的2 mol·L^{-1}HCl 和两滴3% H_2O_2,观察反应产物的颜色和状态。

$$VO_3^{-} + H_2O_2 + 4H^{+} = VO_2^{3+} + 3H_2O$$

思考题

(1)比较 α-钛酸、β-钛酸与 α-锡酸、β-锡酸的生成条件和性质有何异同?

(2)结合实验说明 V_2O_5 的酸碱性。

(3)比较低氧化态的钛、钒化合物有什么相似的地方。

(4)钒的各种氧化态的化合物有哪几种颜色?稳定性如何?

(5)如 VO_2Cl 溶液的颜色发绿,说明发生了什么变化?引起变化的可能原因是什么?

实验 31　ds 区元素——铜锌分族

1. 实验概述

Cu、Ag、Zn、Cd、Hg 位于周期系中 ds 区ⅠB 族和ⅡB 族,价电子构型为 $(n-1)d^{10}ns^{1\sim2}$,ⅠB族和ⅡB 族又称为铜分族和锌分族。ds 区元素的氢氧化物的酸碱性和稳定性差异较大。$Cu(OH)_2$ 具有两性,在加热时容易脱水分解成黑色 CuO;AgOH 在常温时极易脱水转变为棕色 Ag_2O;$Zn(OH)_2$ 呈两性;$Cd(OH)_2$ 呈碱性;Hg(Ⅱ、Ⅰ)的氢氧化物极易脱水转变为黄色 HgO 或黑色 Hg_2O。Cu、Ag、Zn、Cd、Hg 的阳离子容易与配位体形成配合物,其中,Cu^{2+}、Cu^+、Ag^+ 的配位能力很强,Zn^{2+}、Cd^{2+} 也能与氨水反应,生成氨配离子;但是在没有大量 NH_4^+ 存在的条件下,Hg^{2+}、Hg_2^{2+} 与过量氨水反应并不能形成氨配离子。

因为 $E^{\ominus}(Cu^{2+}/Cu^+) < E^{\ominus}(Cu^+/Cu)$,因此 Cu^+ 在水溶液中极不稳定,易发生歧化反应:

$$2Cu^+ \longrightarrow Cu^{2+} + Cu \qquad K^{\ominus} = 1.48 \times 10^6$$

欲得到稳定的 Cu(Ⅰ)的化合物,只有形成难溶解电解质或配合物,例如:

$$Cu^{2+} + Cu + 4Cl^- \longrightarrow 2[CuCl_2]^-$$

$$[CuCl_2]^- \longrightarrow Cu_2Cl_2 + 2Cl^-$$

而 $E^{\ominus}(Hg^{2+}/Hg_2^{2+}) < E^{\ominus}(Hg_2^{2+}/Hg)$,因此 Hg_2^{2+} 难发生歧化反应:

$$Hg^{2+} + Hg \longrightarrow Hg_2^{2+} \qquad K^{\ominus} \approx 70$$

若欲使反应向左进行,必须使体系中的 Hg^{2+} 形成难溶或配合物:

$$Hg_2Cl_2 + 2NH_3 \cdot H_2O \longrightarrow Hg(NH_2)Cl\downarrow + Hg\downarrow + NH_4Cl + 2H_2O$$

2. 实验目的

①了解 Cu、Ag、Zn、Cd、Hg 氢氧化物及常见配合物的性质;

②了解 Cu(Ⅰ)与 Cu(Ⅱ)、Hg(Ⅰ)与 Hg(Ⅱ)的相互转化;

③了解 Cu^{2+}、Zn^{2+}、Cd^{2+}、Hg^{2+} 等离子的鉴定方法。

3. 实验器材

(1)仪器　离心机,150 mL 烧杯,200 mL 烧杯,10 mL 量筒,100 mL 量筒,点滴板,离心试管,试管,试管夹,酒精灯。

(2)试剂 0.1 mol·L^{-1} H_2SO_4 溶液,2 mol·L^{-1}、6 mol·L^{-1}浓 HCl 溶液,2 mol·L^{-1} HNO_3 溶液,2 mol·L^{-1}、6 mol·L^{-1}、40% NaOH 溶液,2 mol·L^{-1}、6 mol·L^{-1} $NH_3·H_2O$ 溶液,0.1 mol·L^{-1} $AgNO_3$ 溶液,0.1 mol·L^{-1}、0.5 mol·L^{-1} $CuSO_4$ 溶液,0.5 mol·L^{-1} $CuCl_2$ 溶液,0.1 mol·L^{-1} $ZnSO_4$ 溶液,0.1 mol·L^{-1} $Cd(NO_3)_2$ 溶液,0.1 mol·L^{-1} $Hg(NO_3)_2$ 溶液,0.1 mol·L^{-1} $HgCl_2$ 溶液,0.1 mol·L^{-1} NaCl 溶液,0.1 mol·L^{-1} KI 溶液,0.1 mol·L^{-1} NH_4Cl 溶液,1 mol·L^{-1} KSCN 溶液,饱和 H_2S 水溶液,饱和 Hg_2Cl_2 溶液,0.1 mol·L^{-1} $CoCl_2$ 溶液,0.02 mol·L^{-1}二苯硫腙,CCl_4 溶液,铜屑(s)、Zn(s),Cd(s),Hg(l)。

4.实验方法

1)氢氧化物的生成和性质

在0.1 mol·L^{-1} $CuSO_4$ 中,加入2 mol·L^{-1} NaOH,观察产物颜色和状态。将沉淀分别置于3支试管中,在其中2支试管中各加入2 mol·L^{-1} HCl、6 mol·L^{-1} NaOH,第三支试管加热,观察现象。

分别在0.1 mol·L^{-1} Ag^+、0.2 mol·L^{-1} Zn^{2+}、0.2 mol·L^{-1} Cd^{2+}、0.1 mol·L^{-1} Hg^{2+}盐溶液中滴加2 mol·L^{-1} NaOH,观察现象。试验产物与2 mol·L^{-1} HCl(或 HNO_3)、过量的6 mol·L^{-1} NaOH 作用。

2)配合物的生成和性质

在 Cu^{2+}、Zn^{2+}、Cd^{2+}、Hg^{2+}盐溶液中逐滴加入2 mol·L^{-1} $NH_3·H_2O$,观察现象。

用0.1 mol·L^{-1} $HgCl_2$ 和0.1 mol·L^{-1} $Hg_2(NO_3)_2$ 分别与2 mol·L^{-1}或6 mol·L^{-1} $NH_3·H_2O$作用,观察现象,并试验沉淀在过量 $NH_3·H_2O$ 溶液中是否溶解,写出相关的化学反应方程式。

在0.5 mL 的1 mol·L^{-1} $CuCl_2$ 中,逐滴加入浓 HCl 数滴,观察颜色的变化。然后再逐滴加水稀释,观察颜色的变化并解释。

在 Hg^{2+}盐溶液中,逐滴加入0.1 mol·L^{-1} KI,观察现象,再加入过量 KI 溶液,观察现象,写出相关的化学反应方程式。

在0.1 mol·L^{-1} $Hg(NO_3)_2$ 中,逐滴加入1 mol·L^{-1} KSCN,最初生成白色 $Hg(SCN)_2$ 沉淀。继续加入过量 KSCN 溶液,沉淀溶解,写出相关的化学反应方程式。将沉淀分成2份,分别加入锌盐和钴盐溶液,并用玻璃棒摩擦管壁,观察沉淀物的颜色,写出相关的化学反应方程式。

3)Cu(Ⅰ)与Cu(Ⅱ)的相互转化

取0.5 mL $CuSO_4$ 溶液,滴加0.1 mol·L^{-1} KI 溶液,产生沉淀,离心分离。吸取清液1滴,加蒸馏水稀释,用淀粉溶液检验溶液中是否有 I_2 生成。洗涤沉淀,观察颜色。

在1 mL 的0.5 mol·L^{-1} $CuCl_2$ 中,加入0.5 mL 浓 HCl 和少量铜屑,加热煮沸5~10 min,直到溶液变成深棕色为止,取出几滴溶液,加到10 mL 蒸馏水中,如有白色沉淀产生,则迅速把全部溶液倾入100 mL 蒸馏水中,观察物质的颜色和状态。等大部分沉淀析出,倾出溶液,并用20 mL 蒸馏水洗涤沉淀。取出少许沉淀,分别试验它们与浓氨水和浓盐酸的作用,观察沉淀的溶解，记下溶液的颜色，写出相关的化学反应方程式。

4) Hg(Ⅱ)与Hg(Ⅰ)相互转化

(1) Hg^{2+}离子转化为Hg_2^{2+}离子　在盛有0.1 mol·L^{-1} $Hg(NO_3)_2$中加入1滴汞，振荡试管，将清液转移到另一试管中(剩余的汞应回收)[1]。

拟定实验方案证明Hg^{2+}离子转化为Hg_2^{2+}离子(使用本实验中所涉及的试剂)，并通过实验验证。

(2) Hg_2^{2+}的歧化反应　取饱和Hg_2Cl_2溶液，加入2 mol·L^{-1} $NH_3 \cdot H_2O$，观察沉淀的颜色，写出相关的化学反应方程式。

5) Cu^{2+}、Ag^{+}、Cd^{2+}、Hg^{2+}离子的鉴定

(1) Cu^{2+}的鉴定　取2滴含Cu^{2+}的溶液于点滴板上，加入2滴$K_4[Fe(CN)_6]$溶液，从生成沉淀的特征颜色来鉴定Cu^{2+}离子的存在。

(2) Ag^{+}的鉴定　自拟方案鉴定Ag^{+}的存在，并用实验来验证。

(3) Zn^{2+}的鉴定　在2滴0.1 mol·L^{-1} $Zn(NO_3)_2$中，加入5滴6 mol·L^{-1} NaOH，再加入10滴0.02 mol·L^{-1}二苯硫腙和CCl_4溶液，搅拌，在水浴上加热，水溶液呈粉红色表示有Zn^{2+}存在，CCl_4层由绿色变为棕色。

(4) Cd^{2+}的鉴定　在10滴0.1 mol·L^{-1} $Cd(NO_3)_2$中，加入0.1 mol·L^{-1} H_2S，若有黄色沉淀生成，表示有Cd^{2+}存在。

(5) Hg^{2+}的鉴定　在10滴0.1 mol·L^{-1} $HgCl_2$中，逐滴加入0.1 mol·L^{-1} $SnCl_2$，有白色沉淀生成，继而转变为灰黑色沉淀，表示有Hg^{2+}存在。

6) 铜片镀锌和黄铜的生成

在蒸发皿中放入1药匙锌粉，然后加入3 mol·L^{-1} NaOH，使之浸没锌粉，加热至NaOH溶液微沸，待溶液稍冷后，把一洁净的铜片浸入其中，使铜片和锌粉直接接触，立刻就会看到有银白色的锌镀于铜片表面，待铜片表面全部被锌覆盖后，取出铜片，洗净凉干后待用。

移取上述反应后的清液，把另一洁净的铜片浸入其中，观察铜片能否镀上金属锌。

将得到的镀锌铜片在火焰上直接加热，待铜片由银白色变为黄色时，立即停止加热，放在冷水中冷却后，取出擦干。铜片表面变成黄色，说明生成了铜锌合金。解释上述实验现象。

[注释]

[1] 汞蒸汽吸入人体会产生慢性中毒，因此使用汞时如不小心撒落在实验桌或地面上，务必尽量收集起来，并在估计有残存汞的地方撒上硫磺粉，使之转化成HgS。溶液中残存少量汞可加入饱和$FeCl_3$溶液，使之转化成Hg_2Cl_2沉淀。

思考题

(1) $Cu(OH)_2$具有哪些性质？怎样试验？将NaOH溶液加入银盐中能否得到AgOH？为什么？

(2) 将KI溶液加入Cu(Ⅰ)盐中能得到CuI沉淀，为什么将KCl溶液加入Cu(Ⅰ)盐不能得CuCl沉淀？

(3) Cu(Ⅰ)和Cu(Ⅱ)的化合物哪一个比较稳定？总结Cu(Ⅰ)和Cu(Ⅱ)互相转化的

条件。

(4)将过量KI溶液分别加入Hg(Ⅰ)盐和Hg(Ⅱ)盐溶液,将得什么物质?为什么?用标准电极电势解释。

(5)怎样分离和鉴定Zn^{2+}、Cd^{2+}、Hg^{2+}离子?

(6)试验汞及其化合物的性质应注意哪些安全措施?如何处理实验桌、地面上或溶液中残存的少量汞?

实验32　离子鉴定和未知物的鉴别(设计性实验)

1. 实验概述

当一个试样需要鉴定或一组未知物需要鉴别时,通常可根据以下几个方面进行判断:

(1)物态

①观察试样在常温时的状态。如果试样是固体,那么要注意观察它的晶形。

②观察试样的颜色,这是一个重要因素。因为溶液试样的颜色与离子的颜色有关,固体试样的颜色与化合物的颜色以及配离子的颜色有关,所以,可以根据式样的颜色预测其中哪些离子可能存在,哪些离子不可能存在。

③嗅、闻试样的气味。

(2)溶解性　固体试样的溶解性也是判断的一个重要因素。首先试验是否溶于水(包括冷水和热水),不溶于水的再依次用盐酸(稀、浓)、硝酸(稀、浓)试验其溶解性。

(3)酸碱性　通过指示剂判断直接式样的酸或碱,两性物质借助于既能溶于酸,又能溶于碱加以判别。可溶性盐的酸碱性可用它的水溶液进行测定。有时也可以根据试样的酸碱性来判定某些离子存在的可能性。

(4)热稳定性　物质的热稳定性是有差别的,有的物质常温时就不稳定,有的物质灼热时易分解,还有的物质受热时易挥发或升华。

(5)鉴定或鉴别反应　经过前面对试样的观察和初步试验,再进行相应的鉴定或鉴别反应,就能做出更准确的判断。在基础无机化学实验中鉴定反应可采用以下几种方式:

①通过与某试剂反应,生成沉淀,或沉淀溶解,或放出气体,必要时可再对生成的沉淀和气体做性质试验;

②显色反应;

③焰色反应;

④硼砂珠试验;

⑤其他特征反应。

以上只是提供一个途径,具体问题应根据实际情况灵活运用这些方法。

2. 实验目的

运用所学的元素及化合物的基本性质,进行常见物质的鉴定或鉴别,进一步巩固常见阳离子和阴离子的重要反应。

3. 实验内容

①有4种黑色或近于黑色的氧化物：CuO、Co_2O_3、PbO_2、MnO_2 如何用实验鉴别？

②有10种固体样品，试加以鉴别：$CuSO_4$、$FeSO_4$、$NiSO_4$、CuO、Cu_2O、Fe_2O_3、PbO、$CoCl_2$、NH_4HCO_3。

③盛有10种以下固体钠盐的试剂瓶标签脱落，试加以鉴别：$NaNO_3$、Na_2S、$Na_2S_2O_3$、Na_3PO_4、$NaCl$、Na_2CO_3、$NaHCO_3$、Na_2SO_4、$NaBr$、Na_2SO_3。

④有一固态混和物，可能含有 CuS、$Co(NO_3)_2$、$AgNO_3$、NH_4Cl、KNO_3、$Al(OH)_3$6种物质。仅通过如下的操作步骤，试判断：哪些物质肯定存在？哪些物质肯定不存在？哪些物质可能存在？观察固体混和物；取少量固体混和物加水溶解，离心分离得的溶液和沉淀，并洗涤沉淀；取离心液滴加 KSCN(s)及戊醇，振荡；取沉淀滴加 6 $mol \cdot L^{-1} NH_3 \cdot H_2O$，振荡；取沉淀滴加6 $mol \cdot L^{-1}$ HNO_3，振荡。

实验33 脂肪烃的性质

1. 实验概述

由碳、氢所组成通式为 C_nH_{2n+2}的一类化合物称烷烃。烷烃一般较稳定，在比较剧烈或特殊的条件下才能反应。所有这些性质取决于烷烃是饱和烃。

通式具有 C_nH_{2n}的一类直链烃称烯烃，由于分子中具有碳碳双键，因而它常表现出双键的加成、氧化和α-H 取代等性质。

通式具有 C_nH_{2n-2}的一类直链单官能团烃称炔烃，同烯烃相类似，分子中具有碳碳三键，因而它也表现出加成、氧化和炔化物生成等性质。

总之，烯烃和炔烃的这些性质决定于其结构特征——不饱和性。

反应式：

(1)烷烃

主反应：$CH_3COO^-Na^+ + NaOH \longrightarrow CH_4\uparrow + Na_2CO_3$

副反应：$CH_3COO^-Na^+ \longrightarrow CH_3COCH_3 + Na_2CO_3$

$2CH_4 \longrightarrow CH_2=CH_2 + 2H_2\uparrow$

(2)烯烃

主反应：$CH_3CH_2OH \xrightarrow[170\ ℃]{浓\ H_2SO_4} CH_2=CH_2 + H_2O$

副反应：$CH_3CH_2OH \xrightarrow[140\ ℃]{浓\ H_2SO_4} CH_3CH_2OCH_2CH_3$

$CH_3CH_2OH + 6H_2SO_4 \longrightarrow 2CO_2\uparrow + SO_2\uparrow + 4H_2O$

$CH_3CH_2OH + 2H_2SO_4 \longrightarrow 2C + 2SO_2 + 5H_2O$

(3)炔烃

主反应：$CaC_2 + 2H_2O \longrightarrow Ca(OH)_2 + CH\equiv CH\uparrow$

副反应：$CaS + 2H_2O \longrightarrow Ca(OH)_2 + H_2S\uparrow$

$Ca_3P_2 + 6H_2O \longrightarrow 3Ca(OH)_2 + 2PH_3\uparrow$

$Ca_3As_2 + 6H_2O \longrightarrow 3Ca(OH)_2 + 2AsH_3\uparrow$

鉴定性质的原理是依据各自的饱和性及不饱和性，以及不饱和性大小程度来操作的。

2. 实验目的

学习烷烃代表物甲烷及不饱和烃代表物乙烯、乙炔的制备方法，并验证它们的性质。

3. 实验器材

1）试剂

无水 CH_3COONa（实验前烘干），$NaCO_3$，1% 溴的四氯化碳溶液，0.5% $KMnO_4$ 溶液，1% H_2SO_4，石蜡油，95% 乙醇，浓 H_2SO_4，河沙，1% NaOH，煤油，CaO（电石），饱和 $CuSO_4$ 溶液，饱和食盐水，5% $AgNO_3$ 溶液，2% $NH_3 \cdot H_2O$，氯化亚铜氨液。

2）装置

（1）甲烷制备装置　如下图所示。

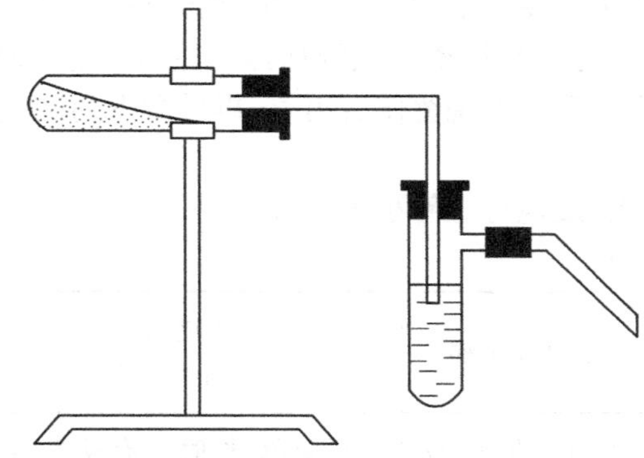

（2）乙烯制备装置　如下图所示。

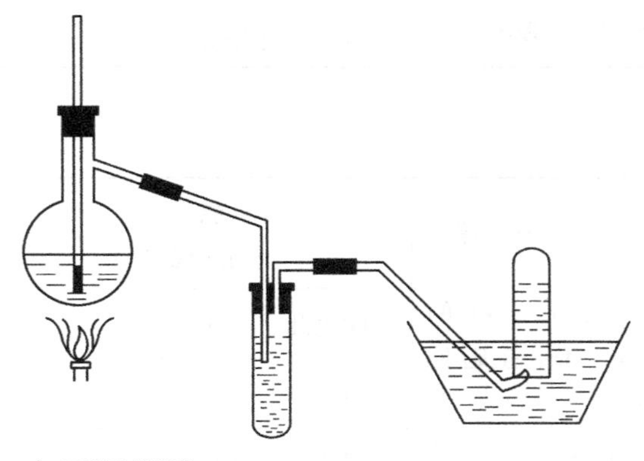

（3）乙炔制备装置　如下图所示。

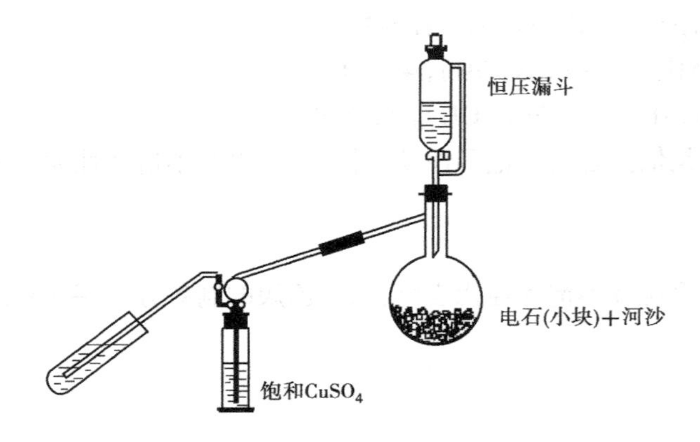

(4)其他　试管 10 支,250 mL 烧杯,铁三角架,100 ℃ 温度计,酒精灯等。

4. 实验方法

1)烷烃

(1)制备[1]　按甲烷装置图所示安装,检验是否漏气。称取 6 gCH_3COONa 和 12 g$NaCO_3$ 放在研钵中研细混和后,移入干燥的试管中,试管用带有导管的塞子塞紧,然后将试管以稍倾斜的角度固定在铁架台上。先小心将整个试管加热。然后,强热试管中的混合物,估计试管里的空气排尽后,收集 2 支试管的甲烷留作后用[2],再进行下列试验。

(2)性质

①燃烧试验。直接点火,发现有短暂小火,颜色不明亮,略有红黄色。

②与高锰酸钾溶液反应:

被测物		所加试剂及步骤	可能观察到的现象	实际观察到的现象	原　因
名称	方式/数量				
甲烷气体	直接通入	0.1 mL 的 0.5% $KMnO_4$,2 mL 的 10% H_2SO_4(塞住振荡)	不变色,长时间有褪色,显棕黑色		
石蜡油	0.5 mL		不变色且分层		

③与溴反应:

被测物		所加试剂及步骤	可能观察到的现象	实际观察到的现象	原　因
名称	方式/数量				
甲烷	一试管	各加入 0.5 mL 的 1% Br_2-CCl_4 在暗处存放	颜色几乎不变		
石蜡油	0.5 mL		不变		
甲烷	一试管	各加入 0.5 mL 的 1% Br_2-CCl_4 在阳光下存放	颜色略浅,最后无色		
石蜡油	0.5 mL		先无变化,久置成浅黄色		

2)烯烃

按乙烯制备装置图所示安装,向瓶内加入 6 mL 乙醇(95%)和 18 mL 浓 H_2SO_4,然后加入 5 g 河沙[3],用酒精灯加热,使混合液温度迅速到达 160 ℃以上,这时就有乙烯发生,此时应缓慢加热,并保持温度在 160～180 ℃,使乙烯均匀逸出。做下列实验:

(1)燃烧试验　用安全点火燃烧法进行,发现火焰很大并比烷烃浓,火焰中夹有黑色浓烟。

(2)与高锰酸钾反应

被测物		所加试剂及步骤	可能观察到的现象	实际观察到的现象	原　因
名称	方式/数量				
乙烯	直接通入	1 mL 的 0.5% $KMnO_4$ 和 0.5 mL 的 10% H_2SO_4	褪色显棕黑色,久置成棕色		
煤油	0.5 mL				

(3)与溴反应

被测物		所加试剂及步骤	可能观察到的现象	实际观察到的现象	原　因
名称	方式/数量				
乙烯	直接通入	0.5 mL 的 1% Br_2-CCl_4	褪色		
煤油	0.5 mL		少许褪色		

3)乙炔

按乙炔制备装置图所示安装,在 250 mL 干燥蒸馏烧瓶中加碳化钙 10 g,滴液漏斗中存放饱和食盐水 30 mL,小心加入饱和食盐水[4],即有乙炔产生,估计空气赶尽后,进行下列实验。

(1)燃烧实验　用安全点火燃烧法进行,发现有浓烟同时有黑色絮状物在空中漂浮。

(2)性质实验[5]

被测物		所加试剂及步骤	可能观察到的现象	实际观察到的现象	原　因
名称	方式				
乙炔	直接通入	0.5 mL 的 1% Br_2-CCl_4	褪色呈棕色		
		1 mL 的 0.5% $KMnO_4$ 和 0.5 mL 的 10% H_2SO_4	褪色呈棕黑色		
		0.3 mL 的 5% $AgNO_3$ 和 1 滴 10% NaOH,用 2% $NH_3 \cdot H_2O$ 滴至澄清液后再通入	有银白色或黑色沉淀		
		5 mL 的 $Cu(NH_3)_2Cl$ 溶液[6]	有棕红色沉淀		

4)总结

比较项目	甲　烷	乙　烯	乙　炔
燃烧情况			
Br_2-CCl_4			
$KMnO_4$-H_2SO_4			
$Ag(NH_3)_2^+OH^-$			
$Cu(NH_3)_2^+OH^-$			

[注释]

[1]甲烷的制备及其性质实验不易成功,大家应做好充分准备,《化学通报》曾报道改变NaOH和CaO的配比可影响制备,其他杂志也有过类似的讨论。为起到讨论和操作成功因素,可采用下述3组配方进行对比实验。

①表中数据。

②在表中数据基础上再加2 g NaOH。

③可采用6 g NaAc,48 g NaOH和7.2 g CaO的比例混合。

[2]甲烷收集用排水取气法,事先每一实验小组备带一脸盆进行操作。

[3]河沙要处理,先用盐酸洗涤,再水洗,干燥备用。

[4]电石和水作用进行得非常猛烈,改用饱和食盐水,可以产生平稳而且均匀的乙炔气。

[5]溴和四氯化碳易挥发,气体通入后会大量逸出。另外生成的炔化银和炔化铜在干燥状态下极易爆炸,故实验结束后不可乱丢,应用稀硝酸处理后再倒掉。

[6]亚铜盐很容易被空气中的氧气氧化成二价铜,溶液变蓝色。掩蔽乙炔铜的红色沉淀,造成实验现象不明显。为了便于观察反应现象,可在温热的试剂中滴加2%盐酸羟胺溶液至蓝色褪去。然后再通入乙炔。

思考题

(1)在制乙烯过程中,浓硫酸的量能否过多?为什么?若不能过多,可否过少?

(2)根据反应式:

$$CH_2=CH_2(g)+Br_2(l)\longrightarrow BrCH_2CH_2Br(l)$$

试述能否用喷泉法来演示乙烯和溴的加成反应?

(3)烷烃的卤代反应可否用溴水来代替溴的四氯化碳进行实验?为什么?

实验34　芳烃和卤代烃的性质

1.实验概述

从化学性质角度来说,一个芳烃化合物常具有芳香性,这种芳香性表现在结构上的特征是:它们必须是一个成环平面的共轭体系,其中π电子等于$4n+2$,这个规则称为Huckel

规则。

苯虽是一个高度不饱和烃，但它却不具有与一般的不饱和烃如烯烃所具有的亲电加成性，而与饱和烃如烷烃相类似，具有取代反应性质。苯易和许多试剂进行亲电取代反应，其历程基本如下：

$$+E^+ \longrightarrow \quad E,\ {}^+H \quad \longrightarrow \quad E \quad +H^+$$

当苯环上连有除卤素以外的第一类定位基时，其环的亲电活性将增强。当苯环上连有第二类定位基或卤素时，其环的亲电活性将钝化。

除了亲电取代反应以外，芳香族化合物还易于发生侧链氧化。

由卤素和烃基相连所形成的卤代烃，易发生亲核取代和消除两类反应。两类反应均有单分子和双分子两种反应历程——S_N1 和 S_N2、E_1 和 E_2。反应的活性与卤素的种类和烃基的结构等因素有关，一般卤代烃的反应活性为：

①对 S_N1 和 E_1 反应：

$CH_2{=}CH{-}CH_2X$

$ArCH_2X$ $\quad > RCH_2X > R_2CHX > CH_2{=}CHX$，$ArX$

R_3CX

对 S_N2 和 E_2 反应：

$CH_2{=}CHX$，$ArX < R_3CX < R_2CHX < RCH_2X < CH_2{=}CH{-}CH_2X$，$ArCH_2X$

②$RI > RBr > RCl(> RF)$。

2. 实验器材

（1）仪器　试管 10 支，250 mL 烧杯，铁三角架，100 ℃ 温度计，酒精灯。

（2）试剂　浓 HNO_3 溶液，10% H_2SO_4 溶液，浓 H_2SO_4 溶液，5% NaOH 溶液，0.5% $KMnO_4$ 溶液，2% $AgNO_3$ 溶液，饱和 $AgNO_3$ 乙醇溶液，Br_2，3% Br_2-CCl_4 溶液，苯，甲苯，环已烯，1-氯丁烷，2-氯丁烷，2-氯-2-甲丙烷，1-溴丁烷，溴代苄，溴苯，1-碘丁烷，蓝色石蕊试纸，铁屑。

3. 实验方法

1）芳烃的性质

（1）与高锰酸钾溶液的试验[1]

被测物		所加试剂及步骤	可能观察到的现象	实际观察到的现象	原　因
名称	数量				
苯	0.5 mL	分别加入 0.2 mL 的 0.5% $KMnO_4$和 0.5 mL 的 10% H_2SO_4 溶液，振荡，必要时加热	无现象		
甲 苯	0.5 mL		较快褪色		
环已烯	0.5 mL		很快褪色		

写出可能的反应方程式。

(2)与溴加成反应的试验[2]

被测物		所加试剂及步骤	可能观察到的现象	实际观察到的现象	原　因
名称	数量				
苯	0.5 mL	分别加入 0.2 mL 的 3% Br_2-CCl_4 溶液,振荡	无现象		
甲 苯	0.5 mL		无现象		
环已烯	0.5 mL		很快褪色		

写出有关反应式。

(3)芳环取代反应的试验

①溴代:

被测物		所加试剂及步骤	可能观察到的现象	实际观察到的现象	原　因
名称	数量				
苯	0.5 mL	分别加入 5 滴 3% Br_2-CCl_4,振荡。试管口放置润湿的蓝石蕊试纸,光照数分钟	无现象		
甲 苯	0.5 mL		蓝色石蕊试纸变红		
苯	1 mL	加 11 滴溴,再加小匙新铁屑,振荡,用润湿石蕊试纸检验管口,加热	有气体产生,湿石蕊试纸变红		
		将上述溶液倒入 10 mL 水中	有红棕色油状物沉于底(含 Br_2)		
		在上述溶液加入 NaOH	红棕色油层转变成无色		

写出有关反应式。

②磺化反应[3]:

被测物		所加试剂及步骤	可能观察到的现象	实际观察到的现象	原　因
名称	数量				
苯	1 mL	分别加入 3 mL 浓 H_2SO_4,振荡用插有玻管的塞子塞住,沸水中加热、振荡	分层		
甲 苯	1 mL		不分层		
把上述溶液分别倾入 10 mL 冷水			不溶于水		
			溶于水		

写出有关反应式。

③硝化反应[4]:

被测物		所加试剂及步骤	可能观察到的现象	实际观察到的现象	原　因
名称	数量				
苯	1 mL	在1.5 mL浓 HNO_3 和2 mL浓 H_2SO_4 的冷混合液中加入苯，振荡。控温不超过50 ℃，5 min后，倾入2 mL冷水中搅拌，静置	水底层有淡黄色油状物		

写出有关反应式。

2）卤代烃的性质

（1）与硝酸银的作用

①不同烃基结构的反应：

被测物		所加试剂及步骤	可能观察到的现象	实际观察到的现象	原　因
名称	数量				
1-氯丁烷	3滴	分别加入1 mL饱和硝酸银乙醇液，振荡。若10 min无现象可在沸水浴中加热	无现象，加热后逐渐沉淀		
2-氯丁烷	3滴		无现象，加热后有沉淀		
2-氯-2-甲基丙烷	3滴		立即白色沉淀		
1-溴丁烷	3滴		无现象，加热沉淀		
溴化苄	3滴		沉淀		
溴苯	3滴		无现象，加热也无现象		

写出有关反应式。

②不同卤原子的反应[5]：

被测物		所加试剂及步骤	可能观察到的现象	实际观察到的现象	原　因
名称	数量				
1-氯丁烷	3滴	分别加入1 mL饱和硝酸银乙醇液，振荡。若10 min无现象可在沸水浴中加热	无现象，加热有沉淀		
1-溴丁烷	3滴		黄色沉淀		
1-碘丁烷	3滴		深黄色沉淀		

（2）与稀碱作用

被测物		所加试剂及步骤	可能观察到的现象	实际观察到的现象	原　因
名称	数量				
1-氯丁烷	15滴	分别加入1～2 mL的5% NaOH，振荡，静置。取水层用同体积 HNO_3 酸化，用2% $AgNO_3$，检查有无沉淀。若无沉淀，加热再观察	无现象，加热有沉淀		
2-氯丁烷	15滴		无现象，加热有沉淀		
2-氯 2-甲基丙烷	15滴		有沉淀		
1-溴丁烷	15滴		有黄色沉淀		
1-碘丁烷	15滴		有深黄色沉淀		

写出有关方程式。

[注释]

[1]苯不能被 $KMnO_4$ 溶液氧化,若其同系物,则比较容易氧化,其中支链不论长短都被氧化成与芳环直接相连的羧基。

[2]在没有催化剂、冷却条件下甲苯的溴代作用,进行较慢,但较明显,加热时反应进行很快,而苯甚至在沸腾时也不起作用。溴代反应的标志是颜色褪去、溴化氢气体的产生。在没有催化剂存在下,甲苯的溴代反应是在支链上进行的,主要生成溴化苄,它有强烈的催泪作用。

$$C_6H_5CH_3 + Br_2 \longrightarrow C_6H_5CH_2Br + HBr$$

在铁或铝催化下,苯环及甲苯环上的氢原子被溴原子取代,生成溴代苯和邻或对溴代甲苯。本实验在通风橱里进行。

[3]甲苯、苯都能进行磺化反应,其中苯较难进行,须用发烟硫酸才能磺化。甲苯用普通的浓硫酸就能进行。磺酸是非常强的酸,磺酸、磺酸的碱金属及碱土金属盐都能溶于水,常在苯环上引入磺酸基以增加物质(如染料)在水中的溶解度。

[4]苯、甲苯都很容易进行硝化反应。苯、甲苯的硝化反应常在混酸中进行,分别生成硝基苯和邻或对硝基甲苯。增加混酸的相对量或提高硝化反应的温度,可在苯环上引入第二个硝基,但比引入第一个硝基要困难些。芳香烃的硝基化合物不溶于水,比水重。多数硝基化合物呈黄色。

[5]为了减少卤代烃的蒸发,要缓慢加热,先从液面开始,逐渐下移到试管底部。

思考题

(1)卤原子在不同的反应中活性一般为何总是 $-I > -Br > -Cl$?

(2)乙苯与下列试剂可能反应的产物如何?

①光照或高温下加溴;

②铁粉存在下与碘作用;

③硝酸存在下加碘;

④HgO 存在下加 I_2;

⑤$F_3C—COOH$ 存在下加 $Tl(OOCCF_3)_3$;

⑥在 HCl-$AlCl_3$ 存在下加热。

实验 35　醇和酚的性质与鉴定

1. 实验概述

醇和酚分子中的 O—H 键是高度极化的,能形成氢键,从而显著地影响它们的物理性质和化学性质。它们的化学性质通过结构可表示如下:

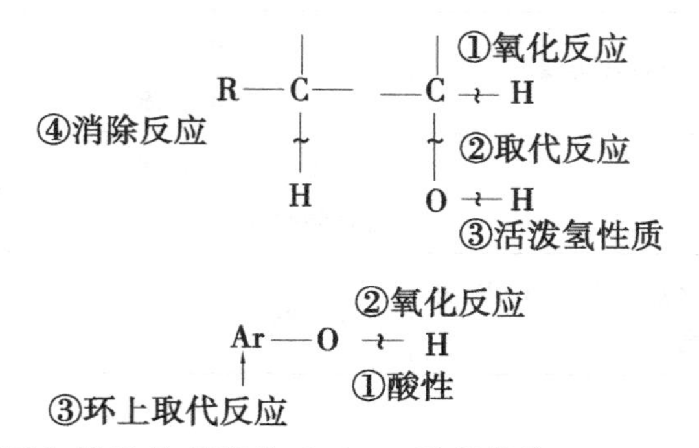

醇与酚中的氧所不同之处是前者常为 $O\text{-}C_{SP^3}$，后者常为 $O\text{-}C_{SP^2}$。

2. 实验目的

通过实验进一步认识醇类的一般性质，并比较醇和酚之间化学性质上的差异，认识羟基与烃基的相互影响。

3. 实验器材

(1)仪器　试管10支，250 mL烧杯，铁三角架，100 ℃ 温度计，酒精灯。

(2)试剂　甲醇，乙醇，丁醇，辛醇，无水乙醇，金属钠，酚酞指示剂，5%重铬酸钾溶液，浓H_2SO_4，异丙醇，冰醋酸，饱和食盐水，卢卡斯试剂，仲丁醇，叔丁醇，5% NaOH溶液，1%硫酸铜溶液，乙二醇，甘油，苯酚，蒸馏水，1% NaOH溶液，苯酚的饱和水溶液，饱和溴水，1%碘化钾溶液，苯，浓硝酸，5%碳酸钠溶液，0.5% $KMnO_4$ 溶液，$FeCl_3$ 溶液。

4. 实验方法

1)醇的性质

(1)比较醇的同系物在水中的溶液度

被测物		所加试剂及步骤	可能观察到的现象	实际观察到的现象	原　因
名称	数量				
甲醇	10滴	各加入10 mL水，已溶解的再加10滴测试物	可混溶		
乙醇	10滴		可混溶		
丁醇	10滴		分层(部分溶解)		
辛醇	10滴		不溶		

从实验中可得出什么结论？

(2)醇钠的生成和溶解[1]

被测物		所加试剂及步骤	可能观察到的现象	实际观察到的现象	原　因
名称	数量				
无水乙醇	1 mL	一小粒金属钠	有 H_2 产生，可使留有火星的火柴明亮		
		钠完全消除后，加 2 mL 水，并滴酚酞指示剂	显红色		

写出反应式。

(3)醇的氧化

被测物		所加试剂及步骤	可能观察到的现象	实际观察到的现象	原　因
名称	数量				
乙醇	4 滴	加入 5 滴 5% $K_2Cr_2O_7$ 和 1 滴浓 H_2SO_4，在水浴中加热	由棕黄色变绿色，并有酸味产生		
异丙醇	4 滴		由棕黄色变绿色，伴有丙酮味产生		

写出反应的方程式。

(4)醇的酯化

被测物		所加试剂及步骤	可能观察到的现象	实际观察到的现象	原　因
名称	数量				
乙醇	2 mL	加入 2 mL 冰醋酸和 0.5 mL 浓 H_2SO_4，在 60～70 ℃水浴中加热 10 min 后倾入 5 mL 饱和食盐水中	混浊，分层，并有香味		

写出有关反应式。

(5)与卢卡斯(Lucas)试剂的作用[2]

被测物		所加试剂及步骤	可能观察到的现象	实际观察到的现象	原　因
名称	数量				
甲醇	10 滴	各加入 10 mL 水，已溶解的再加 10 滴测试物	可混溶		
乙醇	10 滴		可混溶		
丁醇	10 滴		分层(部分溶解)		
辛醇	10 滴		不溶		

(6)多元醇与氢氧化铜的作用

被测物		所加试剂及步骤	可能观察到的现象	实际观察到的现象	原　因
名称	数量				
乙二醇	5 滴	分别加入 3 mL 的 5% NaOH,5 滴 10% $CuSO_4$,振荡	有暗蓝色沉淀		
丙三醇	5 滴		有暗蓝色沉淀		

2)酚的性质

(1)酸性

被测物		所加试剂及步骤	可能观察到的现象	实际观察到的现象	原　因
名称	数量				
苯酚	0.5 g	加水 5 mL,振荡,用 pH 试纸试验之	pH =5.4,且浑浊液		
		上述水溶液分两支试管,其中一支试管加 10% NaOH	溶液澄清		
		上述已加 NaOH 的溶液中通入 CO_2	浑浊		

(2)酚与溴水的作用[3]

被测物		所加试剂及步骤	可能观察到的现象	实际观察到的现象	原　因
名称	数量				
饱和苯酚水溶液	2 滴	加水至 2 mL,加饱溴水直至白色沉淀转为淡黄色,加热 2 min,冷却,再加 1% 碘化钾溶液和苯各 1 mL,振荡	冷却后有沉淀,苯层显紫色		
异丙醇	2 滴		冷却无现象,苯层无现象		

写出有关反应式。

(3)苯酚的硝化

被测物		所加试剂及步骤	可能观察到的现象	实际观察到的现象	原　因
名称	数量				
苯酚	0.5 g	加 1 mL 浓 H_2SO_4,沸水浴中加热 5 min,冷却,加 3 mL 水,逐滴加入 2 mL 浓 HNO_3 沸水浴中再加热,冷却	有黄色晶体产生		

写出有关反应式。

(4)苯酚的氧化

被测物		所加试剂及步骤	可能观察到的现象	实际观察到的现象	原　因
名称	数量				
饱和苯酚水溶液	3 mL	加 0.5 mL 的 5% Na_2CO_3，加 1 mL 的 0.5% $KMnO_4$，振荡	紫黑色沉淀，浅红色溶液		

写出有关反应式。

(5)苯酚与 $FeCl_3$ 作用[4]

被测物		所加试剂及步骤	可能观察到的现象	实际观察到的现象	原　因
名称	数量				
饱和苯酚水溶液	3 mL	滴加 $FeCl_3$ 水溶液	由无色变成青色		

[注释]

[1]用镊子从瓶中取出一小块金属钠，先用滤纸吸干外面的溶剂油，用刀切除表面的氧化膜，再切成所需要的大小，供实验用。切下来的外皮和用剩下的钠放回原瓶，且勿抛在水槽或废液缸中。

[2]此法只适用于鉴别低级的(含 $C_{3\sim6}$)仲、伯、叔醇，不适用于鉴别 C_6 以上的醇。因为 $C_{3\sim6}$含的各种醇类均能溶于卢卡斯试剂，反应后能生成不溶于试剂的氯代烷，使反应呈浑浊状，放置后并有分层出现，反应前后有显著变化便于观察。而 C_6 以上的醇类不溶于卢卡斯试剂，与试剂混合振荡后立即变浑浊，观察不出反应是否发生，而含 $C_{1\sim2}$醇，用上述方法也不适合，因所得产物易挥发，现象不明显。

[3]2,4,6-三溴苯酚再与过量的溴水作用，就被氧化成 2,4,4,6-四溴代环己二烯酮。

2,4,6-三溴苯酚 $\xrightarrow{HOBr}$ 2,4,4,6-四溴代环己二烯酮 ↓淡黄色沉淀

2,4,4,6-四溴代环己二烯酮不溶于水，易溶于苯，与碘化钾在酸性溶液中又析出碘，本身又回到 2,4,6-三溴苯酚。

2,4,4,6-四溴代环己二烯酮 $+ 2HI \longrightarrow$ 2,4,6-三溴苯酚 $+ HBr + I_2$

[4]许多酚或分子中含有酚羟基的较复杂的化合物与 $FeCl_3$ 溶液发生各种不同的颜色反应。这种颜色反应是由于生成电离度很大的简单的或复杂的酚铁盐而引起的。

思考题

(1)在使用 $LiAlH_4$ 的反应中,为何不能使用乙醇和甲醇作溶剂?

(2)怎样从 PhOH、$PhCH_2OH$ 和 PhCOOH 的混合物中分离各个组分?画出分离过程中的各个流程图。

实验 36　醛酮的性质(设计性实验)

1. 实验要求

利用醛、酮的化学性质鉴别下列几组化合物:
①乙醛,丙酮,戊酮-3,苯甲醛,环己酮;
②丙酮,环已酮,苯甲醛,二苯甲酮;
③庚醛,已酮-3,苯乙酮;
④丙酮,乙醛,乙醇,正丁醇;
⑤甲醛水溶液,乙醛水溶液,丙酮;
⑥乙醛水溶液,环已酮,乙醇,异丙醇,叔丁醇;
⑦甲醛水溶液,乙醛水溶液,苯甲醛,丙酮。

2. 实验提示

醛和酮是具有羰基($\rangle C{=}O$)的化合物,前者一端与烃基相连,一端与氢相连。后者两端皆与烃基相连。从结构中可看出,它们有如下类型的化学性质:

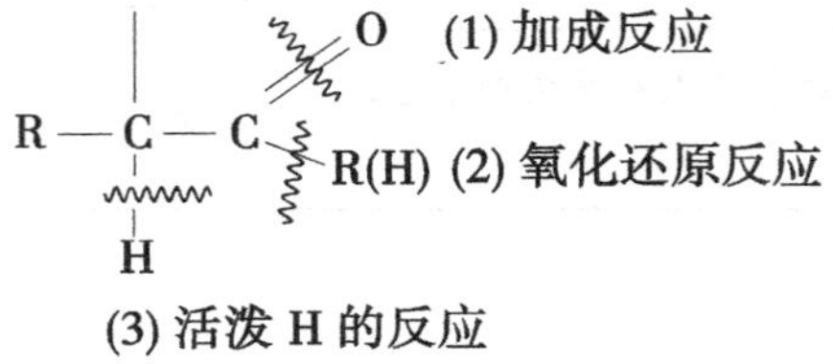

R—C—C(=O)—R(H)
　　|
　　H

(1) 加成反应
(2) 氧化还原反应
(3) 活泼 H 的反应

以下是参考实验方案:

3. 实验器材

(1)仪器　试管 10 支,250 mL 烧杯,铁三角架,100 ℃ 温度计,酒精灯。

(2)试剂　稀 HCl 溶液,稀 H_2SO_4 溶液,10% NaOH 溶液,4% 氨水,10% $AgNO_3$ 溶液,I_2-KI 溶液,新配饱和 Na_2SO_3 溶液,乙醇,正丁醇,异丙醇,叔丁醇,乙醛,庚醛,苯甲醛,丙酮,戊酮-3,苯乙酮,环已酮,二苯甲酮,乙酮-3,2,4-二硝基苯肼溶液,氨脲盐酸盐,结晶醋酸钠,希夫试剂,铬酸试剂,托伦试剂,斐林试剂,冰水。

4. 实验方法

1）醛酮的亲核加成反应

（1）与亚硫酸氢钠的加成

被测物		所加试剂及步骤	可能观察到的现象	实际观察到的现象	原因
名称	数量				
乙醛	7 滴	加入新配制的饱和 2 mL $NaHSO_3$，摇匀，在冰水浴中冷却	有白色沉淀		
丙酮	7 滴		有白色沉淀		
戊酮-3	7 滴		无现象		
苯甲醛	7 滴		有白色沉淀		
环已酮	7 滴		有白色沉淀		
在上述乙醛所产生的白色沉淀液中加入 2 mL 稀盐酸			有 SO_2 产生		

写出有关的化学方程式。这一反应的实质是什么？

（2）与 2,4-二硝基苯肼的加成[1]

被测物		所加试剂及步骤	可能观察到的现象	实际观察到的现象	原因
名称	数量				
丙酮	2 滴	加入 1 mL 的 2,4-二硝基苯肼，摇匀（固体样品加入前应溶解在 5 滴乙醇中）	黄色沉淀		
环已酮	2 滴		淡黄色沉淀		
苯甲醛	2 滴		绛黄色（含红色）沉淀		
二苯甲酮	10 mg		朱红色沉淀		
在上述丙酮所形成的黄色沉淀中加入 4 滴丙酮，边加边摇			溶解		

写出有关反应式。

（3）与氨脲的加成[2]

被测物		所加试剂及步骤	可能观察到的现象	实际观察到的现象	原因
名称	数量				
庚醛	2 滴	将 0.5 g 氨脲盐酸盐和 0.75 g 结晶碳酸钠溶于 4 mL 水中，分装于 3 支试管中，再将测试物分别加入	有沉淀产生		
已酮-3	2 滴		有沉淀产生		
苯乙酮	2 滴		有沉淀产生		

写出有关反应式。

2)醛酮 α-H 的活泼性-碘仿试验[3]

被测物		所加试剂及步骤	可能观察到的现象	实际观察到的现象	原　因
名称	数量				
丙酮	4 滴	加 3 mL 水,加 6 滴 10% NaOH,再滴加 I_2-KI 溶液直至淡黄色溶液,轻摇,若无现象,可微加热(必要时再加 I_2-KI)	淡黄色沉淀		
乙醛	4 滴		淡黄色沉淀		
乙醇	4 滴		加热后得浅黄色沉淀		
正丁醇	4 滴		先有褪色,后不褪色,也无沉淀		

写出有关反应式。

3)醛和酮所不同的化学反应

(1)品红试验[4]

被测物		所加试剂及步骤	可能观察到的现象	实际观察到的现象	原　因
名称	数量				
甲醛水溶液	2 滴	加入 2 mL 希夫试剂,摇匀,数时后,与原希夫液对比,变色者再加稀 H_2SO_4	变红,加 H_2SO_4 不褪色		
乙醛水溶液	2 滴		变红,加 H_2SO_4 后褪色		
丙酮	2 滴		无色		

(2)与托伦试剂的反应[5]

被测物		所加试剂及步骤	可能观察到的现象	实际观察到的现象	原　因
名称	数量				
甲醛水溶液	3 滴	加 1 mL 的托伦试剂,40 ℃温水浴中加热	有银镜产生		
乙醛水溶液	3 滴		有银镜产生		
丙酮	3 滴		无		
环已酮	3 滴		无		

写出有关反应式。

剩余的试剂及反应混合液立即用大量水冲入废液桶。

(3)铬酸试验

被测物		所加试剂及步骤	可能观察到的现象	实际观察到的现象	原　因
名称	数量				
乙醛水溶液	2 滴	加入 1 mL 丙酮,并加入 2 滴铬酸试剂	有绿色沉淀		
环已酮	2 滴		不变		
乙醇	2 滴		有绿色沉淀		
异丙醇	2 滴		有蓝色沉淀		
叔丁醇	2 滴		不变		

4)与斐林试剂的作用

被测物		所加试剂及步骤	可能观察到的现象	实际观察到的现象	原　因
名称	数量				
甲醛水溶液	4 滴	加入 0.5 mL 斐林Ⅰ、0.5 mL 斐林Ⅱ	由蓝色变绿色又变土黄色		
乙醛水溶液	4 滴		由蓝色变绿色又变土黄色		
苯甲醛	4 滴		不变		
丙酮	4 滴		不变		

写出有关反应式。

[注释]

[1]丙酮均匀过量,因为丙酮与 2,4-三硝基苯肼所生成的丙酮腙能溶于丙酮。

[2]5 个碳以上的醛易形成结晶析出,加热促进反应。

[3]碱液勿加多,若过量,加热后会使碘仿分解消失。

$$CHI_3 + NaOH \longrightarrow H{-}C(=O){-}ONa + NaI + H_2O$$

[4]碱类或呈碱性反应的样品不宜与希夫试剂作用,否则会使试剂失去二氧化硫而再出现品红颜色,引起判断的错误。受热也是如此,因此实验不能加热。

[5]如果试管内壁不清洁和不光滑,就不会生成镜,而生成黑色细粒状沉淀物。

清洁试管的方法是依次用热浓硫酸、水、氢氧化钠溶液、水洗涤、最后用蒸馏水洗涤干净。

过量的氨水会降低反应活性,因为将会生成易爆的及雷酸银(AgONC),不能受热。

实验完毕后,立即加入少量硝酸、煮沸,洗去银镜,不可放置,以免产生雷酸银。

思考题

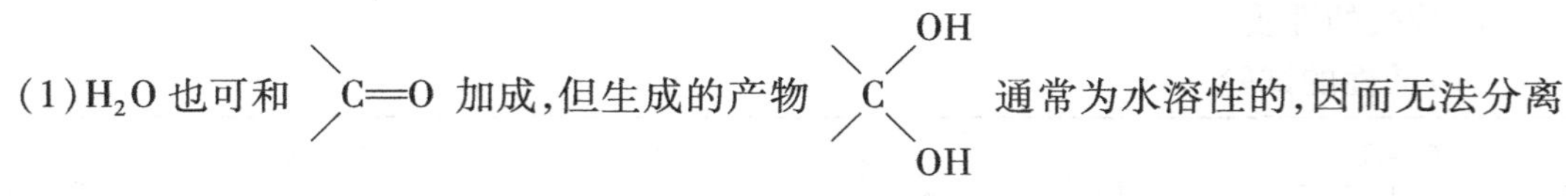

(1) H_2O 也可和 $\rangle C{=}O$ 加成,但生成的产物 $\rangle C(OH)_2$ 通常为水溶性的,因而无法分离出来。如何能够证明确有加成物存在?

(2)如何鉴定醛和酮的羰基?如何区别醛和酮的羰基?

实验 37　羧酸及其衍生物的性质

1. 实验概述

羧酸是有机酸之一,广泛存在于自然界中,它是组成人类必不可少的脂肪类物质的重要部分。羧酸及其衍生物的性质决定于其不同结构:

(4)脱羧
(3)还原
(1)酸性
(5)活泼H
(2)亲核取代(加成-消除)

(2)还原
(1)分解
(3)亲核取代(加成-消除)

2. 预习要点

为什么羧酸及其衍生物的亲核取代反应的活性顺序为:$RCOCl > (RCO)_2O > RCOOR' \sim RCOOH > RCONH_2$?

3. 实验目的

①验证羧酸的性质;

②掌握羧酸衍生物的化学性质及其反应活泼性的比较。

4. 实验器材

(1)仪器　试管 10 支,250 mL 烧杯,铁三角架,100 ℃ 温度计,酒精灯。

(2)试剂　10% HCl 溶液,1:5 H_2SO_4 溶液*,10% H_2SO_4 溶液,浓 H_2SO_4 溶液,10%、20%、40% NaOH 溶液,0.5% $KMnO_4$ 溶液,10% $Ca(OH)_2$ 溶液,2% Na_2CO_3 溶液,2% $AgNO_3$ 溶液,饱和 NaCl 溶液,NaCl(在盐析中用),甲酸,乙酸,辛酸,苯甲酸,冰醋酸,95% 乙醇,无水乙醇,四氯化碳,乙酰氯,苯胺,乙酸酐,乙酰胺,刚果红试纸,红色石蕊试纸,熟猪油,植物油,3% Br_2-CCl_4 溶液。

---

* 指该溶液 $m(H_2SO_4)$: $m(H_2O)$ = 1:5。本书以下出现的比例号表示某物质溶液均指其与 H_2O 的质量比。

5. 实验方法

1)羧酸的性质

(1)酸性的试验

被测物		所加试剂及步骤	可能观察到的现象	实际观察到的现象	原　因
名称	数量				
甲酸	10 滴	加入 2 mL 水,沾取溶液在一刚果红试纸上检验	蓝色		
乙酸	10 滴		浅蓝色		
草酸	0.5 g		深蓝色		

(2)成盐反应

被测物		所加试剂及步骤	可能观察到的现象	实际观察到的现象	原　因
名称	数量				
苯甲酸	0.2 g	加入 1 mL 水,再加入数滴 10% NaOH	透明溶液		
		上述溶液再加 10% HCl	浑浊		

(3)加热分解作用[1]

被测物		所加试剂及步骤	可能观察到的现象	实际观察到的现象	原　因
名称	数量				
甲酸	1 mL	将试管上装一导管通入2 mL 石灰水中,加热试管	无现象		
冰醋酸	1 mL		无现象		
草酸	1 g		浑浊		

(4)氧化作用

被测物		所加试剂及步骤	可能观察到的现象	实际观察到的现象	原　因
名称	数量				
甲酸	0.5 mL	加入 1∶1稀 H_2SO_4 及 3 mL 的 0.5% $KMnO_4$加热至沸(用 1 mL H_2O 溶解草酸)	褪色		
乙酸	0.5 mL		不褪色		
草酸	0.2 g		褪色		

写出有关反应式。

(5)成酯反应

被测物		所加试剂及步骤	可能观察到的现象	实际观察到的现象	原　因
名称	数量				
冰醋酸	1 mL	加 1 mL 无水乙醇和 0.2 mL 浓 H_2SO_4，在 60 ℃ 水浴中加热 10 min，冷却，倾入 5 mL 水中	分层有香味		

2)酰氯和酸酐的性质

(1)水解作用[2]

被测物		所加试剂及步骤	可能观察到的现象	实际观察到的现象	原　因
名称	数量				
乙酰氯	4 滴	加入 2 mL 水	溶解		
乙酸酐	4 滴		不溶解		
上述溶液加 2% $AgNO_3$			有白色沉淀，加热后有沉淀		

(2)醇解作用

被测物		所加试剂及步骤	可能观察到的现象	实际观察到的现象	原　因
名称	数量				
乙酰氯	1 mL	加入 1 mL 无水乙醇，冷水冷却，后加入 1 mL 水，并用 2% Na_2CO_3 中和至中性	有油层出现		
乙酸酐	1 mL		有油层出现		

注意闻其气味。若无分层现象，可加氯化钠进行盐析，一般酸酐反应时间较长。

(3)氨解作用

被测物		所加试剂及步骤	可能观察到的现象	实际观察到的现象	原　因
名称	数量				
乙酰氯	8 滴	加入 5 滴苯胺，约 5 min 后，加入 5 mL 水	有沉淀		
乙酸酐	8 滴		加热后有乙酰苯胺沉淀		

3)酰胺的水解反应

(1)碱性水解

被测物		所加试剂及步骤	可能观察到的现象	实际观察到的现象	原　因
名称	数量				
乙酰胺	0.1 g	加 1 mL 的 2% NaOH,加热至沸,并且用湿红石蕊试纸检验管口	变蓝溶液无色		

(2)酸性水解

被测物		所加试剂及步骤	可能观察到的现象	实际观察到的现象	原　因
名称	数量				
乙酰胺	0.1 g	加入 2 mL 的 10% H_2SO_4,小火加热 2 min	有酸味		
上述溶液中加入 20% NaOH 至碱性后再加热,用湿红石蕊试纸检验			变蓝色		

4)油脂的性质

(1)油酯的不饱和性[3]

被测物		所加试剂及步骤	可能观察到的现象	实际观察到的现象	原　因
名称	数量				
熟猪油	0.2 g	加入 2 mL CCl_4,再加入数滴 3% Br_2-CCl_4,振荡	褪色呈黄色		
植物油	0.2 g		褪色呈黄色		

(2)油脂的皂化[4]

取 3 克熟猪油,3 mL 的 95% 乙醇和 3 mL 的 40% NaOH 溶液放入一 50 mL 烧杯中,摇匀后在沸水浴中加热,待试管中的反应物成一相后,继续加热 10 min,随后振荡,检验是否皂化完全。可取几滴样品于小试管中,加入 5 mL 水,振荡,无油珠即表示完全。将制得的稠状液体倒入盛有 20 mL 温热的饱和食盐水的另一个烧杯中,搅拌。逐渐有凝固在一起的肥皂生成,用玻棒取出,留作下面实验。

①油脂的析出:

被测物		所加试剂及步骤	可能观察到的现象	实际观察到的现象	原　因
名称	数量				
所制肥皂	0.5 g	加入 4 mL 水,加热溶解,再加入 2 mL 的(1∶5) H_2SO_4,沸水浴中加热	有油珠产生		

油状物为何物?

②钙离子与肥皂的作用:

被测物		所加试剂及步骤	可能观察到的现象	实际观察到的现象	原　因
名称	数量				
所制肥皂	0.2 g	加入 20 mL 水,加入 3 滴 10% $CaCl_2$,振荡	有白色沉淀		

③肥皂的乳化作用:

被测物		所加试剂及步骤	可能观察到的现象	实际观察到的现象	原　因
名称	数量				
油脂	2 滴	加入 2 mL 水,振荡	仍为两层		
油脂	2 滴	加入 2 mL 肥皂液,振荡	有黄色固体生成		

[注释]

[1]甲酸受热到 160 ℃时全部分解。放出二氧化碳气体,但甲酸沸点为 100.8 ℃,低于分解温度,所以当甲酸分解时,会有部分未分解的甲酸被蒸出。蒸出的甲酸与氢氧化钙反应生成溶于水的甲酸钙,从而降低石灰水浓度,影响试验现象。

[2]加入水中的酰氯不溶于水,先下沉底部摇动试管或加热则迅速水解于水中。

由于反应剧烈应沿管壁加入,以免外溅。

[3]如若要比较各种油脂的不饱和的程度,则所取样品要等量,用滴定管滴加 Br_2-CCl_4。比较消耗量来计算不饱和情况。

[4]皂化过程加乙醇的目的是增加油脂的溶解度,使混合液成均质,加快皂化反应速度。

思考题

$C_6H_5COOCH_3$ 在 H_2O^{18}/H^+ 下水解后得到的醇中无 O^{18}。若反应中途停止,发现在未反应的油脂中有 O^{18},试解释之。

实验 38　胺的性质

1. 实验概述

胺是指那些具有 RNH_2、R_2NH、R_3N 结构的一类化合物,由于 N 上存在着未共用电子,因而胺本身为碱,可以发生烃基化、酰基化、氧化、重氮化等反应是胺所具有的性质。

2. 实验目的

①掌握甲胺的制备并了解胺降解反应的原理和方法。

②了解胺的性质，掌握伯、仲、叔 3 种胺类的鉴别方法。

3. 实验器材

(1)仪器　试管 10 支，甲胺盐酸盐的制备装置，100 ℃ 温度计，酒精灯。

(2)试剂　乙酰胺，Br_2，10% NaOH 溶液，NaOH，蒸馏水，沸石，1∶1的稀盐酸，无水乙醇，5% $NaNO_2$ 溶液，苯胺，浓 HCl，冰，$NaNO_2$，KI 淀粉试纸，β-萘酚溶液，N-甲基苯胺，二乙胺，N，N-二甲苯胺，三乙胺，苯磺酰氯，氯仿，10% 氢氧化钾的酒精液。

4. 实验方法

1)甲胺盐酸盐的制备

(1)反应装置　如图所示。

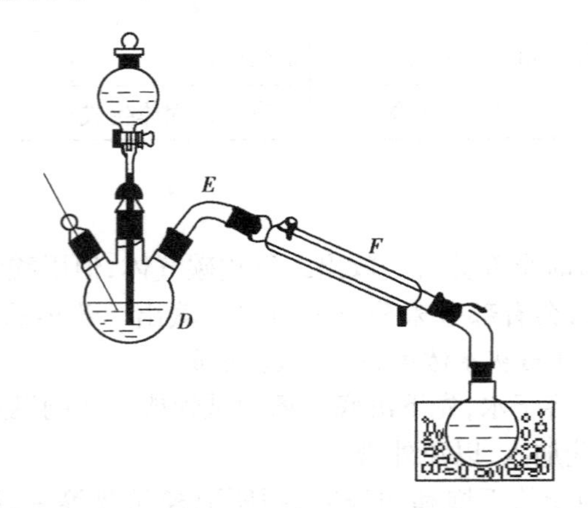

(2)方法　在 250 mL 锥形瓶中，放 7.5 g 干燥的乙酰胺，并加入 18.5 g Br_2(这一操作应在通风橱内完成)。将锥形瓶放在冷水中冷却[1]，在振摇下，将 66 mL 的 10% NaOH 溶液分数次加入上述混合液中。此时溶液由红褐色变为淡黄色，说明有中间产物乙酰溴胺生成。若仍有固体存在，可加少量水使之溶解。

按上图装配反应装置，将 12.5 g 的 NaOH 溶于 75 mL 水中，一并倾入蒸馏瓶中，同时加入沸石。分液漏斗装乙酰溴胺溶液。加热蒸馏瓶中溶液至 60 ~ 70 ℃[2]。从分液漏斗滴加乙酰溴胺于蒸馏瓶中，摇动。此时溶液开始褪色，由于反应为放热反应，当溶液温度超过 75 ℃时，停止加热，以防甲胺冲出。

当乙酰溴胺加完后，使溶液保持沸腾，此时甲胺与水蒸气一并蒸出，用 25 mL 水吸收甲胺 5 min，得其水溶液留作后面性质实验。然后用 25 mL 盐酸溶液(1∶1)收集甲胺，约得盐酸盐 50 mL 时，蒸馏可停止。当冷凝管的馏出液对石蕊试纸不再呈碱性时，已无胺的生成。

将甲胺盐酸盐溶液移至小圆底烧瓶中，加入 20 mL 无水乙醇，配 1 支长约 60 cm 的玻璃管作空气凝管，加热煮沸 5 min，过滤。将甲胺盐酸盐与不溶解的少量氯化铵分开。此处的氯化铵为碱性水解而来的。

$$CH_3CONH_2 + NaOH \longrightarrow CH_3COONa + NH_3$$

$$NH_3 + HCl \longrightarrow NH_4Cl$$

它难溶于无水乙醇中。滤液放在蒸发器中于水浴上蒸干,得甲胺盐酸盐白色固体。

2)胺的性质试验

(1)与亚硝酸反应

①伯胺的反应:

被测物		所加试剂及步骤	可能观察到的现象	实际观察到的现象	原　因
名称	数量				
所制甲胺溶液	2 mL	加盐酸成酸性,再加5% $NaNO_2$	有气泡产生		

另取0.5 mL苯胺放于大试管中,加入2 mL浓盐酸和3 mL水,将试管放在冰浴中冷却至0 ℃。再取0.5 g$NaNO_2$溶于2.5 mL水中,用冰浴冷却后,慢慢放入含苯胺盐酸盐的试管中,随加随摇,直至溶液对碘化钾淀粉试纸呈蓝色为止。此时所得溶液为重氮盐溶液,用于下面试验。

被测物		所加试剂及步骤	可能观察到的现象	实际观察到的现象	原　因
名称	数量				
所制甲胺溶液	1 mL	加热(微热)	有苯酚气味		
所制甲胺溶液	1 mL	加入β-萘酚溶液	有橙红色沉淀		

试比较一下它与甲胺和亚硝酸反应现象的不同之处。

②仲胺的反应:

被测物		所加试剂及步骤	可能观察到的现象	实际观察到的现象	原　因
名称	数量				
N-甲基苯胺	1 mL	加入1 mL浓HCl和2.5 mL水,在冷水中冷却,再加入0.75 g $NaNO_2$和2.5 mL水所形成的溶液,随时振荡	有黄色物生成		
二乙胺	1 mL		有黄色物生成		

③叔胺的反应[3]:

被测物		所加试剂及步骤	可能观察到的现象	实际观察到的现象	原　因
名称	数量				
N,N-二甲苯胺	1 mL	操作如同仲胺反应	产生绿色沉淀		
三乙胺	1 mL		无现象		

(2)与苯磺酰氯反应[4]

<table>
<tr><th colspan="2">被测物</th><th rowspan="2">所加试剂及步骤</th><th rowspan="2">可能观察到的现象</th><th rowspan="2">实际观察到的现象</th><th rowspan="2">原　因</th></tr>
<tr><th>名称</th><th>数量</th></tr>
<tr><td>苯胺</td><td>2 滴</td><td rowspan="3">加入 0.5 mL 的 NaOH,加 4 滴苯磺酰氯,塞住振荡,加热(不要沸)冷却</td><td>有浑浊白色沉淀</td><td></td><td></td></tr>
<tr><td>N-甲基苯胺</td><td>2 滴</td><td>有浑浊白色沉淀</td><td></td><td></td></tr>
<tr><td>三乙胺</td><td>2 滴</td><td>分层不反应</td><td></td><td></td></tr>
<tr><td colspan="3" rowspan="3">上述溶液分别再加入 0.5 mL 的 10% NaOH 搅动</td><td>变清</td><td></td><td></td></tr>
<tr><td>无变化</td><td></td><td></td></tr>
<tr><td>无变化</td><td></td><td></td></tr>
<tr><td colspan="3" rowspan="3">分别再加盐酸(浓)酸化</td><td>白色沉淀</td><td></td><td></td></tr>
<tr><td>白色沉淀</td><td></td><td></td></tr>
<tr><td>无现象</td><td></td><td></td></tr>
</table>

写出有关反应式,并谈谈该反应的实际意思何在。

(3)伯胺的成胩反应

<table>
<tr><th colspan="2">被测物</th><th rowspan="2">所加试剂及步骤</th><th rowspan="2">可能观察到的现象</th><th rowspan="2">实际观察到的现象</th><th rowspan="2">原　因</th></tr>
<tr><th>名称</th><th>数量</th></tr>
<tr><td>苯胺</td><td>1 滴</td><td rowspan="2">加入 3 滴 $CHCl_3$ 和 1 mL 的 10% KOH 酒精,加热至沸(在通风橱中完成),反应后加浓 HCl 加热除去</td><td>恶臭</td><td></td><td></td></tr>
<tr><td>甲胺溶液</td><td>1 滴</td><td>恶臭</td><td></td><td></td></tr>
</table>

[注释]

[1]如果不冷却,溴会逸出,且会猛烈发生反应,使甲胺逸出损失。

[2]如火过大,蒸馏瓶内的强碱液易暴沸,会使反应物冲入接受器中。

[3]凡是苯环上胺基的邻对位上无取代基的芳香叔胺,均与亚硝酸发生取代反应。

[4]对甲苯磺酰氯可和苯磺酰氯互换使用,效果一样,这里苯横酰氯用量不可过多或过少。

思考题

试写出用彻底甲基化和 Hofmann 降解反应证明 4-甲基吡啶的结构的反应方程式。

实验 39　糖的性质

1. 实验概述

碳水化合物即是糖类化合物,它们是多羟基醛或多羟基酮类化合物。它常包括单糖、双糖、多糖 3 类,它们的性质也是不尽相同的。单糖的性质表现在具有还原性、氧化性,醛、酮的特有反应,以及变旋性等。双糖则有还原性双糖和非还原性双糖之分。多糖中占有统治地位的要数淀粉和纤维素,它们在工业上和生活上都有着极其重要的地位。

2. 实验目的

巩固和加强对糖类物质性质的认识。

3. 实验器材

(1)仪器　试管 10 支,250 mL 烧杯,铁三角架,100 ℃ 温度计,酒精灯。

(2)试剂　费林 A,费林 B,2% 葡萄糖溶液,2% 果糖溶液,2% 麦芽糖,2% 蔗糖,2% 淀粉溶液,本尼迪克特试剂,5% $AgNO_3$ 溶液,10% NaOH,1∶9(体积比)稀 $NH_3 \cdot H_2O$,10% 葡萄糖溶液,10% 果糖溶液,10% 麦芽糖溶液,10% 蔗糖溶液,10% 淀粉溶液,15% α-萘酚的 95% 乙醇溶液,浓 H_2SO_4,浓 HCl,蒸馏水,淀粉,碘试剂,D-葡萄糖,D-果糖,蔗糖,苯肼试剂,间苯二酚溶液,浓硝酸,棉花,酒精-乙醚体积比(1∶3)液,铜氨溶液,1∶5的 HCl。

4. 实验方法

1)费林试剂、本尼迪克特试剂和托伦试剂检出还原糖

(1)与费林试剂反应

被测物		所加试剂及步骤	可能观察到的现象	实际观察到的现象	原　因
名称	数量				
2% 葡萄糖	0.5 mL	取斐林 A 和 B 各 2,5 mL,混匀后分成 5 份分别加入 5 支试管中,加热沸腾再加样品	黄色沉淀		
2% 果 糖	0.5 mL		黄色沉淀		
2% 麦芽糖	0.5 mL		黄色沉淀		
2% 蔗 糖	0.5 mL		无现象		
2% 淀 粉	0.5 mL		无现象		

(2)与本尼迪其特试剂的反应

被测物		所加试剂及步骤	可能观察到的现象	实际观察到的现象	原　因
名称	数量				
2% 葡萄糖	10 滴	加入本尼迪克特试剂 5 mL,微热煮沸,再加样品,在沸水浴中加热 3 min,冷却	第二个产生绿色沉淀		
2% 果糖	10 滴		第一个产生绿色沉淀		
2% 麦芽糖	10 滴		第三个产生绿色沉淀		
2% 蔗糖	10 滴		无现象		
2% 淀粉	10 滴		无现象		

(3)与多伦试剂反应

被测物		所加试剂及步骤	可能观察到的现象	实际观察到的现象	原　因
名称	数量				
2%葡萄糖	0.5 mL	加 1 mL 多伦试剂(现配)并在 80 ℃水浴中加热	有 Ag↓		
2%果糖	0.5 mL		有 Ag↓		
2%麦芽糖	0.5 mL		有 Ag↓		
2%蔗糖	0.5 mL		有少量 Ag↓		

2)莫立许试验——α-萘酚试验扦出糖[1]

被测物		所加试剂及步骤	可能观察到的现象	实际观察到的现象	原　因
名称	数量				
10%葡萄糖	2 mL	加入 2 滴 15% α-萘酚的 95%乙醇溶液,振荡。把 5 mL 浓 H_2SO_4 倾斜成 45°加入的试管中,溶液分两层(若无颜色产生,可在水浴中温热)	生成绿色 + 棕色,加热后成紫色		
10%果糖	2 mL		明显紫色		
10%麦芽糖	2 mL		生成绿色 + 棕色,加热后成紫色		
10%蔗糖	2 mL		明显紫色		
10%淀粉	2 mL		生成绿色 + 棕色,加热后成紫色		

3)糖类物质的水解

(1)蔗糖的水解　取一试管,加入10%蔗糖溶液8 mL,再加2滴浓HCl,煮沸3~5 min,冷却后,用10% NaOH中和,分成两份,一份作糖脎试验,一份进行与本尼迪克特试剂的反应。

被测物		所加试剂及步骤	可能观察到的现象	实际观察到的现象	原　因
名称	数量				
蔗糖水解溶液	4 mL	同与本尼迪特试验	棕色沉淀		

(2)淀粉的水解和碘试验

①胶淀粉溶液的配制[2]。用15 mL冷水和1 g淀粉充分混合,成一均匀的悬浮物(勿有块状物存在),将此悬浮物倒入135 mL沸水中,继续加热几分钟即得到胶淀粉溶液。用它做下列试验。

被测物		所加试剂及步骤	可能观察到的现象	实际观察到的现象	原　因
名称	数量				
胶淀粉液	1 mL	加入 9 mL 水混匀,再加 2 滴碘试剂	蓝色溶液		
将上述稀释 10 倍			蓝色溶液		
重复上述稀释			直至很浅蓝色		
将蓝色溶液加热			褪色		
将热溶液冷却			恢复蓝色		

②碘试验:试推测当淀粉在多少浓度时,仍能给出碘试验的正性结果。

③淀粉用酸水解[3]:在 100 mL 小烧瓶中加入 5 mL 胶淀粉溶液,加 5 滴浓 HCl,在水浴上加热,每隔 5 min 从中取出少量液体做碘试验,直至不再起碘反应为止,约需 25 min。对上述不起碘反应溶液先用稀碱中和,再做托伦试剂的试验,观察现象,解释之。

④淀粉用淀粉酶水解:在一干净三角烧瓶里加入 50 mL 胶淀粉溶液,加入 2 mL 唾液并充分混匀。在 38 ~40 ℃水浴中加热 30 min(可用碘试验检查水解完全否)。此水解液用多伦试验检出,有何现象,解释之。

(3)糖脎的生成、晶形观察和糖脎生成时间

被测物		所加试剂及步骤	可能观察到的现象	实际观察到的现象	原　因
名称	数量				
D-葡萄糖	0.2 g	除水解液外,加 4 mLH_2O,再加 4 mL 苯肼试剂,沸水中加热,2 min后取出冷却,记录形成糖脎的时间	黄色沉淀		
D-果糖	0.2 g		黄色沉淀		
蔗　糖	0.2 g		黄色沉淀		
蔗糖水解液	4 mL		黄色沉淀		

可用显微镜观察晶形。

4)间苯二酚溶液试验检出的酮糖[4]

被测物		所加试剂及步骤	可能观察到的现象	实际观察到的现象	原　因
名称	数量				
2% 果糖	1 mL	加入间苯二酚溶液 2 mL,沸水浴中加热 2 min,现象如何?加热 20 min 后又如何?	红色,20 min 后变褐色		
2% 葡萄糖	1 mL		无变化,20 min 后变红色		
2% 麦芽糖	1 mL		无变化,20 min 后变红色		
2% 蔗糖	1 mL		红色,20 min 后变褐色		

5)纤维素的性质实验

(1)硝化纤维素的制备　取 5 mL 浓 HON_3 放在大试管里,在振荡下小心加入 7 mL 浓 H_2SO_4,把热的混酸稍为冷却到 35 ℃以下,取一小块脱脂棉花浸入混酸中,并用玻棒轻轻搅和,过 15 min 后,用玻棒挑出棉花,放在烧杯中用水充分洗涤,洗后用手把棉花摊开,再洗至中性,洗毕用手把棉花挤干,再用滤纸吸干,最后放在蒸发皿里,放在沸水浴中干燥即得硝化纤维,做下面试验。

①取硝化纤维一小块放在铁网上点火,结果如何? 可用棉花对照。

②取一小块硝化纤维放在干燥试管里,加 2 mL 酒精-乙醚混液,并用玻璃捧搅动,有何变化? 把此溶液(火棉胶)倒在玻璃板上,溶剂挥发后成何现象? 从玻板上取出后,用镊子夹起放在火焰上,结果如何?

(2)纤维素与铜氨试剂的作用[5]　取 1 支试管加 3 mL 铜氨试剂,再加一小块脱脂棉或滤纸,振动,并用玻棒不断搅动 5 ~ 10 min。当棉花或滤纸溶完后,取 0.1 mL 溶液倒入 1 支盛有 5 mL 水的试管中,然后,将其倒入盛有 10 mL 10% H_2SO_4 或(1:5)HCl 中,观察现象。

[注释]

[1]α-萘酚反应是鉴别糖类化合物最常用的颜色反应。单糖、双糖和多糖一般都可发生反生反应,但氨基糖不发生此反应。此外,丙酮、甲酸、乳酸、草酸、葡萄糖醛酸、各种糠醛衍生物和甘油醛等均产生近似的颜色反应。因此发生此反应可能有糖存在,仍要进一步进行其他鉴定才能肯定,而不发生此反应则为无糖类物质存在的确证。

[2]糊精颗粒与碘试液有显色反应,反应随水解程度的增加由蓝色经紫色、红棕色直止黄色。淀粉水解为麦芽糖后,对碘试剂就不再有显色反应,但对多伦试剂有还原性。

[3]蔗糖为还原性糖,不能与苯肼作用生成脎,但在水中煮沸,发生水解作用,则能与苯肼作用成脎。

[4]这是鉴别酮糖的特殊反应。但若加热时间太长,则葡萄糖、麦芽糖和蔗糖因转化和水解作用而呈正性反应,因而实验中应注意以下几个地方:

(a)HCl 浓度不得超过 12%;

(b)观察颜色不得晚于加热后 20 ~ 30 min;

(c)葡萄糖的浓度不得超过 12%;

(d)反应生成的沉淀能溶于乙醇而形成鲜红色。

[5]纤维素分子$(C_6H_{10}O_5)_n$ 是由 β-葡萄糖通过苷键结合而成,每个葡萄糖残基有 3 个羟基。铜氨剂$[Cu(NH_3)_4^{2+}(OH)_2$于中铜取代两个羟基上的氢,另一个羟基上的氢解离,形成$(C_6H_7O_5Cu)_m$—,使纤维素溶解。当加入酸后,铜的络离子被破坏,纤维又析出来了。

思考题

(1)写出反应式表示如何从 D-半乳糖制备它的 C-2 差向异构体。

(2)HIO_4 在 1,2-键上氧化 α-吡喃葡萄糖比氧化 β-吡喃葡萄糖快,说明理由。

实验40 氨基酸和蛋白质的性质

1. 实验概述

蛋白质是组成核蛋白的成分之一,它是由许多氨基酸所形成,是具有生理功能的多肽,分子量一般在10 000以上(相当于100个左右氨基酸单位),它的功能基础不仅在于其分子上的那些活泼基团,还在于每个分子严密的空间结构。

在蛋白质分子中各氨基酸的排列顺序称为一级结构。而蛋白质的同一多肽链中的一些氨基和酰基之间可以形成氢键,使得这一肽键具有一定构象,称为蛋白质的二级结构。多肽之间可以相互扭曲折叠起来以构成特定的排列,称为三级结构。

这些结构的破坏会导致蛋白质物性的改变,称为蛋白质的变性。

2. 实验目的

验证氨基酸和蛋白质的重要化学性质。

3. 实验器材

(1)仪器 试管10支,酒精灯。

(2)试剂 浓 HNO_3 溶液,5% HAc溶液,3%、20% NaOH溶液,饱和 $(NH_4)_2SO_4$ 溶液,饱和 $CuSO_4$ 溶液,10% $Pb(NO_3)_2$ 溶液,碱性 $(CH_3CHOO)_2Pb$,$HgCl_2$ 溶液,饱和苦味酸溶液,饱和鞣酸溶液,1%甘氨酸,1%酪氨酸,1%色氨酸,茚三酮试剂,硝酸汞试剂,石蕊试纸(红色),鸡蛋清蛋白,蒸馏水。

4. 实验方法

1)蛋白质的沉淀

(1)用重金属盐沉淀蛋白质

被测物		所加试剂及步骤	可能观察到的现象	实际观察到的现象	原 因
名称	数量				
鸡蛋清蛋白	2 mL	加入3滴饱和 $CuSO_4$	淡蓝色沉淀		
鸡蛋清蛋白	2 mL	碱性醋酸铅3滴	白色沉淀		
鸡蛋清蛋白	2 mL	氯化汞溶液3滴	白色沉淀		

(2)蛋白质的可逆沉淀 取4 mL清蛋白溶液,放在试管里,加同体积的饱和硫酸铵溶液,将混合液振荡。析出沉淀使溶液浑浊。取这浑浊液1 mL于一试管中,加3 mL水,振荡,溶液又变清晰。

(3)蛋白质与生物碱试剂反应[1]

被测物		所加试剂及步骤	可能观察到的现象	实际观察到的现象	原因
名称	数量				
清蛋白	1 mL	加2滴5%醋酸,再加饱和苦味酸数滴	白色沉淀		
清蛋白	1 mL	加2滴5%醋酸再加饱和鞣酸数滴	黄色沉淀		

2)蛋白质的颜色反应

(1)与茚三酮反应[2]

被测物		所加试剂及步骤	可能观察到的现象	实际观察到的现象	原因
名称	数量				
1%甘氨酸	1 mL	加入3滴茚三酮试剂(0.1 g溶于50 mL水中),沸水浴中加热15 min	紫色		
1%酪氨酸	1 mL		紫色		
1%色氨酸	1 mL		紫色		
鸡蛋清溶液	1 mL		浅紫色		

(2)黄蛋白反应[3]　于试管中加入3 mL鸡蛋清蛋白液和1 mL浓硝酸,此时呈现白色沉淀,在火焰上加热成黄色沉淀及黄色溶液。若继续加热则有部分溶解或全部溶解。

(3)蛋白质的二缩脲反应

被测物		所加试剂及步骤	可能观察到的现象	实际观察到的现象	原因
名称	数量				
鸡蛋清蛋白	3 mL	加入2 mL的30% NaOH,再加几滴硫酸铜溶液(用1∶30的水来稀释饱和硫酸铜液得到),加热	有紫色物出现		
1%甘氨酸	3 mL		有 $Cu(OH)_2$ 沉淀		

(4)蛋白质与硝酸汞试剂作用

被测物		所加试剂及步骤	可能观察到的现象	实际观察到的现象	原因
名称	数量				
鸡蛋清蛋白	2 mL	加入3滴硝酸汞试剂,小心加热	由白色絮状变成砖红色		

3)用碱分解蛋白质

被测物		所加试剂及步骤	可能观察到的现象	实际观察到的现象	原　因
名称	数量				
清蛋白	2 mL	加入 2 倍体积的 30% NaOH 加热 3 min	有沉淀析出		
		继续加热	沉淀溶解,有 NH_3 产生		
		在上述热溶液中加入 1 mL 的 10% $Pb(NO_3)_2$,加热至沸	有暗棕色沉淀		

[注释]

[1]不必多加沉淀剂,因为所有沉淀均能溶于这种溶剂中。生物碱试剂沉淀蛋白质的作用显示的蛋白分子有杂环的氨基存在。

[2]任何 α-氨基酸与任何含有游离氨基的蛋白质或水解产物均有此显色反应。

[3]该反应是显示蛋白质中有单独的和并合的芳环被硝化,生成多硝基化合物而显示黄色。

思考题

(1)为什么蛋白质的碱性水解易发生氨基酸消旋化,而酸性水解则否?

(2)举例说明何谓蛋白质的变性?

4 物质的定量分析与结构表征

实验 41 混合碱中组分含量的测定

1. 实验概述

用盐酸标准溶液滴定 NaOH 和 Na_2CO_3 混合溶液时，可分别用酚酞及甲基橙来指示终点，当酚酞变色时，NaOH 已全部被中和，而 Na_2CO_3 只被滴定到 $NaHCO_3$，即只中和了一半，反应式为：

$$NaOH + HCl = NaCl + H_2O$$

$$Na_2CO_3 + HCl = NaHCO_3 + NaCl$$

在此溶液中再加甲基橙指示剂，继续滴定到终点，则生成的 $NaHCO_3$ 被进一步中和为 CO_2：

$$NaHCO_3 + HCl = NaCl + H_2CO_3(CO_2 + H_2O)$$

设酚酞变色时，消耗盐酸为 V_1，甲基橙变色时又用去盐酸为 V_2，则 V_1 必大于 V_2。根据 V_1、V_2 计算 NaOH 含量，再根据 $2V_2$ 计算 Na_2CO_3 含量。

当用酚酞指示第一化学计量点时(pH 约 8.3)，酚酞从红色到无色的变化不很敏锐，观察这种颜色变化的灵敏性较差，因此也常选用甲酚红-百里酚蓝混合指示剂。该混合指示剂酸色为黄色，碱色为紫色，变色点 pH 约 8.3。pH = 8.2 时为玫瑰红色，pH = 8.4 为清晰的紫色，滴定时溶液由紫色变为浅玫瑰色即为终点，变化敏锐。

2. 实验目的

①掌握用 Na_2CO_3 作基准物质标定盐酸浓度的原理及有关操作；

②熟悉用双指示剂法测定混合碱中 NaOH 和 Na_2CO_3 含量的原理和方法。

3. 实验器材

(1)仪器 滴定装置(包括铁架台、滴定管夹、50 mL 酸式滴定管、50 mL 碱式滴定管)，分析天平，台称，称量瓶，3 个 250 mL 锥形瓶，250 mL 容量瓶，25 mL 移液管，干燥器。

(2)试剂 0.1 $mol \cdot L^{-1}$ HCl 溶液，Na_2CO_3(基准物质)，0.1% 甲基橙指示剂(水溶液)，0.1% 酚酞指示剂(乙醇溶液)。

(3)样品 NaOH 和 Na_2CO_3 混合碱。

4.实验方法

1)HCl 溶液浓度标定

用差减法准确称取无水碳酸钠 3 份,每份重____ g(学生自己计算),分别置于 3 个 250 mL 锥形瓶中,各加入 50 mL 不含 CO_2 的蒸馏水(新煮沸赶去 CO_2 并冷却的蒸馏水),摇动,温热使之全部溶解,加入 1 ~ 2 滴甲基橙指示剂,用待标定的盐酸溶液滴定至黄色变为橙色为止。记下所耗盐酸体积。

根据碳酸钠的质量和所用盐酸溶液体积,按下式计算盐酸标准溶液的浓度:

$$c(\text{HCl}) = \frac{m(\text{Na}_2\text{CO}_3) \times 2\,000}{V(\text{HCl}) \times 106.0}$$

式中 $m(Na_2CO_3)$——碳酸钠称取量,g;

106.0——碳酸钠的分子量。

2)NaOH、Na_2CO_3 含量测定

取适量的混合碱试样于 250 mL 容量瓶中,用不含 CO_2 的蒸馏水稀释到刻度,摇匀。

用移液管平行移取上述溶液 25.00 mL 于 3 个 250 mL 锥形瓶中,各加入 1 ~ 2 滴酚酞指示剂,用标准 HCl 溶液滴定至红色刚变为无色为第一终点,记下 V_1。然后,再加入 1 ~ 2 滴甲基橙指示剂,溶液变为黄色,继续滴定,直至溶液出现橙色,为第二终点,记下 V_2,平行测定 3 次。按下式计算:

$$m(\text{NaOH}) = c(\text{HCl}) \times (V_1 - V_2) \times \frac{40.01}{1\,000} \times \frac{250.0}{25.00}$$

$$m(\text{Na}_2\text{CO}_3) = c(\text{HCl}) \times 2V_2 \times \frac{106.0}{2\,000} \times \frac{250.0}{25.00}$$

式中 40.01——氢氧化钠的分子量;

106.0——碳酸钠的分子量。

思考题

(1)混合碱试液为什么须用煮沸赶去 CO_2 后冷却的蒸馏水稀释?

(2)如果样品是 Na_2CO_3 和 $NaHCO_3$,应如何测定?

(3)用无水碳酸钠作基准物质标定 HCl 时,如选用甲基红为指示剂,应采取什么样的操作步骤?

实验 42 食醋总酸度的测定

1.实验概述

食醋的主要成分是醋酸,此外还含有少量其他弱酸如乳酸等。以酚酞为指示剂,用氢氧化钠标准溶液滴定,测得的是总酸度,即食品中所有酸性物质的总量,并以样品中主要酸醋酸 $g \cdot mL^{-1}$ 来表示。其反应式如下:

$$RCOOH + NaOH \longequal RCOONa + H_2O$$

一般食醋中醋酸的浓度较大且颜色较深,须稀释后再滴定。

2. 实验目的

①掌握 NaOH 溶液标定的方法和操作;

②熟悉醋酸含量的测量方法。

3. 实验器材

(1)仪器　滴定装置,分析天平,台称,称量瓶,3 个 250 mL 锥形瓶,250 mL 容量瓶,10 mL、25 mL 移液管各 1 支。

(2)试剂　0.1 $mol \cdot L^{-1}$ NaOH 溶液,邻苯二甲酸氢钾($KHC_8H_4O_4$),酚酞指示剂(0.1%乙醇溶液)。

(3)样品　食醋。

4. 实验方法

(1)NaOH 溶液的标定　准确称取 3 份邻苯二甲酸氢钾基准物质,每份重____ g(学生自己计算)分别置于 3 只 250 mL 锥形瓶中,各加入 25 mL 不含 CO_2 的蒸馏水,溶解后,以酚酞为指示剂,用配制好的 NaOH 溶液滴定至微红色出现,并在 30 s 内不褪色,即为终点。根据邻苯二甲酸氢钾的质量和所耗 NaOH 溶液的体积,计算 NaOH 溶液的浓度。

(2)食醋总酸度的测定　准确吸取醋样 10.00 mL 于 250 mL 容量瓶中,以新煮沸并冷却的蒸馏水稀释至刻度,摇匀。用移液管吸取 25.00 mL 经稀释后的醋溶液于 250 mL 锥形瓶,加入 25 mL 新煮沸并冷却的蒸溜水,加 2 滴酚酞指示剂,用 0.1 $mol \cdot L^{-1}$ 标准 NaOH 溶液滴至红色出现,并在 30 s 内不褪色,即为终点,根据 NaOH 的用量及浓度,计算食醋的总酸度,平行测定 3 次。

思考题

测定醋酸为什么要用酚酞作指示剂,而不用甲基橙或甲基红?

实验 43　天然水硬度的测定

1. 实验概述

水的硬度对饮用和工业用水关系极大,是水质分析的常规项目。水的硬度主要来源于水中所含的钙盐和镁盐。水的硬度表示方法较多,有的以 $CaCO_3$ 表示,有的以 CaO 表示。目前常用 1 L 水中含 10 mgCaO(即 $1° = 10^{-5} mg \cdot L^{-1}$ CaO)。硬水与软水没有明确的界限,硬度小于 6 度的,一般可称为软水。硬度有暂时硬度和永久硬度之分。

暂时硬度:水中含有钙、镁的酸式碳酸盐,遇热即成碳酸盐沉淀而失去其硬性。反应如下:

$$Ca(HCO_3)_2 \xlongequal{} CaCO_3 + H_2O + CO_2\uparrow$$

$$Mg(HCO_3)_2 \xlongequal{} MgCO_3 + H_2O + CO_2\uparrow$$

$$MgCO_3 + H_2O \xlongequal{} Mg(OH)_2 + CO_2\uparrow$$

永久硬度：水中含有钙、镁的硫酸盐、氯化物、硝酸盐，在加热时也不沉淀（但在锅炉运行温度下，溶解度低的可以析出而成为锅垢）。

暂时硬度和永久硬度的总和称为“总硬”。由镁离子（Mg^{2+}）形成的硬度称为“镁硬”，由钙离子（Ca^{2+}）形成的硬度称为“钙硬”。

水总硬的测定，一般采用EDTA直接滴定水中Ca、Mg总量，然后换算为相应的硬度单位。用EDTA滴定Ca、Mg总量时，一般是在pH≈10的氨性缓冲液中进行，用铬黑T作指示剂，化学计量点前，钙和镁与铬黑T形成紫红色络合物，当用EDTA溶液滴定至化学计量点时，游离出指示剂，溶液呈现纯蓝色。

$$Mg(Zn) + EBT \xlongequal{} \underset{\text{紫红色}}{Mg(Zn)\text{-}EBT}$$

$$\underset{\text{紫红色}}{Mg(Zn)\text{-}EBT} + EDTA \xlongequal{} Mg(Zn)\text{-}EDTA + \underset{\text{蓝色}}{EBT}$$

铬黑T与Mg^{2+}的显色灵敏度高于与Ca^{2+}显色的灵敏度，因此，当水样中Mg^{2+}的含量较低时（一般要求相对于Ca^{2+}来说须有5% Mg存在），用铬黑T指示剂往往得不到敏锐的终点。这时，可在EDTA标液中加入适量Mg^{2+}（标定前加入Mg^{2+}，对终点没有影响），或者在缓冲液中加入一定量Mg^{2+}-EDTA盐，利用置换滴定法的原理来提高终点变色的敏锐性，也可采用K-B混合指示剂，此时终点颜色由紫红色变为蓝绿色。

在pH>12时，水中的镁离子生成$Mg(OH)_2$沉淀，此时，以钙试剂为指示剂，用EDTA滴定钙离子的含量；从钙、镁总量中减去钙的含量可以获得镁的含量。

EDTA滴定时，水中的Al^{3+}、Cu^{2+}、Pb^{2+}、Zn^{2+}等离子干扰滴定，其中Al^{3+}离子可用三乙醇胺掩蔽。Cu^{2+}、Pb^{2+}、Zn^{2+}等金属离子可用KCN、Na_2S或巯基乙酸等掩蔽。

2. 实验目的

①掌握EDTA配位滴定法测定水的硬度的原理和方法；

②了解配位滴定中金属指示剂的特点，掌握铬黑T和钙指示剂的应用；

③了解常用的硬度表示方法和水的硬度测定的方法。

3. 实验器材

(1)仪器　滴定装置，分析天平，台称，称量瓶，3个250 mL锥形瓶，10 mL、25 mL量筒各1个，25 mL移液管，250 mL容量瓶，100 mL、250 mL烧杯各1个，干燥器。

(2)试剂　1:1HCl溶液，10% NaOH溶液，0.01 $mol \cdot L^{-1}$ EDTA标准溶液，2% Na_2S溶液，20%六次甲基四胺水溶液，$CaCO_3$（基准物质），钙指示剂，0.2%二甲酚橙指示剂（水溶液），1%铬黑T指示剂（三乙醇胺-无水乙醇溶液），K-B指示剂。

NH_3-NH_4Cl缓冲溶液：称取20 g NH_4Cl，溶于水后，加100 mL浓氨水，加Mg^{2+}-EDTA盐溶液，用水稀释至1 L，pH=10。

(3)样品　约500 mL天然水样(江河水或湖水)。

4.实验方法

1)EDTA溶液的标定(可用下面3种方法之一)

(1)以Zn为基准　准确称取约0.15 g金属锌,置于100 mL烧杯中,加入10 mL 1:1HCl溶液,盖上表面皿,待完全溶解后,用水冲洗表面皿和烧杯壁,将溶液转入250 mL容量瓶中,用水稀释至刻度,摇匀。

用移液管移取25.00 mL Zn^{2+}标准溶液,于250 mL锥瓶中,加入1~2滴二甲酚橙指示剂,滴加20%六次甲基四胺至溶液呈现稳定的紫红色后,再过量5 mL,用EDTA溶液滴定至溶液由紫红色变为亮黄色,即为终点。根据滴定时用去的EDTA体积及金属锌的质量,计算EDTA溶液的准确浓度。

(2)以ZnO为基准　准确称取在800 ℃灼烧至恒重的基准物质ZnO 0.2 g,用少量水润湿,加10 mL的1:1 HCl溶液,盖上表面皿,使其溶解,待溶解完全后,用水冲洗表面皿,将溶液转移至250 mL容量瓶中,用水稀释至刻度。

用移液管移取25.00 mL的Zn^{2+}溶液于锥形瓶中,加1滴甲基红指示剂,滴加氨水至呈微黄色,再加蒸馏水25 mL,NH_3-NH_4Cl缓冲液10 mL,摇匀。加入5滴铬黑T指示剂,用EDTA溶液滴定至溶液由紫红色变为纯蓝色,即为终点。根据滴定用去的EDTA体积和ZnO质量,计算EDTA溶液的准确浓度。

(3)以$CaCO_3$为基准　准确称取约0.25 g $CaCO_3$于250 mL烧杯中,加少量水润湿,盖上表面皿,缓慢加入10~20 mL的1:1 HCl溶液,加热溶解,将溶液定量转移至250 mL容量瓶中,用水稀释至刻度,摇匀。

用移液管移取25.00 mL的Ca^{2+}溶液于250 mL锥瓶中,加入20 mL的$pH \approx 10$的NH_3-NH_4Cl缓冲液和2~3滴K-B指示剂,用EDTA溶液滴定至溶液由紫红色变为蓝绿色,即为终点。根据滴定用去的EDTA体积和$CaCO_3$质量,计算EDTA溶液的准确浓度。

2)总硬度测定

量取一定量的澄清水样(消耗0.01 $mol \cdot L^{-1}$ EDTA标准溶液15~20 mL),放入250 mL锥形瓶中,加入5 mL NH_3-NH_4Cl缓冲溶液(如果水样硬度大,则应先用盐酸处理水样后,调节至中性,再加缓冲溶液。为什么?),摇匀。加入2~3滴铬黑T指示剂,摇匀,此时溶液呈酒红色,以0.01 $mol \cdot L^{-1}$ EDTA标准溶液滴定至纯蓝色为终点,平行测定3次。

3)钙硬的测定

量取一定量(同上)的澄清水样,放入250 mL锥形瓶中,加入4 mL的10% NaOH溶液,摇匀,加入2~3滴钙指示剂,摇匀,此时溶液呈淡红色。以0.01 $mol \cdot L^{-1}$ EDTA标准溶液滴定至纯蓝色为终点,平行测定3次。

4)镁硬的测定

由总硬减去钙硬即得。

思考题

(1)什么叫水的硬度?水的硬度有哪几种表示方法?

(2)滴定水中Ca^{2+}、Mg^{2+}含量时,为什么常加入Mg^{2+}-EDTA 盐溶液,而又对测量结果没有影响?

(3)EDTA 二钠盐的基本性质怎样?为什么不用 EDTA 酸配溶液作为滴定剂?

(4)如果对硬度测定中的数据要求保留两位有效数字,应如何量取水样?

实验 44 铝合金中铝含量的测定

1. 实验概述

在较低酸度时,Al^{3+}离子易水解,与 EDTA 形成羟基络合物,同时Al^{3+}与 EDTA 络合速度较慢;在较高酸度下煮沸则容易络合完全,故一般采用返滴定法或置换滴定法测定Al^{3+}。采用置换滴定法时,先调节 pH 值为3 ~4,加入过量的 EDTA 溶液,煮沸,使Al^{3+}与 EDAT 络合完全,冷却后,调节溶液的 pH 值为 5 ~6,以二甲酚橙为指示剂,用Zn^{2+}标准溶液滴定过量的 EDTA(不计体积)。然后,加入过量的 NaF,加热煮沸,使AlY^-与F^-之间发生置换反应,并释放出与Al^{3+}等摩尔的 EDTA:

$$AlY^- + 6F^- + 2H^+ = AlF_6^{3-} + H_2Y^{2-}$$

释放出来的 EDTA,再用Zn^{2+}标准溶液滴定至紫红色,即为终点。

试样中Ti^{4+}、Zr^{4+}、Sn^{2+}等离子亦同时被滴定,对Al^{3+}的测定有干扰;大量Fe^{3+}对二甲酚橙指示剂有封闭作用,故本法不适于含大量Fe^{3+}测定。Fe^{3+}含量不太高时可用此法,但需控制 NaF 的用量,否则FeY^-也会部分被置换,使结果偏高。大量Ca^{2+}在 pH =5 ~6 时,也有部分与 EDTA 络合,使测定Al^{3+}的结果不稳定。

铝合金试样,通常采用 NaOH 水溶液加热溶解,再以盐酸和双氧水煮沸处理后进行测定。

2. 实验目的

①掌握络合滴定中干扰的掩蔽方法;

②熟悉络合滴定法中置换滴定原理;

③了解应用络合滴定法测定铝合金中铝含量的方法。

3. 实验器材

(1)仪器 滴定装置,分析天平,台称,称量瓶,3 个 250 mL 锥形瓶,10 mL、25 mL 量筒 1 个,25 mL 移液管,干燥器,500 mL 容量瓶,250 mL 烧杯。

(2)试剂 1∶3 HCl 溶液,浓 HCl, 0.01 mol · L^{-1} EDTA 溶液,0.01 mol · L^{-1}锌标准溶液,1∶1 氨水,20% NaF 溶液,20% 六次甲基四胺溶液,原装 H_2O_2, NaOH(s),二甲酚橙指示剂(0.2% 水溶液)。

(3)样品 铝合金。

4. 实验方法

准确称取 0.15 g 铝合金试样于 250 mL 烧杯中,加入约 6 g NaOH 和 40 mL 水,盖上表面皿后，低温加热溶解，待试样溶解后，加 10 mL 浓 HCl 及 2 mL H_2O_2，煮沸 5 ~ 10 min，冷却，用水冲洗表面皿和杯壁，将溶液转移至 500 mL 容量瓶中，稀释至刻度，摇匀。

用移液管吸取 25.00 mL 试液于 250 mL 锥瓶中，加入 30 mL 的 0.01 $mol \cdot L^{-1}$ EDTA 溶液，2 滴二甲酚橙指示剂，用 1:1 氨水调节至溶液恰呈紫红色，然后，滴加 1 ~ 3 滴 1:3 HCl 溶液，将溶液煮沸 3 min 左右，冷却，加入 20 mL 的 20% 六次甲基四胺溶液，此时溶液应呈黄色，如不呈黄色，可用 HCl 调节。再补加二甲酚橙 2 滴，用锌标准溶液滴定至溶液由黄色变为红紫色（此时不计滴定的体积）。加入 10 mL 的 20% NaF 溶液，将溶液加热至微沸，流水冷却，再补加二甲酚橙指示剂 2 滴，此时溶液应呈黄色。若溶液呈红色，应滴加 1:3 HCl 溶液使溶液呈黄色。再用锌标液滴定至溶液由黄色变为红紫色，记录消耗的锌标准溶液体积，计算 Al 的百分含量。

思考题

（1）铝的测定为何一般不采用 EDTA 直接滴定方法？

（2）铝可溶于 HCl 溶液中，为什么试样不单独使用 HCl 作溶剂？

（3）试分析从开始加入二甲酚橙，到测定结束的整个过程中，溶液颜色几次变红、变黄？原因是什么？

（4）为什么加入过量的 EDTA 后，第一次用锌标液滴定时，可以不计消耗锌的体积？

（5）本实验中，使用的 EDTA 溶液要不要标定？

实验 45　过氧化氢含量的测定

1. 实验概述

H_2O_2是医药上的消毒剂，它在酸性溶液中很容易被 $KMnO_4$ 氧化而生成氧气和水，其反应如下：

$$5H_2O_2 + 2MnO_4^- + 6H^+ = 2Mn^{2+} + 8H_2O + 5O_2$$

在一般的工业分析中，常用 $KMnO_4$标准溶液测定 H_2O_2的含量。在生物化学中，也常利用此法间接测定过氧化氢酶的活性。例如，血液中存在的过氧化氢酶能使过氧化氢分解，所以用一定量的 H_2O_2 与其作用，然后在酸性介质中用标准 $KMnO_4$ 溶液滴定残余的 H_2O_2，就可以了解酶的活性。此反应可在室温下，滴定初期反应较慢，当生成一定量的 Mn^{2+} 后，由于自催化作用使反应加快，因此，开始滴定的速度应当较慢。

高锰酸钾常含有少量杂质，不能直接配制标准溶液。$KMnO_4$ 氧化力强，易与水中有机物、空气中尘埃及氨等还原性物质作用，同时 $KMnO_4$ 还能自行分解，其分解反应如下：

$$4KMnO_4 + 2H_2O = 4MnO_2 + 4KOH + 3O_2\uparrow$$

分解速度随 pH 值而改变。在中性溶液中，分解很慢，但是 Mn^{2+} 和 MnO_2 能加速分解，见光分解更快。因此，必须正确配制、标定以及保存。

标定 $KMnO_4$ 常用的还原剂为 $Na_2C_2O_4$，$Na_2C_2O_4$ 不含结晶水，易提纯，标定反应如下：

$$2MnO_4^{2-} + 5H_2C_2O_4 + 6H^+ = 2Mn^{2+} + 10CO_2\uparrow + 8H_2O$$

反应温度75～85 ℃，温度低反应慢，温度高，会使$H_2C_2O_4$分解：

$$H_2C_2O_4 = CO\uparrow + CO_2\uparrow + H_2O$$

溶液酸度为0.5～1 mol·L^{-1}。酸度太低，会生成MnO_2，酸度太高，会促使$H_2C_2O_4$分解。

2. 实验目的

①了解高锰酸钾标准溶液的配制方法及保存条件；
②掌握用$Na_2C_2O_4$作基准物标定高锰酸钾溶液的原理和方法；
③掌握应用高锰酸钾法测定双氧水中H_2O_2含量的原理与方法。

3. 实验器材

(1)仪器　滴定装置，分析天平，台称，称量瓶，3个250 mL锥形瓶，1 000 mL烧杯，50 mL量筒，玻砂漏斗，干燥器，电炉。

(2)试剂　1 mol·L^{-1} H_2SO_4溶液，$KMnO_4$(s)，$Na_2C_2O_4$(s，AR或基准试剂)。

(3)样品　双氧水。

4. 实验方法

(1)$KMnO_4$标准溶液的配制　准确称取约3.2 g的$KMnO_4$，溶于适量的水中，加热煮沸20～30 min(随时补加因蒸发而损失的水)。冷却后，在暗处放置7～10 d，用玻砂漏斗滤除MnO_2等杂质。滤液用蒸馏水稀释至1 L，贮存于洁净的棕色瓶中，放置暗处保存(如果经煮沸并在水浴上保温1 h，冷却后的$KMnO_4$溶液，可以立即标定浓度)。

(2)$KMnO_4$标准溶液浓度的标定　准确称取约0.15 g的烘干的$Na_2C_2O_4$基准物于250 mL锥形瓶中，用少许水溶解后，加30 mL的1 mol·L^{-1}的H_2SO_4溶液，将溶液加热至75～85 ℃，立即用待标定的$KMnO_4$溶液滴定至粉红色，并保持30 s不褪色，即为终点，重复测定2～3次。根据消耗的$KMnO_4$溶液体积和$Na_2C_2O_4$基准物的质量，计算$KMnO_4$标准溶液浓度。

(3)试样测定　称取原装双氧水(约30%)0.15～0.20 g置于盛有10～20 mL水和30 mL的1 mol·L^{-1}的H_2SO_4溶液的锥形瓶中，用0.02 mol·L^{-1}的$KMnO_4$标准溶液滴定至粉红色，并保持30 s不褪色，即为终点，平行测定3次。计算双氧水中H_2O_2的含量。

思考题

(1)H_2O_2与$KMnO_4$的化学计量关系如何？怎样计算双氧水中H_2O_2的含量？

(2)当双氧水含有乙酰苯胺等稳定剂时，为什么不能用高锰酸钾法而要用碘量法或铈量法？

(3)配制$KMnO_4$标准溶液时为什么要把$KMnO_4$水溶液煮沸并放置一定时间？配好后为什么要过滤才能保存？过滤时能否用滤纸？

(4)长久盛装高锰酸钾溶液的烧杯，杯壁上常有棕色沉淀，该棕色沉淀是什么？怎样才能洗涤清洁？

实验 46　铁矿石中铁含量的测定

1. 实验概述

铁矿石中的铁,以氧化物形式存在。对铁矿来说,盐酸是很好的溶剂,溶解后生成 Fe^{3+} 离子,必须用还原剂将它预先还原,才能用氧化剂 $K_2Cr_2O_7$ 溶液滴定。经典的 $K_2Cr_2O_7$ 法,是用 $SnCl_2$ 将 Fe^{3+} 还原至 Fe^{2+},并过量 1 ~2 滴,再用 $HgCl_2$ 氧化过量的 $SnCl_2$,除去 Sn^{2+} 的干扰,但 $HgCl_2$ 造成环境污染,本实验采用 $SnCl_2$-$TiCl_3$ 联合还原铁的无汞测铁法。

矿样(粉碎至能通过 160 ~200 目标准筛)经盐酸分解后,先用氯化亚锡将大部分 Fe^{3+} 还原为 Fe^{2+}(试液由红棕色变为浅黄色),再以 Na_2WO_4 为指示剂,用 $TiCl_3$ 将其余的 Fe^{3+} 全部还原为 Fe^{2+},过量的 $TiCl_3$ 将 Na_2WO_4 还原并呈现"钨蓝"(定量还原 Fe^{3+} 时,不能单独使用氯化亚锡,因在此酸度下,$SnCl_2$ 不能很好地还原 Na_2WO_4 为钨蓝,也不能单独使用 $TiCl_3$ 还原 Fe^{3+},因为会产生大量的四价钛盐沉淀,影响测定)。然后用少量的 $K_2Cr_2O_7$ 溶液将过量的 $TiCl_3$ 氧化,并使"钨蓝"被氧化而消失。随后以二苯胺磺酸钠为指示剂,用重铬酸钾标准溶液滴定试液中的 Fe^{2+},便可测得铁的含量。滴定时生成的黄色 Fe^{3+} 离子会影响终点的正确判断,为此,常加入 H_3PO_4,利用 H_3PO_4 与 Fe^{3+} 离子络合成无色的 $[Fe(PO_4)_2]^{3-}$ 络离子,既消除了 Fe^{3+} 离子的黄色,又减少了 Fe^{3+} 离子的浓度,从而降低了 Fe^{3+}/Fe^{2+} 电对的条件电极电位,用二苯胺磺酸钠能清楚、正确地判断终点(接近化学计量点时,$K_2Cr_2O_7$ 氧化最后的一部分 Fe^{2+} 的同时,诱导 $Cr_2O_7^{2-}$ 氧化二苯胺磺酸钠成为紫色)。主要反应式如下:

$$2Fe^{3+} + SnCl_4^{2-} + 2Cl^- = 2Fe^{2+} + SnCl_6^{2-}$$

$$Fe^{3+} + Ti^{3+} + H_2O = Fe^{2+} + TiO^{2+}$$

$$6Fe^{2+} + Cr_2O_7^{2-} + 14H^+ = 6Fe^{3+} + 2Cr^{3+} + 7H_2O$$

这种无汞盐的重铬酸钾法与经典的重铬酸钾法均列为铁矿石分析的国家标准(GB 6730.4—86和 GB 6730.5—86),但无汞盐法不适用于含钒量大于 0.5% 的铁矿石样品。

2. 实验目的

①了解采用氧化还原法进行铁矿石中铁含量测定的方法;

②学习矿样的分解、试液的预处理、试剂空白测定等基本技术及操作。

3. 实验器材

(1)仪器　滴定装置,分析天平,台称,称量瓶,3 个 250 mL 锥形瓶,250 mL 容量瓶,50 mL、100 mL 量筒各 1 个,100 mL 烧杯,干燥器,电炉。

(2)试剂　浓 HCl,1∶1硫磷混酸,1% $KMnO_4$ 溶液,0.1 $mol \cdot L^{-1}$ $(NH_4)_2Fe(SO_4)_2 \cdot 6H_2O$ 溶液,10% $SnCl_2$ 溶液,1.5% $TiCl_3$ 溶液,10% Na_2WO_4 溶液,0.5% 二苯胺磺酸钠溶液,$K_2Cr_2O_7$(基准物)。

(3)样品　磁铁矿。

4. 实验方法

(1) $K_2Cr_2O_7$ 标准溶液的配制　准确称取约 1 g $K_2Cr_2O_7$ 基准物，置于 100 mL 的烧杯中，用少许水溶解后，定量转移至 250 mL 容量瓶中，定容后摇匀，计算其浓度。

(2) 试样的分解和滴定　准确称取 0.15 ~ 0.20 g 磁铁矿，置于 250 mL 锥形瓶中，加入 10 ~ 20 mL浓盐酸，低温加热 10 ~ 20 min，趁热滴加 10% 的 $SnCl_2$ 溶液，使溶液由黄色变为浅黄色（若 $SnCl_2$ 溶液加入过量，使黄色消失而呈现无色，则可加少许 $KMnO_4$ 溶液至出现浅黄色），继续加热 10 ~ 20 min，（此时体积约为 10 mL）至剩余残渣为白色或浅色时表示溶解完全。调整溶液体积至 150 ~ 200 mL，加入 1 mL 的 10% 的 Na_2WO_4 溶液，在摇动下滴加 $TiCl_3$ 溶液至出现浅蓝色，再过量 2 滴。用自来水冷却至室温，小心滴加 $K_2Cr_2O_7$ 溶液至蓝色刚刚消失（呈现浅绿或无色，不计读数），立即加 10 mL 硫磷混酸，4 ~ 5 滴二苯胺磺酸钠指示剂，用 $K_2Cr_2O_7$ 标准溶液滴定到紫红色为终点，平行测定 3 次。

(3) 空白测定　随同试样做空白实验，操作步骤同上，以 5.00 mL 硫酸亚铁铵溶液代替试样。所消耗的 $K_2Cr_2O_7$ 标准溶液的体积记为 A，随即再加入 5.00 mL 硫酸亚铁铵溶液，立即滴定，所消耗的 $K_2Cr_2O_7$ 标准溶液的体积记为 B。$A-B$ 即为空白值 V_0。

(4) 结果计算　从滴定矿样所消耗 $K_2Cr_2O_7$ 标准溶液的体积中减去试剂空白值 V_0，计算磁铁矿样品中铁的含量（%）。平行 3 次测定结果的极差应不大于 0.20%，以其平均值为最后结果。

思考题

(1) 还原 Fe^{3+} 时，为什么要使用两种还原剂？只使用其中一种有何不妥？

(2) 试样分解完全，加入硫磷混酸和指示剂后为什么必须立即滴定？

(3) 做空白实验时，为什么要加硫酸亚铁铵溶液？为什么只加 5.00 mL？

实验 47　铜合金中铜含量的测定

1. 实验概述

碘量法是广泛应用于无机和有机分析中的一种氧化还原滴定法。多数含铜物质（铜矿、铜盐、铜合金等）中铜含量都可采用间接碘量法测定，其基本原理是：Cu^{2+} 可以被 I^- 还原为 CuI，同时析出等量的 I_2（在此反应中，I^- 是还原剂，又是 Cu(Ⅰ) 的沉淀剂和 I_2 的络合剂），在中性或弱酸性条件下，析出的 I_2 以淀粉为指示剂，用 $Na_2S_2O_3$ 标准溶液滴定。

$$2Cu^{2+} + 5I^- = 2CuI + I_3^-$$

$$2S_2O_3^{2-} + I_3^- = S_4O_6^{2-} + 3I^-$$

上述反应须在弱酸性或中性溶液中进行，当酸度太低时，Cu^{2+} 氧化 I^- 离子不完全，且反应速度慢，终点拖长；酸度过高时，I^- 在 Cu^{2+} 离子催化下易被空气氧化为 I_2，使结果偏高。在实际测定中，通常用 NH_4HF_2 控制溶液的 pH 值为 3.5 ~ 4.0。溶液中的 F^- 可以掩蔽 Fe^{3+} 对铜的干扰，又能控制溶液 pH 值，在此 pH 下，5 价的 As、Sb 的氧化性大幅度降低，不能氧化 I^-，避免了干扰。

CuI 沉淀易吸附少量的 I_2,使终点变色不够敏锐并产生误差。为此,通常在接近终点时加入 KSCN,将 CuI 转化为溶解度更小的 CuSCN(CuSCN 基本不吸附 I_2)沉淀,使终点变色敏锐。但是 KSCN 只能在终点附近加入,如果加入过早,SCN^- 会还原 I_2,造成干扰。

$$SCN^- + 4I_2 + 4H_2O \xlongequal{} SO_4^{2-} + 7I^- + ICN + 8H^+$$

$Na_2S_2O_3 \cdot 5H_2O$ 一般都含有 S、Na_2SO_3、Na_2SO_4、Na_2CO_3、NaCl 等杂质,同时 $Na_2S_2O_3$ 易风化和潮解,不能直接配制标准溶液。

$Na_2S_2O_3$ 溶液易受空气和微生物等的作用而分解:

(1)溶液中 CO_2 的作用　pH 小于 4.6 时,$Na_2S_2O_3$ 不稳定:

$$Na_2S_2O_3 + H_2CO_3 \xlongequal{} NaHSO_3 + NaHCO_3 + S$$

此反应一般发生在溶液配成后的最初 10 d。

(2)空气的氧化

$$2Na_2S_2O_3 + O_2 \xlongequal{} 2Na_2SO_4 + 2S$$

(3)微生物作用　微生物会分解 $Na_2S_2O_3$,为了避免微生物的分解作用,可加入少量 HgI_2($10\ mg \cdot L^{-1}$)。

综上所述,在配制 $Na_2S_2O_3$ 标准溶液时,为了减少水中 CO_2 和杀死水中微生物,采用新煮沸的蒸馏水配制,并加入少量 Na_2CO_3(浓度约 0.02%),防止 $Na_2S_2O_3$ 分解。将配制好的 $Na_2S_2O_3$ 溶液储存于棕色瓶中,置于暗处,放置 8 ~ 14 d 后进行标定。

铜合金可以采用硝酸溶解后,以氨水和醋酸调节溶液的 pH 值,然后进行测定。

2. 实验目的

①掌握 $Na_2S_2O_3$ 标准溶液的配制和标定;

②熟悉间接碘量法测定铜的原理及实验操作。

3. 实验器材

(1)仪器　滴定装置,分析天平,台称,称量瓶,3 个 250 mL 碘量瓶,3 个 250 mL 烧杯,25 mL、50 mL 量筒各 1 支,干燥器,电炉。

(2)试剂　$6\ mol \cdot L^{-1}$ HCl 溶液,浓 H_2SO_4,1∶1 HNO_3溶液,1∶4 HAc 溶液,1∶1 $NH_3 \cdot H_2O$ 溶液,$0.1\ mol \cdot L^{-1}$ $Na_2S_2O_3$ 溶液,10% KSCN 溶液,10% KI 溶液,40% NH_4HF_2 溶液,1% 淀粉溶液。

(3)样品　Cu 合金。

4. 实验方法

(1)$Na_2S_2O_3$ 标准溶液的标定　准确称取已烘干的 $K_2Cr_2O_7$(基准物质)____g(学生自己计算)于 250 mL 碘量瓶中,加入 10 ~ 20 mL 水使之溶解,再加入 10 mL 的 10% KI 溶液(或 1 g KI 固体)和 5 mL 的 $6\ mol \cdot L^{-1}$ HCl 溶液,混匀后,盖上塞子,置于暗处 5 min。然后,用 50 mL 水稀释,用 $Na_2S_2O_3$ 标准溶液的滴定到呈浅黄色,加入 1 mL 1% 淀粉溶液,继续滴定至蓝色变为绿色即为终点,根据 $K_2Cr_2O_7$ 的用量和 $Na_2S_2O_3$ 的体积,计算 $Na_2S_2O_3$ 标准溶液的浓度,平行测定3次。

(2)铜样的分解及测定　准确称取约0.15 g铜合金试样于250 mL烧杯中,加入5 mL的1:1HNO_3溶液,盖上表面皿后,在电炉上加热至近干,冷却,加入少许浓硫酸,加热至冒白烟,冷却后用蒸馏水冲洗表面皿和烧杯壁,滴加1:1 $NH_3 \cdot H_2O$至刚有沉淀生成,滴加1:4醋酸至沉淀溶解并过量5~6滴,加入10 mL的10% KI溶液,5 mL的40% NH_4HF_2溶液,立即用0.1 $mol \cdot L^{-1}$ $Na_2S_2O_3$标准溶液滴定至呈浅黄色。然后,加入1 mL1%淀粉溶液,继续滴定至蓝色变为浅蓝色。再加入5 mL的10% KSCN溶液,摇匀后蓝色加深,再继续滴定至蓝色刚刚消失,此时溶液为米色的CuSCN悬浮液,计算铜含量,平行测定3次。

思考题

(1)用碘量法测定铜含量时,为什么要加入KSCN?如果酸化后立即加入KSCN溶液,会产生什么结果?

(2)如果试样中含有Fe^{3+}和NO_3^-等干扰离子,应如何消除干扰?

(3)如果$Na_2S_2O_3$标准溶液是用来分析铜的,为什么可以用纯铜作为基准物质标定$Na_2S_2O_3$溶液?

实验48　可溶性氯化物中氯含量的测定

1.实验概述

在氯化物的溶液中,事先加入少量K_2CrO_4为指示剂,在中性或弱碱性条件下,用$AgNO_3$标准溶液滴定,由于AgCl溶解度比Ag_2CrO_4小,因此,当溶液中同时存在Cl^-和CrO_4^{2-}时,随着$AgNO_3$溶液的滴入,溶液中Cl^-离子首先与Ag^+离子生成AgCl沉淀,当AgCl定量沉淀后,微过量的$AgNO_3$溶液即与CrO_4^{2-}生成砖红色Ag_2CrO_4沉淀,指示终点的到达。反应式如下:

$$Ag^+ + Cl^- = AgCl\downarrow(\text{白色}) \qquad K_{sp} = 1.8\times10^{-10}$$

$$Ag^+ + CrO_4^{2-} = Ag_2CrO_4\downarrow(\text{砖红色}) \quad K_{sp} = 2.0\times10^{-12}$$

上述方法称为莫尔法。最适宜pH范围是6.5~10.5(当有NH_4^+存在时,pH应保持在6.5~7.2)。酸度过高,不产生Ag_2CrO_4沉淀;酸度过低,则形成Ag_2O沉淀。

指示剂的用量对滴定终点有明显的影响,一般选用5×10^{-3} $mol \cdot L^{-1}$。指示剂浓度过高,导致终点提前,同时高浓度的CrO_4^{2-}使溶液颜色深,影响终点判断;浓度过低,终点延后,使测定结果偏低。

凡能与Ag^+生成难溶化合物或络合物的阴离子都干扰测定(如PO_4^{3-}、AsO_4^{3-}、SO_3^{2-}、S^{2-}、CO_3^{2-}、$C_2O_4^{2-}$等离子,其中S^{2-}可以生成H_2S,经加热煮沸而除去,SO_3^{2-}可以氧化为SO_4^{2-}离子而不发生干扰)。大量Cu^{2+}、Ni^{2+}、Co^{2+}等有色离子影响终点观察。凡能与CrO_4^{2-}生成难溶化合物的阳离子也干扰测定(如Ba^{2+}、Pb^{2+}离子与CrO_4^{2-}生成$BaCrO_4$和$PbCrO_4$沉淀,Ba^{2+}离子干扰可以加入Na_2SO_4消除)。

Fe^{3+}、Al^{3+}、Bi^{3+}、Zr^{4+}等高价金属离子,在中性或弱碱性溶液中易水解产生沉淀,干扰测定,这时可改用佛尔哈德法测定。

2. 实验目的

①学习 $AgNO_3$ 标准溶液的配制和标定方法;

②掌握沉淀滴定法中以 K_2CrO_4 为指示剂测定氯离子的原理和方法。

3. 实验器材

(1)仪器　滴定装置,分析天平,台称,称量瓶,3 个 250 mL 锥形瓶,25 mL 移液管,5 mL、25 mL 量筒各 1 个,250 mL 容量瓶,250 mL 烧杯,干燥器,电炉。

(2)试剂　5% K_2CrO_4 溶液,$AgNO_3$(s,AR),NaCl(s,基准试剂)。

(3)样品　工业盐,或食盐,或 KCl(s),或 NH_4Cl(s)。

4. 实验方法

(1)0.1 $mol \cdot L^{-1}$ $AgNO_3$ 标准溶液的配制　在台称上称取约 4.5 g $AgNO_3$ 于烧杯中,加少量蒸馏水溶解后,用不含氯离子的蒸馏水稀释至 250 mL,转移至棕色细口瓶中,置于暗处保存(减缓光分解作用)。

(2)$AgNO_3$ 溶液的标定　准确称取 1.2 ~ 1.5 gNaCl 基准试剂,置于烧杯中,用水溶解,定量转移至 250 mL 容量瓶中,用水稀释至刻度,摇匀,待用。

准确移取 25.00 mL NaCl 标准溶液于锥形瓶中,加 25 mL 水、1 mL 的 5% K_2CrO_4 溶液,在不断摇动下用 $AgNO_3$ 标准溶液滴定,当白色沉淀中出现砖红色沉淀时,即为终点,平行测定 3 次。

根据 NaCl 标准溶液的浓度和消耗的 $AgNO_3$ 标准溶液的体积,计算 $AgNO_3$ 标准溶液的浓度。

(3)试样的测定　准确称取 0.20 ~ 0.25 g 工业 NaCl 于 250 mL 烧杯中,加水溶解后,转移至 250 mL 容量瓶中,加水稀释至刻度,摇匀。

准确移取 25.00 mL 溶液于 250 mL 锥形瓶中,加水 25 mL 及 1 mL 的 5% K_2CrO_4 溶液,在不断摇动下用 $AgNO_3$ 标准溶液滴定,当白色沉淀中出现砖红色沉淀时,即为终点,平行测定 3 次,计算样品中氯的含量。

思考题

(1)$AgNO_3$ 应盛装在酸式滴定管中还是碱式滴定管中?为什么?

(2)滴定中对 K_2CrO_4 指示剂的量是否要控制?为什么?

(3)滴定中试液的酸度应控制在什么范围?为什么?怎样调节?

(4)滴定过程为什么要充分摇动溶液?

(5)NaCl 基准物为什么要在 250 ~ 350 ℃的电炉上处理?如果用未经处理的 NaCl 来标定 $AgNO_3$ 溶液,将产生什么影响?

(6)试比较莫尔法、法扬司法及佛尔哈德法的条件差异及其优缺点。

实验 49　可溶性硫酸盐中硫含量的测定

1. 实验概述

将可溶性硫酸盐试样溶于水中，用稀盐酸酸化，加热近沸，不断搅拌下，缓慢滴加热 $BaCl_2$ 稀溶液，使生成难溶性硫酸钡沉淀：

$$Ba^{2+} + SO_4^{2-} = BaSO_4 \downarrow (白)$$

硫酸钡是典型的晶形沉淀，因此应完全按照晶形沉淀的处理方法，所得沉淀经陈化后，过滤、洗涤、干燥和灼烧，最后以硫酸钡沉淀形式称量，求得试样中硫的含量。

1）硫酸钡符合于定量分析的要求

①硫酸钡的溶解度小，在常温下为 1×10^{-5} mol · L^{-1}，在 100 ℃ 时为 1.3×10^{-5} mol · L^{-1}，所以在常温和 100 ℃时每 100 mL 溶液中仅溶解 0.23 ~ 0.3 mg，不超出误差范围，可以忽略不计。

②硫酸钡沉淀的组成精确地与其化学式相符合，化学性质非常稳定，因此凡含硫的化合物将其氧化成硫酸根以及钡盐中的钡离子都可用硫酸钡的形式来测定。

2）盐酸的作用

①利用盐酸提高硫酸钡沉淀的溶解度，以得到较大晶粒的沉淀，利于过滤沉淀。由实验得知，在常温下 $BaSO_4$ 的溶解度约为：

盐酸浓度/(mol · L^{-1})	0.1	0.5	1.0	2.0
溶解度/(mg · L^{-1})	10	47	87	101

所以在沉淀硫酸钡时，不要使酸度过高，最适宜是在 0.1 mol · L^{-1} 以下（约 0.05 mol · L^{-1}）的盐酸溶液中进行，即可将硫酸钡的溶解量忽略不计。

②在 0.05 mol · L^{-1}盐酸浓度下，溶液中若含有草酸根、磷酸根、碳酸根与钡离子不能发生沉淀，因此不会干扰。

③可防止盐类的水解作用，如有微量铁、铝等离子存在，在中性溶液中将因水解而生成碱式硫酸盐胶体微粒与硫酸钡一同沉出，实验证明，溶液的酸度增大，使 3 价离子共沉淀作用有显著的减小。

④溶液中酸不溶物和易被吸附的离子（如 Fe^{3+}、NO_3^- 等离子）会干扰测定，应当预先分离或掩蔽。Pb^{2+}、Sr^{2+} 也干扰测定，也应预先除去。

3）硫酸钡沉淀的灼烧

硫酸钡沉淀不能立即高温灼烧，因为滤纸碳化后对硫酸钡沉淀有还原作用：

$$BaSO_4 + 2C = BaS \downarrow + 2CO_2 \uparrow$$

应先以小火使带有沉淀的滤纸慢慢灰化变黑，而绝不可着火，如不慎着火，应立即盖上坩埚盖使其熄灭，否则除发生反应外，尚能由于热空气流而吹走沉淀，必须特别注意。

如已发生还原作用，微量的硫化钡在充足空气中，可能氧化而重新成为硫酸钡：

$$BaS + 2O_2 \xlongequal{} BaSO_4 \downarrow$$

若能灼烧达到恒重的沉淀，即上述氧化作用已告结束，沉淀已不含硫化钡。另外，灼烧沉淀的温度应不超过800 ℃，且不宜时间太长，以避免发生下列反应：

$$BaSO_4 \longrightarrow BaO + SO_2 \uparrow$$

而引起误差，使结果偏低。

应用玻璃砂芯坩埚抽滤 $BaSO_4$ 沉淀，然后烘干、称重方式，可以缩短分析时间，但准确度稍差，仅限于工业生产的快速分析。

2. 实验目的

①了解晶态沉淀的沉淀条件和沉淀方法；

②掌握沉淀的过滤、洗涤和灼烧等操作技术；

③学习测定可溶性硫酸盐中硫的含量的实验方法及结果计算方法。

3. 实验器材

(1)仪器　分析天平，台称，马弗炉，电炉，干燥器，瓷坩埚2只，坩埚钳，定性滤纸，定量滤纸。

(2)试剂　2 mol · L^{-1}、1% HCl 溶液，6 mol · L^{-1} HNO_3 溶液，10% $BaCl_2$ 溶液，0.1 mol · L^{-1} $AgNO_3$溶液。

(3)样品　$Na_2SO_4(s)$，或 $K_2SO_4(s)$，或$(NH_4)_2SO_4(s)$。

4. 实验方法

准确称取经100～120 ℃干燥过的试样0.2～0.3 g，置于400 mL烧杯中，用25 mL水溶解(若有水不溶残渣，应当过滤除去)，加入5 mL 2 mol · L^{-1} HCl溶液，用水稀释至约200 mL。将溶液加热至沸(若有 Fe^{3+} 离子可加入EDTA掩蔽)，在不断搅拌下逐滴滴加10～12 mL并预先加热的5% $BaCl_2$ 溶液，静置1～2 min让沉淀沉降，然后在上清液中加1～2滴 $BaCl_2$ 溶液，检查沉淀是否完全。此时若无沉淀生成表示沉淀完全，否则应再加1～2 mL $BaCl_2$ 溶液，直至沉淀完全。然后将沉淀微沸10 min，在约90 ℃保温陈化约1 h。冷却至室温，用慢速定量滤纸过滤，然后，用热蒸馏水洗涤至无 Cl^- 离子为止。将沉淀和滤纸移至已在800～850 ℃灼烧至恒重的瓷坩埚中，烘干、灰化后，再在800～850 ℃下灼烧至恒重，根据 $BaSO_4$ 的质量，计算试样中含硫量。

思考题

(1)为什么试液和沉淀剂要预先加热？

(2)沉淀完毕后为什么要保温一段时间后才进行过滤？

实验 50 白云石中钙镁含量的测定

1. 实验概述

石灰石、白云石的主要成分是 $CaCO_3$ 和 $MgCO_3$ 以及少量 Fe、Al、Si 等杂质,故通常不需分离即可直接滴定。试样用 HCl 分解后,钙镁等以 Ca^{2+}、Mg^{2+} 离子进入溶液,调节试液 pH 值为 10,用铬黑 T(或 K-B)作指示剂,以 EDTA 标准溶液滴定试液中 Ca、Mg 总量。于另一份试液中,调节 pH 值≥12,Mg^{2+} 生成 $Mg(OH)_2$ 沉淀,用钙指示剂作指示剂,用 EDTA 标准溶液单独滴定 Ca^{2+}。

由于试样中含有少量铁铝等干扰杂质,所以滴定前在酸性条件下,加入三乙醇胺掩蔽 Fe^{3+}、Al^{3+},如试样中含有铜、钛、镉、铋等微量黑金属,可加入铜试剂(DDTC)消除干扰。

如试样成分复杂,样品溶解后,可在试液中加入六次甲基四胺和铜试剂,使 Fe^{3+}、Al^{3+} 和重金属离子同时沉淀除去,过滤后即可按上述方法分别测定钙镁。

2. 实验目的

①学习络合滴定法测定石灰石或白云石中钙镁的含量,并进一步掌握络合滴定原理;

②学习络合滴定法中采用掩蔽剂消除共存离子干扰的方法及适宜反应条件的控制方法。

3. 实验器材

(1)仪器 滴定装置,分析天平,台称,称量瓶,3 个 250 mL 锥形瓶,2 个 100 mL 广口瓶,5 mL、25 mL 量筒各 1 个,25 mL 移液管,250 mL 容量瓶,100 mL、1 000 mL 烧杯各 1 个,干燥器。

(2)试剂 20% NaOH 溶液,1∶1 HCl 溶液,1∶2 三乙醇胺,盐酸羟胺(固体)。

4. 实验方法

(1)0.02 $mol \cdot L^{-1}$ EDTA 配制和标定 自拟实验方案进行实验。

(2)氨性缓冲溶液的配制 pH≈10,溶解 67 g NH_4Cl 于少量水中,加入 570 mL 浓氨水,用水稀释至 1 L。

(3)钙指示剂配制 称 0.5 g 钙指示剂与 100 g NaCl 研细混匀置于小广口瓶中,保存于干燥器中备用。

(4)铬黑 T 指示剂配制 0.5%,称 0.5 g 铬黑 T,加入 20 mL 三乙醇胺,用水稀释至 100 mL。

(5)钙镁含量的测定 准确称取 0.3 g 试样于烧杯中,加水数滴润湿,盖以表面皿,从烧杯嘴慢慢加入 10~20 mL 1∶1HCl,加热使之溶解,将试样全溶后,冷却、定量转移入 250 mL 容量瓶中,用水稀释至刻度,摇匀。

①钙、镁总量测定:用移液管吸取 25.00 mL 试样溶液于 250 mL 锥形瓶中,加水 20 mL,少许盐酸羟胺,5 mL 的 1∶2三乙醇胺,摇匀,加入 pH≈10 氨性缓冲溶液 10 mL,1~3 滴铬黑 T,

用 EDTA 标准溶液滴定，溶液由紫红色转变为纯蓝色即为终点，记下消耗 EDTA 体积 V_1。

②钙含量的测定：另外吸取试液 25.00 mL 于 250 mL 锥形瓶中，加 20 mL 水，少许盐酸羟胺，5 mL 的 1∶2三乙醇胺，10 mL 的 20% NaOH，少许钙指示剂，摇匀，用 EDTA 标准溶液滴定，溶液由红色变为纯蓝色即为终点，记下消耗 EDTA 体积 V_2。

根据 EDTA 的浓度及二次消耗量，可算出试样中 CaO、MgO 的质量分数。

5. 注意事项

①用三乙醇胺掩蔽 Fe^{3+}、Al^{3+}，必须在酸性溶液中加入，然后再行碱化。

②测定钙时，如试样中有大量镁存在，由于 $Mg(OH)_2$ 沉淀吸附 Ca^{2+}，使钙的结果偏低，为此可加入淀粉-甘油、阿拉伯树胶或糊精等保护胶，基本上可消除吸附现象，其中以糊精效果较好。5% 糊精溶液的配制如下：称取 5 g 糊精于 100 mL 沸水中，冷却，加入 5 mL 的 20% NaOH，搅匀，加入 3 ~5 滴 K-B 指示剂，用 EDTA 溶液滴至溶液呈蓝色，临时配用，使用时加 10 ~15 mL于试液中。

思考题

(1)用酸分解石灰石或白云石试样时应注意什么？实验中怎样判断试样已分解完全。

(2)用 EDTA 法测定钙镁，加入氨性缓冲溶液和氢氧化钠各起什么作用？

(3)用 EDTA 法测定钙镁时，试样中有少量铁铝铜锌等干扰？若有干扰应如何消除？

(4)用三乙醇胺掩蔽 Fe^{3+}、Al^{3+} 时，为什么要在酸性液中加入三乙醇胺后才提高溶液的 pH 值？

实验 51　葡萄糖含量的测定(间接碘量法)

1. 实验概述

碘量法分为碘滴定法和滴定碘法。碘滴定法是以碘作氧化剂直接滴定，如用标准碘溶液直接滴定 SO_3^{2-} 或 SO_2 水溶液；滴定碘法是以 I^- 作还原剂，被测物氧化 I^- 成 I_2 后，用 $Na_2S_2O_3$ 标准溶液滴定生成的 I_2，测定被测物含量，也称为间接碘量法。

碘量法既用于无机物测定，更多的用于有机物测定。

I_2 在水中的溶解度只有 0.013 mol · L^{-1}，故常加入 KI，使 $I_2 + I^- = I_3^-$，增大溶解度，而且 $\varphi^\circ(I_2/I^-)$ 与 $\varphi^\circ(I_3^-/I^-)$ 基本上相等，所以 I_3^- 的作用也就与 I_2 相同，经常将 I_3^- 写成 I_2。

从碘的元素电势图可以看出，有以下反应：

$$I_2 + OH^- = IO^- + I^- + H_2O$$

而 IO^- 在碱性溶液还可以缓慢地继续歧化：

$$3IO^- = IO_3^- + 2I^-$$

葡萄糖分子中的醛基能定量地被 IO^- 氧化成羧酸：

$$CH_2OH(CHOH)_4CHO + IO^- + OH^- = CH_2OH(CHOH)_4COO^- + I^- + H_2O$$

但反应速度也慢，所以要控制反应条件，让 I_2 歧化所产生 IO^- 充分用于氧化葡萄糖中的醛基，以保证醛基完全氧化，剩余的IO^-再发生歧化生成IO_3^-和I^-，再将溶液酸化时：

$$IO_3^- + 5I^- + 6H^+ = 3I_2 + 3H_2O$$

就可用$Na_2S_2O_3$标准溶液滴定剩余的I_2：

$$I_2 + S_2O_3^{2-} = 2I^- + S_4O_6^{2-}$$

以此计算葡萄糖含量。

2. 实验目的

①学习间接碘量法中剩余返滴法的操作；
②熟悉碘价态变化的条件及其应用；
③掌握用间接碘量法测定葡萄糖的原理和方法。

3. 实验器材

(1)仪器　滴定装置，分析天平，台称，称量瓶，3个250 mL锥形瓶，2个500 mL棕色细口瓶，15 mL、25 mL移液管各1支，5 mL、100mL量筒各1个，250 mL、1 000 mL容量瓶各1个，100 mL、250 mL烧杯各1个，干燥器。

(2)试剂　1∶1 HCl，2 mol·L^{-1} NaOH溶液，使用时稀释至0.1 mol·L^{-1}，$K_2Cr_2O_7$：140 ℃干燥2 h，存于干燥器中。

4. 实验方法

(1)0.05 mol·L^{-1} $Na_2S_2O_3$标准溶液的配制和标定　自拟实验方案进行实验。

(2)0.05 mol·L^{-1} I_2溶液的配制　称取7 g KI于100 mL烧杯中，加20 mL水和2 g I_2，充分搅拌使I_2溶解完全，转移至棕色细口瓶中，加水稀释至300 mL，混匀。

(3)0.05 mol·L^{-1} $K_2Cr_2O_7$标准溶液的配制　准确称取2.451 g $K_2Cr_2O_7$于250 mL烧杯中，加水溶解后转移至1 000 mL容量瓶中，定容，摇匀。

(4)0.5%淀粉溶液的配制　称取1 g淀粉，至于小烧杯中，用水调成糊状，在搅动下缓缓加到煮沸的200 mL水中，继续煮沸至透明，冷却至室温，转移至洁净的滴瓶中，1周内有效。

(5)$Na_2S_2O_3$标准溶液与I_2溶液的体积比测定　移取15.00 mL I_2溶液于锥形瓶中，加水至80 mL，用$Na_2S_2O_3$标准溶液滴定至浅黄色，加2 mL淀粉溶液，继续滴定至蓝色消失为终点。平行滴定2~3次，计算$V(I_2)/V(Na_2S_2O_3)$。

(6)葡萄糖$M((C_6H_{12}O_6)=180.2\ g\cdot mol^{-1})$含量的测定　准确称取0.40~0.45葡萄糖试样于烧杯中，加少量水溶解后定量转移至250 mL容量瓶中，加水至刻度，摇匀。移取25.00 mL试液于锥形瓶中，加入20.00 mL的I_2溶液，边摇边缓慢滴加稀NaOH溶液，至溶液变为浅黄色(约需15 mL的NaOH)，盖上表面皿，放置15 min。然后加入2 mL的HCl，立即用$Na_2S_2O_3$标准溶液至浅黄色。加2 mL淀粉溶液，继续滴定至蓝色消失为终点。平行滴定至3份，计算试样中葡萄糖的质量分数。

思考题

(1)为什么不直接用$K_2Cr_2O_7$标定$Na_2S_2O_3$溶液，而采用间接法？为什么$K_2Cr_2O_7$与KI

反应需避光？滴定前为什么要加 100 mL 水稀释？

(2)标定 $Na_2S_2O_3$ 溶液时，为什么淀粉溶液要在变黄绿色时加入？终点的亮绿色是什么离子的颜色？

(3)I_2 溶液是否可用移液管移取？可否装在碱式滴定管中？为什么？

(4)列出计算葡萄糖含量的最简单计算式。说明 I_2 溶液为什么可以粗略配制的原因？

(5)氧化葡萄糖时若快速滴加稀 NaOH 溶液时，将会如何影响结果？为什么？

实验 52　污水中苯酚含量的测定

1. 实验概述

苯酚是煤焦油的主要成分之一，也是许多高分子材料、合成染料、医药和农药等方面的主要原料，还被广泛用于消毒、杀菌。由于苯酚的生产和广泛应用，造成环境污染，因此苯酚是环境科学及食品工业等领域必须监测的有机物。酚类的分析方法很多，各国普遍采用的为 4-氨基安替比林光度法，高浓度含酚废水可采用溴化容量法，此法尤适于车间排放口或未经处理的总排污口废水，气相色谱法则可以测定各组分的酚类。本实验采用溴化容量法对苯酚含量进行测定。

溴化容量法对苯酚的测定是基于苯酚与 Br_2 作用生成稳定的三溴苯酚(白色沉淀)：

$$C_6H_5OH + 3Br_2 = C_6H_2Br_3OH\ (2,4,6\text{-}) + 3H^+ + 3Br^-$$

由于上述反应进行较慢，而且 Br_2 极易挥发，因此不能用 Br_2 液直接滴定，而应用过量 Br_2 与苯酚进行溴代反应。由于 Br_2 液浓度不稳定，一般使用 $KBrO_3$(含有 KBr)标准溶液在酸性介质中反应以产生游离 Br_2：

$$BrO_3^- + 5Br^- + 6H^+ = 3Br_2 + 3H_2O$$

溴代反应完毕后，过量的 Br_2 再用还原剂标准溶液滴定。但是一般常用的还原性滴定剂 $Na_2S_2O_3$ 易为 Br_2、Cl_2 等较强氧化剂非定量地氧化为 SO_4^{2-} 离子，因而不能用 $Na_2S_2O_3$ 直接滴定 Br_2(而且 Br_2 易挥发损失)。因此过量的 Br_2 应与过量 KI 作用，置换出 I_2：

$$Br_2 + 2KI = I_2 + 2KBr$$

析出的 I_2 再用 $Na_2S_2O_3$ 标准溶液滴定：

$$I_2 + 2Na_2S_2O_3 = 2NaI + Na_2S_4O_6$$

在这个测定中，$Na_2S_2O_3$ 溶液的浓度是在与测定苯酚相同条件下进行标定得到的。这样可以减少由于 Br_2 的挥发损失等因素而引起的误差。

同时，加入的 Br_2 量也不是由 $KBrO_3$-KBr 标准溶液的用量计算获得，而是由空白实验实际测得，这样可以减少由于 Br_2 的挥发损失等因素而引起的误差。

由上述反应可以看出，被测苯酚与滴定剂 $Na_2S_2O_3$ 间存在如下的化学计量关系：

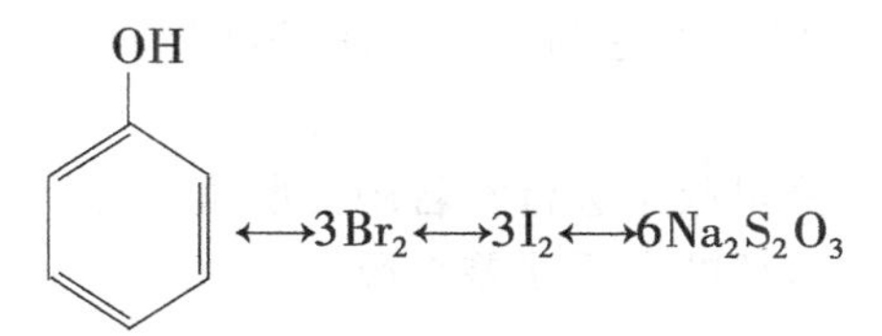

从而可容易地确定苯酚与 $Na_2S_2O_3$ 的化学计量关系。再由加入的 Br_2 量(即空白试验消耗的 $Na_2S_2O_3$ 的量)和剩余的 Br_2 量(滴定试样消耗 $Na_2S_2O_3$ 的量)计算试样中苯酚的含量。

2. 实验目的

①掌握以溴酸钾法与碘量法配合使用来间接测定苯酚的原理和方法;
②掌握碘量瓶的使用方法;
③结合应用对象掌握"空白试验"的方法;
④了解污水中苯酚含量的测定方法。

3. 实验器材

(1)仪器　滴定装置,分析天平,台称,3 个 250 mL 碘量瓶,2 支 10 mL 移液管,25 mL 量筒。

(2)试剂　0.100 0 mol · L^{-1} $KBrO_3$-KBr 标准溶液,0.05 mol · L^{-1} $Na_2S_2O_3$ 标准溶液,1% 淀粉溶液,10% KI 溶液,1:1HCl 溶液。

4. 实验方法

(1)$KBrO_3$-KBr 标准溶液的配制　自拟实验方案进行实验。

(2)苯酚含量的测定　准确吸取试液 10.00 mL 于 250 mL 碘量瓶中,再吸取 10.00 mL 的 $KBrO_3$-KBr 标准溶液加入碘量瓶中,并加入 10 mL 的 HCl(1 + 1)溶液,迅速加塞振荡 1 ~ 2 min,此时生成白色三溴苯酚沉淀和 Br_2,再避光静置 5 ~ 10 min,水封。加入 10% KI 溶液[1] 10 mL,摇匀,避光静置 5 ~ 10 min,水封。用少量水冲洗瓶塞及瓶颈上附着物,再加水 10 mL;最后用 $Na_2S_2O_3$ 标准溶液滴定至淡黄色,加 10 滴 1% 淀粉溶液,继续滴定至蓝色消失,即为终点[2]。记下消耗的 $Na_2S_2O_3$ 标准溶液体积 V,并同时做空白实验[3],消耗的 $Na_2S_2O_3$ 标准溶液体积 $V_{空}$。根据实验结果计算苯酚含量(mg/L)。

[注释]

[1]加 KI 溶液时,不要打开瓶塞,只能稍松开瓶塞,使 KI 溶液沿瓶塞流入,以免 Br_2 挥发损失。

[2]三溴苯酚沉淀易包裹 I_2,故在近终点时,应剧烈振荡碘量瓶。

[3]空白实验:即准确吸取 10.00 mL 的 $KBrO_3$-KBr 标准溶液加入 250 mL 碘量瓶中,并加入 15 mL 去离子水及 6 ~ 10 mL 的 HCl(1 + 1)溶液,迅速加塞振荡 1 ~ 2 min,再避光静置 5 min,以下操作与测定苯酚相同。

思考题

(1)什么叫"空白试验"?它的作用是什么?由空白试验的结果怎样计算 $KBrO_3$-KBr 标

准溶液的浓度（即加入的 Br_2 总量）？这与通常使用基准物质标定标准溶液有何异同？有何优点？

(2)为什么测定苯酚要在碘量瓶中进行？若用锥形瓶代替碘量瓶会产生什么影响？

(3)试分析溴酸钾法测定苯酚的主要误差来源。

实验 53　蛋壳中 CaO 含量的测定（设计性实验）

1. 实验概述

鸡蛋壳的主要成分为 $CaCO_3$，其次为 $MgCO_3$、蛋白质、色素以及少量的 Fe、Al，可分别用下述 3 种方法进行测定：

方法Ⅰ　络合滴定法测定蛋壳中 CaO 的含量（设计性实验）；

方法Ⅱ　酸碱滴定法测定蛋壳中 CaO 的含量；

方法Ⅲ　高锰酸钾法测定蛋壳中 CaO 的含量。

2. 实验目的

(1)培养学生查阅文献的能力；

(2)运用所学知识及有关参考资料，针对实际试样，设计试验方案；

(3)在老师指导下对样品体系的组成含量进行分析，培养学生分析及解决问题的能力，提高素质。

3. 实验要求

根据上述所示方法，请自拟一实验方案，待老师指导后，进行实验。

实验 54　离子选择性电极测定水中 F^-

1. 实验概述

氟化镧（LaF_2）单晶对氟离子有良好的选择性，因此，将参有微量氟化铕（Ⅱ）的氟化镧单晶封在塑料管的一端，管内装 0.1 mol·L^{-1} NaF-0.1 mol·L^{-1} NaCl 溶液，以 Ag-AgCl 电极为内参比电极，即构成氟离子选择电极。测定 F^- 离子时，以氟离子选择电极做指示电极，饱和甘汞电极为参比电极组成工作电池，在含氟离子溶液中测得的电动势与 F^- 的活度成比例，电位变化符合 Nernst 方程。在稀溶液中，可用离子浓度代替活度，利用电动势与离子浓度关系式：

$$E = E^{\ominus\prime} - 0.059\ \lg c(F^-)\quad (25\ ℃)$$

可直接求出水中的氟离子含量。

由于离子强度、酸度、温度都影响电极电位，因此，必须使待测溶液和标准溶液的离子强度和 pH 相同。实验中采用柠檬酸钠-硝酸钾混合液作为络合缓冲离子剂，在 pH = 6 的介质中测定，此时，电极响应时间一般小于 5 min。本法最低检出量为 2 μg，最低检出浓度为0.08 mg · L^{-1}。

2. 实验目的

①学习利用离子选择性电极进行电位分析的原理；
②掌握离子选择性电极法实验条件选择及测量方法。

3. 实验器材

(1)仪器　pHS-2 型酸度计或 pXD-2 型通用离子计，CSB-F-1 型氟离子选择电极，饱和甘汞电极，电磁搅拌器。

(2)试剂

①0.1 mg · mL^{-1} F^-离子标准溶液：准确称取 0.221 0 g 经 105 ℃烘干 2 h 的 NaF，溶于蒸馏水中，并定容至 1 000 mL，转入聚乙烯瓶中备用。此溶液浓度为 0.1 mg · mL^{-1} F^-离子，使用时再稀释为 0.01 mg · mL^{-1} F^-。

②络合缓冲液：294 g 柠檬酸钠($Na_3C_6H_5O_7 \cdot 2H_2O$)和 20 g KNO_3 溶于 800 mL 水中，在 pH 计上用 1∶1 HCl 溶液调节 pH = 6，再用水稀释至 1 000 mL，转入聚乙烯瓶中备用。

(3)样品　自来水。

4. 实验方法

(1)标准工作曲线的绘制　用吸量管分别吸取 0、0.2、0.5、1.0、1.5、2.0、3.0、5.0 mL 的 0.01 mg · mL^{-1} F^-离子标准溶液于 8 个 50 mL 容量瓶中，然后在各容量瓶中加入 10 mL 络合缓冲液，用蒸馏水稀释至刻度，摇匀后倒入 50 mL 的聚乙烯杯中，用电磁搅拌器搅拌杯中溶液。打开离子计电源，待仪器预热稳定后，测定 F^-离子空白电位。然后，按照溶液浓度由稀到浓的顺序，测定标准系列的电位(电位在 1 min 不变化时，才记录电位数据)，绘制工作曲线。

(2)水样中 F^-离子的测定　吸取 25 mL 中性水样于 50 mL 容量瓶中，然后加入 10 mL 络合缓冲液，用蒸馏水稀释至刻度，摇匀后倒入 50 mL 的聚乙烯杯中，用电磁搅拌器搅拌杯中溶液，测定电位。根据测定的电位和标准工作曲线，计算水样中 F^-离子的浓度。

思考题

(1)测定 F^-离子时，为什么将络合缓冲液的 pH 调节为 6？如果 pH 远高于(低于)6，会出现什么结果？

(2)如果测定过程中出现电位很长时间都不能达到稳定的现象，请分析原因并提出解决方法。

实验 55　自动电位法滴定 Cl^- 和 I^-

1. 实验概述

用 $AgNO_3$ 滴定混合液中的 Cl^- 和 I^-，由于 AgI 的溶度积小于 AgCl 的溶度积（$K_{sp}(AgI)=1.5\times10^{-16}$；$K_{sp}(AgCl)=1.5\times10^{-10}$），所以 AgI 先沉淀。随着滴定剂 $AgNO_3$ 的不断滴入，AgI 沉淀不断析出，溶液中 I^- 浓度不断减小，同时 Ag^+ 浓度逐渐增大。当达到 $c(Ag^+)\cdot c(Cl^-)\geqslant K_{sp}(AgCl)$ 时，AgCl 开始析出。

当 AgCl 开始析出时，AgI 是否已经沉淀完全是能否分步滴定的先决条件。设有一 NaI 和 NaCl 浓度均为 0.05 $mol\cdot L^{-1}$ 的混合溶液 20 mL，今用 0.1 $mol\cdot L^{-1}$ 的 $AgNO_3$ 对试样进行滴定，当 99.9% 的 I^- 被滴定时，滴入 $AgNO_3$ 的体积 $V(Ag^+)=9.99$ mL。此时体系中 I^- 浓度为 3.33×10^{-5} $mol\cdot L^{-1}$；Ag^+ 浓度为：

$$K_{sp}(AgI)/c(I^-)=4.50\times10^{-12}\ mol\cdot L^{-1}。$$

此时

$$\begin{aligned}c(Ag^+)\cdot c(Cl^-)&=4.50\times10^{-12}\times0.05\times20/29.99\\&=1.5\times10^{-13}<K_{sp}(AgCl)\end{aligned}$$

即溶液中的 Cl^- 尚未开始沉淀，可见 $AgNO_3$ 对 I^- 进行准确滴定而不受 Cl^- 的干扰；而 $AgNO_3$ 又可以准确滴定 Cl^-。因此，用 $AgNO_3$ 可以分别滴定混合液中 NaI 和 NaCl 含量。

银电极浸入溶液中，电极电位与 Ag^+ 浓度符合能斯特方程，可以选用银电极为指示电极。

$$E(Ag^+/Ag)=E^{\ominus\prime}(Ag^+/Ag)+0.059\lg c(Ag^+)\ (25\ ℃)$$

2. 实验目的

①掌握自动电位滴定的原理和方法；

②学习利用物质溶解度不同进行分步滴定的原理和方法。

3. 实验器材

(1)仪器　ZDJ-4A 型自动电位滴定仪，银电极，饱和甘汞电极。

(2)试剂　0.1 $mol\cdot L^{-1}$ $AgNO_3$（标准溶液）。

(3)样品　250 mL Cl^--I^- 混合液。

4. 实验方法

(1)准备工作　接通电源，开机，仪器预热 20 min，将 $AgNO_3$ 装入滴定管中。

(2)沉淀滴定操作步骤

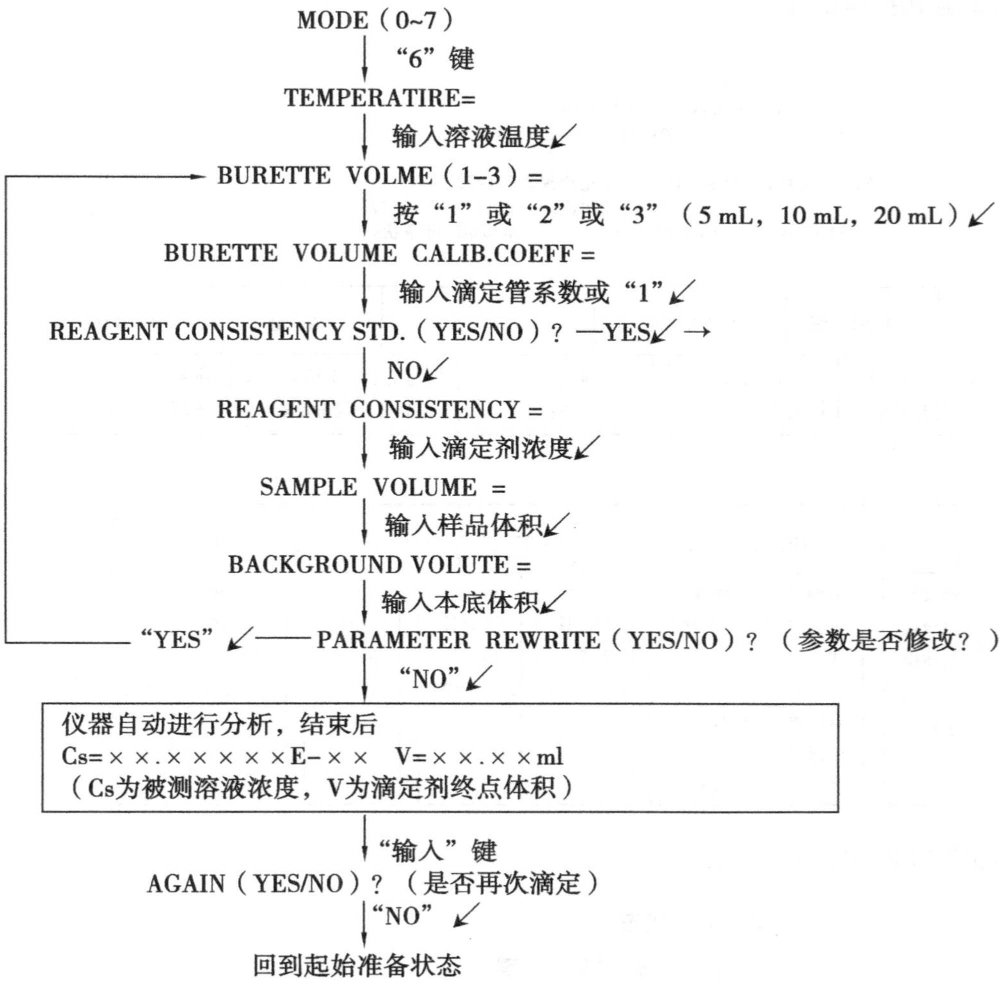

MODE（0~7）
↓ “6”键
TEMPERATIRE=
↓ 输入溶液温度↙
BURETTE VOLME（1–3）=
↓ 按“1”或“2”或“3”（5 mL，10 mL，20 mL）↙
BURETTE VOLUME CALIB.COEFF =
↓ 输入滴定管系数或“1”↙
REAGENT CONSISTENCY STD.（YES/NO）？—YES↙→
↓ NO↙
REAGENT CONSISTENCY =
↓ 输入滴定剂浓度↙
SAMPLE VOLUME =
↓ 输入样品体积↙
BACKGROUND VOLUTE =
↓ 输入本底体积↙
“YES”↙—— PARAMETER REWRITE（YES/NO）？（参数是否修改？）（“YES”返回 BURETTE VOLME）
↓ “NO”↙

仪器自动进行分析，结束后
Cs=××.×××××E-×× V=××.××ml
（Cs为被测溶液浓度，V为滴定剂终点体积）

↓ “输入”键
AGAIN（YES/NO）？（是否再次滴定）
↓ “NO”↙
回到起始准备状态

（注：“↙”表示按“输入”键）

附：ZDJ-4A 自动电位滴定仪的操作说明

(1)各模式选用电极

模式	反 应	选用电极
手动滴定	—	自 定
MODE(0)	—	自 定
MODE(1 ~ 5)	各种酸碱反应	pH 复合电极或 pH 玻璃电极和参比电极
MODE(6)	沉 淀 反 应	216 型银电极或离子选择电极和 271 型双盐桥参比电极
MODE(7)	氧化还原反应	铂电极或金属合乎电极和参比电极

(2)通用操作步骤

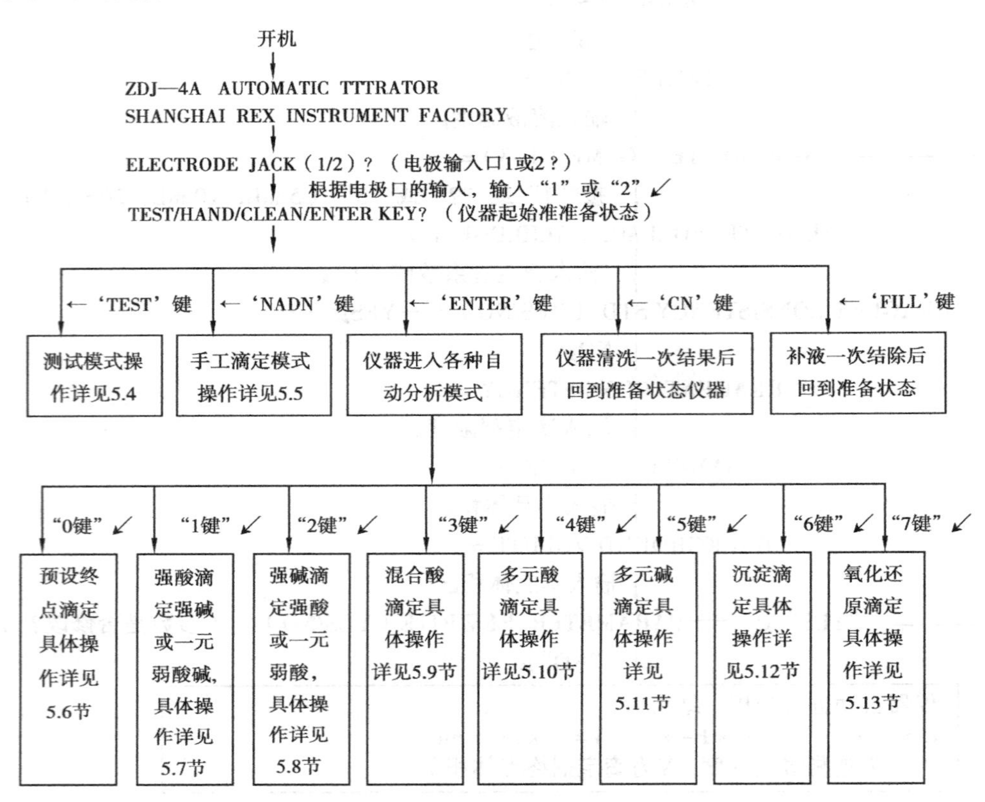

(3)“测试”模式操作步骤

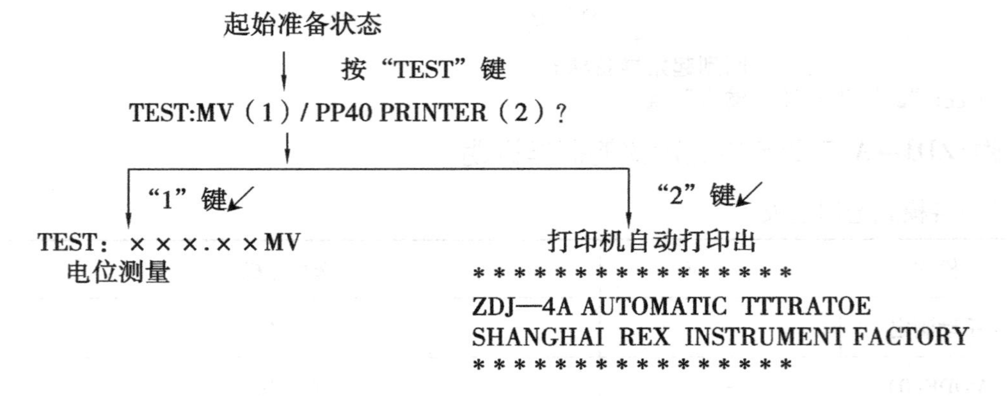

说明打印功能正常（注：“↙”表示按“输入”键）。

思考题

(1)自动电位滴定 I^- 和 Cl^- 时,可否测第一杯时设定终点为 E_1,测第二杯时设定终点为 E_2,根据两次所消耗的 $AgNO_3$ 的体积和浓度,计算未知液中 I^- 和 Cl^- 含量?

(2)已知$K_{sp}(AgBr)=5.0\times10^{-13}$,用$AgNO_3$能否分别滴定NaBr和NaCl混合液？为什么？

(3)本测定两次终点预设定的根据是什么？可否采用理论计算值进行设定？

实验56　分光光度法测定铁(邻二氮菲法)

1. 实验概述

微量铁的测定有邻二氮菲法、硫代甘醇酸法、磺基水杨酸法、硫氰酸盐法等,我国目前大都采用邻二氮菲法。此法准确度高,重现性好,配合物十分稳定。Fe^{2+}离子和邻二氮菲反应生成桔红色配合物:

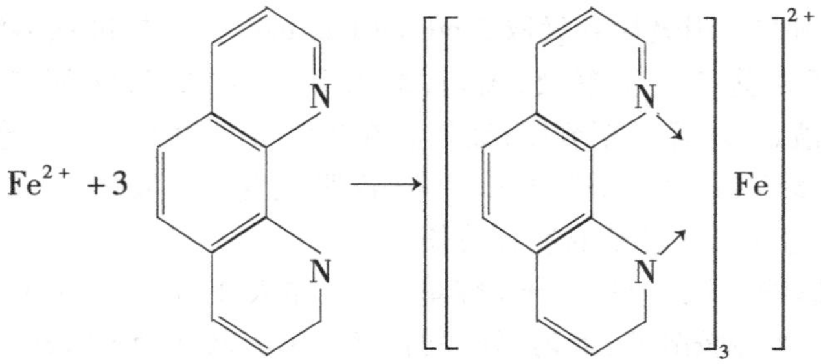

$Fe^{2+}+3$ N N $\longrightarrow$ $[$ N N Fe $]_3^{2+}$

该配合物$\lg\beta_3=21.3(20\ ℃)$,$\varepsilon_{508nm}=11\ 000\ L\cdot mol^{-1}\times cm^{-1}$。邻二氮菲与$Fe^{3+}$也生成3∶1的淡蓝色配合物,其$\lg\beta_3=14.1$,在显色前应用盐酸羟胺将$Fe^{3+}$全部还原为$Fe^{2+}$:

$$2Fe^{3+}+2NH_2OH\cdot HCl=\!=\!=2Fe^{2+}+N_2\uparrow+2H_2O+4H^{+}+2Cl^{-}$$

Fe^{2+}与邻二氮菲在pH =2~9范围内都能显色,且其色泽与pH无关,但为了尽量减少其他离子的影响,通常在微酸性(pH≈5)溶液中显色。

Fe^{2+}与邻二氮菲可以加入溴酚蓝等组成三元络合物,经萃取后可进一步提高测定的灵敏度。近年来还有使用5-Br-PADTP光度法来测定微量铁。

本法的选择性很高,相当于含铁量40倍的Sn^{2+}、Al^{3+}、Ca^{2+}、Mg^{2+}、Zn^{2+}、SiO_3^{2-},20倍的Cr^{2+}、Mn^{2+}、V(V)、PO_4^{3-},5倍的Co^{2+}、Cu^{2+}等均不干扰测定。

光度法测定通常要研究吸收曲线、标准曲线、显色剂的浓度、有色溶液的稳定性、溶液的酸度、显色物质(通常是络合物)的组成等。此外,还要研究干扰物质的影响、反应温度测定范围、方法的适用范围等。本实验只做几个基本的条件试验,从中学习吸收光度法测定条件的选择。

2. 实验目的

①了解吸光光度法的条件实验,掌握吸收曲线及标准曲线的绘制及应用;

②学习分光光度法进行铁含量测定的方法。

3. 实验器材

(1)仪器　722型分光光度计,10只50 mL容量瓶,5 mL移液管。

(2)试剂　6 mol·L^{-1} HCl,0.1 mol·L^{-1} NaOH溶液,1 mol·L^{-1}醋酸钠溶液,10%盐酸羟胺水溶液(新鲜配制),0.15%邻二氮菲水溶液。

①$10^{-3}$ mol·L^{-1}标准铁溶液(A):准确称取0.482 2 g的$NH_4Fe(SO_4)_2 \cdot 12H_2O$,置于烧杯中,加入80 mL的6 mol·$L^{-1}$ HCl和少量水,溶解后,转移至1 L容量瓶中,以水稀释至刻度,摇匀,供条件试验用。

②100 μg·mL^{-1}标准铁溶液(B):准确称取0.863 4 g的$NH_4Fe(SO_4)_2 \cdot 12H_2O$,置于烧杯中,加入20 mL的6 mol·$L^{-1}$ HCl和少量水,溶解后,转移到1L容量瓶中,以水稀释至刻度,摇匀。供制作标准曲线用。也可以改用纯金属铁溶于稀硝酸以制备标准铁溶液。

(3)样品　工业盐酸或水泥熟料制备液等。

4.实验方法

1)条件试验

(1)吸收曲线的制作　用吸量管吸取2 mL的1 m mol·L^{-1}标准铁溶液A,注入50 mL容量瓶,加入1 mL的10%盐酸羟胺溶液,摇匀,加入2 mL的0.15%邻二氮菲溶液,5 mL的1 mol·L^{-1}醋酸钠溶液,以水稀释至刻度,摇匀。在光度计上,用1 cm比色皿,采用试剂溶液为参比溶液,在440~560 nm间,每隔10 nm测一次吸光度。以波长为横坐标,吸光度为纵坐标,绘制吸收曲线,从而选择测量铁的适宜波长。

(2)显色剂浓度影响　取7只50 mL容量瓶,各加入2 mL的1 mmol·L^{-1}标准铁溶液(A)和1 mL 10%的盐酸羟胺溶液,摇匀,分别加入0.10、0.30、0.50、0.80、1.0、2.0、4.0 mL的0.15%邻二氮菲溶液,然后加入5 mL的1 mol·L^{-1} NaAc溶液,以水稀释至刻度,摇匀,在光度计上,用1 cm比色皿,以吸收曲线所选定的波长,以试剂溶液为参比,测定各显色剂浓度的吸光度,以邻二氮菲体积为横坐标,吸光度为纵坐标,绘制吸光度-试剂用量曲线,从而确定测定过程中应加入试剂的体积。

(3)有色溶液稳定性　在50 mL容量瓶中,加入2 mL的1 mmol·L^{-1}标准铁溶液(A),1 mL10%盐酸羟胺溶液,摇匀,加入2 mL的0.15%的邻二氮菲溶液,5 mL的1 mol·L^{-1} NaAc溶液,以水稀释至刻度,摇匀。以试剂溶液为参比,立刻在所选择的波长下,用1 cm比色皿测定吸光度。然后放置5 min、10 min、30 min、1 h、2 h、3 h,测定相应的吸光度。以时间为横坐标,吸光度为纵坐标,绘制吸光度-时间曲线,从曲线观察络合物的稳定性。

(4)溶液pH值影响　取8只50 mL容量瓶,每个加入2 mL的1 mmol·L^{-1}铁标准(A)溶液,及1 mL的10%盐酸羟胺溶液,摇匀,放置两分钟,再加入2 mL的0.15%邻二氮菲溶液,摇匀,用吸量管分别加入0.0、0.5、1.0、1.5、2.0、2.5、3.0 mL的1 mol·L^{-1} NaOH溶液,以水稀释至刻度,摇匀。用pH计或精密pH纸测定各溶液的pH值,然后在所选择的波长下,用1 cm比色皿,以各自相应的试剂溶液为参比,测定吸光度。以pH值为横坐标,吸光度为纵坐标,绘出吸光度-pH值曲线,找出测定铁的适宜pH范围。

(5)标准曲线的制作　用移液管吸取标准铁溶液(B)10.0 mL于100 mL容量瓶中,加入2 mL的6 mol·L^{-1} HCl,以水稀释至刻度,摇匀。此溶液每毫升含铁10 μg。

在6只50 mL容量瓶中,分别用吸量管加入0.00、2.00、4.00、6.00、8.00、10.00 mL的10 μg·mL^{-1}标准铁溶液,再分别加入1 mL的10%盐酸羟胺溶液,2 mL的0.15%邻二氮菲溶液和5 mL的1 mol·L^{-1} NaAc溶液,以水稀释至刻度,摇匀。在所选波长下,用1 cm比色皿,以试剂溶液为参比,测定各溶液的吸光度。以铁的浓度为横坐标,吸光度为纵坐标,绘制标准曲线。

2)铁含量的测定

准确吸取适量试液,按标准曲线的测定步骤,测定其吸光度。从标准曲线求出试液的含铁量(以 $\mu g \cdot L^{-1}$表示)。

思考题

(1)用邻二氮菲法测定铁时,为什么在测定前加入盐酸羟胺?

(2)本实验中哪些试剂需准确配制和准确加入?哪些试剂不需准确配制,但需准确加入?

(3)试对所作的条件实验进行讨论,并选择适宜的测定条件。

(4)根据本实验结果,计算邻二氮菲-Fe(Ⅱ)络合物的摩尔吸光系数和桑德尔灵敏度。

实验57　分光光度法测定水中N(氨N和亚硝N)

1.实验概述

水中氨(及铵)态氮和亚硝酸态氮的测定是环境监测、海洋调查、水产养殖等方面的例行分析项目,目前一般采用分光光度法。本实验采用磺胺、萘乙二胺试剂测定亚硝酸态氮,在pH≈2的溶液中,亚硝酸根与磺胺反应生成重氮化合物,再与萘乙二胺反应生成偶氮染料,呈紫红色,最大吸收波长543 nm,其摩尔吸收系数为5×10^4。亚硝酸态氮的浓度在0.2 $mg \cdot L^{-1}$以内符合比尔定律。

氨(及铵)态氮需要在碱性溶液中用次溴酸盐将氨氧化为亚硝酸盐,然后再用上述方法测定。如果水样中含有亚硝酸根,这时测得的是氨态氮和亚硝酸态氮的总量。从总量中减去亚硝酸态氮的含量,即可以求得氨态氮的含量。用此法测定氨态氮,其摩尔吸收系数约为4×10^4,氨态氮的浓度在0.1 $mg \cdot L^{-1}$以内符合比尔定律。

$$3BrO_3^- + NH_3 + OH^- = NO_2^- + 3Br^- + 2H_2O$$

2.实验目的

①熟练掌握分光光度计的使用方法;

②学习水中氨态氮和亚硝酸态氮的分光光度法联合测定原理。

3.实验器材

(1)仪器　722型分光光度计(配1 cm比色皿),18个25 mL容量瓶,2支5 mL移液管,10 mL移液管,25 mL酸式滴定管,50 mL碱式滴定管。

(2)试剂　1∶1HCl溶液(不含氨),10 $mol \cdot L^{-1}$ NaOH溶液(不含氨,装有碱石灰管)。

①无氨蒸馏水:取新制备的二次蒸馏水置于细口瓶中,加入少量强酸性阳离子交换树脂(10 $g \cdot L^{-1}$),摇动,待树脂下降后,虹吸。

②1.0%磺胺溶液:称取10 g磺胺,溶于1 L的1 $mol \cdot L^{-1}$ HCl中,转入棕色细口瓶中保存。

③0.2%萘乙二胺盐酸盐溶液:称取2.0 g的N-1-萘乙二胺盐酸盐,溶液1L水中,转入棕

色细口瓶中存放,在冰箱中冷藏可稳定1月。

④$KBr-KBrO_3$溶液:称取1.4 g $KBrO_3$和10 g KBr,溶于500 mL无氨水中,转入棕色细口瓶中存放,在冰箱中冷藏可稳定半年。

⑤次溴酸盐溶液:量取20 mL的$KBr-KBrO_3$溶液于棕色细口瓶中,加入450 mL无氨水和30 mL的1:1 HCl,立即盖好瓶塞,摇匀,放置5 min,再加入500 mL的10 $mol \cdot L^{-1}$ NaOH溶液,放置30 min后即可使用,此溶液10 h内有效。

⑥氨态氮标准溶液:贮备液(0.200 $mg \cdot mL^{-1}$):称取0.382 g NH_4Cl(已在105 ℃干燥2 h),用无氨水溶解后定容于500 mL容量瓶中。工作液(0.5 $\mu g \cdot mL^{-1}$):量取5.00 mL贮备液于2 L容量瓶中,用无氨水定容。此溶液1周内有效。

⑦亚硝酸态氮标准溶液:贮备液(0.200 $mg \cdot mL^{-1}$):称取0.493 g $NaNO_2$(已在105 ℃干燥2 h),溶于水后定容于500 mL容量瓶中。工作液(1.00 $\mu g \cdot mL^{-1}$):量取10.00 mL贮备液于2 L容量瓶中,加水定容。此溶液1周内有效。

(3)样品　就近临时采集约1 L湖水、河水等地表水,也可是临时配制的含NH_4^+和NO_2^-的人工水样。

4. 实验方法

1)氨态氮标准曲线的制作

洗净7只25 mL容量瓶,分别加入0、1.00、2.00、3.00、4.00、5.00 mL氨态氮标准溶液(工作液),用无氨水稀释至10 mL,各加入2.0 mL次溴酸盐溶液,混匀后放置30 min。各加入1.0 mL磺胺溶液及1.5 mLHCl溶液,混匀后放置5 min。各加入1.0 mL乙二胺盐酸盐溶液,加水至刻度,摇匀后放置15 min。以水为参比,在540 nm波长处测定各溶液的吸光度。绘制标准曲线。

2)亚硝酸态氮标准曲线的制作

方法与氨态氮标准曲线的制作基本相同,由学生自行拟订方案完成。

3)水样的测定

(1)亚硝酸态氮的测定　洗净两只25 mL容量瓶,各加入10.0 mL水样和1.0 mL磺胺溶液,混匀后放置5 min。再加入10 mL乙二胺盐酸盐溶液,加水至刻度,摇匀后放置15 min。以水为参比,在540 nm波长处测定各溶液的吸光度。利用标准曲线计算水中的亚硝酸态氮的含量(单位为$mg \cdot L^{-1}$)。

(2)氨态氮的测定　取两只清洁的25 mL容量瓶,各加入10.0 mL水样和2.0 mL次溴酸盐溶液,以下操作与氨态氮标准曲线制作相同。利用标准曲线计算水中的亚硝酸态氮的含量(单位为$mg \cdot L^{-1}$)。为了控制显色反应在pH=1.80±0.3的酸度下进行,实验中有关试剂的用量必须严格按规定的量进行操作。

思考题

(1)制备无氨蒸馏水时,除用离子交换法外还可以用什么方法?

(2)制作亚硝酸态氮标准曲线时,要不要加次溴酸盐溶液和盐酸?

(3)实验中氨态氮和亚硝酸态氮的测定为什么必须同时进行?

(4)天然水样稍有浑浊或颜色,对测定有无影响?若有影响,应怎样克服?

实验 58　分光光度法测定配合物组成及稳定常数

1. 实验概述

形成配合物的中心离子(M)和配位体(R)在一定条件下进行反应,只生成一种有色配合物(MR_n):

$$M + nR = MR_n$$

若 M 和 R 均无色,则该溶液的吸光度只与生成的配合物浓度有关。测定此溶液的吸光度,便可求出配合物的组成和稳定常数。

本实验采用等物质的量系列法测定配合物的组成和稳定常数(又称 Job 法)。该方法用一定波长的单色光,测定一系列变化组分溶液(保持中心离子 M 和配位体 R 的总物质的量不变,而 M 和 R 的摩尔分数连续变化)的吸光度。在这一系列溶液中,只有当金属离子 M 与配位体 R 的物质的量之比与配合物的组成一致时,配合物的浓度才最大,溶液颜色最深。因此所得的系列溶液中,随着 M 的物质的量由大到小(R 的物质的量由小到大),配合物的浓度将先递增后又递减。溶液颜色也呈现规律性变化,相应的吸光度也作这样的变化。若以吸光度 A 为纵坐标,以配位体 R 摩尔分数为横坐标作图,所得曲线必定出现极大值,由此可求得配合物的组成。如图 58.1 所示,在中心离子和配位体的摩尔分数均为 0.50 处,吸光度值最大,在此处有:

$$n(M)/n_{总} = 0.50$$
$$n(R)/n_{总} = 0.50$$

则

$$n(M)/n(R) = 0.50/0.50 = 1$$

所以该配合物为 MR 型配合物。

根据图 58.1 所示,配合物 MR 的稳定常数求法如下:

B'处的吸光度值 A_1 被认为是 M 和 R 离子全部形成配合物 MR 时的吸光度,B 处的吸光度值 A_2 是由于配合物发生部分电离而剩下的那部分配合物的吸光度值。因此配合物 MR 的离解度 α 为:

$$\alpha = \frac{A_1 - A_2}{A_1}$$

配合物 MR 的稳定常数由下式导出:

$$MR = M + R$$

起始浓度　c　　0　0

平衡浓度　$c - c\alpha$　　$c\alpha$　$c\alpha$

$$K_{稳} = \frac{[MR]}{[M][R]} = \frac{1-\alpha}{c\alpha^2}$$

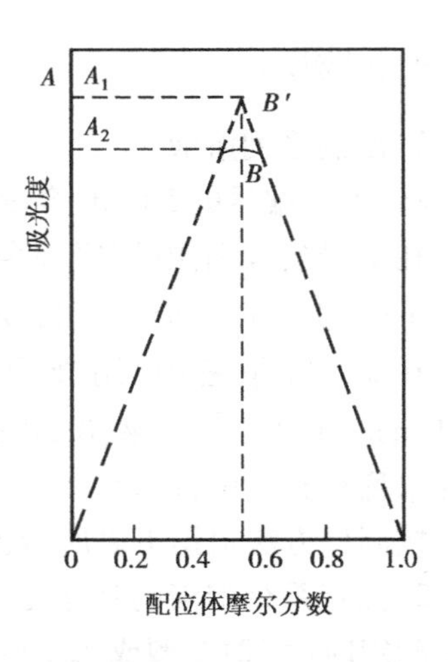

图 58.1　吸光度-配位体摩尔分数图

式中　c——对应于 B' 处的中心离子的浓度。

本实验是测定磺基水杨酸（结构式：苯环上 COOH、HO—、—SO_3H）简式为 H_3R 与 Fe^{3+} 离子形成的配合物的组成及稳定常数。

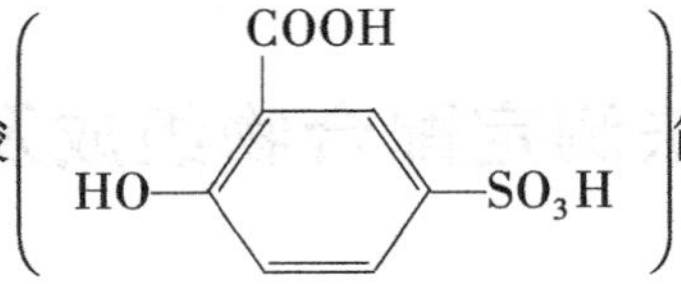

磺基水杨酸与 Fe^{3+} 离子形成的配位化合物组成，因 pH 不同而不同。在 pH < 3 时，它形成 1∶1的螯合物，呈紫红色。在 pH = 4 ~ 10 时，形成 1∶2的红色螯合物，在 pH 为 10 左右时生成 1∶3的黄色螯合物。本实验是在 pH 为 2.5 以下时测定磺基水杨酸与 Fe^{3+} 形成的螯合物的组成和稳定常数。在实验中加入 0.1 $mol \cdot L^{-1}$ $HClO_4$ 溶液以保证测定时的 pH 值。

pH < 2.5 在时，磺基水杨酸与 Fe^{3+} 离子的螯合反应为

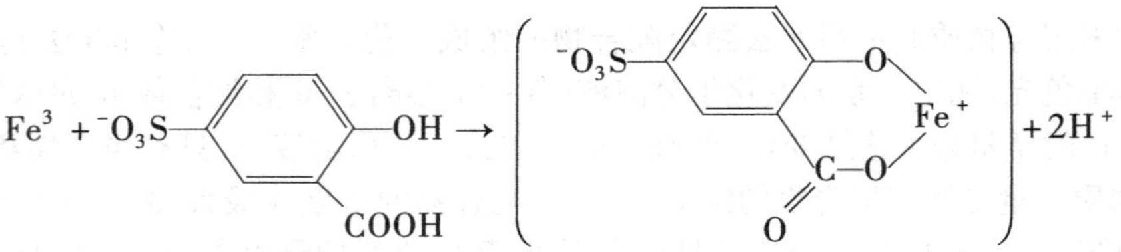

$$Fe^{3} + {}^{-}O_3S\text{—C}_6H_3(COOH)\text{—OH} \rightarrow \left[{}^{-}O_3S\text{—C}_6H_3(\text{—O—}Fe^{+}\text{—O—C(=O)—}) \right] + 2H^{+}$$

紫红色

2. 实验目的

了解配合物组成及其稳定常数的分光光度法测定原理和方法。

3. 实验器材

（1）仪器　721A 型或 722 型分光光度计，50 mL 容量瓶，吸量管，酸式滴定管。

（2）试剂　0.1 $mol \cdot L^{-1}$ $HClO_4$ 溶液，0.01 $mol \cdot L^{-1}$ Fe^{3+} 溶液[1]，0.01 $mol \cdot L^{-1}$磺基水杨酸溶液[2]。

4. 实验方法

1）配制系列溶液

将 11 个编号的 50 mL 容量瓶洗净。

在 1 号容量瓶中用吸量管加入 5.00 mL 的 0.1 $mol \cdot L^{-1}$ $HClO_4$ 溶液，5.00 mL 的 0.01 $mol \cdot L^{-1}$ Fe^{3+}溶液（用滴定管量取溶液），然后加蒸馏水稀释到刻度，摇匀。

在 2 号容量瓶中，用吸量管加 5.00 mL 的 0.1 $mol \cdot L^{-1}$ $HClO_4$ 溶液，4.50 mL 的 0.01 $mol \cdot L^{-1}$ Fe^{3+}溶液，0.50 mL 的 0.01 $mol \cdot L^{-1}$ H_3R 溶液（用滴定管量取溶液），然后加蒸馏水稀释到刻度，摇匀。

按同样方法根据下表所示各溶液的量，将 3 ~ 11 号容量瓶的溶液配制好。

2）测定系列溶液的吸光度

测定时用 721A 型或 722 型分光光度计，1 cm 比色皿，以蒸馏水为空白，波长 500 nm。

将测得的吸光度填写入下表中。

根据记录和结果(见下表),以吸光度 A 为纵坐标,配位体摩尔分数为横坐标,作图,求 FeRn 的配位体数目 n 和配合物的稳定常数 K[3]。

容瓶量编号	0.1 mol·L^{-1} $HClO_4$ 溶液的体积/mL	0.01 mol·L^{-1} Fe^{3+} 溶液的体积/mL	0.01 mol·L^{-1} H_3R 溶液的体积/mL	H_3R 的摩尔分数	溶液 A 值
1	5.00	5.00	0.00		
2	5.00	4.50	0.50		
3	5.00	4.00	1.00		
4	5.00	3.50	1.50		
5	5.00	3.00	2.00		
6	5.00	2.50	2.50		
7	5.00	2.00	3.00		
8	5.00	1.50	3.50		
9	5.00	1.00	4.00		
10	5.00	0.50	4.50		
11	5.00	0.00	5.00		

[注释]

[1]0.01 mol·L^{-1} Fe^{3+} 溶液:称取 0.482 1 g 的 $NH_4Fe(SO_4)_2 \cdot 12H_2O$(分析纯)以 0.1 mol·$L^{-1}$ $HClO_4$ 溶液溶解,全部转移至 100 mL 容量瓶中,并以 0.1 mol·L^{-1} $HClO_4$ 溶液稀释至刻度。

[2]0.01 mol·L^{-1} 磺基水杨酸溶液:称取 0.254 2 g 磺基水杨酸(分析纯),以 0.1 mol·L^{-1} $HClO_4$ 溶液溶解,全部转移至 100 mL 容量瓶中,以 0.1 mol·L^{-1} $HClO_4$ 溶液稀释至刻度。

[3]酸度对配合平衡有较大的影响,如果考虑弱酸的电离平衡(磺基水杨酸是一个二元弱酸),则对所计算的稳定常数 K(是表观稳定常数)要加以校正,校正后即可得 $K_{稳}$。校正公式为:

$$\lg K_{稳} = \lg K + \lg \alpha$$

式中 $K_{稳}$——绝对稳定常数;

K——表观稳定常数;

α——酸效应系数。

对于磺基水杨酸,pH = 2 时,$\lg \alpha = 10.3$。

思考题

(1)本实验中所用磺基水杨酸和 Fe^{3+} 溶液的浓度相等是必要的吗?为什么?

(2)实验中,(1)若每个溶液的 pH 值不一样;(2)温度有较大变化;(3)比色皿的透光面不洁净,将对结果产生什么影响?

(3)等物质的量系列法测定配合物组成和稳定常数的原理是什么?

实验 59　分光光度法测度配合物的分裂能 Δ(10Dq)

1. 实验概述

过渡金属离子的 d 轨道在晶体场的影响下会发生能级分裂。金属离子的 d 轨道没有被电子充满时，处于低能量 d 轨道上的电子吸收了一定波长的可见光后，就跃迁到高能量的 d 轨道，这种 d-d 跃迁的能量差可以通过实验测定。

对于八面体的 $[Ti(H_2O)_6]^{3+}$ 离子在八面体场的影响下，Ti^{3+} 离子的 5 个简并的 d 轨道分裂为二重简并的 e_g 轨道和三重简并的 t_{2g} 轨道：

e_g 轨道和 t_{2g} 轨道的能量差等于分裂能 Δ(10Dq) 见图 59.1。

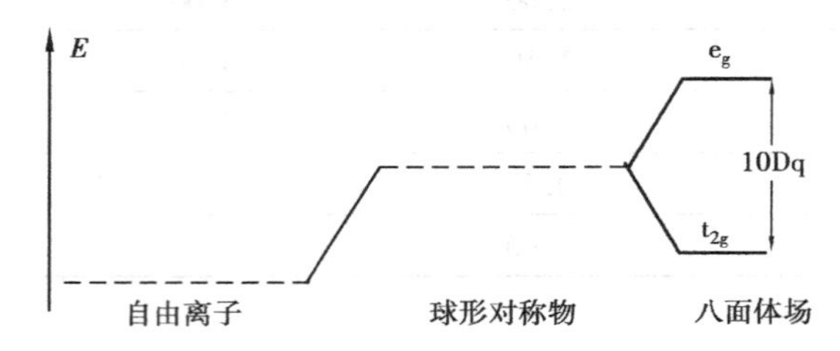

图 59.1　八面体场中 d 轨道分裂

根据

$$E_{光} = E_{e_g} - E_{t_{2g}} = \Delta$$

$$E_{光} = h\nu = \frac{hc}{\lambda}$$

式中　h——普朗克常数，为 5.539×10^{-35} s · cm^{-1}；

c——光速，为 2.9979×10^{10} cm · s^{-1}；

$E_{光}$——可见光光能，cm^{-1}；

ν——频率，s^{-1}；

λ——波长，nm。

因为 h 和 c 都是常数，当 1 mol 电子跃迁时，则 $hc = 1$。所以：

$$\Delta = \frac{1}{\lambda} \times 10^7 \text{ cm}^{-1}$$

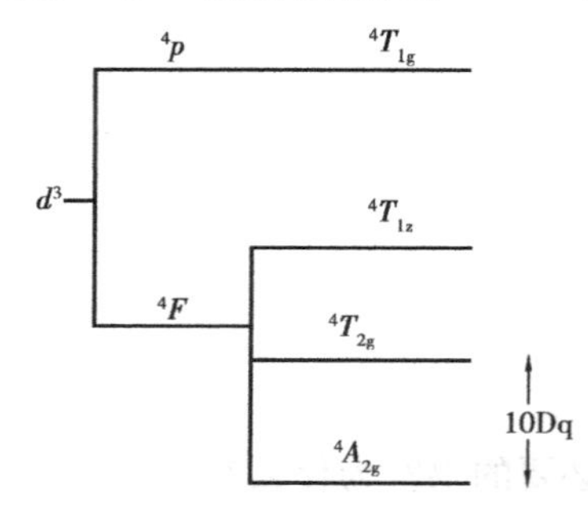

图 59.2　d 轨道分裂情况

其中：λ 是 $Ti(H_2O)_6^{3+}$ 离子吸收峰对应的波长，nm。对于八面体的 $Cr(H_2O)_6^{3+}$ 和 $Cr(EDTA)^-$ 配离子，中心离子 Cr^{3+} 的 d 轨道上有 3 个 d 电子，除了受八面体场的影响之外，还因电子间的相互作用使 d 轨道产生如图 59.2 所示的能级分裂，所以这些配离子吸收了可见光的能量后，就有 3 个相应的电子跃迁吸收峰，其中电子从 $^4A_{2g}$ 跃迁到 $^4T_{2g}$ 所需的能量等于 10 Dq。本实验只要测定上述各种配离子在可见光区的相应吸光度 A，作 A-λ 吸收曲线，则可用曲线中能量最低的吸收峰所对应的波长来计算 Δ 值。

2. 实验目的

学习应用分光光度法测定配合物 $Ti(H_2O)_6^{5+}$、$Cr(H_2O)_6^{5+}$ 和 $(Cr\text{-}EDTA)^-$ 的分裂能Δ(10Dq)。

3. 实验器材

(1)仪器　托盘天平,721 型分光光度计(或 72 型分光光度计)。

(2)试剂　15%(m/m)$TiCl_2$水溶液,$CrCl_3 \cdot 6H_2O$(A. R.),EDTA 二钠盐(A. R.)。

4. 实验方法

(1)$Cr(H_2O)_6^{3+}$ 溶液的配制　称取 0.3 g 的 $CrCl_3 \cdot 6H_2O$ 溶于 50 mL 蒸馏水中。

(2)$(Cr\text{-}EDTA)^-$ 溶液的配制　称取 0.5 g 的 EDTA 二钠盐,用 50 mL 蒸馏水加热溶解后,加入约 0.05 g 的 $CrCl_2 \cdot 6H_2O$,稍加热得紫色的$(Cr\text{-}EDTA)^-$溶液。

(3)$Ti(H_2O)_6^{3+}$ 溶液的配制　量取 5 mL 的 15%(m/m)$TiCl_3$ 的水溶液,用蒸馏水稀释至 50 mL。

(4)在 721 型(或 72 型)分光光度计的波长范围,每间隔 10 nm 波长分别测定上述溶液的吸光度。注意在吸收峰最大值附近,波长间隔可适当减少。

(5)由实验测得的波长 λ 和相应的吸光度 A 绘制 $Ti(H_2O)_6^{3+}$、$Cr(H_2O)_6^{3+}$ 和 $(Cr\text{-}EDTA)^-$ 的吸收曲线,分别计算出这些配离子的 Δ 值。

思考题

(1)配合物的分裂能 $\Delta(10Dq)$ 受哪些因素影响?

(2)本实验测定吸收曲线时,溶液浓度的高低对测定 $\Delta(10Dq)$ 值是否有影响?

实验 60　紫外光谱法测定扑尔敏含量

1. 实验概述

扑尔敏又名(马来酸氯苯那敏)为组胺拮抗剂,通过与组胺竞争组胺 H1 受体而对抗组胺的过敏作用;但不影响组胺的代谢,也不阻止组胺的释放;扑尔敏还有抗胆碱 M 受体作用,作用于胆碱毒蕈样受体,使得鼻黏膜干燥。测定扑尔敏的方法较多,有非水滴定法、高效液相色谱法和紫外-可见分光光度法等。

用紫外-可见分光光度法分析样品时,首先是确定该样品在紫外-可见光范围内必须有吸收,再将标准样品配制成适当的溶液,使其浓度于最大吸收波长处的吸光度在 0.4 ~ 0.7,测定完整的吸收光谱,找出干扰小而又比较能准确测定的最大吸收波长。然后配制准确浓度的溶液,在选定的吸收峰波长处测定吸光度,换算成吸光系数。在选取的最大吸收波长处和计算的吸光系数即可测定出待测样品的含量。

在测定前，标准样品必须重结晶数次或用其他方法提纯，使熔点敏锐，熔距短，在纸上或薄层色谱板上色谱分离时，无杂斑。称量时要求称量误差不超过 0.2%。测定时应同时称取两份样品，准确配制成吸光度在 0.6～0.8 的溶液，分别测定吸光度，换算成吸光系数，两份间相差不超过 1%，再将溶液分别稀释 1 倍，使吸光度在 0.3～0.4，同上测定、换算，两份间差值应在 1% 以内。药品的吸光系数经过 5 台以上不同型号的紫外分光光度计的如上测定，所得结果再经统计方法处理，要求相对偏差在 1% 以内，最后确定吸光系数的值。

2. 实验目的

①掌握样品吸收曲线的绘制、最大波长的选取和吸光系数的测定方法；

②熟悉紫外-可见分光光度法测定扑尔敏含量的操作和相关原理。

3. 实验器材

(1)仪器　5 种以上型号的紫外分光光度计，校正过的容量瓶、移液管等。

(2)试剂　扑尔敏(纯，在 105 ℃干燥至恒重)，H_2SO_4 溶液(0.05 mol/L)，待测扑尔敏药片。

4. 实验方法

1)标准溶液的配制

用作称量的天平与配制溶液的容量瓶、移液管等仪器都必须预先经过校正。所用溶剂都预先测定其空白透光率，应符合规定。

取在 105 ℃干燥至恒重的扑尔敏药品约 0.015 g[1]，精密测定，同时称取两份。分别用 H_2SO_4 溶液(0.05 mol/L)溶解，定容转移至 100 mL 容量瓶中，用 H_2SO_4 溶液(0.05 mol/L)稀释至刻度，得标准溶液(Ⅰ)(Ⅱ)。标准溶液(Ⅰ)及(Ⅱ)作为两组，每组各取 3 个 50 mL 容量瓶，用移液管分别加入 5.00 mL 和 10.00 mL 扑尔敏标准溶液于其中两个容量瓶中，另一个容量瓶作为空白，分别用 H_2SO_4 溶液(0.05 mol/L)稀释至刻度。

2)吸光系数的测定[2]

(1)吸收峰波长的确定　以 H_2SO_4 溶液(0.05 mol/L)为空白，测定扑尔敏标准溶液吸收峰的波长(在扑尔敏 $\lambda_{max}=264$ nm 前后测几个波长的吸光度，以吸光度最大的波长作为吸收波长)。

(2)测定溶液的吸光度　用已经检验校正的紫外分光光度计进行测定。以指定空白吸收池盛空白参比，用已经校正值的编号池盛样品溶液，在选定的吸收峰波长处按照常规方法测定吸光度。然后逐次减少狭缝宽度测定，至减少狭缝宽度时吸光度值不再增加为止，固定次狭缝宽度并记录。

用上述选定的波长与狭缝宽度，分别测定两份样品浓、稀溶液共 4 个测试液的吸光度，减去空白校正值为实测吸光度值。

(3)计算吸光系数　依据各个测试液所获得得实测吸光度，分别计算每一份样品浓稀两种溶液所得的百分吸光系数。

稀溶液：

$$E_{1\,\mathrm{cm}}^{1\%}=\frac{A}{\frac{\text{样品量(g)}}{100}\times\frac{5}{50}\times 100}\times 100\%$$

浓溶液:

$$E_{1\,\mathrm{cm}}^{1\%}=\frac{A}{\frac{\text{样品量(g)}}{100}\times\frac{10}{50}\times 100}\times 100\%$$

计算同一组浓、稀溶液的吸光系数,其差值应在1%以内;计算在5台不同型号紫外分光光度计上测定所得吸光系数,其差值也应在1%以内。

3)扑尔敏含量的测定

取扑尔敏药片适量(约相当于扑尔敏40 mg),置100 mL量瓶中,加水约50 mL,振摇使扑尔敏溶解后,用水稀释至刻度,摇匀,静置,精密量取深层溶液10 mL,置200 mL量瓶中,加稀盐酸2 mL ,用水稀释至刻度,摇匀,在上述实验选取的最大吸光度处测定吸光度,再根据上述所得的吸光系数,计算扑尔敏药片每片的含量。

[注释]

[1]样品若非干燥至恒重,应扣除干燥失重,即样品量 = 称量量 ×(1 - 干燥失重百分率)。

[2]配制浓、稀及空白溶液时,应用同一批号溶剂。

思考题

(1)吸光系数是物质的物理常数之一,这是一个理论值还是经验值? 吸光系数在什么条件下才能成为一个普适常数? 要使用吸光系数作测定依据,需要哪些实验条件?

(2)确定一个药品的吸光系数为什么有这样多的要求? 它的测定和使用将涉及哪些主要因素?

(3)百分吸光系数E与摩尔吸光系数ε的意义和作用有何区别? 怎样换算? 将你测得的百分吸光系数换算成摩尔吸光系数,为什么摩尔吸光系数的表示法常取2~3位有效数字或用其对数值表示?

实验61　固体和液体样品的红外光谱分析

1. 实验概述

红外光谱(Infrared Spectroscopy),简称IR。从20世纪50年代初以来红外光谱已广泛用于有机分析。红外光谱是测量一个有机化合物所吸收的红外光的频率和波长。一般最有用的电磁光谱的红外区域的频率范围是4 000 ~ 650 cm^{-1}(波数),或用波长表示为2.5 ~ 15 μm。作为一种吸收光谱,红外光谱主要用来迅速鉴定分子中含有哪些官能团,以及鉴定两个有机化合物是否相同。

无论从仪器的普及程度,还是从数据和谱图的积累来看,红外光谱在有机化合物结构分析和鉴定中都占据重要的地位。近十年来,傅里叶变换红外光谱仪的问世以及一些新技术(如发光光谱、光声光谱、色-红联用等)的出现,使红外光谱得到了更加广泛的应用。

红外光谱法的广泛应用是由于它有下列优点:

①任何气态、液态、固态样品均可进行红外光谱测定。

②每种化合物均有红外吸收,由有机化合物的红外光谱可得到丰富的信息。

③常规红外光谱仪价格低廉(与核磁、质谱相比),易于购买。

④样品用量少,高级的红外光谱仪用样量可减少到微克数量级。

⑤针对特殊样品的测试要求,发展了多种测量技术、如光声光谱(PAS)、衰减全反射光谱(ATR)、漫反射(DR)、红外显微镜等。

分析红外谱图的顺序是先官能团区,后指纹区;先高频区,后低频区;先强峰,后弱峰。即先在官能团区找出最强的峰的归宿,然后在指纹区找出相关峰。对许多官能图来说,往往不是存在一组彼此相关的峰。即是说,除了主证,还需有佐证,才能证实其存在。

2. 实验目的

①了解红外光谱仪的使用方法;

②熟悉固体和液体样品的制备方法,了解红外光谱的测绘方法;

③了解如何从红外光谱图中识别基团以及如何从这些基团确定未知物的主要结构。

3. 实验器材

(1)仪器　Nicolet Magana 550II 傅立叶变换红外光谱(FT-IR)仪或其他型号,压片机。

(2)试剂　阿司匹林,乙苯,茵陈蒿酮。

4. 实验方法

1)阿司匹林红外光谱的测绘

(1)压片法[1]　称取干燥样品约 1 mg 置玛瑙研钵中磨细,加入干燥的 KBr(过 200 目筛)细粉约 200 mg,继续研磨均匀。将磨好的物料加到压片专用模具中(ϕ13 mm),铺匀,合上模具置油压机上,先抽气约 2 min 以除去混在粉末中的湿气和空气,再边抽气边加压至 1.5 ~ 1.8 MPa,压至 2 ~ 5 min。取出压成透明片状的物料,装入样品架待测。

(2)糊状法　取少量干燥样品置玛瑙研钵中研细,滴入石蜡油继续研磨至呈均匀的糊状,取次糊状物涂在可拆液体池的窗片上或空白的 KBr 片上,即可测定。

(3)阿司匹林红外光谱的测绘　将上述制备的样品置于仪器样品光路中扫描 16 次累计叠加,然后取出样品进行同样扫描,仪器自动绘出阿司匹林在 4 000 ~ 400 cm^{-1}范围内的红外吸收光谱。

(4)主要峰位的归属

羧基(—COOH)的相关峰　$\nu_{C=O}$、ν_{C-O}、ν_{O-H}、δ_{OH}和 γ_{OH}峰。

酯基(—COOR)与苯的相关峰　$\nu_{C=O}$、$\nu_{C=C}$、$\delta_{\phi H}$及 γ_{OH}峰。

甲基($—CH_3$)的相关峰:ν_{CH_3}及 δ_{CH_3}

查 Sadtler 标准红外光谱核对。

2)乙苯的红外吸收光谱的测绘

(1)液体池法[2] 将液体样品注入固定厚度密封液体池或装入可拆式液体池内,置光路中测定。

(2)溶液法 溶液法系将样品制成1% ~10%溶液以0.1 ~0.5 mm厚液体池测定,用溶剂在参比光路中作为补偿。

(3)夹片法[3] 取两片KBr空白片,将适量液体滴在一片上,再盖上另一片,装入样品架中加紧,置于光路中测定。

(4)主要峰位的归属

甲基(—CH_3)与亚甲基(—CH_2)的相关峰:$\nu_{CH_3}^{as}$,$\nu_{CH_3}^{s}$,$\delta_{CH_3}^{as}$,$\delta_{CH_3}^{s}$和$\nu_{CH_2}^{as}$,$\nu_{CH_2}^{s}$,δ_{CH_2}。

苯环单取代的相关峰$\nu_{\Phi H}$、泛频峰、$\nu_{C=C}$、$\delta_{\phi H}$及γ_{OH}峰

3)茵陈蒿酮红外吸收光谱的测绘

固体样品的压片法制备:称取干燥样品1 ~2 mg,与200 mg的KBr粉末在玛瑙研钵中研磨,混匀,倒入片剂模子中,铺均匀,装好模具于压片机上并连接真空系统。先抽气5 min,以抽去混在粉末中的湿气和空气,在边抽气边加压至8 MPa,维持5 min,取下模具,冲出KBr即得一透明的片子,将其置于光路中测定。

测定结果:茵陈蒿酮是从茵陈蒿中提取分离得到的对羟基苯乙酮,具有利胆和降低转氨酶的作用。其结构如下:

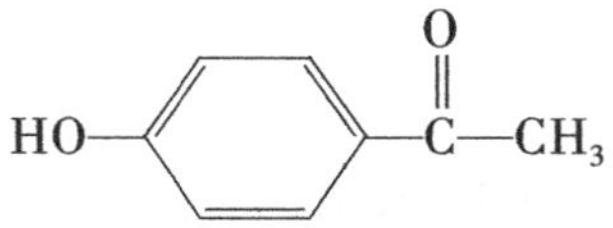

O
‖
HO—⟨苯环⟩—C—CH_3

ν_{OH} =3 100 cm^{-1},谱带宽而强,为缔合的羟基,一般在3 520 ~3 100 cm^{-1}范围内,而游离的羟基在3 730 ~3 500 cm^{-1}。$\nu_{C=O}$1 650 cm^{-1}(强峰)为共轭酮(1 670 ~1 650 cm^{-1}),因处于共轭状态,C ═O键力受共轭效应的影响,比非共轭酮(1 720 ~1 705 cm^{-1})的键力要小,故频率也低。

$\nu_{C=C}$(苯环) =1 580 cm^{-1}的宽而强的谱带是因C ═O与苯环共轭,使苯环骨架振动特征峰16 000 cm^{-1}谱带分裂而出现的。因1 580 cm^{-1}谱带强而宽,将1 600 cm^{-1}谱带淹没。1 440 cm^{-1}峰(强),因与烷烃1 450 cm^{-1}强吸收重叠,不能作为苯环特征峰。

由于苯环的存在,3 100 cm^{-1}强而宽的谱带右侧的一个小峰,可以确定γ_{C-H}(ϕ—H) =3 000 cm^{-1},840 cm^{-1}(尖锐)可以认为是苯环对位双取代,此数据均可在芳香环特征吸收谱带中查到。

1 375 cm^{-1}(尖锐)应为δ_{-CH_3},它因受羰基的影响,故频率较低。其余为指纹区的吸收,由以上分析基本可以确定茵陈蒿酮的分子结构。

[注释]

[1]在压片制样过程中,物料必须磨细并混和均匀,加入模具中需均匀平整,否则不易获得透明均匀的片子。KBr极易受潮,因此制样操作应在低湿度环境中或红外灯下进行。

[2]使用液体池中,需注意窗片的保护,测定后,用适宜的溶剂彻底冲洗后保存在干燥器中。

[3]使用可拆式液体池时,在操作中注意不要形成气泡。

思考题

(1)固定厚度密封液体池、可拆式液体池、夹片法各有什么优点?
(2)压片法制样应注意什么问题?
(3)同一物质的液体或固体红外光谱是否相同?

实验 62　红外光谱法鉴别丁烯二酸的顺反结构

1. 实验概述

红外光谱法是鉴别有机化合物分子结构的最主要方法之一,本实验通过红外光谱测定来判断和鉴别丁烯二酸的顺反异构体。

2. 实验目的

①了解红外光谱仪的使用方法;
②熟悉固体样品的制作方法及压片法;
③了解红外光谱在鉴别顺反异构体中的应用。

3. 实验器材

(1)仪器　Nicolet(5DX、550 Ⅱ)FT-IR 光谱仪。
(2)试剂　KBr 粉末(AR),顺-丁烯二酸(AR),反-丁烯二酸(AR)。

4. 实验方法[1~4]

将约 2 mg 样品放在玛瑙研钵中充分研细,再加入 100~200 mg 干燥的 KBr 粉末[1],继续研磨 5 min。将磨好的粉末少许用不锈钢刮刀转移至压片机底模面上并削平,小心放入柱塞将样品粉末压平,并轻轻转动几下,使粉末分布均匀即可放在油压机上压成载锭片,取出压模,除去底座,将压模倒置过来,将锭片顶出,放于锭片上,随即放入样品检测室,进行红外光谱图的测定。

根据实验所得的两张红外光谱图,与下面的两张谱图进行对比判断哪一张谱图是顺-丁烯二酸?哪一张谱图是反-丁烯二酸?

[注释]

[1]如供试品为盐酸盐,因考虑到在压片过程中可能出现的离子交换现象,标准规定用氯化钾(也同溴化钾一样预处理后使用)代替溴化钾进行压片,但也可比较氯化钾压片和溴化钾压片后测得的光谱,如二者没有区别,则可使用溴化钾进行压片。

[2]压片法时取用的供试品量一般为 1~2 mg,因不可能用天平称量后加入,并且每种样品的对红外光的吸收程度不一致,故常凭经验取用。一般要求所得的光谱图中绝大多数吸收峰处于 10%~80% 透光率范围内。最强吸收峰的透光率若太大(如大于 30%),则说明取样量太少;相反,若最强吸收峰为接近透光率为 0%,且为平头峰,则说明取样量太多,此时均应

调整取样量后重新测定。

[3]压片时 KBr 的取用量一般为 200 mg 左右(也是凭经验),应根据制片后的片子厚度来控制 KBr 的量,一般片子厚度应在 0.5 mm 以下,厚度大于 0.5 mm 时,常可在光谱上观察到干涉条纹,对供试品光谱产生干扰。

[4]液体池使用的 KRS-5 晶体剧毒,使用时避免直接接触(戴手套)。打磨 KRS-5 晶体时避免接触或吸入 KRS-5 粉末,打磨的废弃物必须妥善处理。

思考题

根据实验所得的两张红外光谱图,与下面的两张谱图进行对比,判断哪一张谱图是顺-丁烯二酸?哪一张谱图是反-丁烯二酸?

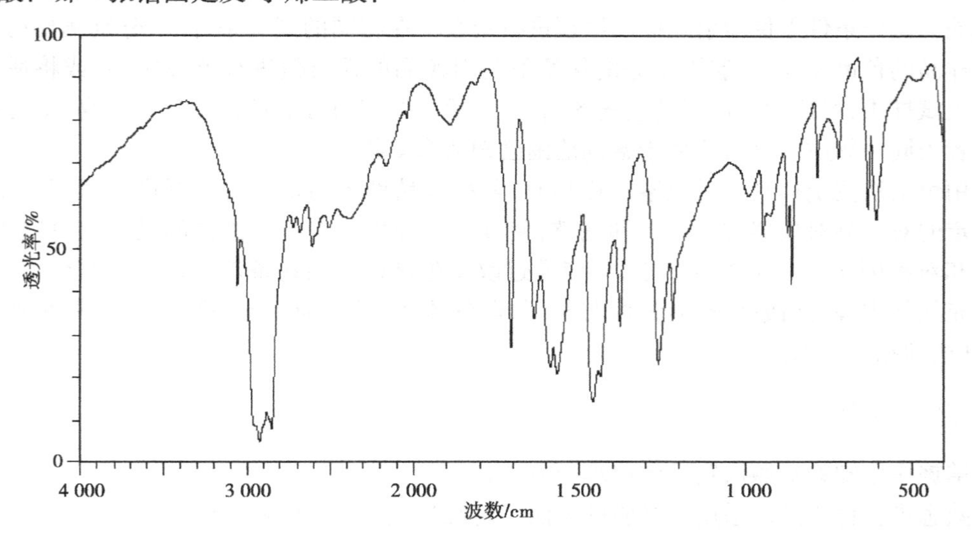

图 62.1 顺-丁烯二酸的红外光谱图

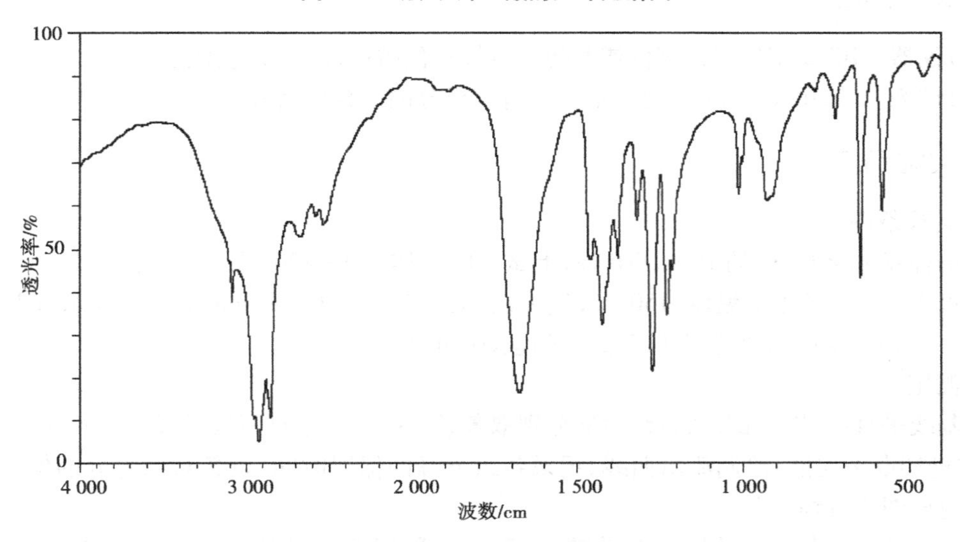

图 62.2 反-丁烯二酸的红外光谱图

实验 63　气相色谱法分离与鉴别苯系物

1. 实验概述

苯系物通常包括苯、甲苯、乙苯、间二甲苯、对二甲苯、邻二甲苯、异丙苯、苯乙烯等几种化合物。除苯是已知的致癌物外,其他几种化合物对人体和其他生物均有不同程度的毒性。苯系物的工业污染源主要源于石油化工、炼焦化工生产的排放废水。因此,测定苯系物含量对环境保护具有重要的意义。

苯系物可用色谱法分离并进行分析,方法是用已知物对照,根据同一物质在同一色谱柱上和相同的操作条件下保留值相同的原理进行定性。在相同的试验条件下,分别测出已知对照物与样品的色谱图,将待鉴别组分的保留值与对照品的保留值进行比较定性;或将适量已知物加入试样中,对比加入前后的色谱图,若加入后待鉴别组分的色谱峰相对增高,则可初步确定两者为同一物质。该法适用于鉴别范围已知的未知物。

采用色谱法测定样品含量或鉴别样品时,需按该品种下的要求对仪器进行适用性试验,即用规定的对照品对仪器进行试验和调整,使其达到分析状态下色谱柱的最小理论踏板数、分离度和对称因子。若不符合要求,则应通过改变色谱柱的某些条件(如柱长、载体性能、色谱柱填充的优劣等)或改变分离条件(如柱温、载气流速、固定液用量、进样量等)等来加以改进,使其达到相关要求。

2. 实验目的

①掌握用已知物对照法定性的原理与方法;

②熟悉进行色谱系统适用性试验的方法了解红外光谱仪的使用方法。

3. 实验器材

(1)仪器　102G 型气相色谱仪或其他型号气相色谱仪;1 μL 微量注射器。

(2)试剂　苯、甲苯、二甲苯对照液及含有三组分的混合样品液。

4. 实验方法

1)实验条件

色谱柱:2 m×4 mm 的 15% DNP 柱,上试 102 担体(80~120 目);柱温:100 ℃;检测器:FID,温度 150 ℃;气化室温度:150 ℃;气体流速:$v(N_2)=30$ mL/min,$v(H_2)=40$ mL/min,v(空气)=500 mL/min;进样量:0.5 μL;纸速:60 cm/h。

2)测定[1]~[2]

待基线平直后,用 1 μL 微量注射器分别取苯、甲苯、二甲苯对照液及样品液各 0.5 μL 进样(3 次进样取平均值)绘制流出曲线,记录各组分峰的保留时间,以各对照组分的保留值确定样品色谱图中各峰的归属。

测量样品液中各组分的峰高 h、半峰宽 $W_{1/2}$、峰宽 W、0.05 倍峰高处的峰宽 $W_{0.05h}$ 和 A 值

(峰极值至峰前沿之间的距离),按以下公式计算色谱系统适用性试验的主要系统参数。

按以下以苯计算色谱柱的最小理论踏板数 n:

$$n = 5.54\left[\frac{t_R}{W_{1/2}}\right]^2$$

若规定该色谱柱的最小理论踏板数(以苯峰计算)不得小于 880,如未达到要求,请根据结果进行有关试验条件的调整。

按以下计算苯与甲苯及二甲苯的分离度 R:

$$R = \frac{2(t_{R甲苯} - t_{R苯})}{W_{甲苯} + W_{苯}}$$

为了获得较好的精密度与准确度,应使分离度 $R \geqslant 1.5$,若未达到要求,请根据结果进行有关试验条件的调整。

按下式计算各组分峰的对称因子 f_S

$$f_S = W_{0.05h}/2A = (A + B)/2A$$

若以峰高法测量时,f_S 应在 0.95 ~ 1.05 之间,若未达到要求,请根据结果进行相关试验条件的调整。

[注释]

[1]采用已知物的绝对保留值进行定性时,需保持实验条件的稳定性。另外,由于所用色谱柱不一定适合对照物与待鉴定组分的分离,故有可能产生两种不同组分而峰位相近或相同的现象。所以为了进一步确证,有时需要再选用 1 ~ 2 根极性或其他性质与原色谱柱相差较远的色谱柱进行测定,若两峰位仍然相同,则可初步确定二者为同一物质。

[2]若对载体的钝化或硅烷化处理不好,所填充的色谱柱会对极性大的组分造成脱尾,因而使柱效降低,但对非极性组分则柱效较好。对次情况可通过选择不同极性的样品测定后再处理。

思考题

(1)对于一根已经填充好的色谱柱来说,理论踏板数是常数吗?它与哪些因素(或条件)有关?如何使柱效得到提高?

(2)若组分间的分离度未达到要求,可通过调整哪些试验条件来加以改善?

(3)不对称峰的出现与何因素有关?如何使色?

实验 64 核磁共振谱测定四氢呋喃的结构

1. 实验概述

核磁共振谱(nuclear magnetic resonance spectroscopy),简称 NMR。其基本原理是一个氢核(即一个质子),为一个球形的带有正电荷的并绕轴旋转的单体,由于本身自转产生一个微小磁场,于是就产生了核磁偶极,其方向与核自旋轴一致,如果把它放到外磁场中时,它的自

旋轴就开始改变成一种是趋向于外磁场方向(E_1)的排列,另一种是与外磁场方向相反(E_2)的排列。其中趋于外磁场方向的代表一个稳定的体系,能量低。当 E_1 吸收一定的能量,就会变成 E_2 产生跃迁,即发生所谓“共振”。从理论上讲,无论改变外界的磁场或者是改变辐射能的频率,都会达到核磁矩取向翻转的目的。能量的吸收可以用电的形式测量得到,并以谱峰的形式记录在图纸上,这种由于原子核吸收能量所引起的共振现象,称为核磁共振。

实际上,核外有电子绕核运动,电子会起屏蔽作用,抵消了一部分外加磁场。原子核实际感受到的磁场强度为$(1-\sigma)H_0$,核磁共振的条件为:

$$h\nu = g_N\beta_N(1-\sigma)H_0$$

式中 σ——屏蔽常数。

由于屏蔽作用,使得原子的共振频率与裸核的共振频率不同,即发生了位移,称为化学位移。化学位移用 δ 表示。若选择某一标准物质,将它的化学位移定为零,则其他各化合物的位移都可以与这一标准物质相比较,它们的化学位移表示为:

$$\delta = 10^6 \times (\nu_{试样} - \nu_{标准})/\nu_{标准}$$

式中 $\nu_{试样}$——试样中被测定磁核的共振频率;

$\nu_{标准}$——标准物中磁核的共振频率;

δ——常数,单位是 10^{-6},是一个与磁场强度无关的数值。常选用的标准物质是四甲基硅烷,在氢谱和碳谱中,把它的化学位移定为零,在图谱的右端,大多数有机化合物核磁吸收讯号在图谱上都位于它的左边。

解析未知化合物的核磁共振谱时,一般步骤如下:

①根据图谱中所出现的信号数目确定分子中含有几种类型的质子;

②根据图谱中各类质子的化学位移 δ 值判断质子的类型,通过测定积分曲线的阶梯高度,以确定各类质子之间的比例;

③观察和分析各组峰的裂分情况,通过偶合常数 J 和峰型确定彼此偶合的质子。

④在分析了上述信息之后,常常可以写出符合所有这些数据的一个或者几个结构式。这时如果要确证这个未知化合物的结构,往往还要结合有关的物理常数、化学性质以及其他谱图的数据等才能予以判定。

2. 实验目的

①了解核磁共振波谱仪的使用方法;

②熟悉核磁共振谱的解析方法;

③掌握核磁共振谱测定化合物结构的原理和方法。

3. 实验器材

(1)仪器　JNM-HY60FT 核磁共振波谱仪,NMR 管。

(2)试剂　2-丁酮,四氢呋喃,正丁醛。

4. 实验方法

启动仪器,使探头处于热平衡状态,装载工作程序待用(教师提前完成)。锁场并调分辨率，设置测量参数及测量，作出图谱。利用所选用参数，对采集的 FID 信号作如下加工与处理：

①数据的窗口处理；

②做变速傅立叶变换（FFT）获得频谱图；

③做相位调整；

④记录位置及强度；

⑤对谱峰作积分处理，记录相对积分值。

根据样品的 NMR 谱调整数据列入下表，推出化合物的分子结构：

峰　号	$\delta/10^{-6}$	积分线高度	质子数	峰分裂数及特征
①				
②				
③				

思考题

（1）化学位移是否随外加磁场而改变？为什么？

（2）波谱图的峰高是否能作为质子比的可靠量度？积分高度和结构有何关系？

5 物质的合成与制备

实验 65 硫酸亚铁铵的制备

1. 实验概述

金属铁溶于稀硫酸生成硫酸亚铁溶液：

$$Fe + H_2SO_4 = FeSO_4 + H_2 \uparrow$$

等物质的量的 H_2SO_4 与 $(NH_4)_2SO_4$ 作用，能生成溶解度较小（比原来组分每一个的溶解度都要小）的复盐硫酸亚铁铵 $(NH_4)_2SO_4 \cdot FeSO_4 \cdot 6H_2O$，商品名莫尔氏盐：

$$FeSO_4 + (NH_4)_2SO_4 + 6H_2O = (NH_4)_2SO_4 \cdot FeSO_4 \cdot 6H_2O$$

3 种盐的溶解度数据列于表 65.1。

表 65.1 3 种盐的溶解度 单位：(g/100 g H_2O)

温度/K	$FeSO_4 \cdot 7H_2O$	$(NH_4)_2SO_4$	$(NH_4)_2SO_4 \cdot FeSO_4 \cdot 6H_2O$
283	20.51	73.0	17.2
293	26.5	75.4	21.6
300	32.8	78.0	28.1
310	40.2	81.0	33.0

硫酸亚铁铵在空气中比一般的亚铁盐稳定，因此在定量分析中常用来配制亚铁离子的标准溶液。

实验制备 $(NH_4)_2SO_4 \cdot FeSO_4 \cdot 6H_2O$ 的简单流程如下：

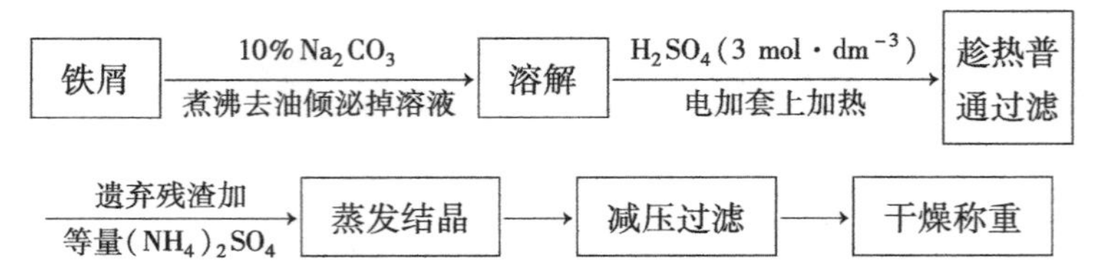

2. 实验目的

①制备硫酸亚铁铵复盐，了解复盐的特性；

②练习水浴加热并掌握过滤等基本操作。

3. 实验器材

(1)仪器　100 mL、500 mL 烧杯，10 mL、100 mL 量筒，250 mL 容量瓶，150 mL 锥形瓶，酸式滴定管，布氏漏斗，蒸发皿，普通漏斗，电加热套，玻璃棒，吸滤瓶，色架，25 mL 比色管，滤纸。

(2)试剂　3 $mol \cdot L^{-1}$ H_2SO_4 溶液，浓 H_2SO_4 溶液，3 $mol \cdot L^{-1}$ HCl 溶液，85% H_3PO_4 溶液，10% Na_2CO_3 溶液，25% KSCN 溶液，$K_2Cr_2O_7$(s, AR)，$(NH_4)_2SO_4$(s)，$(NH_4)_2SO_4 \cdot FeSO_4 \cdot 6H_2O$(s)，95% C_2H_5OH，二苯胺磺酸钠，铁屑(或铁粉)。

4. 实验方法

1)铁屑的净化

在台天平上称取 3 g 铁屑，放入锥形瓶内，加入 20 mL 的 10% Na_2CO_3 溶液，缓缓加热约 10 min 以除去铁屑上的油污，用倾泌法倒掉碱液并用水将铁屑冲洗干净(如果用纯净的铁屑或铁粉，可略去这一步)。

2)硫酸亚铁的制备

往盛有铁屑的维形瓶中加入 25 mL 的 3 $mol \cdot L^{-1}$ H_2SO_4 溶液，放在电加热套上加热至不再有气泡放出，再加入 1 mL 的 3 $mol \cdot L^{-1}$ H_2SO_4 溶液，趁热用普通漏斗过滤，溶液转移到蒸发皿中。

3)硫酸亚铁铵的制备

根据溶液中 $FeSO_4$ 的量，按反应方程式计算并称取所需 $(NH_4)_2SO_4$ 固体的量，倒入盛有 $FeSO_4$ 溶液的蒸发皿中。在电加热套上蒸发、浓缩至表面出现结晶薄膜为止。放置冷却，析出 $(NH_4)_2SO_4 \cdot FeSO_4 \cdot 6H_2O$ 晶体。抽滤后再用少量酒精洗去晶体表面的水分并抽干，取出晶体放在表面皿上，观察产品颜色、形状、称重、计算理论产量和产率。

4)Fe(Ⅲ)的限量分析[1]

(1)0.10 $g \cdot L^{-1}$ Fe(Ⅲ)标准溶液的配制　称取 0.86 g 的 $(NH_4)_2SO_4 \cdot FeSO_4 \cdot 6H_2O$，溶于少量水中，加 2.5 mL 浓 H_2SO_4，移入 1 000 mL 容量瓶中，用水稀释至刻度。

(2)标准色阶的配制　取 0.50 mL 的 Fe(Ⅲ)标准溶液于 25 mL 比色管中，加 2 mL 的 3 $mol \cdot L^{-1}$ HCl 和 1 mL 的 25% KSCN 溶液，用去离子水稀释至刻度，摇匀，配成相当于一级试剂的标准液(含 Fe^{3+} 为 0.050 $mg \cdot g^{-1}$，即 $w(Fe^{3+}) = 0.005\ 0\%$)。

同样，分别取 1.00 mL 和 2.00 mL 的 Fe(Ⅲ)标准溶液配成相当于二级试剂和三级试剂的标准液(含 Fe^{3+} 分别为 0.10 $mg \cdot g^{-1}$、0.20 $mg \cdot g^{-1}$，即 Fe^{+3} 的质量分数分别为 0.010%、0.020%)。

(3)产品级别的确定　称取 1.0 g 产品于 25 mL 比色管中，用 15 mL 去离子水溶解，再加入 2 mL 的 3 $mol \cdot L^{-1}$ HCl 和 1 mL 的 25% KSCN 溶液，用去离子水稀释至刻度，摇匀。与标准色阶进行目视比色，确定产品级别。

5)$(NH_4)_2SO_4 \cdot FeSO_4 \cdot 6H_2O$ 含水量的测定

(1)$(NH_4)_2SO_4 \cdot FeSO_4 \cdot 6H_2O$ 的干燥　将步骤 3 中装有晶体的表面皿放入烘箱在 100 ℃左右脱去结晶水(2 ~ 3 h)，转入干燥器中冷却至室温，将样品装入干燥的称量瓶中。

(2) $K_2Cr_2O_7$ 标准溶液的配制　在分析天平上用差减法准确称取约 1.2 g（准确至 0.1 mg）$K_2Cr_2O_7$，放入 100 mL 烧杯中，加入少量蒸馏水溶解，定量转移至 250 mL 容量瓶中，用蒸馏水稀释至刻度。$K_2Cr_2O_7$ 的准确浓度为：

$$c(K_2Cr_2O_7)=\frac{m(K_2Cr_2O_7)}{M(K_2Cr_2O_7)\times 250\ \mathrm{mL}\times 10^{-3}}$$

(3) 测定含量　用差减法准确称取 0.8～1.2 g（准确至 0.1 mg）的 $(NH_4)_2SO_4 \cdot FeSO_4 \cdot 6H_2O$ 两份，分别放入两个 250 mL 锥形瓶中，各加 100 mL 水及 20 mL 的 3 mol·L^{-1} H_2SO_4，滴加 6～8 滴二苯胺磺酸钠指示剂，用 $K_2Cr_2O_7$ 标准溶液滴定至溶液出现深绿色时，加入 5 mL 的 85% H_3PO_4，继续滴定至溶液呈现紫色或蓝紫色即为终点：

$$w[FeSO_4\cdot(NH_4)_2SO_4]=\frac{6c(K_2Cr_2O_7)\cdot V(K_2Cr_2O_7)\cdot 10^{-3}M[FeSO_4\cdot(NH_4)_2SO_4)]}{m_s}$$

[注释]

[1] 此产品分析方法是将成品配制成溶液与标准溶液进行比色，以确定杂质含量范围。如果成品溶液的颜色不深于标准溶液，则认为杂质含量低于某一规定限度，所以称为限量分析。

思考题

(1) 在制备 $FeSO_4$ 时，是 Fe 过量还是 H_2SO_4 过量？为什么？

(2) 为什么 $FeSO_4$ 和 $(NH_4)_2SO_4 \cdot FeSO_4 \cdot 6H_2O$ 溶液都要保持较强的酸性？

(3) 实验中计算 $(NH_4)_2SO_4 \cdot FeSO_4 \cdot 6H_2O$ 的产率时，以 $FeSO_4$ 的量为准是否正确？为什么？

(4) 浓缩 $(NH_4)_2SO_4 \cdot FeSO_4 \cdot 6H_2O$ 时能否浓缩至干？为什么？

实验 66　废铜屑制备硫酸铜

1. 实验概述

铜是不活泼金属，不能溶于非氧化性酸。本实验制备硫酸铜采用适当浓度的硫酸和浓硝酸来溶解废铜[1]，反应式为：

$$Cu+2HNO_3+H_2SO_4 = CuSO_4+2NO_2\uparrow+2H_2O$$

硫酸和硝酸的用量可按纯铜依反应式计算得出。

硫酸和硝酸分批加入以控制反应速度，而硝酸的量在不影响铜溶解的前提下，应适当少加，控制硝酸铜的生成。

产物中除硫酸铜外，还含有一定量的硝酸铜和其他一些可溶性或不溶性杂质。不溶性杂质因密度大，沉降于容器底部，可采用倾泌法除去。

分离硝酸铜是利用它和硫酸铜在水中溶解度的不同，通过结晶方法将其除去（留在母液中）。

表 66.1　硫酸铜和硝酸铜在水中溶解度　　单位：g/100 g H_2O

温 度 T/K	273	293	310	330	350
$CuSO_4 \cdot 5H_2O$	23.8	32.3	46.2	61.1	83.8
$Cu(NO_3)_2 \cdot 6H_2O$	81.8	125.1			
$Cu(NO_3)_2 \cdot 3H_2O$			~160.0	~178.5	208.0

由表66.1中数据知，硝酸铜在水中的溶解度不论在高温或低温下都比硫酸铜大得多，而且它的量又很小，因此，当热的溶液冷却到一定温度时，硫酸铜首先到达饱和，而硝酸铜及其他可溶性杂质却远远没有达到饱和。随着温度的继续下降，硫酸铜不断从溶液中析出，绝大部分硝酸铜和其他可溶性杂质仍留在母液中。当然也有少量硝酸铜和一些可溶性杂质将伴随硫酸铜结晶出来。这样一次结晶产品的纯度往往达不到要求，但可通过重结晶，以得到较纯的硫酸铜。

2. 实验目的

①熟练掌握蒸发、浓缩、减压过滤、重结晶等物质制备的基本操作；

②了解从金属制备其盐的方法。

3. 实验器材

(1) 仪器　台秤，100 mL、500 mL 烧杯，50 mL 量筒，蒸发皿，热漏斗，安全瓶，布氏漏斗，吸滤瓶，抽气泵，滤纸，电炉，剪刀。

(2) 试剂　3 mol·L^{-1} H_2SO_4 溶液，浓 HNO_3 溶液，废铜屑。

4. 实验方法

称取4.5 g 铜屑，置于蒸发皿中，用喷灯强烈灼烧，至不再产生白烟为止(目的在于除去附着在铜屑上的油污)，冷却。

往上述盛有铜屑的蒸发皿中加入16 mL的3 mol·L^{-1} H_2SO_4 溶液，然后缓慢地分次加入7 mL浓硝酸(反应过程产生大量有毒的二氧化氮气体，操作应在通风橱内进行!)。待反应缓和后，盖上表面皿，放在水浴(500 mL 烧杯装热水)上加热。加热过程需要补加8 mL的3 mol·L^{-1} H_2SO_4 溶液和2 mL 浓 HNO_3(由于反应情况不同，补加的酸量要根据具体反应情况而定，在保持反应顺利进行的情况下，尽量少加硝酸)。等铜屑近于全部溶解(约1 h)，趁热用倾泌法将溶液转至一个小烧杯(或直接转入另一瓷蒸发皿中)。如果仍有一些不溶性残渣，可用少量3 mol·L^{-1} H_2SO_4 溶液洗涤，洗涤液合并于小烧杯中。随后再将硫酸铜溶液转回洗净的蒸发皿内，在水浴上加热浓缩至表面有小颗粒晶体出现为止。将蒸发皿置于冷水中冷却，即有蓝色的五水硫酸铜晶体析出。冷至室温后抽滤，称重，计算产率。

将粗产品按每克加1.2 mL蒸馏水，加热使其完全溶解，趁热过滤[2]。滤液收集在一个小烧杯中，让其慢慢冷却，即有晶体析出(如无晶体析出，可在水浴上加热蒸发，稍微浓缩)，冷却后，抽滤除去母液(母液回收)，观察晶体的颜色、形状、称重，计算回收率。

[注释]

[1]浓硫酸在常温下不与铜作用,加热则反应十分激烈,放出大量 SO_2 与 SO_3 污染环境,反应速率不易控制。浓硝酸可在常温下氧化铜,反应较完全。

[2]趁热过滤是因溶液中 $CuSO_4$ 在温度下降时,易成结晶析出。过滤时可把玻璃漏斗放在铜质的热漏斗内,在热漏斗内装热水,以维持溶液的温度。也可事先把玻璃漏斗在水浴上用蒸汽加热再使用。应选用短颈玻璃漏斗。

思考题

(1)硫酸铜可以用重结晶进行提纯,氧化钠可以吗?为什么?

(2)欲使制得的 $CuSO_4 \cdot 5H_2O$ 溶解于353 K 的纯水中,需多少 mL 水?

(3)实验中粗产品以每克加1.2 mL 水的依据是什么?

实验 67　二氧化锰制备碳酸锰(设计性实验)

1. 实验概述

由二氧化锰制备碳酸锰,要用还原剂把二氧化锰还原成二价锰,再和碳酸氢盐或碳酸盐反应,生成碳酸锰。在碱性溶液中二价锰易氧化,故在制备过程中要控制反应液的 pH 在 3 ~ 7。pH 不能太小,否则会使碳酸盐分解。由于可采用的还原剂较多,如浓盐酸、过氧化氢、草酸纸屑、碳(干法)等,而这些还原剂在化学性质上有所不同,所以当选用不同的还原剂时,具体的实验步骤和反应条件也有所不同。

2. 实验目的

①熟练掌握无机制备的一些基本操作;

②了解由二氧化锰制备碳酸锰的不同方法,以及二氧化锰和碳酸锰的性质。

3. 实验方法

提供15 g 二氧化锰,自选还原剂,拟出详细的实验方案(写出实验目的、原理、器材、步骤、所用试剂的数量和规格、注意事项,并预测理论产量),经教师审核后方可进行实验,要求分析产品中二价锰的质量分数。

二价锰质量分数的分析方法:称取 0.18 g 样品(精确至 0.1 mg)。加 20 mL 水和几滴 6 $mol \cdot L^{-1}$ HCl,水浴加热至样品溶解。必要时加 1 ~2 滴过氧化氢至溶液的暗棕色褪去。再加100 mL 水,2 mL 的10% 盐酸羟胺溶液,用约0.05 $mol \cdot L^{-1}$ EDTA 标准液滴定。近终点时,加10 mL 的 NH_3-NH_4Cl 缓冲溶液(pH =10),5 滴 5% 铬黑 T 指标剂,继续滴定至溶液由紫红色变为纯蓝色。二价锰质量分数可按下式计算:

$$w(Mn^{2+}) = Vc(0.054\ 95/m)100\%$$

式中　V——标准 EDTA 溶液的体积,mL;

　　　c——标准 EDTA 溶液的浓度,$mol \cdot L^{-1}$;

m——样品质量,g;

0.054 94—摩尔质量,g/mmol。

4. 实验提示

①不管选用哪种还原剂,在与碳酸氢盐或碳酸盐进行复分解反应时,加入试剂的速度不能快,且要边搅拌、边滴加,避免局部碱性过大而使二价锰氧化。

②用浓盐酸作还原剂时,反应很快,也较完全,但产生大量的氯气,要作适当的处理。反应时,部分氯气溶在溶液中,要经较长时间的水浴加热才能赶去。

③用过氧化氢和还原剂时,反应较完全,但过氧化氢要分批缓慢加入,否则反应太激烈,过氧化氢分解也较多。过量的过氧化氢一定要使其分解完全,否则会影响后面的反应。

④用草酸作还原剂,在原料中含铁较少时,反应较完全。若含铁较多时,则易形成草酸亚铁沉淀。

⑤用碳作还原剂时,加热温度要高,最好能用煤气喷灯灼烧,加热时间也要长,否则产量很低。

⑥用纸屑加浓硫酸作还原剂时,当浓硫酸使纸屑完全碳化后,二氧化锰要分批加入。在加强热的同时,还需不断搅拌。此法比直接用碳作还原剂好。

思考题

(1) Mn^{2+}在酸性或碱性介质中的稳定性有何不同?

(2)二氧化锰在酸性或碱性介质中的氧化还原性质是否相同?

(3)碳酸锰的主要化学性质有哪些?

(4)还原剂不同时,反应条件的控制(反应温度和时间)、实验步骤的多少、所用的仪器设备有何不同?能源消耗的情况、所用各种试剂的总价格、制备所需的时间及产率有何不同?

实验68 印刷电路腐蚀废液的回收(设计性实验)

1. 实验概述

印刷电路的腐蚀废液是制印刷线路板时,用三氯化铁腐蚀铜板后所得的废液。腐蚀铜板的反应方程为:

$$2FeCl_3 + Cu = 2FeCl_2 + CuCl_2$$

所以废液中含有 $CuCl_2$、$FeCl_2$ 及过量的 $FeCl_3$。将铁的化合物与单质铜分离、回收,既能变废为宝并资源综合利用,又可减少环境污染。

水合氯化亚铁的脱水过程如下:

$$FeCl_2 \cdot 6H_2O \xlongequal{285.3K} FeCl_2 \cdot 4H_2O \xlongequal{349.5K} FeCl_2 \cdot 2H_2O$$

2. 实验目的

①掌握铜、铁化合物的性质及其鉴定方法;

②学习工业废液的处理方法。

3. 实验要求

①取 50 mL 废腐蚀液（含 2 ~ 2.5 mol · L^{-1} $FeCl_3$、2 ~ 2.5 mol · L^{-1} $FeCl_2$、1 ~ 1.3 mol · L^{-1} $CuCl_2$）回收铜和氯化亚铁。

②回收的氯化亚铁要做纯度检查（检 Fe^{3+}、Cu^{2+}）。

③根据提示拟出详细的实验方案（写出实验目的、原理、器材、步骤、注意事项，以及所用试剂的数量和规格），经教师审核后方可进行实验。

4. 思考题

①本实验根据铜、铁单质及其化合物的什么性质回收铜和氯化亚铁？

②经放置的三氯化铁腐蚀液，常常混浊不清，为什么？如何处理？

③回收操作过程应采取什么步骤才能得到较纯的产品？

实验 69　环己烯的制备

1. 实验概述

在实验室中，烯烃的制备主要采用醇脱水、卤代烷脱卤化氢两种方法。其中，醇的脱水基本上是通过 E_1 反应按查依采夫（Zaytzeff）规则进行。

醇的脱水速率与其结构有关，一般有叔醇 > 仲醇 > 伯醇。当由伯醇脱水制备烯烃时，为使消除反应为主，必须采用高温，且采用高浓度的强酸进行催化；对于仲醇，特别是对称的环状化合物——环己醇，则在酸性条件下，温度 100 ℃左右即能顺利脱水；叔醇的脱水温度则更低。醇在酸催化下脱水的反应是可逆的，为了促使反应完成，必须不断地将反应生成的沸点低的烯烃蒸出来。此外，由于高浓度的酸会导致烯烃的聚合、分子间的失水及碳化，故常伴有副产物的生成。

反应式：

OH（环己醇） $\xrightarrow{H_2SO_4}$ （环己烯） $+ H_2O$

副反应：（环己醇）—OH $\xrightarrow{[O]}$ （环己酮）=O

$\xrightarrow{H^+}$ （环己基）—O—（环己基）

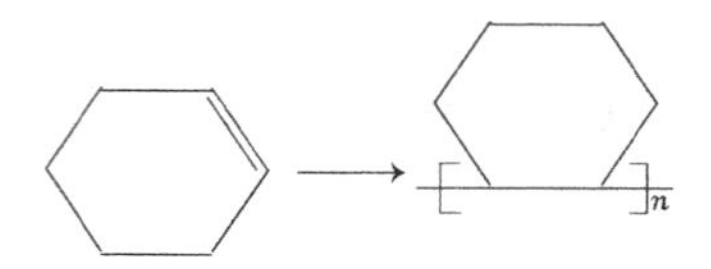

除了用浓 H_2SO_4 作脱水剂外，也可用85% H_3PO_4、Al_2O_3 等。

2. 实验目的

①学习环己烯的实验室制备方法，加深对消去反应的理解；
②熟练掌握实验室常用的分馏操作；
③初步掌握液态有机物的洗涤与干燥。

3. 实验器材

(1)仪器　201 标准磨口合成仪，分液漏斗等。
(2)试剂　85% H_3PO_4，NaCl 饱和溶液，$CaCl_2$(s，无水)，环己醇。

4. 实验方法

在50 mL 干燥的圆底烧瓶中，放入20 g(20.8 mL)环己醇[1]，将烧瓶置于冷水中冷却，小心地加入5 mL 的85% H_3PO_4，充分振摇使两种液体混合均匀，加入几粒沸石；在烧瓶上装一短的分馏柱，接上冷凝管；用小锥形烧瓶作接受器，置于冷水浴中。

用小火缓慢加热反应液至沸腾。由于环己醇与环己烯可形成沸点为64.9 ℃的共沸物(含环己醇30.5%)，且环己醇可与水形成沸点为97.8 ℃的共沸物(含水80%)，因此应控制分馏柱顶部馏出温度不超过90 ℃(温度过高，蒸馏过快，会增加未作用的环己醇的损失)。当无液体蒸出时，继续加热蒸馏至烧瓶中仅剩少量黑色液体，内壁带有绿色液体时，停止加热(此过程约需50 min)。

将馏出液移至分液漏斗中，用等体积饱和 NaCl 溶液洗涤(以减少环己烯在水中的溶解度)，静置分层后，弃去下层水层，上层有机层即为粗产物。将其从上口转移至干燥的小锥形瓶中，加入2 g 无水 $CaCl_2$ 干燥。待液体澄清透明后，转入蒸馏瓶中(勿将 $CaCl_2$ 倒入)，加入几粒沸石后进行蒸馏[2]，用一已知质量的干燥小锥形瓶收集80～85 ℃的馏分。若大量馏分出现在80 ℃以下，则表明干燥时间不够或干燥剂量不够，必须重新干燥、蒸馏。预计产量9～11 g。

纯环己烯为无色透明液体，沸点82.98 ℃，折光率 $n_D^{20}=1.446\,5$。

[注释]

[1]环己醇在常温下是粘稠状液体，因而若用量筒量取时应注意转移过程中的损失。环己烯与磷酸应充分混合，否则在加热过程中可能会局部碳化。

[2]在蒸馏已干燥的产物时，蒸馏所用仪器都应充分干燥。

思考题

(1)写出环己醇与 H_3PO_4 脱水反应的机理。

(2)下列醇用浓硫酸脱水的主要产物是什么?

①1-甲基环己醇; ②3-甲基-2-丁醇; ③2,2-二甲基环己醇

(3)分馏操作的关键是什么?

实验 70　正溴丁烷的制备

1. 实验概述

卤代烃是一类重要的有机合成中间体。通过卤代烃的亲核取代反应,可制备多种有用的化合物。在合成卤代烷的众多方法中,通过结构对应的醇与氢卤酸、卤化磷、二氯亚砜的亲核取代反应最常用。

根据醇的结构不同,醇与氢卤酸的反应存在两种不同的机理,若作用物是伯醇,通常按 S_N2 机理进行,叔醇则按 S_N1 机理发生反应。此外,反应条件也随醇的类型不同而有显著差别。叔醇同氢氯酸和氢溴酸易反应;伯醇如正丁醇则必须与氢溴酸一同加热才能生成正溴丁烷。若要降低成本,也可用溴化钠和过量浓硫酸代替氢溴酸。

反应式:

$$NaBr + H_2SO_4 \longrightarrow HBr + NaHSO_4$$

$$n\text{-}C_4H_9OH + HBr \xrightarrow{H_2SO_4} n\text{-}C_4H_9Br + H_2O$$

副反应:

$$CH_3CH_2CH_2CH_2OH \xrightarrow{H_2SO_4} CH_3CH_2CH{=}CH_2 + H_2O$$

$$2n\text{-}C_4H_9OH \xrightarrow{H_2SO_4} (n\text{-}C_4H_9)_2O + H_2O$$

2. 实验目的

①通过正溴丁烷的制备,加深对亲核取代反应的理解;

②进一步掌握回流,以及液态有机物洗涤、干燥与分离;

③学习气体吸收装置的应用。

3. 实验器材

(1)仪器　201 标准磨口合成仪等。

(2)试剂　浓 H_2SO_4,5% NaOH 溶液,饱和 $NaHCO_3$ 溶液,NaBr(s,无水),$CaCl_2$(s,无水),正丁醇。

4. 实验方法

在 100 mL 圆底烧瓶中加入 15 mL 水并放入冷水浴中,将 15 mL 浓硫酸小心地加入其中并不时摇振,待冷却至室温后,依次向其中加入 6.5 g 的(0.088 mol)正丁醇[1]和 11.5 g 研细的溴化钠[2],充分摇振后加入 1 ~2 粒沸石。然后在烧瓶上安装回流冷凝管,冷凝管的上口用玻璃弯管接气体吸收装置[3],用 5% 氢氧化钠溶液作吸收剂,吸收从混合物中逸出的溴化氢。

将混合物用小火加热至沸[4],维持平稳回流并间歇摇动[5],回流反应 35 min。将混合物冷却,移去冷凝管,补加 1 ~2 粒沸石,用蒸馏弯头连接冷凝管进行蒸馏,仔细观察馏出液,直到无油状物蒸出为止。

将馏出液移至分液漏斗中,加入等体积的水洗涤。将油层(下层)从下面放入另一干燥的分液漏斗中,用等体积的浓硫酸洗涤[6],并摇振混合物,静置,尽量分去硫酸层(下层)。然后依次用 10 mL 水、10 mL 饱和 $NaHCO_3$ 溶液和 10 mL 水洗涤粗产物。将下层的粗正溴丁烷放入干燥的小锥形瓶中,加 1 ~2 g 块状的无水 $CaCl_2$,塞住瓶口干燥半小时以上(其间间歇摇动锥形瓶),直到液体澄清为止。

蒸馏上述干燥的液体,收集 99 ~102 ℃的馏分。产量 8 ~9 g。

纯正溴丁烷为无色透明液体,沸点 101.6 ℃。折光率 n_D^{20} =1.439 9。

[注释]

[1]正丁醇比较粘稠,量器器壁粘附较多,最好以增重称量法取用。

[2]注意加料时不要让溴化钠粘附在液面以上的瓶壁上;加料完毕,应将磨口处残留固体擦净,以保证装置的气密性。

[3]气体吸收装置中的玻璃漏斗应略为倾斜,使漏斗口一半在水面上。这样既能防止气体逸出,又可防止水被倒吸至反应瓶中。

[4]开始时不要加热过猛,否则回流时反应液颜色很快变深(橙黄或橙红色)。正常情况下油层为浅黄色。

[5]回流过程中振荡反应物的方法是一手握持铁架台的铁杆,另一手稍稍掀起铁架台的底座,使底座的 3 支脚抬起,只有 1 支脚支撑在台面上,然后两手协同用力,将整台装置连同铁架台一起摇动。

[6]浓硫酸可以除去粗产物中少量未反应的正丁醇及副产物正丁醚等。

思考题

(1)本实验中硫酸的作用是什么?反应时硫酸的浓度太高或太低会有什么结果?

(2)反应后的粗产物中有哪些杂质?各步洗涤的目的何在?

(3)在本实验洗涤过程中,有机相时而在上层,时而在下层,如何用简单方法进行判断?

实验 71　1-甲基环己醇的制备

1. 实验概述

醇是一类重要的化工原料,不仅可用作溶剂,而且是合成卤代烷、烯、酮、羧酸、酯等多种化合物的原料。在实验室中,利用 Grignard 反应是合成各种结构复杂的醇的主要方法。

Grignard 试剂是有机合成中应用最广泛的金属有机试剂。其化学性质十分活泼,可以与醛、酮、酯、酸酐、酰卤、腈等多种化合物发生亲核加成反应,常用于制备醇、醛、酮、羧酸及各种烃类。它是由卤代烃与金属镁在无水乙醚中反应制得的。其结构尚不完全清楚,有报道称其结构是:

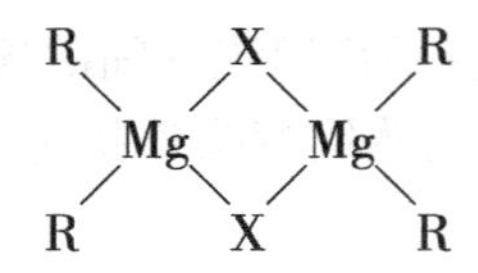

但一般人们总是以较为简单的表示式 RMgX 表示之。由于碳—镁键极化程度高,带部分负电荷的碳具有显著的亲核性,一般可与下列物质反应:

①含活泼氢原子的物质;

②卤代烷;

③金属卤化物;

④带有极性双键的化合物(如羰基化合物)。

其中与羰基化合物的反应在合成上占有非常重要的地位,可用以制备醇、羧酸和酮等化合物。

Grignard 反应必须在无水和无氧条件下进行。因为微量水分的存在,不仅影响卤代烃与镁之间的反应,同时会破坏 Grignard 试剂而影响产率。此外,Grignard 试剂还可与氧反应而失效,故格氏试剂不宜长时间保存。

反应式:

$$CH_3I + Mg \xrightarrow{\text{无水乙醚}} CH_3MgI$$

$$\text{环己酮}(C_6H_{10}{=}O) + CH_3MgI \xrightarrow{\text{无水乙醚}} \text{1-甲基环己基}(OMgI)(CH_3) \xrightarrow{H_2O} \text{1-甲基环己醇}(OH)(CH_3)$$

2. 实验目的

①学习 Grignard 试剂的制备方法;

②掌握由 Grignard 试剂制备醇的合成方法。

3. 实验器材

(1)仪器　201 标准磨口合成仪,水浴锅,分液漏斗,减压蒸馏装置,水泵等。

(2)试剂　浓 HCl 溶液,饱和 NaCl 溶液,$K_2CO_3(s)$,$CaCl_2(s)$,Mg 屑,I_2,CH_3I,无水乙醚,环己酮。

4. 实验方法

在 250 mL 三颈瓶上分别装置搅拌器、冷凝器及滴液漏斗[1],在冷凝器及滴液漏斗的上口分别装置 $CaCl_2$ 干燥管,瓶内放置 5 g Mg[2],一小粒碘(起催化作用)。滴液漏斗中放置 28 g CH_3I 及 65 mL 无水乙醚。混合均匀。先滴入 5 mL 混合液。片刻即起反应,碘的颜色逐渐消失。然后在缓慢搅动下,以 1 滴/s 的速度缓缓滴入剩余混合液,保持溶液微沸。加毕后,用温水浴加热回流半小时,使 Mg 作用完全[3]。

将三颈瓶用冰水浴冷却。搅拌下,滴加 9.8 g 环己酮和 20 mL 无水乙醚混合液,在 15 min 内滴加完(反应物微沸),然后温和回流 10 min。

在冰浴冷却下,搅拌滴加 20 mL 浓盐酸和 45 mL 冰水混合液。开始以 2 ~ 3 s/滴的速度滴加(无回流现象)。当加入 5 mL 后余下的混合液约在半小时内加完,不能让醚溶液温热,以致于酸催化使叔醇去水。

用分液漏斗分去水层,醚层[4]先后用 10 mL 冰水和 5 mL 饱和食盐水洗涤。再加无水 $MgSO_4$ 干燥 20 min,过滤,蒸去乙醚,然后减压蒸馏。产物熔点 24 ~25 ℃,沸点56.5 ℃。称重,计算产率。

[注释]

[1]所有仪器及试剂必须充分干燥,仪器在烘箱中烘干后,取出稍冷即放入干燥器中冷却。或将仪器取出后,立即装置好在开口处装上干燥管,以防止在冷却过程中玻璃壁吸附空气中的水分。

[2]Mg 应用新刨制的,如长期放置,Mg 表面常有一层氧化膜,可采用下法除去:与 5% 盐酸溶液作用数分钟,抽滤除去酸液后,依次用水、乙醇、乙醚洗涤,抽干后置于干燥器内备用。

[3]碘甲烷-乙醚溶液不能滴入太快,否则反应过于剧烈,并会导致副产物的生成。

[4]如果醚层呈红棕色,因为有游离碘存在,可先用约 10 mL 饱和亚硫酸氢钠溶液洗涤,醚层即为无色。

思考题

(1)实验中用稀盐酸分解加成产物时要注意什么?否则会产生什么后果?用反应式表示。

(2)产物与原料环己酮沸点相同。你采用什么简便的化学方法或物理方法来证明你得到的产物是 1-甲基环己醇?

实验 72 三苯甲醇的制备

1. 实验概述

三苯甲醇是白色晶体,为有机合成中间体,可由三苯氯甲烷水解或由二苯甲酮与 Grignard 试剂加成而得。

本实验利用 Grignard 试剂法制备三苯甲醇,巩固学习格氏试剂的制备和应用。

反应式:

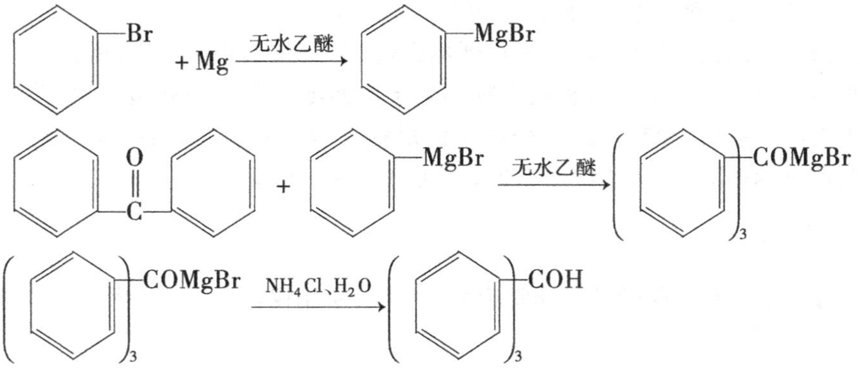

$$C_6H_5Br + Mg \xrightarrow{\text{无水乙醚}} C_6H_5MgBr$$

$$C_6H_5COC_6H_5 + C_6H_5MgBr \xrightarrow{\text{无水乙醚}} (C_6H_5)_3COMgBr$$

$$(C_6H_5)_3COMgBr \xrightarrow{NH_4Cl、H_2O} (C_6H_5)_3COH$$

副反应：

$$C_6H_5MgBr + C_6H_5Br \longrightarrow C_6H_5-C_6H_5$$

$$C_6H_5MgBr + H_2O \longrightarrow C_6H_6 + Mg(OH)Br$$

2. 实验目的

①巩固掌握水蒸气蒸馏、重结晶操作；
②掌握 Grignard 试剂的制备方法。

3. 实验器材

（1）仪器　201 标准磨口合成仪，水浴锅，分液漏斗，水蒸气蒸馏装置，水泵等。
（2）试剂　$NH_4Cl(s)$，Mg 屑，溴苯，乙醇，无水乙醚，二苯酮。

4. 实验方法

（1）苯基溴化镁的制备　在 250 mL 三颈瓶上分别装置搅拌器、冷凝管及滴液漏斗，在冷凝管及滴液漏斗的上口装置氯化钙干燥管。称取 0.9 g 镁屑，放入三颈瓶内，再加入一小粒碘。在滴液漏斗中加入 5.8 g 溴苯和 15 mL 无水乙醚，混合均匀后，先将其中的三分之一滴入烧瓶内，约 6 min 后，可见碘的颜色逐渐消失，底部出现镁的亮灰色（若不反应，可用温水浴加热）。然后开动搅拌器，继续缓慢滴入剩余的溴苯-乙醚混合液，保持溶液呈微沸状态。加毕后，再用温水浴保持乙醚呈微沸状态回流 45 min。

（2）三苯甲醇的制备　将上述反应液冷却，在搅拌下，从滴液漏斗中滴加 6.8 g 二苯酮和 18 mL 无水乙醚的混合液，随即可见红色物出现，并逐渐变成淡红色。数分钟后，滴加完毕。（此时若停止搅拌，可见反应液分层，下层为淡红色固体，上层为红色液体）继续搅拌，加热回流 45 min，反应物呈白色粘稠状固体。

用冷水冷却上述反应物至常温下，并在搅拌下滴加用 7.2 g 氯化铵配成的饱和液（约需水 24 mL），以使水解生成的氢氧化镁转化为可溶性 $MgCl_2$。此时，反应瓶中上层为乙醚层，下层为水层，有时中间会出现固体，可加少量 HCl 使之溶解。

用分液漏斗分出乙醚层，并将其转移到蒸馏烧瓶中，在热水浴上蒸除乙醚。然后将蒸馏装置改成水蒸气蒸馏。由于杂质和副产物不溶于水而随水蒸气一并蒸出，呈黄色油状物质，至馏出液中无油状物后，冷却，抽滤，得淡黄色蜡状三苯甲醇粗品，用乙醇-水进行重结晶后，得纯净的白色三苯甲醇晶体，产量约 4.5 g，熔点 162～163 ℃。

5. 注意事项

由于 Grignard 试剂的化学性质非常活泼，本实验所用仪器及试剂必须充分干燥。

思考题

(1)实验中溴苯滴入太快或一次加入有什么不好?

(2)写出苯基溴化镁与下列物质作用的反应式:

①二氧化碳;②氧;③乙醇;④对甲基苯甲腈;⑤甲酸乙酯;⑥苯甲醛

实验 73　正丁醚的制备

1. 实验概述

醚是有机合成中常用的溶剂。醚的合成方法依简单醚和混合醚而不同。简单醚是在酸性催化剂存在下,通过醇的分子间脱水而得。实验室常用的催化剂是硫酸,此外还可以用芳香族磺酸、$ZnCl_2$、$AlCl_3$ 等。由于仲醇脱水成醚的产率低,叔醇脱水主要生成烯,故用醇脱水制备醚时,最好用伯醇。混合醚的制备通常用 Williamson 合成法,即由醇钠或酚钠与卤代烷、磺酸酯及硫酸酯反应制备。

反应式:

$$2CH_3CH_2CH_2CH_2OH \xrightarrow[135\ ℃]{浓硫酸} (CH_3CH_2CH_2CH_2)_2O + H_2O$$

副反应:

$$2CH_3CH_2CH_2CH_2OH \xrightarrow[135\ ℃]{浓硫酸} CH_3CH_2CH{=}CH_2$$

2. 实验目的

①掌握醇分子间脱水制备醚的反应原理和实验方法;

②学习使用分水器的实验操作。

3. 实验器材

(1)仪器　201 标准磨口合成仪,水浴锅,分水装置等。

(2)试剂　浓 H_2SO_4 溶液,正丁醇,5% NaOH 溶液,饱和 $CaCl_2$ 溶液,$CaCl_2$(s,无水)。

4. 实验方法

在 100 mL 三颈瓶中加入 27 mL 的(22 g,0.3 mol)正丁醇,再将 4 mL 浓硫酸分数批加入,每次加酸后均需充分摇振[1],加完后加入几粒沸石。在烧瓶的中间瓶口装分水器[2],其中预先加入一定量的水[3](水的量等于分水器的总容量减去完全反应时可能生成的水量)。在分水器上再接一回流冷凝管;两侧口分别配上温度计和玻璃塞。

将混合物缓慢加热,保持回流。随着反应的进行,分水器中的水层不断增加(若分水器中的水层超过了支管而回流烧瓶时,可打开旋塞放掉一部分水),瓶内反应温度逐渐上升,约 1.5 h 后,瓶内反应液温度升至 135 ℃左右,停止加热。

将反应液冷至室温后,转移至盛有 50 mL 水的分液漏斗中,分去水层后,将上层粗产物依次用25 mL 水、15 mL 的5% NaOH 溶液[4]、15 mL 水和15 mL 饱和 $CaCl_2$ 溶液洗涤，最后分去水层，将粗产物自漏斗上口倒入洁净干燥的小锥形瓶中，加入1～2 g 无水 $CaCl_2$，塞紧瓶口干燥0.5 h 以上。干燥后的粗产物倒入25 mL 蒸馏瓶中（勿将 $CaCl_2$ 倒进去）进行蒸馏，收集140～144 ℃的馏分。预计产量7～8 g。

纯正丁醚为无色透明液体，沸点142.4 ℃。折光率 $n_D^{20}=1.3992$。

［注释］

［1］如不充分摇匀，在酸与醇的界面处会局部过热，使部分正丁醇碳化，反应液很快变为红色甚至棕色。

［2］实验利用恒沸混合物蒸馏方法将反应生成的水不断从反应体系中移去，含水的恒沸混合物冷凝后分层，上层主要是正丁醇和正丁醚，下层主要是水，在反应过程中利用分水器将上层液体不断流回反应瓶内。

［3］反应式计算，本实验中生成的水量为2.7 mL，但实际分出水层的体积要略大些，为3～3.5 mL。

［4］在碱洗过程中，不要太剧烈地摇动分液漏斗，否则生成乳浊液，分离困准。

思考题

（1）反应结束后为什么要将混合物倒入50 mL 水中？各步洗涤的目的何在？

（2）若最后蒸馏前的粗产品中含有丁醇，能否用分馏的方法将它除去？

（3）在蒸馏正丁醚，收集140～144 ℃的馏分时，应选用水冷凝管还是空气冷凝管？

实验74　对叔丁基苯酚的制备

1. 实验概述

Friedel-Crafts 烃基化反应和 Friedel-Crafts 酰基化反应是有机合成中的重要反应，可以方便地在芳环上引入烷基和酰基。

Friedel-Crafts 烃基化反应指芳烃在无水 $AlCl_3$、$ZnCl_2$、$FeCl_3$、BF_3 等 Lewis 酸的催化下与卤代烷、醇、烯等作用，在芳环上引入烃基的反应。

在实验室中，对叔丁基苯酚可由叔丁基氯与苯酚反应来制备。苯酚分子中由于羟基对苯环的活化作用（—OH 与苯环发生 p-π 共轭，使羟基的邻对位活化），易同卤代烃发生亲电取代反应，由于叔丁基氯进攻羟基的邻位存在着较大的位阻，因此本反应主要得到的产物为对位产物。

反应式：

$$C_6H_5OH + (CH_3)_3CCl \xrightarrow{AlCl_3} p\text{-}(CH_3)_3C\text{-}C_6H_4\text{-}OH + HCl\uparrow$$

2. 实验目的

①了解对叔丁基苯酚的制备原理和方法；
②学习无水装置的安装和无水操作。

3. 实验器材

(1)仪器　201 标准磨口合成仪,气体吸收装置,布氏漏斗等。
(2)试剂　浓 HCl 溶液,叔丁基氯,苯酚,$AlCl_3$(无水),$CaCl_2$(s,无水)

4. 实验方法

取约 0.2 g 无水三氯化铝放在带塞的干燥试管中备用。

在一个干燥的 50 mL 锥形瓶内加入 2.2 mL 的(1.8 g)叔丁基氯和 1.6 g 苯酚[1]。摇动使苯酚完全或几乎完全溶解。在反应瓶上装有 $CaCl_2$ 干燥管和气体吸收装置,以吸收反应过程中生成的 HCl 气体。向反应瓶中加入四分之三的无水 $AlCl_3$,不断摇动反应瓶[2],立即有 HCl 气体放出,如果反应混合物发热,产生大量气泡时可用冷水浴冷却[3],反应缓和后再加入余下的无水 $AlCl_3$(如果所用药品是认真标量过的,此时反应瓶中混合物应当是固体[4])。向锥形瓶中加入 8 mL 水及 1 mL 浓 HCl 组成的溶液水解反应物,即有白色固体析出,尽可能将块状物捣碎直至成为细小的颗粒。抽滤,洗涤,粗产物干燥后用石油醚(60 ~ 90 ℃)重结晶,预计产量 2.3 g。测定熔点,文献值为 99 ~ 100 ℃。

[注释]

[1]要避免苯酚与皮肤接触。如果被苯酚灼伤,立即用大量的水冲洗。

[2]使催化剂的新表面得到充分暴露以利反应进行。

[3]若反应温度过高,反应过于激烈。产生的大量 HCl 气体会将低沸点叔丁基氯(沸点 50.7 ℃)大量带出,使产量降低。

[4]如不为固体可用玻棒磨擦以诱导结晶。

思考题

(1)如果用正丁基氯代替叔丁基氯,那么本实验中的副产物有哪些?

(2)除了用熔点来证明你得到的产物是对叔丁基苯酚外,还可用什么方法证明产物是对位异构体而不是邻位或间位异构体?

实验 75　对甲苯乙酮的制备

1. 实验概述

Friedel-Crafts 酰基化反应是制备芳香酮的主要方法。活泼的芳香化合物与酰基化试剂(酰氯或酸酐)在无水 $AlCl_3$ 催化下反应,可以得到高产率的烷基芳基酮或二芳基酮。

实验室制备对甲苯乙酮可以通过甲苯与乙酸酐反应来实现。

反应式：

$$C_6H_5CH_3 + (CH_3CO)_2O \xrightarrow{\text{无水 } AlCl_3} p\text{-}CH_3C_6H_4COCH_3 + CH_3CO_2H$$

2. 实验目的

①学习 Friedel-Crafts 反应制备芳酮的原理和方法；

②巩固减压蒸馏和无水操作技术。

3. 实验器材

(1)仪器　201 标准磨口合成仪，气体吸收装置，分液漏斗，减压蒸馏装置，油泵等。

(2)试剂　浓 HCl 溶液，10% NaOH 溶液，$MgSO_4$(s，无水)，$CaCl_2$(s，无水)，$AlCl_3$(s，无水)，乙醚，甲苯，乙酸酐。

4. 实验方法

在 250 mL 三颈瓶[1]上分别装置搅拌器，温度计及 Y 形加料管，加料管上再分别装置滴液漏斗和冷凝管，冷凝器上端装 $CaCl_2$ 干燥管。后者再与 HCl 气体吸收装置相连。

迅速称取 16.5 g 的(0.12 mol)无水 $AlCl_3$[2]，放入三颈瓶中。再立即加入 26.5 mL 无水甲苯。在搅拌下滴加 5.1 g 的(4.7 mL，0.05 mol)乙酸酐，通过调节滴加速度来控制反应温度 60 ℃左右[3]，约 15 min 加完。小火加热 30 min，使反应液温度为 90～95 ℃。冷却，在搅拌下将反应物倒入[4]盛有 40 g 碎冰和 30 mL 浓 HCl 的烧杯中，再将水解物转移到分液漏斗中，分出有机层，水层用 15 mL 乙醚萃取一次。合并有机层，依次用 10% NaOH 溶液及水各 10 mL 洗涤，无水 $MgSO_4$ 干燥。常压下水浴加热蒸去乙醚。再用水泵减压蒸去甲苯，最后用油泵进行减压蒸馏，收集 93～94 ℃/7 mmHg 馏分。纯对甲苯乙酮沸点为 225 ℃，预计产量 6 g。

[注释]

[1]仪器必须充分干燥，否则影响反应顺利进行，装置中凡是和空气相通的地方，应装置干燥管。

[2]无水 $AlCl_3$ 的质量是实验成败的关键之一，研细、称量、投料都要迅速，避免长时间暴露在空气中。为此，应在带塞的锥形瓶中称量。

[3]加料时若反应温度过高，将会发生剧烈反应，生成大量絮状物，影响产率。

[4]操作应在通风橱中进行。

思考题

(1)实验中的限量试剂是什么？溶剂是什么？为何用 0.12 mol 无水 $AlCl_3$？

(2)本实验中的主要副产物是什么？反应温度若超过 100 ℃有何影响？为何要用强酸性

溶液分解反应混合物?

实验76 环己酮的制备

1. 实验概述

实验室制备醛、酮的常用方法是将相应的伯醇和仲醇用合适的氧化剂进行氧化。常见氧化剂有铬酸、重铬酸盐、硫酸等。

由伯醇氧化制备相应的醛时,为防止生成的醛进一步被氧化成羧酸,可及时地将醛从反应混合物中蒸出。仲醇的氧化比伯醇容易,且生成的酮对氧化剂比较稳定,不易进一步氧化,故产率较高。但若反应条件控制不好,氧化反应进行得过于剧烈,也可导致产物进一步氧化而发生碳链断裂。

环己酮是一种重要的有机化工产品,用途十分广泛,环己酮具有高度溶解性和低挥发性,是一种重要的工业溶剂,因其对许多高聚物如聚氯乙烯、聚醋酸乙烯、硝化棉及纤维素、聚氨酯、聚甲基丙类酸酯与ABS等的溶解性能优异而得到广泛的应用;还可作为醇酸树脂、丙烯酸类、环氧树脂、天然树脂、蜡、氧化油、合成橡胶及氯化橡胶等的惰性式改性溶剂;环己酮在皮革工业中被用作脱脂剂和洗涤剂,用于反应器的清洗。此外,环己酮也是一种重要的工业原料,主要用于合成尼龙-6和尼龙-66;通过环己酮,还可以制备环己酮肟、己内酰胺等物质。因此,学习环己酮的制备具有非常重要的意义。

反应式:

$$3\ \text{C}_6\text{H}_{11}\text{OH} + Na_2Cr_2O_7 + 4H_2SO_4 \longrightarrow 3\ \text{C}_6\text{H}_{10}\text{O} + Cr_2(SO_4)_2 + 7H_2O$$

副反应:

$$\text{C}_6\text{H}_{10}\text{=O} \xrightarrow{[O]} HOOC—(CH_2)_4—COOH$$

$$\text{C}_6\text{H}_{11}\text{OH} \xrightarrow{H^+} \text{C}_6\text{H}_{10}$$

2. 实验目的

①加深对氧化反应的理解;
②学习简化的水蒸气蒸馏装置的使用。

3. 实验器材

(1)仪器 201标准磨口合成仪,分液漏斗等。

(2)试剂　浓 H_2SO_4 溶液，NaCl(s)，$MgSO_4$(s，无水)，$Na_2Cr_2O_7 \cdot 2H_2O$(s)，乙醚，环己醇。

4. 实验方法

在125 mL圆底烧瓶中，加入30 mL水，慢慢地加入5 mL浓硫酸，并不时摇动烧瓶，充分混合。小心地加入5.3 mL的(5 g，0.05 mol)环己醇，将溶液冷至20 ℃以下[1]。

在烧杯中将5.3 g重铬酸钠溶于5 mL水中，得一透明棕红色溶液。将此溶液冷至15 ℃后分数批加入上述圆底烧瓶中，并不断振荡使其充分混合。放入一支温度计，控制反应温度在55～60 ℃[2]。此时溶液颜色由重铬酸盐的橙红色变成低价铬盐的墨绿色，温度也有所下降。待重铬酸钠溶液全部加完后，放置20 min，其间要不时摇振，使其充分反应。

在反应瓶内加入30 mL水和几粒沸石，改成蒸馏装置，将环己酮和水一起蒸出来[3]。起初馏出液为混浊状，收集约25 mL后[4]，直至馏出液基本澄清，说明已不含环己酮。用约5 g食盐饱和馏出液，并将此液体转入分液漏斗中，静置，分出上层有机层。水层用10 mL乙醚萃取一次，合并有机层与萃取液，用无水 $MgSO_4$ 干燥。水浴蒸除乙醚后，改为空气冷凝管，蒸馏，收集151～156 ℃的馏分，预计产量3～3.5 g。

纯环己酮为无色液体，沸点155.7 ℃，折光率 $n_D^{20}=1.4507$。

[注释]

[1]温度不可太高，否则在后面的重铬酸钠加入时反应会过于剧烈。

[2]不可直接用温度计进行搅拌。可将温度计与一根搅拌棒用橡皮圈套在一起，插入溶液一端的搅拌棒要比温度计高出一些。

[3]这实际上是一种简化的水蒸气蒸馏，环己酮可与水形成二元恒沸混合物(沸点95 ℃，含环己酮38.4%，含水61.6%)。

[4]注意水的馏出量不宜过多，否则即使使用盐析，仍不可避免有少量环己酮溶于水而损失掉。

思考题

(1)欲通过乙醇氧化制备乙醛，应采取什么措施以避免进一步氧化成乙酸?

(2)实验用的重铬酸钠可否用重铬酸钾代替?为什么?

(3)实验为什么要严格控制反应温度在55～56 ℃?温度过高或过低有什么不好?

实验77　乙酸乙酯的制备

1. 实验概述

羧酸酯是一类用途十分广泛的有机化合物。由于许多酯具有芳香气味，例如乙酸乙酯具有菠萝香味，乙酸正丁酯具有梨的香味，丁酸甲酯具有苹果的香味等，所以许多酯常被用作化妆品和食品工业添加剂；许多高级二元酸酯因具有沸点高、挥发性小的优点，常用作增塑剂；油脂不仅可以作为食用油，而且是重要的工业原料。

羧酸酯一般都是由羧酸和醇在少量浓硫酸催化下作用制得：

$$RCOOH + R'OH \xrightleftharpoons{H_2SO_4} RCOOR' + H_2O$$

这里的浓硫酸是催化剂，它能促使上述可逆反应较快地达到平衡。除了浓硫酸以外，还可采用干燥的 HCl、有机强酸或阳离子交换树脂等。在制备甲酸酯时，因为甲酸本身是一个强酸，所以不需 H_2SO_4 等其他催化剂。酯化反应由于羧酸酯较易水解成羧酸和醇，因此在平衡时一般只有 2/3 的酸和醇转变为酯。为了获得较高产率的酯，通常都用增加酸或醇的用量以及不断地移去产物酯或水的方法来进行酯化反应。至于使用过量酸还是过量醇，则取决于原料来源难易和操作是否方便等因素。例如在制备乙酸乙酯时，是用过量的乙醇和乙酸作用，因为乙醇比乙酸便宜；在制备乙酸正丁酯时，则用过量的乙酸与正丁醇反应，因为乙酸比正丁醇容易得到。

除去酯化反应中的产物酯和水，一般都是借形成低沸点共沸物来进行，例如在制备乙酸乙酯时，酯和水能形成二元共沸混合物（沸点 70.4 ℃）比乙醇（78.5 ℃）和乙酸（117.9 ℃）的沸点都低，因此乙酸乙酯很容易被蒸出。在制备苯甲酸乙酯时，因为这个酯的沸点较高（213 ℃），很难蒸出，所以采用加入苯、环己烷、氯仿等，使乙醇和水与之组成一个三元共沸物，以除去反应中生成的水，使产率有所提高。因为苯的毒性大，不可轻易使用。在实验步骤中，加入环己烷，它与乙醇和水的三元共沸物的沸点为 62 ℃，很易从反应混合物中把水带出。

羧酸酯除了直接由酸和醇制备以外，还可以由酰氯、酸酐、腈和醇作用而得：

$$CH_3COCl + (CH_3)_3COH \xrightarrow[68\%]{R_3N} CH_3COOC(CH_3)_3 + HCl$$

$$(CH_3CO)_2O + (CH_3)_3COH \xrightarrow[60\%]{ZnCl_2} CH_3COOC(CH_3)_3 + CH_3COOH$$

$$C_6H_5CH_2CN + C_2H_5OH + H_2SO_4 + H_2O \longrightarrow C_6H_5CH_2COOC_2H_5 + NH_4HSO_4$$

反应式：

在浓 H_2SO_4 催化下，乙酸和乙醇反应生成乙酸乙酯：

$$CH_3COOH + C_2H_5OH \xrightleftharpoons[110\sim120\ ℃]{H_2SO_4} CH_3COOC_2H_5 + H_2O$$

副反应：

$$2C_2H_5OH \xrightarrow{浓\ H_2SO_4} C_2H_5—O—C_2H_5 + H_2O$$

2. 实验目的

①通过乙酸乙酯的制备，加深对酯化反应的理解；

②巩固液态有机物的洗涤、干燥与分离等操作。

3. 实验器材

（1）仪器　201 标准磨口合成仪，水浴锅，分液漏斗，蒸馏装置，水泵等。

（2）试剂　浓 H_2SO_4，饱和 Na_2CO_3 溶液，饱和 NaCl 溶液，饱和 $CaCl_2$ 溶液，$MgSO_4$（s，无水），冰 HOAc，95% 乙醇。

4. 实验方法

在 125 mL 三颈瓶中加入 3 mL 的 95% 乙醇，在冷水冷却下，一边振摇一边小心分批加入 5 mL 浓 H_2SO_4，混合均匀后[1]，加入几粒沸石。然后在烧瓶的一侧口装配一滴液漏斗，漏斗的下端应浸入液面以下，距瓶底 0.5 ~ 1 cm 处[2]，另一侧口插入一支温度计到液面以下；中间口装一分馏柱、蒸馏头、温度计及直形冷凝管；冷凝管末端连接接液管及锥形瓶，锥形瓶用冰水浴冷却。

加热使反应温度达 110 ℃，开始用滴液漏斗滴加 9 mL 的 95% 乙醇和 7.2 mL 的 (0.012 5 mol) 冰 HOAc 的混合液[3]，保持反应温度在 110 ~ 125 ℃。滴加完毕，继续加热约 10 min 直至温度升至 130 ℃，不再有油状馏出液为止。

在上述馏出液中除产物乙酸乙酯外，还有少量乙醇、乙醚、水和 HOAc。在摇动下向粗产物中加入饱和 Na_2CO_3 溶液以除去其中的 HOAc，至无 CO_2 放出，酯层对 pH 试纸呈中性。移入分液漏斗，充分摇振（注意及时放气）后静置，分去下层水层。酯层依次用等体积饱和 NaCl 溶液洗涤一次，饱和 $CaCl_2$ 溶液洗涤两次（以除去其中的乙醇）。分去水层，从漏斗上口将酯层转入干燥的锥形瓶中，用无水 $MgSO_4$ 干燥约 0.5 h。

将干燥后的粗产物进行蒸馏，收集 73 ~ 78 ℃馏分。预计产量 5 ~ 6 g。

纯乙酸乙酯为无色、透明具香味液体。沸点 77.06 ℃，折光率 $n_D^{20} = 1.372\ 3$。

[注释]

[1] 浓硫酸与乙醇必须充分混匀，以免在加热时因局部酸过浓而引起碳化。

[2] 若漏斗的下端不能浸入液面以下，可将漏斗的下端通过一橡皮管连接一个 J 形玻璃管伸到瓶内液面以下，距瓶底 0.5 ~ 1 cm 处；但橡皮管应位于反应瓶外。

[3] 控制滴加速度 1 滴/s，过快容易导致反应物来不及反应就随酯蒸出。

思考题

(1) 酯化反应有什么特点？在实验中，如何创造条件使酯化反应尽可能向生成物方向进行？

(2) 已知用 $RO^{18}H$ 和羧酸进行催化酯化时，O^{18} 全部在酯中，但用 $CH_2=CHCH_2O^{18}H$ 进行酯化时，发现有一些 O^{18} 在水中，有一些在酯中，试用反应式进行解释。

(3) 实验可能有哪些副反应？

(4) 用饱和 $CaCl_2$ 洗涤前，为什么一定要先用饱和 NaCl 洗涤？能否用水代替？

实验 78　乙酰乙酸乙酯的制备

1. 实验概述

具有 α-活泼氢的酯在碱性试剂的作用下，可与另一分子的酯发生缩合反应（Claisen 缩合），生成 β-羰基酸酯。如两分子乙酸乙酯在乙醇钠等碱性试剂作用下可缩合成乙酰乙酸乙酯，其反应历程如下：第一步是碱性试剂乙醇钠夺取酯分子中的一个 α-H，生成负碳离子：

$$CH_3COOC_2H_5 + C_2H_5O^- \longrightarrow {}^-CH_2COOC_2H_5 + C_2H_5OH$$

负碳离子进攻另一分子酯的羰基，生成乙酰乙酸乙酯：

$$CH_3COOC_2H_5 + {}^-CH_2COOC_2H_5 \longrightarrow CH_3COCH_2COOC_2H_5 + C_2H_5O^-$$

生成的乙酰乙酸乙酯再与碱作用，生成乙酰乙酸乙酯的钠盐：

$$CH_3\overset{\overset{\displaystyle O}{\|}}{C}CH_2COOC_2H_5 + C_2H_5O^- \rightarrow CH_3\overset{\overset{\displaystyle O}{\|}}{C}—\overset{-}{C}HCOOC_2H_5 + C_2H_5OH$$

反应完毕后用乙酸酸化就能得到乙酰乙酸乙酯。

乙酰乙酸乙酯分子中有一个活泼的亚甲基，该亚甲基上的氢原子受两个羰基的共同影响，具有较大的酸性，在强碱作用下易形成碳负离子，可发生烷基化或酰基化等一系列反应，例如，反应生成的衍生物再经成酮水解或成酸水解可制得取代甲基酮、二酮、取代乙酸、二元羧酸、酮酸及环状化合物等多种类型的化合物。所以乙酰乙酸乙酯在有机合成中占有非常重要的地位。乙酰乙酸乙酯广泛用于合成吡啶、吡咯、吡唑酮、嘧啶、嘌呤和环内酯等杂环化合物，还广泛用于药物合成。乙酰乙酸乙酯与多种苯胺缩合，可制成黄色颜料，用于油漆工业；与苯肼缩合生成的吡唑酮衍生物可进一步制造染料。

2. 实验目的

①通过乙酰乙酸乙酯的制备，加深对酯缩合反应的理解；

②进一步掌握无水操作；

③掌握金属钠的粉碎处理技术。

3. 实验器材

(1)仪器　201 标准磨口合成仪，水浴锅，减压蒸馏装置等。

(2)试剂　饱和 NaCl 溶液，Na，$MgSO_4$(s，无水)，$CaCl_2$(s，无水)，HOAc，二甲苯，乙酸乙酯。

4. 实验方法

在干燥的 100 mL 圆底烧瓶中[1]放入 2.5 g 金属 Na [2]和 12 mL 二甲苯，装上冷凝管，小心加热使 Na 熔融。稍冷后，拆去冷凝管，将烧瓶用橡皮塞子塞紧，用力来回振荡，即得细粒 Na 珠。稍经放置后 Na 珠即沉于瓶底，将二甲苯倾出(回收)，并迅速加入 25 mL 乙酸乙酯(预先充分干燥，但其中应含 1% ~3% 的乙醇[3])，重新装上冷凝管，并在其顶端装一 $CaCl_2$ 干燥管。反应立即开始，并有 H_2 泡逸出(若反应很慢，可稍温热)。待激烈的反应过后，用小火加热[4]，使反应液保持微沸状态，直至所有金属 Na 完全作用为止(约 1.5 h)。此时生成乙酰乙酸乙酯钠盐的桔红色透明溶液(可能还有饱和析出的乙酰乙酸乙酯钠盐的黄白色沉淀)。待反应液稍冷后，在振摇下加入 50% HOAc，直至反应液呈弱酸性(约需 15 mL)为止。此时，所有固体物质均已溶解。将反应液转入分液漏斗中，加入等体积的饱和 NaCl 溶液，用力振荡后，静置分层，分出粗乙酰乙酸乙酯，用无水 $MgSO_4$ 干燥。将干燥后的产物滤入蒸馏瓶中，在沸水浴上蒸去未作用的乙酸乙酯，将剩余液转入 25 mL 克氏蒸馏瓶进行减压蒸馏(避免常压蒸馏所造成的乙酰乙酸乙酯的分解），收集产物的馏分，产量约5 g。

纯乙酰乙酸乙酯为无色、具水果香味的液体，沸点180.4 ℃，折光率$n_D^{20}=1.419\ 2$。

乙酰乙酸乙酯沸点与压力关系如下表：

压力/mmHg	760	80	60	40	30	20	18	14	12
沸点/℃	181	100	97	92	88	82	78	74	71

［注释］

［1］实验成败的关键：所用仪器必须是干燥的，所用的乙酸乙酯必须是无水的。

［2］金属Na遇水易燃烧爆炸，在空气中易氧化，故在称量压丝和切成片的过程中，操作要迅速。

［3］这些存在于乙酸乙酯中的乙醇可与金属Na作用产生乙醇钠，即本实验中的催化剂。

［4］由于金属Na遇水易爆炸、燃烧，不宜用水浴加热。

思考题

（1）实验中加入50% HOAc溶液和饱和NaCl溶液的目的何在？

（2）无水操作时应注意哪些问题？为什么实验中要求无水操作？

（3）如何通过乙酰乙酸乙酯合成下列化合物？

① 2-庚酮；② 3-甲基-2-戊酮；③ 2,6-庚二酮

实验79 甲基橙的制备

1. 实验概述

芳香族伯胺在酸性介质中与亚硝酸钠作用生成重氮盐的反应叫重氮化反应。重氮盐是制取芳香族卤代物、酸及偶氮染料的中间体，在工业生产或实验室制备中都具有重要的价值。

偶氮染料可通过重氮盐与酚类或芳胺进行偶联反应来制备，其中，溶液pH值是影响反应速率的重要因素。

反应式：

$$H_2N\text{—}C_6H_4\text{—}SO_3H \xrightarrow{NaOH} H_2N\text{—}C_6H_4\text{—}SO_3Na$$

$$\xrightarrow[0\sim5\ ℃]{H_2SO_4+NaNO_2} [HO_3S\text{—}C_6H_4\text{—}\overset{+}{N}{\equiv}N]HSO_3^-$$

$$\xrightarrow[HCl]{C_6H_5N(CH_3)_2} [HO_3S\text{—}C_6H_4\text{—}N{=}N\text{—}C_6H_4\text{—}NH(CH_3)_2]^+Cl^-$$

$$\xrightarrow{NaOH} NaO_3S-C_6H_4-N=N-C_6H_4-N(CH_3)_2$$

2. 实验目的

①掌握重氮化反应和偶联反应；
②掌握甲基橙的合成方法。

3. 实验器材

(1)仪器　201标准磨口合成仪,水浴锅,分水装置等。

(2)试剂　1 mol·L^{-1} HCl溶液,NaOH(s),$NaNO_2$(s),H_2SO_4,乙醇,对氨基苯磺酸, N,N-二甲苯胺,刚果红试纸,淀粉-碘化钾试纸。

4. 实验方法

1)重氮盐的制备

称取0.5 g NaOH,放入盛有12 mL蒸馏水的烧杯中,使之溶解,再加入2.6 g对氨基苯磺酸,温热使溶。小心分次加入刚足够的$NaNO_2$约1 g[1],用冰水浴冷至0~5 ℃。将反应物在不断搅拌下慢慢地加入盛有2 mL的H_2SO_4、40 g碎冰和30 mL水的烧杯中[2]。保持反应体系呈酸性(用刚果红试纸检验),并控制反应温度在5 ℃以下。加料完毕后,在冰水浴中放置15 min以保证反应完全[3]。

2)偶联反应

将2 mL蒸馏过的N,N-二甲苯溶于2 mL的1 mol·L^{-1}HCl中,用冰水冷却至5 ℃,然后在不断搅拌下,将此溶液慢慢地加入到上述重氮盐溶液中,加完后,继续搅拌15 min,然后慢慢加入5% NaOH,至反应液由深红色变为橙黄色,溶液呈强碱性,可见片状粗甲基橙结晶沉淀出来(若反应液中含有未作用的N,N-二甲基苯胺盐酸盐,在加入NaOH后,就会有难溶于水的N,N-二甲基苯胺析出,影响产物的纯度。湿的甲基橙在空气中受光的照射后,颜色变深,故往往得到紫红色粗产品)。为了使沉淀较为完全,可再加入50 mL饱和NaCl溶液,冷却10 min后,抽滤,再依次用饱和NaCl溶液、乙醇洗涤、压干即得甲基橙粗产物。

若要制备较纯的甲基橙,可用沸水(每克粗产物约需25 mL水)进行重结晶。当粗产品溶于热水后,趁热过滤,待滤液冷却后,析出甲基橙结晶,抽滤。依次用少量乙醇、乙醚洗涤,可得片状橙色晶体。预计产量2.3~2.5 g。

[注释]

[1]$NaNO_2$用量不可过多,否则因生成亚硝基化合物和醌类化合物等副产物,使产品颜色加深。故采取分批加入的方法,并不时用碘化钾-淀粉试纸检验重氮化的终点。

[2]采用的是逆加法进行重氮化。一般难溶于酸的芳伯卤代物均适用此法。

[3]重氮苯磺酸往往呈微土白色晶体析出。这是因为重氮盐在水中可电离而形成难溶于冰水的中性内盐式结构($^{-}O_3S-C_6H_4-\overset{+}{N}\equiv N$)。

思考题

(1)实验为什么要在低温、强酸性条件下进行?

(2)实验如果改用下列操作程序:先将对氨基苯磺酸与浓硫酸混合,冷至适当温度时再滴加 $NaNO_2$ 进行重氮化,是否可行? 为什么?

实验 80 肉桂酸的制备

1. 实验概述

芳香醛和酸酐在碱性催化剂存在下,可发生类似羟醛缩合的反应。生成 α、β 不饱和芳香酸,称为 Perkin 反应。催化剂通常是用相应酸酐的羧酸钾或羧酸钠,有时也可用 K_2CO_3 或叔胺代替,典型的例子是肉桂酸的制备:

$$C_6H_5\text{—}CHO + (CH_3CO)_2O \xrightarrow[170\sim180\ ℃]{CH_3COOK} C_6H_5\text{—}CH{=}CH\text{—}COOH + CH_3COOH$$

碱的作用是促使酸酐的烯醇化,生成醋酸酐碳负离子,接着与芳醛发生亲核加成,最后,经 β-消去,产生肉桂酸盐。

肉桂酸又称桂皮酸,有顺式和反式两种异构体,顺式不稳定,通常以反式形式存在,为白色片状晶体,是重要的有机合成工业中间体之一,广泛用于医药、农药、香料、塑料和感光树脂等化工产品中。在医药工业中,用来制造“心可安”、局部麻醉剂、杀菌剂、止血药等;在农药工业中作为生长促进剂和长效杀菌剂而用于果蔬的防腐;肉桂酸至今仍是负片型感光树脂最主要的合成原料。肉桂酸在食品、化妆品、食用香精等领域也有广泛的应用。肉桂酸的各种酯(如甲、乙、丙、丁等)都可用作定香剂,用于饮料、冷饮、糖果、酒类等食品。肉桂酸本身也是一种香料,具有很好的保香作用,通常作为配香原料,可使主香料的香气更加清香浓郁。另外,由于肉桂酸的沸点较分子量相近的其他有机物高,因此也常作为香料中的定香剂使用。

2. 实验目的

①了解 Perkin 反应制备肉桂酸的原理及方法,进一步熟悉亲核加成反应;
②巩固水蒸气蒸馏实验操作;
③巩固固体有机化合物的提纯方法:脱色、重结晶。

3. 实验器材

(1)仪器 201 标准磨口合成仪,布氏漏斗,铁架台,加热套,水泵等。
(2)试剂 苯甲醛,无水 $CH_3COOK(s)$,饱和 Na_2CO_3 溶液,乙酸酐,浓 HCl,活性炭。

4. 实验方法

在 125 mL 三颈烧瓶中[1]加入 3 g 研细的无水 CH_3COOK, 5.0 mL 新蒸馏的苯甲醛[2],7.5 mL 乙酸酐,振荡使其混合均匀。三口烧瓶中间口接上空气冷凝管,两侧口用塞子塞上。

用加热套低电压加热使其回流,控制反应液呈微沸状态,反应 1.0 h。

取下三颈烧瓶,向其中加入 20 mL 水,再向其中加入 50 mL 饱和 Na_2CO_3 溶液,使溶液呈微碱性(用 pH 试纸检验),然后进行水蒸气蒸馏,至馏出液中无油珠为止。

卸下水蒸气蒸馏装置,向三颈烧瓶中加入少量活性炭,加热沸腾 5 min。然后进行热过滤。将滤液转移至干净的 200 mL 烧杯中,慢慢地用浓盐酸进行酸化至呈明显的酸性。再用冷水浴冷却。待肉桂酸晶体全部析出后,减压过滤。晶体用少量冷水洗涤,在 100 ℃以下干燥,预计产量 4 g。

纯肉桂酸的熔点为 133 ℃。

[注释]

[1]所用仪器必须是干燥的。因乙酸酐遇水可水解成乙酸,无水 CH_3COOK 遇水则失去催化作用。

[2]苯甲醛使用前必须蒸馏,因为久置后的苯甲醛易自动氧化成苯甲酸,这不但影响产率而且苯甲酸混在产物中不易除净,影响产物的纯度。

思考题

(1)苯甲醛和丙酸酐在无水的丙酸钾存在下相互作用得到什么产物?写出反应式?

(2)除去未反应的苯甲醛的常规实验方法有哪些?

(3)为什么碱化是用 Na_2CO_3,而不采用碱性更强的 NaOH?

实验 81 对甲苯磺酸的制备

1. 实验概述

对甲苯磺酸为白色针状或粉末状结晶,易溶于水、醇和醚,极易潮解,易使棉织物、木材、纸张等碳水化合物脱水而碳化,难溶于苯、甲苯和二甲苯等苯系溶剂。对甲苯磺酸广泛用于合成医药、农药、聚合反应的稳定剂及有机合成(酯类等)的催化剂。也用作医药、涂料的中间体和树脂固化剂。

磺化是有机化学中的重要反应,它与硝化、卤代反应不同,是可逆反应。本实验通过甲苯与浓 H_2SO_4 反应来制备对甲苯磺酸。

反应式:

$$CH_3-C_6H_5 + HOSO_3H \rightleftharpoons CH_3-C_6H_4-SO_3H\ (对位) + H_2O$$

副反应:

$$CH_3-C_6H_5 + HOSO_3H \rightleftharpoons CH_3-C_6H_4-SO_3H\ (邻位) + H_2O$$

2. 实验目的

①学习磺化反应的操作方法；
②加深学生对化学平衡移动的原理的理解和掌握。

3. 实验器材

(1)仪器　201 标准磨口合成仪,水浴锅,分水装置等。
(2)试剂　浓 HCl 溶液,浓 H_2SO_4($\rho = 1.84\ g \cdot cm^{-3}$),NaCl(s),甲苯。

4. 实验方法

在 50 mL 圆底烧瓶内放入 25 mL 甲苯,一边摇动烧瓶,一边缓慢地加入 5.5 mL 浓 H_2SO_4。用小火加热回流 2 h。静置,冷却反应物。将反应物倒入 60 mL 锥形瓶内,加入 1.5 mL 水,此时有晶体析出。用玻璃棒慢慢搅动,反应物逐渐变成固体。用布氏漏斗抽滤,用玻璃瓶塞挤压以除去甲苯和邻甲苯磺酸,预计粗产物 15 g。(实验到此约需 3 h)

若欲获得较纯的对甲苯磺酸,可进行重结晶。在 50 mL 烧杯里,将 12 g 粗产物溶于约 6 mL 水里。往此溶液里通入 HCl 气体[1],直到有晶体析出。在通 HCl 气体时,要采取措施,防止"倒吸"[2]。析出的晶体用布氏漏斗快速抽滤。晶体用少量浓 HCl 洗涤。用玻璃瓶塞挤压去水分,取出后保存在干燥器里。

纯对甲苯磺酸水合物为无色单斜晶体,熔点 96 ℃。对甲苯磺酸熔点 104 ~ 105 ℃。

[注释]

[1]此操作必须在通风橱内进行。产生 HCl 气体最常用的方法是:在广口圆底烧瓶里放入精盐,加入浓 HCl 至盖住 NaCl 表面。配一橡皮塞,钻三孔,一孔插滴液漏斗,一孔插压力平衡管,一孔插 HCl 气体导出管。滴液漏斗中放置 H_2SO_4。滴加浓 H_2SO_4,就产生 HCl 气体。

[2]为了防止"倒吸",可不用插入溶液中的玻璃管来引入 HCl 气体,而是使气体通过一略微倾斜倒悬的漏斗让溶液吸收,漏斗的边缘有一半浸入溶液中,另一半在液面之上。

思考题

(1)计算对甲苯磺酸的产率时应以何原料为基准?为什么?
(2)利用什么性质除去对甲苯磺酸中的邻位衍生物?

实验 82　内型-降冰片烯-顺-5,6-二羧酸酐的合成

1. 实验概述

含有一个活泼的双键或叁键的化合物(亲双烯体)与共轭二烯类化合物(双烯体)发生 1,4-加成,生成六元环状化合物的反应称为 Diels-Alder 反应,也称为双烯合成。

Diels-Alder 反应具有反应条件简单(通常在室温或在适当的溶剂中回流即可)、反应速度快、副反应少、收率高等特点,所以应用范围极为广泛,是合成环状化合物的一个非常重要的

方法,在有机实验中常利用这一反应合成六元环、桥环或骈合环化合物。Diels-Alder 反应还具有高度的立体专一性:1,4-环加成反应是立体定向的顺式加成,共轭双烯与亲双烯体的构型在反应中保持不变;当双烯体上有给电子取代基,亲双烯体上有不饱和基团如:—CO—,—COOH,—COOR,—CN,—NO_2 与烯键(或炔键)共轭时,优先生成内型(endo)加成产物。例如,环戊二烯与顺丁烯二酸酐的加成产物中内型体占绝对优势。

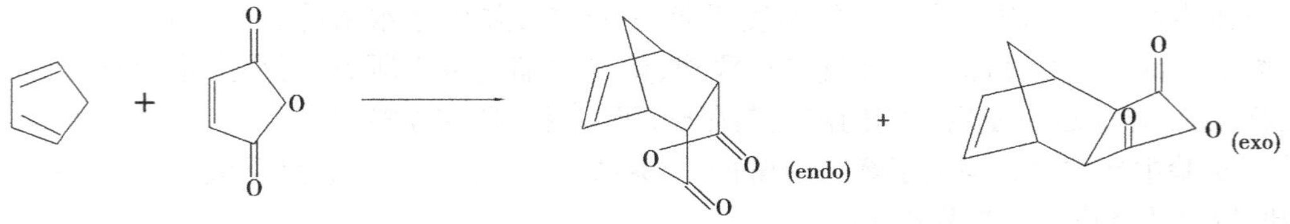

(endo) + (exo)

上述降冰片烯-顺 5,6-二酸酐很容易水解得到相应的二元酸:

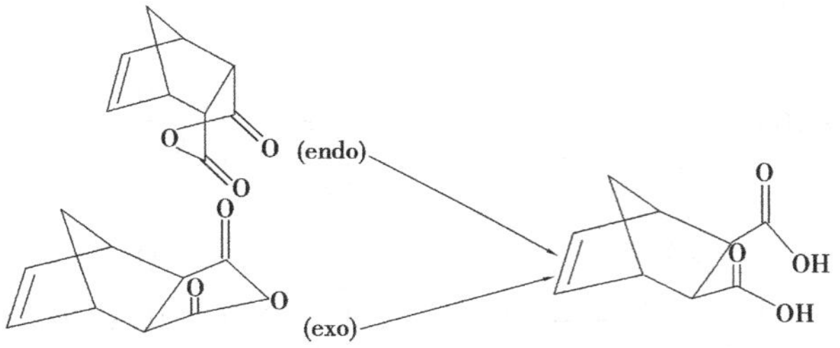

(endo) (exo) OH OH

2. 实验目的

①通过环戊二烯和顺丁烯二酸酐的加成(Diels-Alder 反应)验证环加成反应;
②熟练处理固体产物操作。

3. 实验器材

(1)仪器 201 标准磨口合成仪,布氏漏斗,铁架台,加热套等。
(2)试剂 顺丁烯二酸酐,乙酸乙酯,环戊二烯,石油醚。

4. 实验方法

在干燥的 50 mL 锥形瓶[1]中加入 2 g 顺丁烯二酸酐(0.02 mol)和 7 mL 乙酸乙酯,在水浴上温热溶解后加入 7 mL 石油醚(bp60 ~ 90 ℃),摇匀后置冰浴中冷却,此时可能有少许固体析出,但不影响反应。加入 2 mL 新蒸的环戊二烯(1.6 g,0.025 mol)[2]在冷水浴中摇振反应[3],待反应不再放热时,瓶中已有白色晶体析出。用水浴加热使晶体重新溶解,再慢慢冷却,得到白色针状结晶。抽滤收集晶体,干燥后产物重约 2 g,熔点 163 ~ 164 ℃。本实验约需 2.5 h。

[注释]

[1]环戊二烯与马来酸酐的加成反应应该在无水条件下进行,否则产物内型-降冰片烯-顺-5,6-二酸酐容易水解为内型的顺二羧酸,因此所用仪器和试剂必须干燥,并注意防止水或水汽进入反应系统。

[2]环戊二烯在室温下易聚合为二聚体,市售环戊二烯都是二聚体。二聚体在 170 ℃以上可解聚为环戊二烯,方法如下:将二聚体置于圆底烧瓶中,瓶口安装 30 cm 长的韦氏分馏柱,缓缓加热解聚。控制分馏柱顶的温度不超过 45 ℃,并用冰水浴冷却接收瓶,收集 40 ~ 42 ℃馏分。如果这样分馏所得环戊二烯浑浊,则是因潮气侵入所致,可用无水氯化钙干燥。馏出的环戊二烯应尽快使用。如确需短期存放,可密封放置在冰箱中。

[3]实验中环戊二烯与顺丁烯二酸酐的 Diels-Alder 加成反应为放热反应,必要时用冷水浴冷却,以防止环戊二烯挥发损失。

思考题

写出下列反应的产物:

(1) 1,3-丁二烯 + $CH_2=CH-CHO$ ⟶ ?　　(2) 环戊二烯 + 对苯醌 ⟶ ?

(3) 蒽 + 顺丁烯二酸酐 ⟶ ?　　(4) 环戊二烯 + $HO_2C-C\equiv C-CO_2H$ ⟶ ?

实验 83　二苯酮的制备

1. 实验概述

利用 Friedel-Crafts 酰基化反,芳烃在 Lewis 酸($AlCl_3$、$ZnCl_2$、$FeCl_3$、BF_3 等)的催化下与酰基化试剂(如酰卤、酸酐)反应,芳环上的氢被酰基取代,这是制备芳香酮的重要方法之一。在无水三氯化铝存在下,酰卤或酸酐与活泼的芳香化合物反应,可得到高产率的烷基芳香酮或二芳香酮。

反应式:

$$C_6H_6 + C_6H_5COCl \xrightarrow{AlCl_3} C_6H_5-\overset{O}{\overset{\|}{C}}-C_6H_5 + HCl$$

2. 实验目的

①了解二苯酮的制备方法,加深对 Friedel-Crafts 反应的理解;

②巩固重结晶、回流、蒸馏等操作技术。

3. 实验器材

(1)仪器　201 标准磨口合成仪,水浴锅,分液漏斗等。

(2)试剂　无水 $AlCl_3$,浓 HCl,$CaCl_2$(s,无水),无水苯,新蒸苯甲酰氯,5% NaOH 溶液,$MgSO_4$(s, 无水), 乙醚。

4. 实验方法

在三口瓶上[1]分别安装电动搅拌器、恒压滴液漏斗和冷凝管,在冷凝管上再安装一个氯化钙干燥管,后者再接气体吸收装置。

迅速称取 7.5 g 无水 $AlCl_3$[2],加入三口瓶中,再加入 30 mL 无水苯。在恒压滴液漏斗中加入 6 mL 的(7.3 g ,0.05 mol)新蒸的苯甲酰氯,开动搅拌,滴加苯甲酰氯,控制滴加速度,勿使反应过猛。加完后,在 50 ℃热水浴中加热回流至无 HCl 气体逸出(需 1.5 ~2 h),此时反应液为棕褐色。

在冷水浴冷却下,继续搅拌,慢慢滴加 25 mL 浓 HCl 和 50 mL 冰水的混合液,分解暗褐色的配合物[3],分解完后,改成蒸馏装置,在热水浴上蒸去苯,冷却后用乙醚萃取(15 mL ×2),合并醚层,分别用 15 mL 的 5% NaOH 溶液和 15 mL 水各洗一次,粗产物用无水 $MgSO_4$ 干燥。用热水浴蒸出乙醚。留下的固体用石油醚进行重结晶,可得纯的二苯酮。

纯的二苯酮(α 型)的熔点为 48.1 ℃。

[注释]

[1]仪器必须干燥,反应过程中必须保持体系干燥。

[2]$AlCl_3$ 称量和投料都要迅速,防止长时间暴露在空气中。

[3]如仍有碱式铝盐沉淀存在,可再加入适量 HCl 和冰水的混合液令其溶解。

思考题

(1)水和潮气对实验有什么影响?

(2)在 Friedel-Crafts 烷基化反应中 $AlCl_3$ 的用量很小,而在 Friedel-Crafts 酰基化反应中为什么需要大大过量?

实验 84　环己酮肟的制备

1. 实验概述

环己酮肟为白色晶体,微溶于水,可用作涂料、油漆、油墨防结皮剂;也可作为有机合成中间体,如通过 Beckmann 重排反应后可得到己内酰胺。

实验制备酮肟的方法是利用酮与羟胺盐酸盐反应。

反应式:

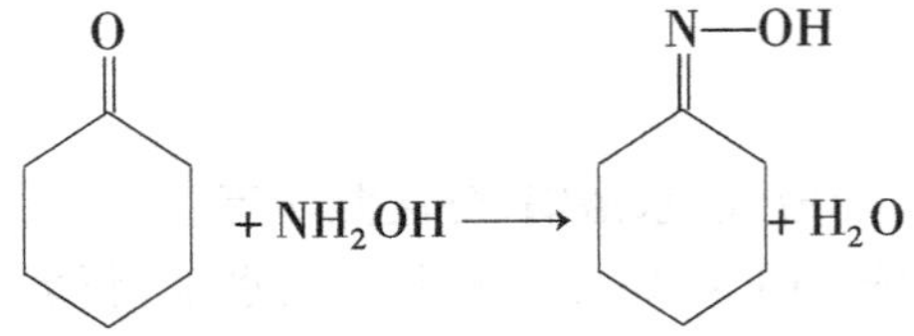

$$\text{环己酮} + NH_2OH \longrightarrow \text{环己酮肟(C=N—OH)} + H_2O$$

2. 实验目的

学习实验室制备酮肟的方法。

3. 实验器材

(1)仪器　201 标准磨口合成仪,水浴锅等。
(2)试剂　NaAc(结晶),羟胺盐酸盐,环己酮。

4. 实验方法

在 250 mL 锥形瓶中,放入 25 mL 水、3.5 g 羟胺盐酸盐及 5.0 g 结晶乙酸钠[1],温热(35 ~ 40 ℃)使之溶解。每次约 1 mL 分批加入 3.9 mL 的(3.6 g,0.036 5 mol)环己酮,边加边摇动锥形瓶,即有环己酮肟固体析出。加完后,为使反应进行得完全,用橡皮塞塞紧瓶口,用力振荡约 5 min,即可得白色粉末状环己酮肟[2]。把锥形瓶放入冰水浴中冷却。粗产物在布氏漏斗上抽滤,用少量水洗涤。抽干后,取出滤饼,放在空气中晾干。干燥后环己酮肟为白色晶体,预计产量 3 ~ 4 g。此产物可直接用于贝克曼重排实验。

纯环己酮肟为白色棱柱状晶体,熔点 90 ℃。

[注释]

[1]羟胺只能存在于水溶液中,得不到纯的羟胺。通常以羟胺的无机盐与可溶性的弱酸盐在水溶液中反应,游离出羟胺。

[2]若此时环己酮肟呈白色小球状,则表明反应不完全,需继续振荡。

思考题

(1)为什么把反应混合物先放到冰水浴中冷却后再过滤?
(2)粗产物抽滤后,用少量水洗涤除去什么杂质?用水量的多少对产物有什么影响?

实验 85　对氨基苯甲酸的制备

1. 实验概述

对氨基苯甲酸是合成维生素 B_{10} 的组分之一,也是合成局部麻醉剂普鲁卡因(A)、苯佐卡因(B)的中间体。

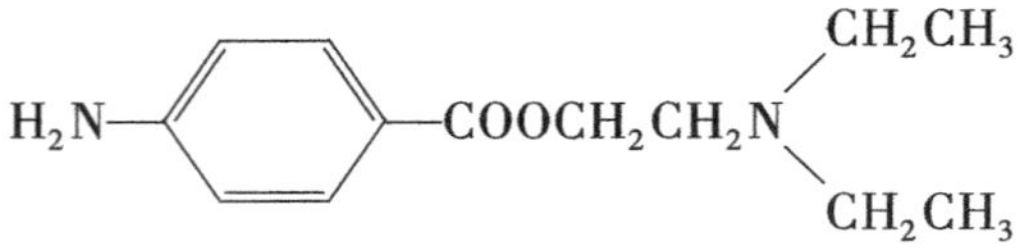

$$H_2N-C_6H_4-COOCH_2CH_2N(CH_2CH_3)_2 \qquad (A)$$

$$H_2N-C_6H_4-COOCH_2CH_3 \qquad (B)$$

本实验以对甲苯胺为原料，经酰化、氧化、水解反应合成对氨基苯甲酸。

反应式：

$$p\text{-}CH_3C_6H_4NH_2 \xrightarrow[CH_3COONa]{(CH_3CO)_2O} p\text{-}CH_3C_6H_4NHCOCH_3 + CH_3COOH$$

$$p\text{-}CH_3C_6H_4NHCOCH_3 + 2KMnO_4 \longrightarrow p\text{-}KOOCC_6H_4NHCOCH_3 + 2MnO_2 + H_2O + KOH$$

$$p\text{-}KOOCC_6H_4NHCOCH_3 + H^+ \longrightarrow p\text{-}HOOCC_6H_4NHCOCH_3$$

$$p\text{-}HOOCC_6H_4NHCOCH_3 + H_2O \xrightarrow{H} p\text{-}HOOCC_6H_4NH_2 + CH_3COOH$$

2. 实验目的

①了解局部麻醉剂的合成路线；

②掌握对氨基苯甲酸的合成方法。

3. 实验器材

（1）仪器　201 标准磨口合成仪，水浴锅等。

（2）试剂　HCl 溶液，活性炭，H_2SO_4 溶液，10% $NH_3 \cdot H_2O$，NaOAc（结晶），$KMnO_4$(s)，$MgSO_4$（晶体），乙醇，醋酸酐，对甲苯胺。

4. 实验方法

(1)对甲基乙酰苯胺　在500 mL烧杯中，加入7.5 g对甲苯胺、175 mL水和7.5 mL浓HCl，搅拌使溶解。加入适量活性炭进行脱色，然后过滤。另将12 g结晶醋酸钠溶于20 mL水，配成醋酸钠溶液，待用。

将经脱色后的HCl对甲苯胺溶液加热至50 ℃，加入8 mL醋酸酐，并立即加入上述醋酸钠溶液，充分搅拌后，将混合物置于冰浴中冷却，并用少量冷水洗涤，得白色对甲基乙酰苯胺固体，抽滤干燥。

(2)对乙酰氨基苯甲酸　在600 mL烧杯中，加入7.5 g对甲基乙酰苯胺、20 g结晶硫酸镁和350 mL水，将混合物在水浴上加热到约85 ℃。同时将20.5 g $KMnO_4$溶于70 mL沸水中，配成溶液待用。

在充分搅拌下，将热的$KMnO_4$溶液在30 min内分批加到对甲基乙酰苯胺的混合物中；加完后，继续搅拌15 min，保持温度85 ℃。混合物变成深棕色，趁热滤去二氧化锰沉淀，并用少量热水洗涤。若滤液呈紫色，可加入2～3 mL乙醇煮沸，直至紫色消失，将滤液再用折叠滤纸过滤一次，冷却。

在上述滤液中加入20% H_2SO_4进行酸化，至溶液呈酸性，过滤，压干，可得白色对乙酰氨基苯甲酸固体，称量。

(3)对氨基苯甲酸　将上述湿产物按每克湿产物用5 mL的18% HCl进行水解。将混合液置于250 mL圆底烧瓶中，缓慢加热回流30 min。待反应液冷却后，加入30 mL冷水，然后用10% $NH_3 \cdot H_2O$中和，至反应液对石蕊试纸呈碱性(注意氨水不能过量)。然后按每30 mL最终溶液1 mL醋酸的量加入醋酸，充分摇振后于冰浴中冷却结晶，抽滤，干燥，称重，计算产率。

纯对氨基苯甲酸的熔点为186～187 ℃。

思考题

(1)对甲苯胺用醋酸酐酰化反应中加入醋酸钠的目的何在？

(2)对甲基乙酰苯胺用$KMnO_4$氧化时，为何要加入$MgSO_4$晶体？

实验86　阿斯匹林及扑炎痛的制备

1. 实验概述

阿斯匹林，学名乙酰水杨酸，是由水杨酸和乙酸酐反应而成，广泛用于解热止痛；扑炎痛，化学名为乙酰水杨酸对乙酰氨基苯酚酯，是一种较新的解热镇痛热，可用于感冒发烧、头痛、风湿性关节炎、牙痛及神经痛。与阿斯匹林相比，扑炎痛对胃肠道刺激性小，毒性较低。

反应式：

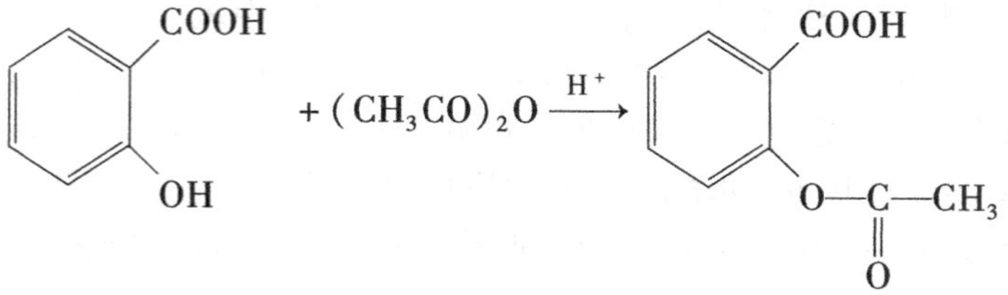

$$\text{C}_6\text{H}_4(\text{COOH})(\text{OH}) + (CH_3CO)_2O \xrightarrow{H^+} \text{C}_6\text{H}_4(\text{COOH})(O-\underset{\underset{O}{\|}}{C}-CH_3)$$

乙酰水杨酸(阿斯匹林)

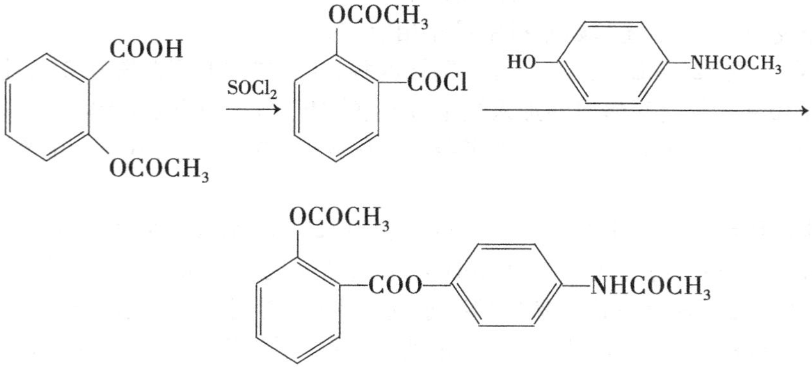

$$\text{C}_6\text{H}_4(\text{COOH})(\text{OCOCH}_3) \xrightarrow{SOCl_2} \text{C}_6\text{H}_4(\text{OCOCH}_3)(\text{COCl}) \xrightarrow{HO-C_6H_4-NHCOCH_3} \text{C}_6\text{H}_4(\text{OCOCH}_3)-COO-C_6H_4-NHCOCH_3$$

扑炎痛

副反应:

$$\text{C}_6\text{H}_4(\text{COOH})(\text{OH}) \xrightarrow{H^+} -O-C_6H_4-\underset{\underset{O}{\|}}{C}-O-C_6H_4-\underset{\underset{O}{\|}}{C}-O-C_6H_4-\underset{\underset{O}{\|}}{C}-O- + H_2O$$

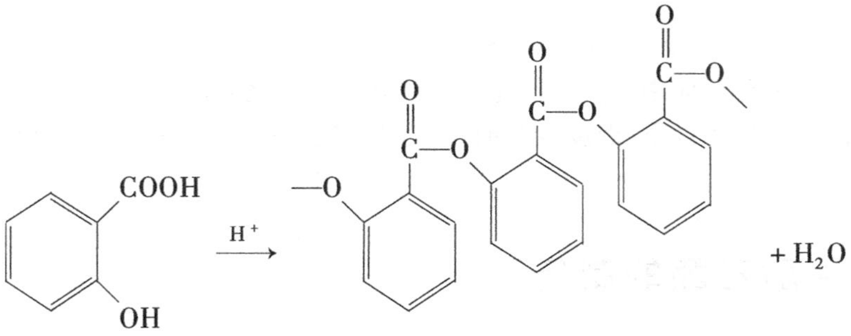

2. 实验目的

学习实验室制备阿斯匹林及扑炎痛的方法。

3. 实验器材

(1)仪器　201 标准磨口合成仪,水浴锅,布氏漏斗等。

(2)试剂　浓 H_2SO_4,浓 HCl 溶液,NaOH,饱和 $NaHCO_3$ 溶液, 1% $AgNO_3$ 溶液,水杨酸,无水乙醇,醋酸酐,二氯亚砜,对乙酰氨基苯酚,二甲基甲酰胺。

4. 实验方法

(1)阿斯匹林的制备　在 125 mL 三颈瓶中加入 5 mL 醋酸酐[1]和 5 滴浓 H_2SO_4 溶液,在搅拌下加入 2.0 g 水杨酸,同时慢慢升温至水浴温度 85 ~ 90 ℃,反应 5 ~ 10 min。冷却结晶,抽滤，用冷水洗涤3次，即得粗品阿斯匹林，将其转移至表面皿上，在空气中风干。

称2 g粗产物放入150 mL烧杯中，在搅拌下加入25 mL饱和Na_2CO_3溶液（以除去副产物聚合物），加完后继续搅拌几分钟，至无CO_2气泡产生。过滤，用5～10 mL水洗涤，然后将滤液倒入预先盛有4～5 mL浓HCl和10 mL水配成溶液的烧杯中，搅拌。将烧杯置于冰浴中冷却，待结晶完全后，过滤，压干，再用冷水洗涤2～3次，抽干水分。将结晶转移至表面皿上干燥。

若要得到更纯的产品，可进一步用乙酸乙酯重结晶。

若要继续合成扑炎痛，可将上述起始原料用量作相应放大。

（2）扑炎痛的制备　在125 mL三颈瓶中加入阿斯匹林20 g、二甲基甲酰胺0.2 g，控制反应温度小于30 ℃，将16 g二氯化砜慢慢滴加入瓶中，产生的HCl气体，用碱液吸收[2]，滴加完毕后，升温至65 ℃，继续反应30 min，蒸馏除去多余二氯化亚砜，冷却，加入10 mL甲苯，得一无色透明状液体。

将上述透明液体转移至滴液漏斗中，并在1 h内滴加到120 mL水、1 g NaOH、17.8 g对乙酰氨基苯酚形成的溶液中，控制温度在0～5 ℃，pH＞13.5，然后反应30 min[3]。抽滤，滤饼用10 mL的10% NaOH溶液浸润洗涤一次。然后用冷水洗至中性，再用冷蒸馏水洗至无氯离子（用$AgNO_3$溶液检验），得粗品扑炎痛。然后按粗品：无水乙醇：活性炭＝1:8:0.05比例投料，在70 ℃下脱色20 min，趁热过滤，冷至5 ℃，过滤出固体，真空干燥，可得纯扑炎痛。称重、计算产率。熔点117～180 ℃。

［注释］

［1］乙酸酐应是新蒸的，收集139～140 ℃馏分。

［2］在制备扑炎痛的酰氯化反应中产生的氯化氢气体必须用碱性溶液吸收。

［3］中间产物和产品在碱性条件下，温度较高时易水解，注意控制反应液的pH值和反应时间。

实验87　苯甲酸乙酯的制备

1. 实验概述

本实验以苯甲酸和乙醇为原料，浓硫酸为催化剂，用直接酯化法制备苯甲酸乙酯（得到的产品可用作制备三苯甲醇的原料）。酯化反应中加入环己烷进行共沸除水，以提高反应产率。

反应式：

$$C_6H_5COOH + C_2H_5OH \xrightarrow[C_6H_{12}]{H_2SO_4} C_6H_5COOC_2H_5 + H_2O$$

2. 实验目的

学习直接酯化法制备苯甲酸乙酯的方法。

3. 实验器材

（1）仪器　201标准磨口合成仪，水浴锅，分水装置等。

(2)试剂　浓 H_2SO_4 溶液，$NaCO_3(s)$，$CaCl_2$(s，无水)，环已烷，95%乙醇，乙醚，苯甲酸，pH 试纸。

4. 实验方法

(1)酯化反应　在 100 mL 圆底烧瓶中，放入 6.1 g 的(0.05 mol)苯甲酸、15 mL 的 95% 乙醇、20 mL 环已烷和 2 mL H_2SO_4。摇匀后加入沸石再装置水分离器。水分离器上端接一回流冷凝管。

将烧瓶放在水浴上加热回流，开始时回流速度要慢，随着回流的进行，苯甲酸逐渐溶解，水分离器中出现上、下两层液体[1]，且下层逐渐增多，当下层高度距分水器支管约 20 mm 时，开启活塞，让它慢慢流入 10 mL 量筒中并保存。回流经 1.5 h 后，从冷凝管滴下的回流液中不再有小水珠落入下层，上层液体变得十分澄清，此时可认为酯化反应已经完成。从分水器分出的下层溶液总共约 14 mL。

(2)产物的分离纯化　继续用水浴加热，使多余的乙醇和环已烷蒸至水分离器中，当充满时可由活塞放出，注意放时要移去火源。

将瓶中残留物倒入盛有 60 mL 冷水的烧杯中，在搅拌下分批加入约 3 g $NaHCO_3$ 粉末[2]，直至中和到无 CO_2 气体产生(用 pH 试纸检验至呈中性)。将此中和液转移到 125 mL 分液漏斗中，分出粗产物[3]，用 15 mL 乙醚萃取水层。将乙醚液和粗产物合并，用无水 $CaCl_2$ 干燥。先用水浴蒸去乙醚，再蒸馏(石棉网加热)收集 210～213 ℃的馏分，也可用水泵进行减压蒸馏(124～126 ℃/80 mmHg)，产量约 5 g(产率 80%)[4]。

纯粹苯甲酸乙酯的沸点为 213 ℃，折光率 $n_D^{20}=1.500\ 1$。

[注释]

[1]由反应瓶中蒸出的馏出液为非均相三元共沸物，沸点和组成如下：

沸点(760 mmHg)/℃			共沸物质量分数/%		
水	乙醇	环已烷	水	乙醇	环已烷
100	78.3	80.8	4.8	19.7	75.5

它从冷凝管流入水分离器后分为两层。上、下两层的如下：

组　成	体积分数(15 ℃)/%		
	环已烷	乙醇	水
环已烷层(上)	94.6	5.20	
水层(下)	71.4	18.2	10.4

[2]在研细后分批加入，否则会产生大量泡沫而使液体溢出。

[3]若粗产物与水分层不清，或含有絮状物难以分层，可加些细盐溶入其中，使酯盐析出来，也可直接用 15 mL 乙醚萃取出粗产物，水层再用 15 mL 乙醚提取一次。

[4]实验也可按下列步骤进行：将 12.2 g 苯甲酸，36 mL 的 95% 乙醇、4 mL 浓 H_2SO_4 混

合均匀。加热回流 3 h 后，改成蒸馏装置。蒸去乙醇后处理方法同上，若用无水乙醇，可提高产率。

思考题

(1)为何酯化反应之初回流速度要慢？

(2)用 $NaHCO_3$ 中和的目的何在？能否改用 NaOH 中和？

(3)在分液漏斗中分离粗产品时哪一层是有机层？若用盐析法，有机层在何层？

(4) $CaCl_2$ 可用来干燥苯甲酸乙酯，能否用它来干燥乙酸乙酯？

(5)计算实验中应该共沸蒸出的水的总量。在分水器中的下层是否为纯水？上层的主要组分是何物？

(6)若不用分水器装置，试计算至少要用多少环己烷才能带出该实验中的全部水量？

(7)若分水器的侧管口径太细，使用中容易发生什么问题？

(8)若水在分水器中处于上层而不是下层，该如何设计此种分水器？

(9)从手册中查出含有水和乙醇的其他各种三元共沸物(Ternary Azeotrope)。

实验 88　己二酸的合成

1. 实验概述

羧酸是重要的有机化工原料。氧化法是制备羧酸的常用方法。烯、醇、醛和酮在适当的氧化剂作用下均能氧化成对应的羧酸，所用的氧化剂有硝酸、高锰酸钾、重铬酸钾—硫酸，过氧化氢等。

己二酸可由环己醇或环己酮氧化制备，因所涉及的氧化反应为放热反应，所以反应过程中温度的控制至关重要。若反应失控，则不仅产率降低，而且有发生爆炸的危险。

己二酸又名肥酸，英文名称：Adipic Acid(简称 AA)；分子式 $C_6H_{10}O_4$。己二酸是一种重要的有机二元酸，可用于生产润滑剂、增塑剂(如己二酸二辛酯)；在有机合成工业中，己二酸是合成己二腈、己二胺的基础原料；己二酸最主要的用途是合成尼龙-66 纤维和尼龙 66 树脂、聚氨酯泡沫塑料；此外，己二酸还可用于医药等方面，用途十分广泛。

反应式：

$$3\,\text{(环己醇, OH)} + 8HNO_3 \longrightarrow 3HOOC(CH_2)_4COOH + 8NO + 7H_2O$$

$$8NO \xrightarrow{4O_2} 8NO_2$$

2. 实验目的

①掌握己二酸的实验室制备方法；

②掌握气体吸收的操作方法。

3. 实验器材

(1)仪器　201 标准磨口合成仪,分液漏斗,布氏漏斗,油泵等。
(2)试剂　HNO_3,NH_4VO_3,环己醇。

4. 实验方法

在 100 mL 的三颈瓶中,加 50% HNO_3 7.2 mL 和一小粒 NH_4VO_3[1]。瓶口分别安装温度计、回流冷凝管和滴液漏斗。冷凝管上端接一气体吸收装置,用碱液吸收反应中产生的 NO_2 气体[2],滴液漏斗中加入 2.4 mL(2.2 g,0.022 mol)环己醇(切勿与浓硝酸用同一量筒量取,以免发生意外。另外,为减少转移时的损失,可用少量水冲洗量筒,并入滴液漏斗中)。

将三颈瓶在水浴中预热到 50 ℃左右,移去水浴,先滴入 5 ~ 6 滴环己醇,并加以摇振。反应开始后,控制滴加速度,缓慢滴入其余的环己醇(约需 15 min),使反应温度维持在 55 ℃左右,并不时摇振。滴加完毕后,再用沸水浴加热 10 min。将反应物用冷水浴冷却,静置结晶,析出的晶体在布氏漏斗上进行抽滤,用滤液洗出烧瓶中剩余的晶体。用少量冰水洗涤,抽滤。晶体再用少量冰水洗涤,再抽滤。取出产物,用水浴烘干。预计产量 1.4 g。

纯己二酸为白色棱状晶体,熔点 153 ℃。

[注释]

[1]钒酸铵$(NH_4)_3VO_4$ 为催化剂,市售者一般为偏钒酸铵 NH_4VO_3。
[2]NO_2 为有毒的致癌物质,应避免逸散室内。装置应严密,最好在通风橱中进行实验。

思考题

在实验中,为什么必须严格控制环己醇的滴加速度和反应温度?

实验 89　乙酸异戊酯的制备

1. 实验概述

羧酸酯是一类用途广泛的化合物,在工业和商业上大量用作溶剂,羧酸酯最重要的制备方法是在酸催化下,由羧酸和醇直接酯化而得,常用的催化剂有浓 H_2SO_4、HCl、强酸性离子交换树脂。

由于酯化是一个可逆反应,为了使平衡向酯方向移动,可将生成的水或酯连续蒸出;或采用过量的醇或酸,提高酯的产率。

本实验用浓 H_2SO_4 作催化剂,用醋酸和异戊醇制备乙酸异戊酯:

$$CH_3COOH + (CH_3)_2CHCH_2CH_2OH \rightleftharpoons CH_3CO_2CH_2CH_2CH(CH_3)_2 + H_2O$$

为了提高酯的产率,在反应时加入过量的冰 HOAc。

2. 实验目的

学习羧酸酯的制备原理和方法。

3. 实验器材

(1)仪器　201 标准磨口合成仪，水浴锅，分液漏斗，蒸馏装置，水泵等。

(2)试剂　浓H_2SO_4溶液，饱和Na_2CO_3溶液，饱和 NaCl 溶液，$MgSO_4$(s，无水)，冰 HOAc，异戊醇。

4. 实验方法

在一干燥的 50 mL 圆底烧瓶中加入 7.2 mL(0.067 mol)异戊醇和 8.3 mL 冰 HOAc，摇动下慢慢加入 2 mL 浓 H_2SO_4，充分摇匀，放入几粒沸石，装上回流冷凝管，将混合物用小火加热至回流，然后继续加热反应 1 h。

冷却混合物，小心转入分液漏斗中，用冷水洗涤两次，每次 15 mL，分去下层水层，有机相再用饱和 Na_2CO_3 溶液洗涤一次或多次，每次用 5 mL，以除去粗酯中少量的 HOAc 杂质(因洗涤时有大量气体产生，故开始时不要塞住分液漏斗。摇荡漏斗至无明显的气泡后再塞住摇振，并注意及时放气)，至水溶液对 pH 试纸呈碱性为止。然后再用 8 mL 饱和的 NaCl 水溶液洗涤一次。分去水层，酯层转入一干燥的锥形瓶中，用无水 $MgSO_4$ 干燥，将干燥后的粗产物滤入装有沸石的蒸馏瓶中，蒸馏，收集 138 ~ 143 ℃馏分，预计产量 6 g。

纯乙酸异戊酯的沸点为 142.5 ℃，折光率 $n_D^{20} = 1.400\,3$。

思考题

(1)实验为何要用过量的冰 HOAc？若用过量的异戊醇有什么不好？

(2)在实验中各步洗涤的目的何在？

实验 90　呋喃甲醇和呋喃甲酸的制备(设计性实验)

1. 实验要求

以呋喃甲醛为原料，合成 3 ~ 4 g 呋喃甲醇(沸点 169 ~ 172 ℃，$n_D^{20} = 1.486\,5 \sim 1.486\,8$)，3 ~ 4 g 呋喃甲酸(熔点 133 ~ 134 ℃)。

2. 实验提示

凡是 α-位碳原子无活泼氢的醛类和浓的强碱溶液作用时，均发生分子间的自氧化还原反应：一分子醛被氧化成羧酸(在碱性溶液中成为羧酸盐)，另一分子醛则被还原成醇，这一反应称为 Cannizzaro 反应。可利用这一反应，由呋喃甲醛制备呋喃甲醇和呋喃甲酸：

CHO　O　$\xrightarrow{NaOH}$　CH_2OH　+　COONa

6　基本物理量与物化参数的测定

实验 91　化学反应焓变的测定

1. 实验概述

化学反应通常是在等压条件下进行的，此时化学反应的热效应叫做等压热效应 Q_p。在化学热力学中，则用反应体系焓 H 的变化量 ΔH 来表示，称为焓变。为了有一个比较统一的标准，通常规定 100 kPa 为标准态压力，记为 $p^{\ominus}$，上标“$\ominus$”表示标准状态。体系中各固体、液体物质为处于 $p^{\ominus}$ 下的纯物质，气体为 $p^{\ominus}$ 下表现出理想气体性质的纯气体的状态，称为热力学标准态。在标准状态下化学反应的焓变称为化学反应的标准焓变，用 $\Delta_r H^{\ominus}$ 表示，下标“r”表示一般的化学反应。在实际工作中，许多重要的数据都是在 298. 15 K 下测定的，故化学反应的焓变通常记为 $\Delta_r H^{\ominus}(298.15\ \mathrm{K})$。

本实验是测定锌粉和硫酸铜溶液反应的化学反应焓变：

$$\mathrm{Zn(s) + CuSO_4(aq) = ZnSO_4(aq) + Cu(s)}$$

$$\Delta_r H_m^{\ominus}(298.15\ \mathrm{K}) = -217\ \mathrm{kJ \cdot mol^{-1}}$$

在这个热化学方程式中，$\Delta_r H_m^{\ominus}(298.15\ \mathrm{K})$ 表示：在标准状态、298. 15 K 时，发生一个单位的反应（即 1 mol 的 Zn 与 1 mol 的 $CuSO_4$ 发生置换反应生成 1 mol 的 $ZnSO_4$ 和 1 mol 的 Cu）时，化学反应的焓变，称为 298. 15 K 时化学反应的标准摩尔焓变，其单位为 $\mathrm{kJ \cdot mol^{-1}}$。

测定化学反应热效应的仪器称为量热计。对于一般溶液反应的摩尔焓变，可用图 91. 1 所示的“保温杯式”量热计来测定。

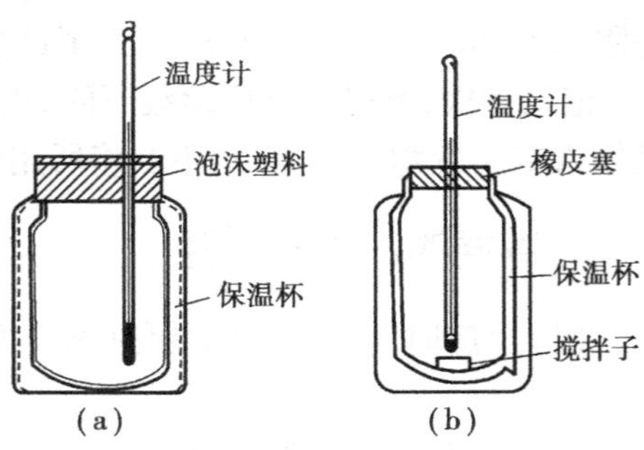

图 91. 1　简易量热计示意图

实验中，若忽略量热计的热容，则可根据已知溶液的比热容、溶液的密度、浓度、实验中所取溶液的体积和反应前后溶液的温度变化，求得上述化学反应的摩尔焓变。其计算公式如下：

$$\Delta_r H_m\{(273.15 + t)\mathrm{K}\} = -\Delta T \cdot c \cdot \rho \cdot V \cdot \frac{1}{n} \cdot \frac{1}{1\ 000}$$

式中　$\Delta_r H_m$——在实验温度为 $(273.15 + t)$ K 时的化学反应摩尔焓变，$\mathrm{kJ \cdot mol^{-1}}$；

ΔT——反应前后溶液温度的变化，K；

c——$CuSO_4$ 溶液的比热容,$J \cdot g^{-1} \cdot K^{-1}$;

ρ——$CuSO_4$ 溶液的密度,$g \cdot L^{-1}$;

V——$CuSO_4$ 溶液的体积,mL;

n——$CuSO_4$ 溶液中 $CuSO_4$ 的物质的量,mol。

2. 实验目的

①了解测定化学反应焓变的原理,学会测定化学反应焓变的方法;

②熟练掌握精密温度计的正确使用。

3. 实验器材

(1)仪器　台天平,量热器,精密温度计(-5~+50 ℃,0.1 ℃刻度),50 mL 移液管,洗耳球,移液管架,磁力搅拌器,称量纸。

(2)试剂　0.200 0 $mol \cdot L^{-1}$ $CuSO_4$ 溶液[1],Zn 粉(AR)。

4. 实验方法

用台天平称取 Zn 粉 3.5 g。用 50 mL 移液管准确移取 200.00 mL　0.200 0 $mol \cdot L^{-1}$ $CuSO_4$,注入已经洗净并擦干的量热计中,盖紧盖子(盖子中央插有一支 0.1 ℃刻度的精密温度计)。

将量热计置于磁力搅拌器上,旋转搅拌子(转速一般为 200~300 $r \cdot min^{-1}$),每隔0.5 min 记录一次温度数值,直至量热计内 $CuSO_4$ 溶液与量热计温度达到平衡,温度计指示的数值保持不变为止(一般约需 3 min)。

开启量热计的盖子,迅速向 $CuSO_4$ 溶液中加入预先称量好的 3.5 g Zn 粉,迅速盖紧盖子,每隔 0.5 min 记录一次温度,待升至最高温度后,继续测定并记录 3 min 的数据,仍是每隔 0.5 min 记录一次,此时温度应缓缓下降,也可能基本维持不变,停止测定,将量热计中反应后的溶液倒入专用废物桶中,注意不要将所用的搅拌子丢失。

5. 数据的记录与处理

(1)反应时间与温度的变化(每 0.5 min 记录一次)

室温 t ____________/℃

$CuSO_4$ 溶液的浓度 $c(CuSO_4)$____________/$mol \cdot L^{-1}$

$CuSO_4$ 溶液的密度 $\rho(CuSO_4)$____________/$g \cdot L^{-1}$

反应进行的时间 t/min	
温度计指示值 t/℃	
温度 T/(273.15 + t)K	

$CuSO_4$ 溶液的比热容 $c = 4.18\ J \cdot g^{-1} \cdot K^{-1}$

(2)作图求 ΔT

由于量热计并非严格绝热，在实验时间内，量热计不可避免地会与环境发生少量热交换。采用作图外推的方法（见图91.2），可适当地消除这一影响。

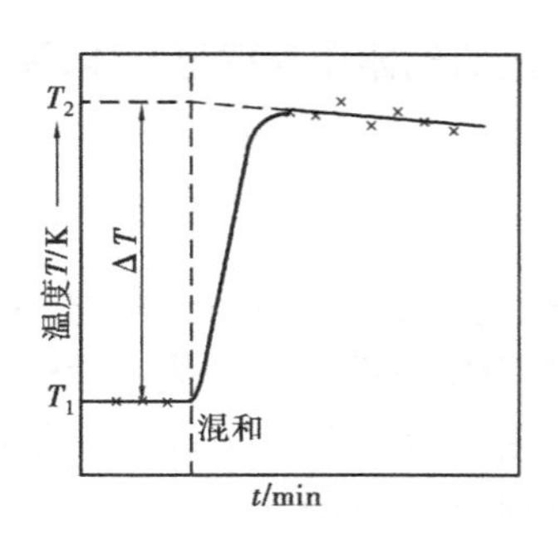

图91.2　反应时间、温度变化的关系

（3）计算实验误差，并分析误差产生的原因。

[注释]

[1]0.200 0 mol·$L^{-1}$$CuSO_4$溶液的配制与标定：

①取比所需量稍多的分析纯级$CuSO_4 \cdot 5H_2O$晶体于一干净的研钵中研细后，倒入称量瓶或蒸发皿中，再放入电热恒温干燥箱中，在低于60 ℃的温度下烘1～2 h，取出，冷至室温，放入干燥器中备用。

②在分析天平上准确称取研细、烘干的$CuSO_4 \cdot 5H_2O$晶体49.936 g于1只250 mL的烧杯中，加入约150 mL的去离子水，用玻棒搅动使其完全溶解，再将该溶液倾入1 000 mL容量瓶中，用去离子水将玻棒及烧杯漂洗2～3次，洗涤液全部注入容量瓶中，最后用去离子水稀释到刻度，摇匀。

③取该$CuSO_4$溶液25.00 mL于250 mL锥形瓶中，将pH调到5.0，加入10 mL $NH_3 \cdot H_2O$-NH_4Cl缓冲溶液，加入8～10滴PAR指示剂*，4～5滴次甲基蓝指示剂，摇匀，立即用EDTA标准溶液滴定到溶液由紫红色转为黄绿色时为止。

* PAR指示剂，化学名称为4-(2-吡啶偶氮)间苯二酚，结构式为：

$$\text{(吡啶基)}-N{=}N-C_6H_3(CH)(CH)$$

思考题

（1）为什么本实验所用$CuSO_4$溶液的浓度和体积必须准确，而实验中所用Zn粉则用台称称量？

（2）在计算化学反应焓变时，温度变化ΔT的数值，为什么不采用反应前（$CuSO_4$溶液与Zn粉混合前）的平衡温度值与反应后（$CuSO_4$溶液与Zn粉混合）的最高温度值之差，而必须采用t-T曲线上由外推法得到的ΔT值？

（3）本实验中对所用的量热计、温度计有什么要求？是否允许有残留的洗液或水在反应器内？为什么？

实验92　量热法测定萘的燃烧热

1.实验概述

量热法是热化学测量的一个基本实验方法。在通常的实验条件下（恒容或恒压），可以测得恒容过程热效应Q_V（即ΔU）或恒压过程热效应Q_P（即ΔH）。如果把参加反应的气体和反

应生成的气体作为理想气体,那么根据热力学第一定律,它们之间存在如下关系:

$$\begin{cases} Q_p = Q_V + RT\sum_{\mathrm{B}} \upsilon_{\mathrm{B}}(\mathrm{g}) \\ \Delta H = \Delta U + \Delta(PV) \end{cases} \tag{92.1}$$

$\upsilon_{\mathrm{B}}(\mathrm{g})$为反应方程中气体物质 B 的化学计量数,对于产物取正值,反应物取负值;R 为气体常数,T 为反应进行时的热力学温度。

热化学中定义:1 mol 物质完全氧化时的反应热称为燃烧热。通常,C、H 等元素的燃烧产物分别应为 $CO_2(g)$、H_2O (l)等。"完全氧化"的含义必须明确。譬如,碳(C)氧化成一氧化碳(CO)不能认为完全氧化,必须氧化成二氧化碳(CO_2)才认为完全氧化。通过燃烧热的测定,可以求算化合物的生成热、键能,判别工业用燃料的质量等。

热量计的种类很多,本实验采用的氧弹热量计是一种环境恒温式热量计,它可以测定物质的恒容燃烧热。

在铁丝的引燃下,样品被点燃后进行燃烧,放出的热量使氧弹及其周围的介质(水、测温器件、搅拌器等)温度升高;通过测量介质在燃烧前后温度的变化值,就可以求得该样品的恒容燃烧热。根据能量守恒定律,其关系式如下:

$$-\frac{W_{样}}{M_{样}}Q_V - Q_l l = (W_{水} C_{水} + C_{计})\Delta T \tag{92.2}$$

式中 $W_{样}$,$M_{样}$,Q_V——分别为样品的质量、摩尔质量和恒容燃烧热;

Q_l,l——分别为引燃铁丝的单位长度燃烧热和长度;

$W_{水}$,$C_{水}$——分别为水的质量和比热;

$C_{计}$——热量计的水当量,(即除水之外,热量计升高 1 ℃所需要的热量);

ΔT——样品燃烧前后水温的变化值。苯甲酸的恒压燃烧热为 $-3\,228.12\ \mathrm{kJ \cdot mol^{-1}}$,引燃铁丝的单位燃烧热为 $-2.9\ \mathrm{J \cdot cm^{-1}}$,水的比热为 $4.18\ \mathrm{J \cdot g^{-1}}$。

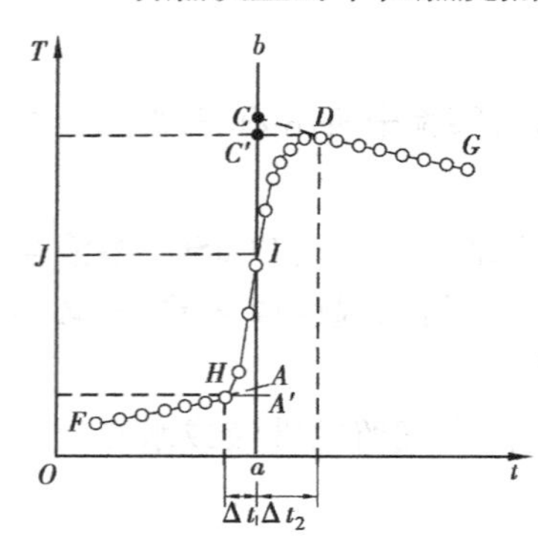

图 92.1 雷诺温度校正图

为了保证样品完全燃烧,氧弹中须充高压氧气(或者其他氧化剂),因此要求氧弹密封、耐高压、耐腐蚀;同时粉末样品必须压成片状,以免充气时冲散样品,使燃烧不完全而引起实验误差。完全燃烧是实验成功的第一步,第二步还必须尽量减少热量散失,释放的热量应全部传递给热量计本身和及其周围的水介质。但由于热漏(热辐射、空气对流)无法完全避免,因此,为了精确测定物质的燃烧热,样品燃烧前后水温变化值 ΔT 必须经过雷诺作图法进行校正,其方法如下:

称适量待测物质,使其燃烧后,水温升高 1.5 ~ 2.0 ℃。预先调节水温低于室温 0.5 ~ 1.0 ℃,然后将燃烧前后历次观察的水温-时间作图,联成 $FHIDG$ 折线(见图 92.1)。图中 H 相当于开始燃烧之点,D 为观察到最高的温度读数点,作相当于室温之平行线 JI 交折线于 I,过 I 点作 ab 垂线,然后将 FH 线和 GD 线外延交 ab 线于 A、C 两点,A 点与 C 点所表示的温度差 ΔT 即为欲求温度的升高值。图中 $A'A$ 为开始燃烧到温度上升至室温这一段时间 Δt_1 内,由环境辐射和搅拌引进的能量而造成温度的升高,必须扣除之。$C'C$ 为温度由室温升高到最

高点 D 这一段时间 Δt_2 内，热量计由于热漏而造成的温度降低，因此需要添加上。由此可见，AC 两点的温差是较客观地反映了样品燃烧而促使热量计温度升高的数值。

有时热量计的绝热情况良好，热漏小，而搅拌器功率大，引进的能量使得燃烧后的温度最高点不出现，这种情况下 ΔT 仍然可以按照同法校正之。

2. 实验目的

①明确燃烧热的定义，了解恒压燃烧热与恒容燃烧热的差别；
②了解氧弹式量热计的基本原理和使用方法；
③熟悉贝克曼温度计的调节和使用；
④学会雷诺图校正温度的方法。

3. 实验器材

（1）仪器　氧弹热量计，氧气钢瓶，氧气减压阀，贝克曼温度计，温度计（0～100 ℃），放大镜，压片机，万用表，引燃铁丝，台天平，分析天平，秒表，直尺，容量瓶（1 000 mL），扳手，不锈钢镊子，玻璃棒（直径 2～3 mm）。

（2）试剂　苯甲酸（AR），萘（AR）。

4. 实验方法

1）测定热量计的水当量 $C_{计}$

（1）样品压片　用台天平取约 0.6 g 左右的苯甲酸（切不可超过 1.1 g），在压片机上压成圆片状。注意样品片压得要适度，压得太紧，点火时不易全部燃烧；压得太松，样品容易脱落。在分析天平上准确称重后备用。

（2）充氧气　准确截取长度为 15 cm 的燃烧铁丝，在直径 2～3 mm 的玻璃棒上，将其中部绕成螺旋形（4～5 圈）后备用。拧开氧弹盖放在专用支架上，将弹内洗净，擦干，将已准确称重的样品片放入燃烧皿内，再将燃烧铁丝两端分别缠紧在弹盖的两电极上，并使燃烧铁丝螺旋部分紧贴在样品片的表面（见图 92.2 氧弹剖面图）。用万用表检查电极与引燃铁丝是否接触良好（电阻值一般应小于 20 Ω）。若通路，则旋紧氧弹盖，旋下进气管口的螺栓，换接上一端连接氧气减压阀的不锈钢导气管接头。顺时针旋动减压阀出气口螺栓，充入 1.2 MPa 的氧气作燃烧之用。逆时针关掉减压阀，旋下导气管，将氧弹的进气螺栓旋上，再用万用表检查电极之间是否接触良好。

（3）测温　将氧弹小心放入水桶中央的恒温套层内（见图 92.3），用容量瓶准确量取已被调节到低于室温 0.5～1.0 ℃的自来水 3 000 mL，倒入盛水桶内，使水面刚好淹没氧弹，但不超过其顶部，氧弹两电极用电线连接到点火变压器上。装好搅拌马达，安装已调节好的贝克曼温度计，盖上盖子，接着开动搅拌马达。待温度计读数稳定上升后，打开秒表，每隔 30 s 读取贝克曼温度计一次（读数时用放大镜准确读至 2×10^{-3} ℃），继续 5 min。然后按下变压器上电键通电点火，若变压器上指示灯亮后即熄灭，则表示氧弹内已点火燃烧。此时，反应体系温度迅速上升，因此自按下电键后，读数改为每隔 15 s 一次，直至两次读数差小于 0.005 ℃，读数改为 30 s 一次，继续 10 min 方可停止实验。如果点火 2 min 内温度变化很小，说明样品未燃烧，点火失败，则须一切从头开始。实验停止后，取出氧弹，旋开氧弹出气口，放出余气；旋松氧弹盖，检查样品燃烧的结果。若氧弹中没有燃烧的残渣，表示燃烧完全；若氧弹中有许多黑色的残渣，表示燃烧不完全，实验失败。燃烧后剩下的铁丝长度用尺测量，以计算实际燃烧长度。

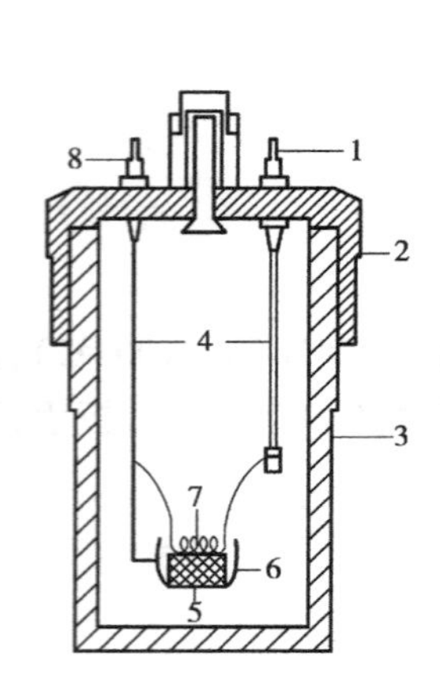

图 92.2　氧弹剖面图

1—进气口；2—氧弹盖；3—氧弹体；
4—电极；5—样品片；6—燃烧皿；
7—燃烧丝；8—出气口

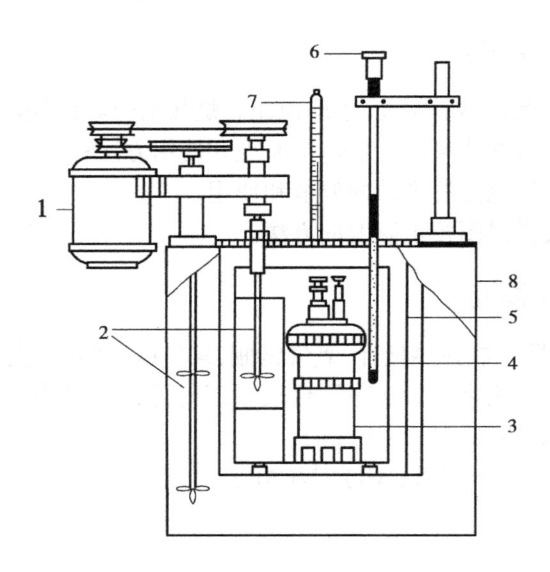

图 92.3　氧弹热量计测量示意图

1—电动机；2—搅拌器；3—氧弹；
4—盛水桶；5—挡板；6—贝克曼温度计；
7—温度计；8—水浴外套

2)测量萘的燃烧热

称 0.5 g 左右萘，同法进行上述实验操作。实验结束后，倒掉桶中自来水，并擦干氧弹和盛水桶。

3)注意事项

①称取样品不可过量，否则会超出贝克曼温度计测温量程。

②引燃铁丝不能与金属燃烧皿相接触，否则样品片不能正常引燃。

③氧弹充气后，应检查确信其不漏气及两电极通路。

④氧弹放入量热计前，先检查点火开关是否处于“关”的位置；点火结束应及时将其关掉。

⑤使用氧气钢瓶，一定要按照要求操作，注意安全。往氧弹内充入氧气时，一定不能超过指定的压力，以免发生危险。

5. 数据记录和处理

(1)数据记录：

样品重________ g；燃烧铁丝长度________ cm；剩余燃烧铁丝长度________ cm；室温________℃。

(2)用图解法求出苯甲酸燃烧引起的温度变化值 ΔT，并计算热量计水当量和苯甲酸的恒

压燃烧热 Q_P。

(3)用图解法求出萘燃烧引起温度的变化值 ΔT,并计算萘的恒容燃烧热 Q_V 和恒压燃烧热 Q_P。

点火前		点火后				稳定后	
时间	温度	时间	温度	时间	温度	时间	温度

(4)恒压燃烧热文献值:

样品名称	恒压燃烧热/(kJ · mol^{-1})	测定条件
苯甲酸	-3 226.9	20 ℃,1 atm
萘	-5 153.8	25 ℃,1 atm

思考题

(1)指出 $Q_P = Q_V + \Delta nRT$ 公式中各项的物理意义。

(2)试述贝克曼温度计与普通水银温度计的区别以及使用的方法。

(3)实验测量得到的温度差值为何要经过雷诺作图法校正?

(4)如何用萘的燃烧热数据来计算萘的标准摩尔生成焓?

$$C_{10}H_8(s) + 12O_2(g) \rightarrow 10CO_2(g) + 4H_2O(l)$$

实验 93 环己烷-乙醇双液系气液平衡相图的测定

1. 实验概述

两种液态物质的混合体系称为双液系。若两组分只能在一定比例范围内互相溶解为部分互溶双液系,若能按任意比例互相溶解的为完全互溶双液系,根据相律,对于完全互溶双液系体系的自由度 = 组分数 - 相数 + 2,即气-液共存的二元体系,其自由度为 2,只要再确定一个变量,体系的状态就可用二维图形来表示。

在一定的外压下,单组分纯液体有确定的沸点。而对于双液系,沸点不仅与外压有关,而且还与双液系中两种液体的相对含量有关。在一定的温度下,平衡共存的气、液两相组成并不相同。因此,将标准压力条件下,双液系的沸点对气相、液相组成所作相图,称为沸点-组成图,即 T-x 图。

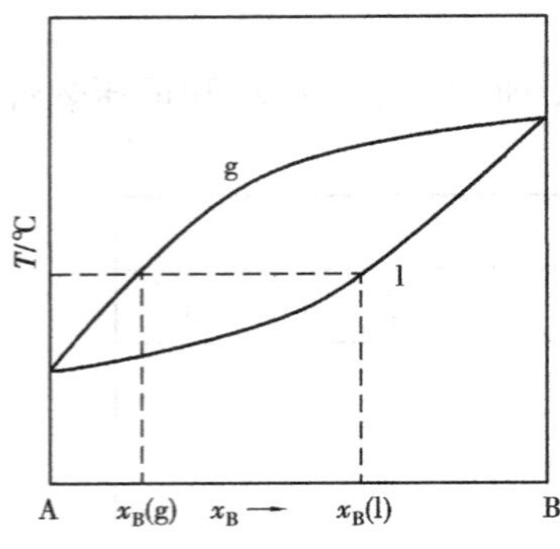

图 93.1 完全互溶双液系的相图

完全互溶双液系的 *T-x* 图可分为 3 类。如果液体与拉乌尔定律的偏差不大,在 *T-x* 图上溶液的沸点介于 A、B 二纯液体的沸点之间,如图 93.1。图中纵轴是沸点,横轴是组分 B 的摩尔分数 x_B,下面的一条曲线是液相线,上面的一条曲线是气相线。对应于同一沸点温度的二曲线上的两个点,就是互成平衡的气相点和液相点,从图中可以看出:x_B(g) 恒小于 x_B(l),即气相中 A 的含量恒大于液相中 A 的含量,多次重复蒸馏,就可达到完全分离的目的。

实际溶液由于 A、B 二组分的相互影响,常与拉乌尔定律有较大偏差,图 93.2 是另两种典型的完全互溶双液系相图,这两种相图的特点是有极大值或极小值出现,且液相线和气相线的极值交于一点。因此,用蒸馏的方法不能将 A 和 B 完全分开。相图中极值点处相应的温度称为恒沸点,因为具有该点组成的双液系在蒸馏时气相组成和液相组成完全一样,在整个蒸馏过程中的沸点也恒定不变。对应于恒沸点组成的溶液成为恒沸混合物。

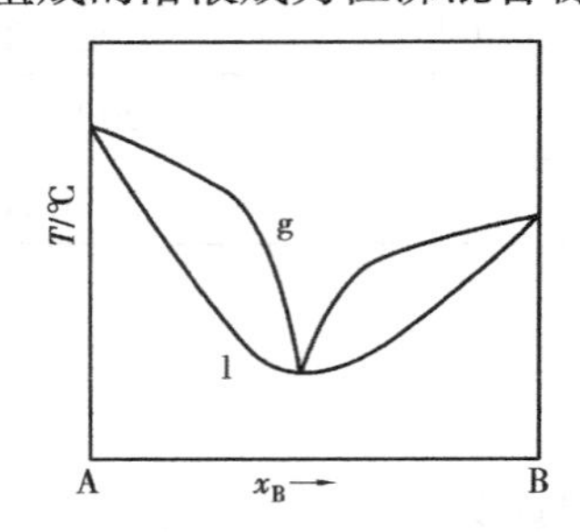

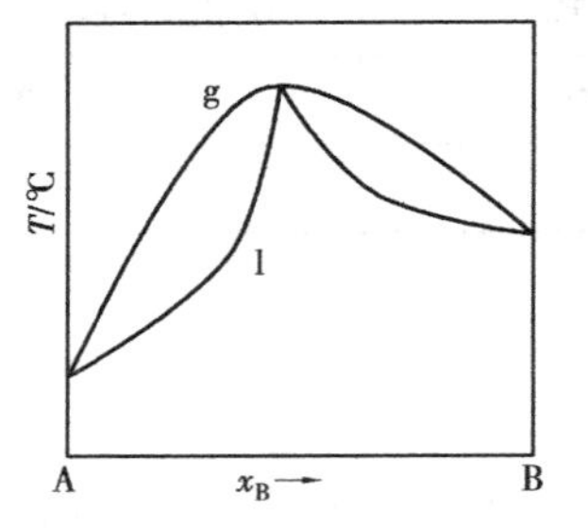

图 93.2 完全互溶双液系的相图

本实验采用回流冷凝法测定环己烷-乙醇体系的沸点-组成图。其方法是在恒压下将不同组成的环己烷、乙醇溶液蒸馏,测定体系达到平衡状态时,气相馏出液和液相蒸馏液的组成,然后绘制沸点-组成图。

沸点采用沸点仪(如图 93.3)测定。平衡时气相和液相的组成可通过测定折光率的方法分析。折光率是物质的一个特征数值,在温度一定时,纯液体的折光率有确定值,而对于二元体系折光率还与组成有关。因此,通过测定一系列已知浓度的溶液折光率,绘制出在一定温度下该溶液的折光率-组成工作曲线,按内插法从折射率-组成工作曲线上就可查得未知溶液的组成。

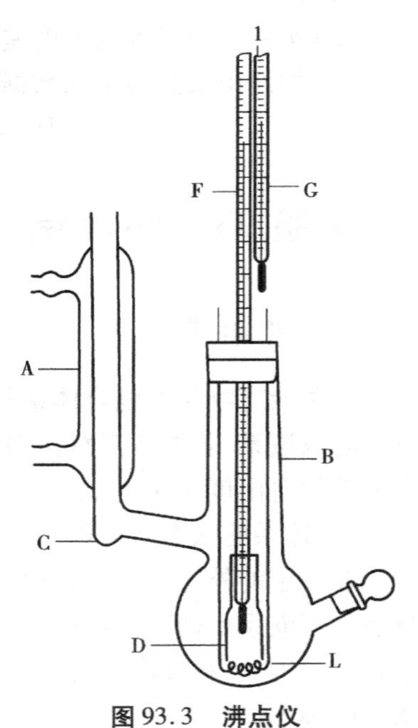

图 93.3 沸点仪

2. 实验目的

①掌握沸点的测定方法;

②掌握折光率法确定二元液体的组成的方法;

③学会绘制双液系的气液平衡相图。

3. 实验器材

(1)仪器　沸点仪,阿贝折射仪,超级恒温槽,0.5 kV · A 调压变压器,20 支 5 mL 带玻璃磨口塞试管,7 个 50 mL 带滴管试剂瓶,温度计(50 ~ 100 ℃,最小分度 0.1 ℃),温度计(0 ~ 100 ℃,最小分度 1 ℃),20 支滴管,洗耳球。

(2)试剂　环己烷,无水乙醇,丙酮,重蒸水。

4. 实验方法

1)沸点仪的安装

沸点仪是一只带有回流冷凝管 A 的长颈圆底烧瓶 B,冷凝管底部有一球形小室 C,用以收集冷凝下来的气相样品。沸点仪应事先干燥,瓶塞应该用软木塞,电热丝 L 要靠近烧瓶底部的中心,电热丝直接浸在溶液中加热溶液,可以减少溶液沸腾时的过热现象,同时还可防止暴沸;温度计的水银球与液面相切,且离电热丝 20 mm 左右,水银球的外围套一小玻璃管 D,使溶液沸腾时在气泡的带动下,气液不断地喷向水银球而自玻璃管上端溢出,还可以减小沸点仪周围环境对温度计读数可能引起的波动。为了对沸点温度进行校正,在沸点测量温度计 F 上捆绑了一只辅助温度计 G 用于测定其露茎部分的环境温度。

2)绘制工作曲线

(1)配制标准溶液　取清洁而干燥的称量瓶,用分析天平准确称取乙醇的摩尔分数分别为 0.1、0.2、0.3、0.4、0.5、0.6、0.7、0.8、0.9 的环己烷-乙醇溶液各 50 mL 左右。配制和称量时,要防止样品挥发。

(2)测定标准溶液折光率　用阿贝折光仪分别测量上面配制各标准溶液的折光率,实验数据记录于表 93.1。

表 93.1　环己烷-乙醇标准溶液的折光率

x(乙醇)	0	0.10	0.20	0.30	0.40	0.50	0.60	0.70	0.80	0.90	1.00
折射率 $n_D^{(t)}$											

(3)绘工作曲线　由折光率(n_D)对相应组成作图,即得折光率-组成工作曲线。

3)测定二元液体的沸点

按照表 93.2、表 93.3 所列数据的要求加入所要测定的溶液,打开冷凝水,先将调压变压器调节到 0 V,再接通调压变压器电源,缓慢升高电压,并注意观察电热丝 L 上出现少量气泡时为止,让液体缓缓加热。当液体沸腾后,再调节电压使蒸汽在冷凝管中回流的高度控制在大约 20 mm 为宜。如此沸腾一段时间,使冷凝液不断淋洗小球 C 中的液体。当温度计 F 上的读数稳定时,则体系已达平衡。记录沸点温度及露茎温度。然后切断电源,停止加热。

4)测定折光率

用一支细长的干燥滴管,自冷凝管口伸入小球 C,吸取其中全部冷凝液,该样品即为体系平衡时的气相样品;用另一支干燥滴管自支管 C 吸收容器 B 内的溶液 1 mL,该样品即为体系平衡时的液相样品。然后分别测定平衡时的气相样品与液相样品的折光率。

5)按上述方法,测定表 93.2、表 93.3 所要求的实验数据。

5. 注意事项

①加热时，应先加溶液，并将调压变压器调节到0 V，再通电，电热丝L严禁干烧，升高电压必须缓慢，并同时密切注意观察电热丝L上是否出现气泡，若电热丝L上出现气泡，应停止升高电压，让液体缓缓加热，以免液体爆沸，甚至冲出沸点仪伤人。

②从沸点仪中取出的样品应尽快测定折射率，不宜久藏。

③物质的折射率受温度的影响较大，因此在测定时温度波动应控制在±0.2 ℃范围内。

④每次加样测量完毕以后，必须让折光仪的棱镜上的残留的液体挥发干净，再加下一次样品。若挥发较慢可用洗耳球吹气促进挥发。

⑤实验前后必须记录大气压力，如变化不大，可取其平均值作为实验时的大气压。

6. 数据记录和处理

(1)绘工作曲线　根椐下表作出环己烷-乙醇标准溶液的折射率-组成工作曲线：

(2)实验数据记录

表93.2　实验数据列表(Ⅰ)

V(环己烷)/mL		30								
V(乙醇)/mL		0	0.3	0.3	0.5	0.5	1	1	2	2
实测沸点/℃										
正常沸点/℃										
气相冷凝液	折射率									
	x(乙醇)									
液相样品	折射率									
	x(乙醇)									

表93.3　实验数据列表(Ⅱ)

V(乙醇)/mL		20								
V(环己烷)/mL		0	0.5	0.5	1	1	2	2	4	4
实测沸点/℃										
正常沸点/℃										
气相冷凝液	折射率									
	x(乙醇)									
液相样品	折射率									
	x(乙醇)									

实验前大气压：________ kPa，实验后大气压：________ kPa，平均大气压：________ kPa。

(3)沸点校正

①大气压校正：根据特鲁顿规则及克劳修斯—克拉贝龙近似公式可计算得不同大气压下溶液沸点的校正值 $\Delta t_{压}$：

$$\Delta t_{压} = \frac{(273.15 + t_{AB})}{10} \times \frac{(p_0 - p)}{p_0}$$

式中 t_{AB}——实验时双液系的实测沸点；

P_0——标准大气压，kPa；

p——实验时的大气压，kPa。

②露茎校正：由于温度计 B 的水银柱未全部浸入待测温度区域内而须进行露茎校正：具体方法请参阅《实验化学导论》6.2.2.1。

$$\Delta t_{露茎} = k \cdot h(t_{AB} - t_{环境})$$

式中 $k = 1.6 \times 10^{-4}$，是水银球对玻璃的相对膨胀系数；

h——露茎高度，以温度差值表示；

t_{AB}——双液系的实测沸点；

$t_{环境}$——环境温度，即辅助温度计的读数。

经以上两项校正后溶液的正常沸点 $T_{正常} = t_{AB} + \Delta t_{压} + \Delta t_{露茎}$

(4)绘制 T-x 图　由工作曲线查得的溶液组成及校正后的沸点列表(见表 93.1、表 93.2)，并绘制环己烷-乙醇的气-液平衡相图(T-x 图)。

(5)确定恒沸混合物组成　由 T-x 图确定环己烷-乙醇二元溶液的恒沸点及恒沸混合物的组成。

思考题

(1)在实验中有过热或分馏作用，相图会发生什么变化？如何在实验中尽量避免？

(2)在实验中，每次加入样品的量应非常精确吗？为什么？

(3)本实验的误差主要来源于哪些因素？

实验 94　步冷曲线法绘制 Sn-Bi 二元合金相图

1. 实验概述

二元合金的熔点-组成相图可用不同组成合金的冷却曲线求得。将一种合金或金属熔融后，使之逐渐冷却，每隔一定时间记录一次温度，这种表示温度-时间的关系曲线称为冷却曲线或步冷曲线。当熔融体系在均匀冷却过程中不发生相的变化，其温度将随时间连续均匀下降，这时会得到一条平滑的冷却曲线；如在冷却过程中发生了相变，则因放出相变热而使热损失有所抵偿，冷却曲线就会出现转折点或水平线段。转折点所对应的温度，即为该组成合金的相变温度。如以横轴表示混合物的组成，纵轴上标出开始出现相变的温度，把这些转折点所对应的温度连接起来，就可以绘制出二元合金相图。对于简单的低共熔二元体系(如 BI-Cd

合金),具有图94.1所示的的冷却曲线和相图。用热分析法测绘相图时,被测体系必须时时处于或接近相平衡状态,因此体系的冷却速度必须足够慢才能得到较好的结果。

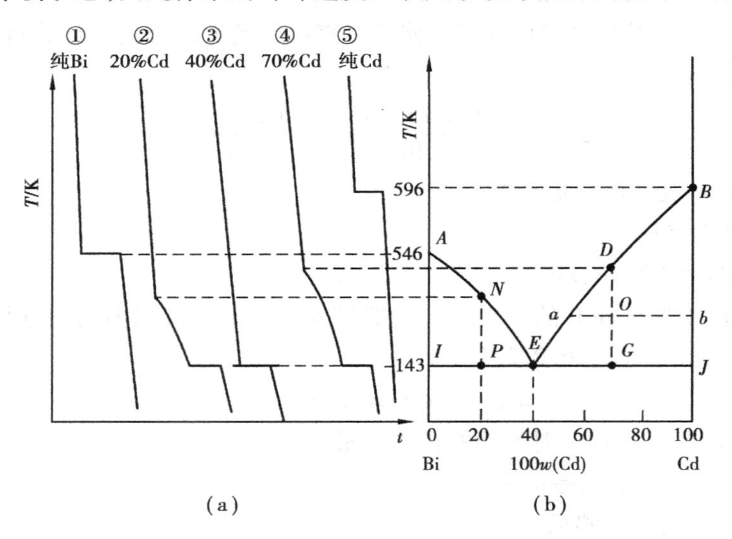

图94.1 BI-Cd合金冷却曲线及其相图

本实验测绘的Sn-Bi二元合金相图不属于简单低共熔体系，当含Sn含量(质量分数)在85%以上即出现固熔体。因此,为了简单起见,本实验不能作出完整的相图。

2. 实验目的

①了解热分析法测量技术与热电偶测量温度的方法;

②用热分析法绘制Sn-Bi二元合金相图。

3. 实验器材

(1)仪器　热电偶,加热炉,记录仪,调压器,电炉,250 mL烧杯。

(2)试剂　Sn(s),Bi(s),固体石蜡。

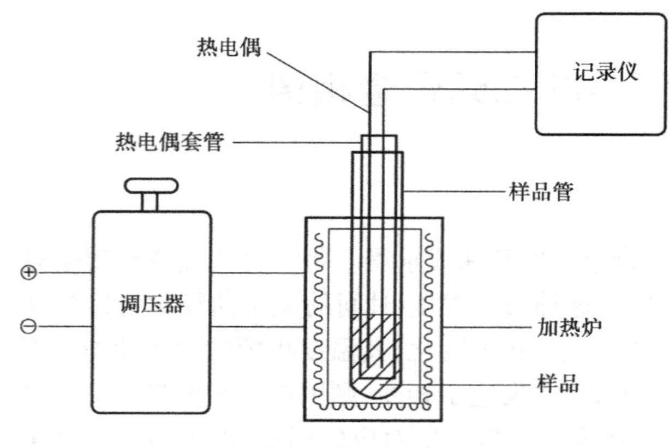

图94.2 冷却曲线测定装置

4. 实验方法

(1)配制样品　用感量为0.1 g的台天平分别配制含Bi量分别为30%、58%、80%的混合物各100 g,另外称100 g纯Bi,100 g纯Sn,分别放入5个样品管中。

(2)安装与调整自动记录仪　见图94.2。

(3)测定被研究体系的冷却曲线　依次测纯Bi、含Bi 30%、58%、80%的混合物及纯Sn的冷却曲线。方法如下:将样品管放在加热电炉中,让样品熔化(在样品上方覆盖一层石蜡,以防止样品氧化)。同时将热电偶的热端(连玻璃套管,见图94.2)插入样品管中。待样品熔化后,用热电偶玻璃套搅拌样品,使它各处组成均匀一致。样品的温度不宜升得太高,一般在样品全部熔化后,再升高30 ℃左右即可(如升得太高样品容易氧化变质,而且将增加冷却时间;如太低,则不能明显地测得转折点)。然后将样品管移到冷却保温杯中,让其缓缓冷却,维持样品冷却速度在6~8 ℃·min^{-1}。或让样品在加热炉内缓慢冷却,同时开动记录仪,保持冷却速度在6~8 ℃·min^{-1}。将已测样品及另一待测样品同时加热熔化。从已测样品中取出热电偶插入待测的已熔化的样品中,同样方法绘制冷却曲线,依次将全部样品测定。

(4)绘制水沸腾时体系相图　用小烧杯装一定量水,在电炉上加热,将热电偶插入水中绘制出当水沸腾时的水平线。

5. 数据记录和处理

①用已知纯Bi、纯Sn的熔点和水的沸点作标准温度。以冷却曲线上转折点读数作横坐标,标准温度作纵坐标,作出热电偶的校正曲线。

②找出各步冷曲线中拐点和平台对应的温度值。

③从校正曲线上查出0%、30%、58%、80%、100% Bi合金的熔点温度,然后以横坐标表示组成,纵坐标表示温度作出Sn-Bi二元合金相图。

思考题

(1)金属熔融体冷却时,冷却曲线上为什么会出现转折点?纯金属、低共熔金属及合金属的转折点各有几个?曲线形状为何不同?

(2)试用相律分析低共熔点、熔点曲线及各区域内的相应自由度。

实验95　硫酸铜的差热分析

1. 实验概述

差热分析(简称DTA)是一种热分析方法,可用于鉴别物质并考察其组成结构以及转化温度、热效应等物理化学性质,它广泛地应用于许多科研及生产部门。

许多物质在加热或冷却过程中,当达到某一温度时,往往会发生熔化、凝固、晶型转变、分解、化合、吸附、脱附等物理化学变化,并伴随有焓的改变,因而产生热效应,其表现为该物质与该外界环境之间有温度差。差热分析是在程序控制温度下,测量物质与参比物之间的温度差与温度关系的一种技术。差热分析曲线描述了样品与参比物之间的温差(ΔT)随温度或时间的变化关系。在测定之前,首先要选择一种对热稳定的物质作为参比物(亦称基准物)。在温度变化的整个过程中,该参比物不会发生任何物理或化学的变化,没有任何热效应出现。通常选用的参比物为经过灼烧或烘过的Al_2O_3、MgO、SiO_2等物质。

将样品与参比物一起置入一个程序可控的升温或降温的电炉中,然后分别记录参比物的温度以及样品与参比物之间的温差,随着测定时间的延续就可以得到差热分析曲线图(见图

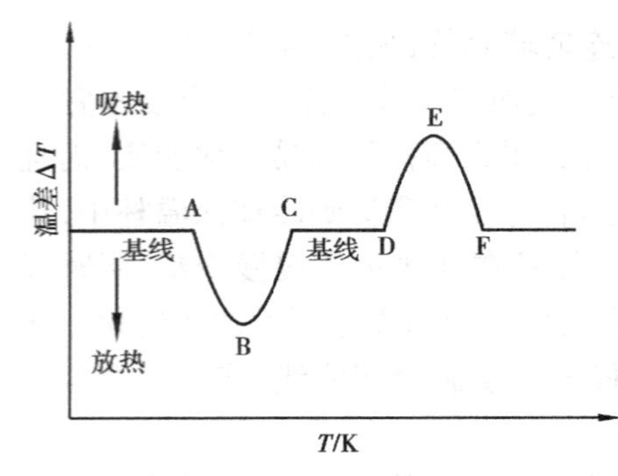

图 95.1　差热分析曲线图

95.1)。如果试样和参比物的热容大致相同,当试样没有发生热效应时,参比物和试样试样的温度基本相同,此时得到的是一条平滑的直线,称为基线,如图 95.1 的 *OA* 和 *CD* 线段。如果试样发生变化引起热效应,那么参比物和试样就会产生温度差,在差热分析曲线上就会有峰出现,如图中 *ABC* 和 *DEF* 线段。同时,差热分析中一般规定放热峰为正峰,此时样品的焓变小于零,温度高于参比物;吸热峰为负峰,出现在基线的另一侧。

1)谱图分析

从差热图上可以看到差热峰的数目、位置、方向、高度、宽度、对称性以及峰的面积等。峰的数目就是在测定温度范围内,待测样品发生变化的次数;峰的位置标志样品发生变化的温度;峰的方向表明热效应的正负性;峰面积则是热效应大小的反映。在完全相同的测定条件下,许多物质的差热谱图就具有特征性,因此可以通过对比已知物的差热图来鉴别物质的种类。而对峰面积进行定量处理,则可确定某一变化过程的热效应大小。峰的高度以及峰的对称性除与测定条件有关,往往还与样品变化过程的各种动力学因素有关,由此可以计算某些类型反应的活化能和级数。

差热峰的位置可参照图 95.2 所示方法来确定。正常情况下[图 95.2(a)],其起始温度 T_e 和终点温度可由两曲线的外延交点确定,峰面积就是基线上的阴影面积,峰顶温度 T_p 从曲线最高点作横坐标的垂线即可得到。由于 T_e 大体代表了开始变化的温度,因此常用 T_e 表征峰的位置,对于很尖锐的峰,其位置也可以用峰顶温度 T_p 表示。

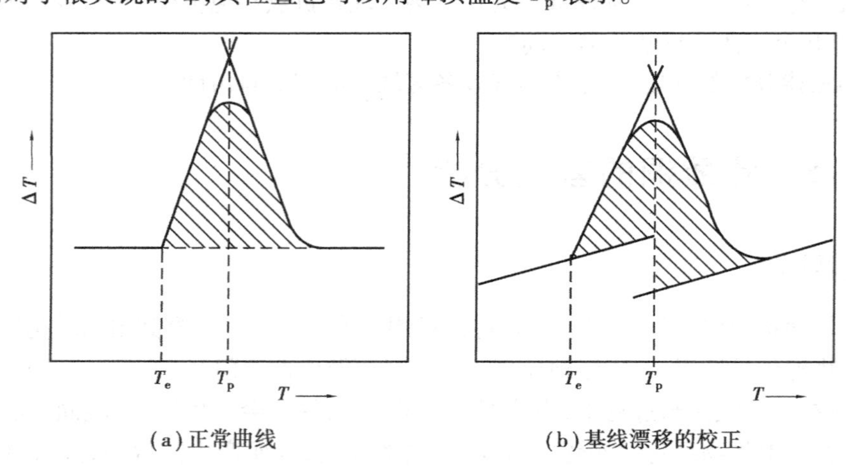

(a)正常曲线　　(b)基线漂移的校正

图 95.2　差热峰位置和面积的确定

在实际测定中,由于样品与参比物间往往存在比热、导热系数、粒度、装填疏密程度等方面的差异,再加上样品在测定过程中可能发生收缩或膨胀,差热线就会发生漂移,其基线不再平行于时间轴,峰的前后基线也不在一条直线上,差热峰也可能因此而不尖锐,这时可以通过作切线的方法来确定转折点及峰面积[参见图 95.2(b)],图中阴影部分就为校正后的峰面积。

2)实验装置

最简单的差热分析装置如图95.3所示,样品和参比物分别装填在玻璃坩埚内并置于保持器的两个孔中。将两对同样材料制成的热电偶的热端分别插入样品和参比物中,热电偶上两个相同的线头接在一起,见图中1点(或置于空气中),另两端连在记录仪上。由于这两对热电偶所产生的热电势方向正好相反,在样品没有发生变化时,它与参比物处在同一温度,这两对热电偶的热电势大小一样而互相抵消,记录仪图纸上出现与时间轴平行的直线。一旦样品发生变化,产生热效应,则两热电偶这时所处的温度不同,两热电偶的热电势大小不一样,在记录仪图上出现峰值。

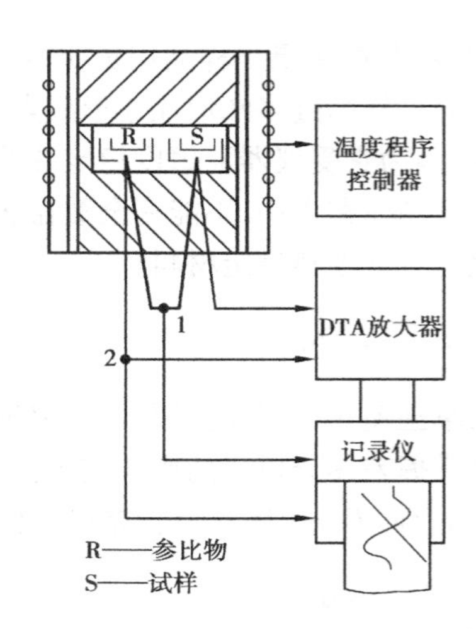

图95.3 简单差热分析装置原理示意图

测定时,将保持器放在电炉内,通过调整变压器,而改变加热功率,使体系按所规定的速率匀速升温,并每隔一定的时间记录一次参比物的温度,这样就可以绘制出如图95.1那样的差热图,ΔT为温差电势,T为参比物温度。

现代成套的差热分析仪可以自动控制升温或降温速率,并自动记录差热信号和参考点温度,这种差热分析仪将温度及温差换成了电信号,故还可以将信号输送到自动积分仪或计算机,对测定数据进行处理。

3)测定条件的选择

(1)升温速率的选择　升温速率对测定结果有明显的影响,一般来说速率低时,基线漂移小,所得峰形显得矮而宽,可以分辨出靠得很近的峰,但每次测定时间较长;升温速率高时,峰形比较尖锐,测定时间较短,而基线漂移明显,与平衡条件相距较远,出峰温度误差较大,分辨能力下降。

为便于比较,在测定一系列样品时,应采用相同的升温效率。

升温速率一般采用2~20 ℃·min^{-1}。在特殊情况下,最慢可为0.1 ℃·min^{-1},最快可达200 ℃·min^{-1},而最常用的是8~12 ℃·min^{-1}。

(2)参比物的选择　测定时应尽可能选用与样品的比热、导热系数相近的材料作为参比物。

(3)气氛及压力的选择　许多试样的测定受气氛及压力的影响很大,例如,碳酸钙、氧化银的分解温度分别受气氛中二氧化碳、氧气的分压的影响;液体、溶液的沸点以及冰水与外压的关系则是十分明显的;许多金属在空气中测定会被氧化,等等。因此,应根据待测样品的性质,选择适当的气氛和压力。现代差热分析仪的电炉备有密封罩,并装有若干气体阀门,便于抽空及通入指定的气体。为方便起见,本实验在大气中进行。

(4)样品的预处理　一般的非金属固体样品均应经过研磨,使成为100~200目的微细颗粒,这样可以减少死空间,改善导热条件,但不应过度研磨,因为可能会破坏晶体的晶格。对于那些会分解而释放出气体的样品,颗粒则应大些。

参比物的颗粒度以及装填松紧度都应与样品尽可能一致。

(5)样品的用量　样品用量应尽可能少,这样可以得到比较尖锐的峰并能分辨靠得很近的相邻峰。样品过多峰形往往形成大包,并使相邻的峰互相重叠而无法分辨。当然样品也不能过少,因为它受仪器灵敏度稳定性的制约,一般用量为0.5~1.5 g。

如样品体积太小,不能完全覆盖热电偶,或样品容易因烧结,熔融而结块,可渗入一定量的参比物或其他热稳定材料。

2. 实验目的

①掌握差热分析实验原理,了解试样热处理的基础方法。

②掌握差热分析法的操作技术。

③对 $CuSO_4 \cdot 5H_2O$ 进行差热分析,并定性解释所得的差热现象。

3. 实验器材

(1)仪器　双笔自动记录仪，加热电炉，程序升温控制仪，热电偶。

(2)试剂　α-Al_2O_3(AR),$CuSO_4 \cdot 5H_2O$(AR)。

4. 实验方法

①将自动记录仪、电炉、热电偶等按图98.3连接好。

②调整好记录仪笔的位置。为了判断热效应的正负与记录笔移动方向的关系,可用手握住准备插入参比物的热电偶的端部用体温将其加热,,观察笔运动的方向,习惯上是使笔向右偏转为样品吸热,向左偏转为样品放热。

③称取0.1~0.3 g的 $CuSO_4 \cdot 5H_2O$ 与0.4~0.2 g的 α-Al_2O_3 均匀混合后,装入玻璃坩锅并置于保持器的左侧孔中,右孔装入0.5 g α-Al_2O_3,并各用玻璃棒压实。

④将保持器放入电炉中,将热电偶的两热端分别插到样品和参比物的中央,并注意两热电偶插入的深度必须尽可能一致。

⑤加热升温。调节调压变压器,使电炉升温,升温速率控制在2~3 ℃ · min^{-1}。

5. 数据记录和处理

①记录时应写明测定条件:参比物名称、规格、用量、稀释比、仪器型号、气氛、大气压、室温、升温速率。

②从原始记录选取若干数据点,作出差热曲线及升温曲线。

③指明 $CuSO_4 \cdot 5H_2O$ 变化的次数。

④找出各峰的开始温度和峰温度。

⑤根据 $CuSO_4 \cdot 5H_2O$ 的化学性质,讨论各峰所代表的可能反应,写出反应方程式。

思考题

(1)差热分析与简单热分析有何异同?

(2)影响差热分析结果的主要因素有哪些?

(3)在什么情况下,升温过程与降温过程所做的差热分析结果相同?在什么情况下只能采用升温过程？在什么情况下采用降温过程为好？

实验 96　饱和蒸汽压法测定乙醇的气化热

1. 实验概述

在一定温度下，纯液体与其蒸汽达到相平衡状态时的压力，称为该温度下液体的饱和蒸汽压。液体的饱和蒸汽压与温度的关系可用克劳修斯-克拉贝龙方程或来表示。

$$\frac{\mathrm{d}\ln p}{\mathrm{d}T}=\frac{\Delta_{\mathrm{vap}}H_{\mathrm{m}}}{RT^2} \tag{96.1}$$

式中　p——纯液体的饱和蒸汽压；

$\Delta_{\mathrm{vap}}H_{\mathrm{m}}$——在温度 T 时纯液体的摩尔气化热；

R——气体常数；

T——热力学温度。

对(96.1)式不定积分得：

$$\ln p=-\frac{\Delta_{\mathrm{vap}}H_{\mathrm{m}}}{RT}+C \tag{96.2}$$

其中 C 为不定积分常数。

当远离临界温度且温度变化较小时，$\Delta_{\mathrm{vap}}H_{\mathrm{m}}$ 可视为常数，可当作平均摩尔气化热。由式(96.2)可知，以 $\ln p$ 对 T^{-1} 作图可得一直线，直线的斜率 $=-\Delta_{\mathrm{vap}}H_{\mathrm{m}}/R$，因此可求出 $\Delta_{\mathrm{vap}}H_{\mathrm{m}}$。

测定液体饱和蒸汽压的方法主要有 3 种：

(1)静态法　在某一温度下，直接测量饱和蒸汽压。此法适用于蒸汽压比较大的液体。

(2)动态法　在不同外界压力下，测定液体的沸点。

(3)饱和气流法　在一定温度和压力下，把干燥的惰性气体缓慢地通过被测液体，使气流为该液体的蒸汽所饱和，再用物质将气流吸收，然后测定气流中被测物质蒸汽的含量，根据分压定律便可计算出被测物质蒸汽的饱和蒸汽压。此法一般适用于蒸汽压比较小的液体。

本实验用静态法测定乙醇在不同温度下的饱和蒸汽压，图 96.1 是纯液体蒸汽压测定装置。平衡管由 A 球和 U 形管 B、C 组成；平衡管上连接一冷凝管，A 内装被测液体，U 形管 B、C 中以被测液体本身做封闭液。当 A 球的液面上全部是被测液体的蒸汽，且 B、C 管的液面处于同一水平时，B 管液面上的蒸汽压(即 A 球液面上的蒸汽压)与加在 C 管液面上的压力(即压力计读数)相等，即为实验温度下该液体的饱和蒸汽压。体系气液两相平衡的温度称为该液体在此外压下的沸点。当外压是一标准大气压时，液体的蒸汽压与外压相等时的温度，称为该液体的正常沸点。

2. 实验目的

①掌握升温法测定纯液体饱和蒸汽压的原理和方法；

②测定不同温度下乙醇的饱和蒸汽压，并求其平均摩尔气化热和正常沸点。

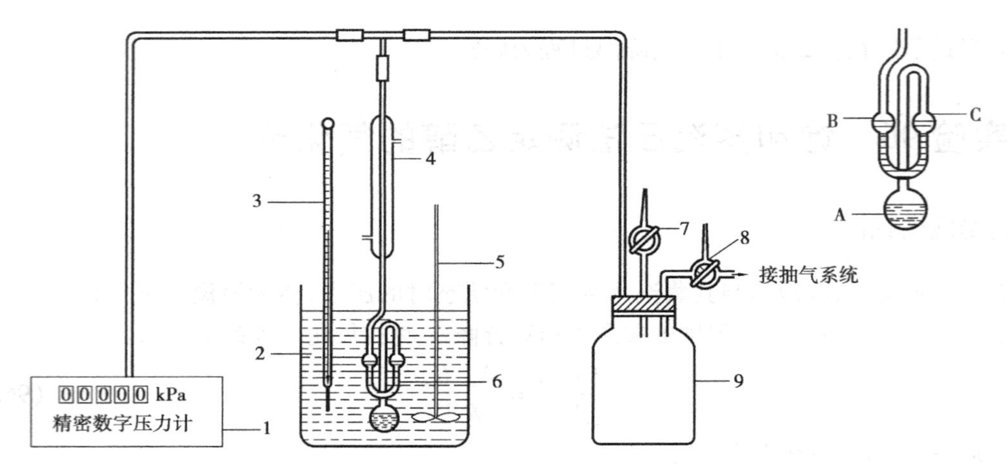

图 96.1　纯液体饱和蒸汽压测定装置图

1—压力计;2—恒温水;3—温度计;4—冷凝管;5—搅拌器;

6—平衡管;7—放空活塞;8—抽气活塞;9—安全瓶

3. 实验器材

(1)仪器　纯液体蒸汽压测定装置,真空泵,恒温水浴器。

(2)试剂　无水乙醇。

4. 实验方法

(1)安装实验仪器装置　将待测液体装入平衡管中,A 球约 2/3 体积,B、C 球各 1/2 体积,然后按图连接好实验仪器装置。盛恒温水的大烧杯置于恒温水浴器上,使恒温水能够循环。

(2)检查系统的气密性　关闭放空活塞 7,打开抽气活塞 8,开动真空泵,抽气减压至压力计读数为 20 kPa 左右时,关闭活塞 8,使系统与真空泵、大气皆不通。观察压力计的读数能在数分钟内保持不变,则表明系统不漏气;否则应仔细检查,消除漏气原因。

(3)排除 A,B 弯管内的空气　A,B 弯管空间内的压力包括两部分:一是待测液的蒸汽压;另一部分是空气的压力。为了保证 B 管液面上的压力为纯液体的蒸汽压,测定时必须将其中的空气排除。排除方法为:先将恒温槽温度调至比室温高 2 ℃左右,接通冷凝水,抽气降压至液体轻微沸腾,此时 A,B 弯管内的空气不断随蒸汽经 C 管逸出,如此沸腾数分钟,可认为残留的空气分压已降至实验误差以下,不影响测试结果。

(4)测定饱和蒸汽压　当空气被排除干净,且体系温度恒定后,打开活塞 8 缓缓放入空气直至 B 管、C 管中液面平齐,关闭活塞 8,立即记录温度与压力计的读数(注意:放入空气切不可太快,以免空气通过 A,B 弯管倒灌入 A 球中。如果发生空气倒灌,或 C 管中液面低于 B 管的液面,则须重做实验 3)。

将恒温水的温度升高 3 ~5 ℃,因温度升高后,液体的饱和蒸汽压增大,液体会不断沸腾。为了避免 B,C 管中液体大量蒸发,应随时打开活塞 8 缓缓放入少量空气,保持 C 管中液面平静,无气泡冒出。当体系温度恒定后,再次放入空气使 B,C 管液面平齐,记录温度和压差。然后依次每升高 3 ~5 ℃,测定一次数据,每次重复 3 遍,以取平均值。总共测 7 ~8 个值。

5. 注意事项

①减压系统不能漏气,否则抽气时达不到本实验要求的真空度。

②必须充分排除净 A,B 弯管空间中全部空气,使 B 管液面上空只含液体的蒸汽分子。A,B 管必须放置于恒温水液面以下,恒温水要进行循环,否则其温度与水浴温度不稳定。

③打开进气活塞 8 时,切不可太快,以免空气通过 A,B 弯管倒灌入 A 球中。如果发生倒灌,则必须重新排除空气。

6. 数据处理

(1)记录实验数据

室温________℃,

实验开始时大气压________ Pa,实验结束时大气压________ Pa,大气压的平均值________ Pa

实验温度			压力计读数/Pa	乙醇的饱和蒸汽压/Pa	
t/℃	T/K	T^{-1}		p/Pa	ln p

(2)由上表格数据绘出蒸汽压 p 对温度 T 之曲线(p-T 图)。

(3)以 ln p 对 T^{-1}作图,求出此直线的斜率,并由斜率算出乙醇在此温度间隔中的平均摩尔气化热 $\Delta_{vap}H_m$ 和乙醇的正常沸点。

思考题

(1)本实验如果用降温法测定乙醇的饱和蒸汽压,操作方法有何不同?

(2)本方法是否适用于测定溶液的饱和蒸汽压?

(3)引起本实验误差的因素有哪些?实验中应该怎样注意?

实验 97 氨基甲酸铵分解反应热力学函数的测定

1. 实验概述

氨基甲酸铵(NH_2COONH_4)是一种白色固体,受热容易分解,在密闭体系中反应很容易达到平衡。其分解平衡可用下式表示:

$$NH_2COONH_4(s) \rightleftharpoons 2NH_3(g) + CO_2(g) \tag{97.1}$$

在实验条件下,可以把气体看成理想气体,则反应的标准平衡常数可表示为:

$$K_p^\ominus = \left[\frac{p(NH_3)}{p^\ominus}\right]^2 \cdot \left[\frac{p(CO_2)}{p^\ominus}\right] \tag{97.2}$$

式中 $p(NH_3)$,$p(CO_2)$——分别表示 NH_3,CO_2的分压;

$p^\ominus$——标准大气压,体系的总压 P 为:

$$P = p(NH_3) + p(CO_2) \tag{97.3}$$

根据化学反应式可得:

$$p(NH_3) = \frac{2}{3}P \tag{97.4}$$

$$p(CO_2) = \frac{1}{2}P \tag{97.5}$$

代入式(97.2)得:

$$K_p^\ominus = \frac{4}{27}\left(\frac{P}{p^\ominus}\right)^3 \tag{97.6}$$

因此,通过测定体系达到平衡时的总压力 P 即可计算出平衡常数 $K_p^\ominus$。

温度对平衡常数的影响可用范特荷夫等压方程表示:

$$\mathrm{d}\ln K_p^\ominus/\mathrm{d}T = \Delta_r H_m^\ominus/RT \tag{97.7}$$

式中 T——热力学温度;

$\Delta_r H_m^\ominus$——等压反应热效应。

由式(97.7)积分:

$$\ln K_p^\ominus = -\Delta_r H_m^\ominus/RT + C \tag{97.8}$$

C 为积分常数。

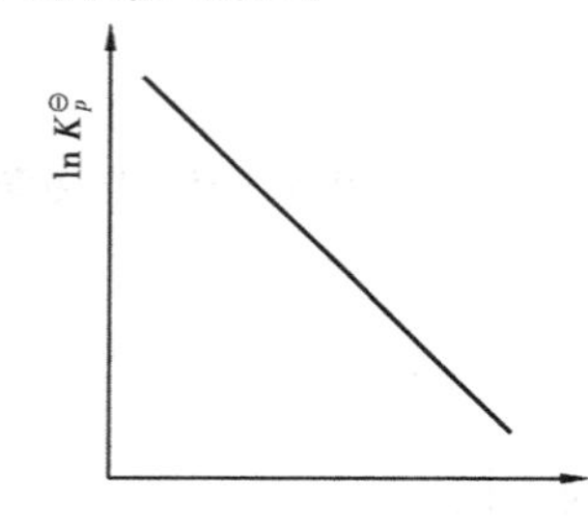

图 97.1 $\ln K_p^\ominus$ 与 T^{-1}的关系

大量实验证明,当温度变化范围不大时,$\Delta_r H_m^\ominus$ 近似为一常数。若以 $\ln K_p^\ominus$ 对 T^{-1} 作图应为一直线(见图 97.1),其斜率为 $-\Delta_r H_m^\ominus/R$,由此可求 $\Delta_r H_m^\ominus$。

求得某温度下平衡常数 $K_p^\ominus$ 后,可按下面的关系式计算该温度下的反应标准自由能变化 $\Delta_r G_m^\ominus$:

$$\Delta_r G_m^\ominus = -RT\ln K_p^\ominus \tag{97.9}$$

在一定温度下自由能变化 ΔG 与热焓变化 ΔH 及熵变 ΔS 之间有以下关系:

$$\Delta_r G_m^\ominus = \Delta_r H_m^\ominus - T\Delta_r S_m^\ominus \tag{97.10}$$

$$\Delta_r S_m^\ominus = (\Delta_r H_m^\ominus - \Delta_r G_m^\ominus)/T \tag{97.11}$$

利用实验温度范围内反应的平均等压热效应 $\Delta_r H_m^\ominus$ 和某温度常数与温度的关系下的标准自由能变化 $\Delta_r G_m^\ominus$,近似地计算出该温度下的标准熵变 $\Delta_r S_m^\ominus$。

由实验测出一定温度范围内某温度下反应体系的平衡压力,便可由公式(97.6)、(97.9)、(97.10)、(97.11)分别求出平衡常数 $K_p^\ominus$ 及热力学函数 $\Delta_r H_m^\ominus$、$\Delta_r G_m^\ominus$、$\Delta_r S_m^\ominus$。

本实验用图 97.2 装置测定氨基甲酸铵分解反应达到平衡时反应体系的总压力。等压计 U 管两臂以硅油做封闭液。当两臂的液面处于同一水平时,压力计的读数即为反应体系的总压力。

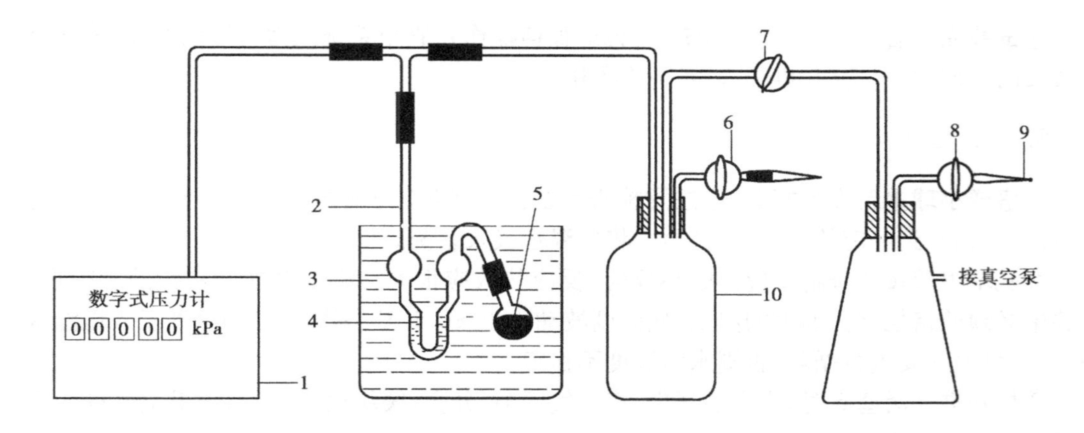

1—压力计；2—平衡管；3—恒温水；4—硅油；5—氨基甲酸铵；
6,7,8—旋塞；9—尖嘴；10—安全瓶

图 97.2　等压法测定分解反应平衡压力装置

2. 实验目的

①学习用等压法测定氨基甲酸铵的分解平衡压力的方法；

②计算等压反应热效应 $\Delta_r H_m^{\ominus}$、$\Delta_r G_m^{\ominus}$ 及 $\Delta_r S_m^{\ominus}$。

3. 实验器材

(1)仪器　等压力法测定分解反应平衡压力的装置,真空泵,恒温水浴器。

(2)试剂　氨基甲酸铵。

4. 实验方法

①检查系统气密性:将烘干的小球泡(装氨基甲酸铵用),与系统连接好,关闭进气活塞 6,打开抽气活塞 7 与放空活塞 8,这时真空泵与系统连接。开动真空泵,将系统中的空气排出,几分钟后关闭活塞 7,停止抽气。待 10 min,若压力计读数保持不变,则表示系统不漏气。否则应仔细检查,消除漏气原因。

②取下小球泡,将氨基甲酸铵粉末装入盛样小球中,并将盛样小球重新安装好。然后将等压计放在盛恒温水的大烧杯中,大烧杯置于恒温水浴器上,使恒温水能够循环。调节恒温水的温度至比室温高 2 ℃左右。

③重新启动真空泵,将系统中的空气排出,约 10 min 后可认为残留的空气分压已降至实验误差以下,不影响测试结果,关闭旋塞 7 停止抽气。确信系统不漏气后,通入恒温水。小心开启旋塞 6,视反应激烈程度,将空气逐渐、分次、缓缓放入系统,既不能使反应体系中产生的气体逸出反应体系,又不能使空气通过硅油而进入反应体系。当等压计 U 管两臂油面齐平时,暂停加气;反应一段时间后,若不再放入空气,等压计两端硅油液面高度保持不变,压力计读数也保持不变,即可认为该温度下反应已达到平衡,记录压力计的读数及恒温水的温度。

④用同样方法,每次升高 3 ~ 4 ℃,测定不同温度下反应体系的平衡压力。至少测 5 组数据。

⑤试验完毕后，将空气放入系统（考虑应如何操作），直至系统压力与外压相等，将盛氨基甲酸铵的小球取下，洗净，烘干，以备下次再用。

5. 注意事项

①盛样小球重新安装好后，应注意检查系统的气密性，否则抽气时不仅会导致空气进入反应体系，达不到一定的真空度，甚至会将恒温水吸入系统。

②氨基甲酸铵的分解反应是吸热反应，反应热效应很大。温度对平衡常数的影响很大。实验中必须严格控制恒温水的温度，使温度波动小于 ±0.1 ℃，等压计必须全部浸入恒温水液面以下，恒温水要进行循环，否则水浴温度不稳定。

③打开进气活塞 6 时，应小心开启，将空气逐渐、分次、缓缓放入系统，如果空气进入反应体系中，则必须重新抽真空排除空气。

6. 数据记录和处理

①根据下表数据绘制压力-温度曲线。

表 97.1　实验数据记录表

温度/℃								
压力/kPa								

②由公式(97.6)计算 25 ℃、30 ℃、35 ℃时的平衡常数 $K_p^\ominus$。

③以 $\ln K_p^\ominus$ 对 T^{-1} 作图，按公式(97.8)由斜率求平均等压反应热效应 $\Delta_r H_m^\ominus$。

④按公式(97.10)及(97.11)计算 25 ℃、30 ℃、35 ℃的标准自由能变 $\Delta_r G_m^\ominus$ 及标准熵变 $\Delta_r S_m^\ominus$。

表 97.2　实验数据处理结果

T/K	T^{-1}	平衡压力/Pa	$K_p^\ominus$	$\ln K_p^\ominus$	$\Delta_r H_m^\ominus$ /(kJ · mol^{-1})	$\Delta_r G_m^\ominus$ /(kJ · mol^{-1})	$\Delta_r S_m^\ominus$ /(kJ · mol^{-1})
298							
303							
308							
313							

思考题

(1)应该怎样选择等压计的密封液？

(2)为什么在实验中不能使空气混入反应体系？

(3)本实验与乙醇的饱和蒸汽压测定，其操作方法有何不同？

附:氨基甲酸铵的制备

使氨和二氧化碳气体接触,即能生成氨基甲酸铵。其反应式为:

$$2NH_3(g)+CO_2(g)=\!=\!=NH_2COONH_4(s)$$

但如果有水存在时,还会生成$(NH_4)_2CO_3$或NH_4HCO_3,因此在制备时必须保证NH_3、CO_2及容器都是干燥的。

实验室制备氨基甲酸铵的方法如下:

(1)氨气的制备　蒸发氨水或将NH_4Cl和NaOH混合加热可得到氨气,但这样制得的氨气含有大量水蒸气,应依次经CaO、固体NaOH脱水。

(2)CO_2的制备　CO_2可由大理石($CaCO_3$)与浓HCl在启普发生器中反应制得,气体依次经无水$CaCl_2$、浓硫酸脱水。

(3)氨基甲酸铵的合成　分别将氨气、二氧化碳通入塑料瓶中,尾气导入水中吸收,反应保持在0 ℃左右进行为宜。反应开始时先通入CO_2气体,约10 min后再通入氨气,可见在塑料瓶内壁上有固体氨基甲酸铵生成。反应一段时间后,停止通气,取下塑料瓶,轻轻敲击瓶壁,就可使固体氨基甲酸铵脱落下来,取出产物,放入密封容器内保存。

如果使用气体钢瓶提供NH_3、CO_2,气体仍然需要事先干燥再进行合成。

实验98　电导率法测定醋酸的电离常数

1. 实验概述

电解质溶液属第二类导体,它是靠正负离子的定向迁移传递电流。溶液的导电本领,可用电导率来表示。

研究溶液电导率时常到摩尔电导率,它与电导率和浓度的关系为:

$$\Lambda_m=\kappa/c \tag{98.1}$$

式中　Λ_m——摩尔电导率,$m^2\cdot S\cdot mol^{-1}$;

κ——电导率,$S\cdot m^{-1}$;

c——溶液浓度,$mol\cdot m^{-3}$。

Λ_m随浓度变化的规律,对强弱电解质各不相同,对强电解质稀溶液可用下列经验式

$$\Lambda_m=\Lambda_m^\infty-A\sqrt{c} \tag{98.2}$$

式中　Λ_m^∞——无限稀摩尔电导率;

A——常数。将Λ_m^∞对$\sqrt{c}$作图,外推可求得Λ_m^∞。

弱电解质电离产生的离子浓度很低,因此摩尔电导率Λ_m和无限稀释摩尔电导率Λ_m^∞相差较大,因此,浓度为c时弱电解质的电离度α为:

$$\alpha=\frac{\Lambda_m}{\Lambda_m^\infty} \tag{98.3}$$

对于AB型弱电解质,在溶液中达到电离平衡时,电离平衡常数K_c、溶液浓度c、电离度α

之间有如下关系：

$$K_c = \frac{c\alpha^2}{1-\alpha} \tag{98.4}$$

合并式(98.3)、式(98.4)即得：

$$K_c = \frac{c\Lambda_m^2}{\Lambda_m^\infty(\Lambda_m^\infty - \Lambda_m)} \tag{98.5}$$

结合式(98.1)并线性化处理得

$$\kappa = (\Lambda_m^\infty)^2 K_c \frac{1}{\Lambda_m} - \Lambda_m^\infty K_c \tag{98.6}$$

以 k 对 Λ_m^{-1} 作图为一直线，直线斜率

$$\beta = (\Lambda_m^\infty)^2 K_c \tag{98.7}$$

其中 Λ_m^∞ 的值可根据离子独立运动规律求出：

$$\Lambda_m^\infty = \gamma_+ \lambda_{m,+}^\infty + \gamma_- \lambda_{m,-}^\infty \tag{98.8}$$

其中：γ_+ 和 γ_- 分别表示 1 mol 电解质在溶液中产生 γ_{+mol} 阳离子和 γ_{-mol} 阴离子，$\lambda_{m,+}^\infty$、$\lambda_{m,-}^\infty$ 分别为阳离子和阴离子的无限稀释的摩尔电导(其值可查表)。例如，查出 25 ℃下 H^+ 的 $\lambda_{m,+}^\infty$ 值为 0.034 98 S·m^2·mol^{-1}，CH_3COO^- 的 $\lambda_{m,-}^\infty$ 值为 0.004 09 S·m^2·mol^{-1}，则在 25 ℃下醋酸水溶液无限稀释摩尔电导率 Λ_m^∞(HOAc,25 ℃) = 0.034 98 S·m^2·mol^{-1} + 0.004 09 S·m^2·mol^{-1} = 0.039 07 S·m^2·mol^{-1}，同理可得，Λ_m^∞(HOAc,30 ℃) = 0.041 4 S·m^2·mol^{-1}，代入式(98.7)即可算得 K_c。

2. 实验目的

①了解溶液电导、电导率、摩尔电导率的基本概念；
②用电导率法测定弱电解质溶液的电离平衡常数的方法。

3. 实验器材

(1)仪器　DDS-11A 型电导率仪，超级恒温器；
(2)试剂　0.100 mol·L^{-1} HAc 标准溶液，0.01 mol·L^{-1} KC1 标准溶液。

4. 实验方法

(1)调节恒温槽温度在 25 ℃ ±0.1 ℃　如果室温较高，则温度可调节在 30 ℃ ±0.1 ℃。

(2)电导率的测量方法　请参阅《实验化学导论》6.7.1。

(3)测定电导电极常数　先用蒸馏水洗涤电导池和电导电极，再用少量 0.01 mol·L^{-1} KCl 溶液淋洗 3 次，加入少量 0.01 mol·L^{-1}KCl，使液面超过电极 10 ~ 20 mm 即可，再将电导池置于恒温水槽中，恒温 5 ~ 10 min 后进行测量。重复测定 3 次，然后取平均值。

(4)测定醋酸溶液的电导率　将电导池和电导电极用蒸馏水洗涤，再用少量的被测醋酸淋洗 3 次，然后注入被测醋酸溶液，使溶液超过电极 10 ~ 20 mm，再将电导池置于恒温水槽中，恒温 5 ~ 10 min 后进行测量。本实验需测定 0.010、0.025、0.050、0.100 mol·L^{-1} 4 种不同浓度醋酸的电导率。重复测定 3 次，然后取平均值。

5. 注意事项

①恒温水的温度应恒定,误差不超过 ±0.1 ℃。溶液恒温时间不得少于 15 min。

②用待测液淋洗电极时,应注意不要损坏铂黑,以免电极常数改变,引起误差。电极用后应清洗干净,并将铂黑浸没在蒸馏水中,以防电极干燥、老化。

③测量时,量程开关应由大到小调节。

6. 数据记录和处理

①将实验数据统一为国际单位制。

②根据式(98.1)计算各个浓度醋酸的摩尔电导率 Λ_m 及 Λ_m^{-1}。

③以 κ 对 Λ_m^{-1} 作图,并求出所得直线的斜率,然后根据式(98.7)求出 K_c 的值。

④计算实验结果的相对误差。K_c(HAc,25℃) = 1.75×10^{-2},K_c(HAc,30℃) = 1.80×10^{-2}。

思考题

(1)为什么要测电导电极常数? 如何测定?

(2)本实验为什么要在恒温条件下进行?

实验 99　电动势法测定化学反应的热力学函数

1. 实验概述

本实验是测定反应

$$Zn(S) + PbSO_4(s) \rightarrow ZnSO_4 + Pb(s)$$

的热力学函数,该反应设计成一个可逆电池:

$$Zn(Hg) | ZnSO_4(aq) | PbSO_4(s) | Pb(Hg)$$

根据电化学原理,在恒温恒压的可逆操作条件下,电池所做的电功是最大有用功。通过测定电池的电动势 E(略去锌汞齐和铅汞齐的生成热),根据不同温度下电动势数据,即可得到电池反应的 $\Delta_r G_m$。

$$\Delta_r G_m = -W_{f\cdot max} = -zFE \tag{99.1}$$

式中　z——反应式中电子的计量系数;

F——法拉第常数;

E——电池的电动势。

因为

$$\Delta_r G_m - \Delta_r H_m = T\left(\frac{\partial \Delta_r G}{\partial T}\right)_p = -T\Delta_r S_m \tag{99.2}$$

故

$$\Delta_r H_m = -zFE + zFT\left(\frac{\partial E}{\partial T}\right)_p \tag{99.3}$$

$$\Delta_r S_m = zF\left(\frac{\partial E}{\partial T}\right)_p \tag{99.4}$$

$$\ln K_a = \ln Q_a - \Delta_r G_m / RT \tag{99.5}$$

式中　K_a——反应的平衡常数；

Q_a——活度商。

按照化学反应设计成一个电池，测量一系列不同温度下电池的电动势，以电动势对温度作成曲线。从曲线的斜率可以求得任一温度 T 的 dE/dT 值。利用上述式(99.1)、式(99.3)、式(99.4)、式(99.5)即可求得该反应的势力学函数 $\Delta_r G_m$、$\Delta_r H_m$、$\Delta_r S_m$及平衡常数 K_a。

根据热力学原理，只有在恒温、恒压、可逆条件下，式(99.1)才成立，这就不仅要求电池反应本身是可逆的，而且电池也必须在可逆条件下工作，即充电和放电过程都必须在非常接近平衡状态下进行，只允许有无限小的电流通过。因此，不能直接用伏特计来量度电池的电动势，因为当把伏特计与电池接通后，由于电池中发生的化学变化，有电流流出，电池中溶液浓度不断改变，电动势也会有变化。另一方面，电池本身也有内阻，所以用伏特计量出的只是外电路的电位降，而不是可逆电池的电动势。因此，测量可逆电池的电动势应该在电路中几乎没有电流通过。根据欧姆定律：

$$E = (R_o + R_i)I \tag{99.6}$$

式中　R_i——内阻；

R_o——外阻；

E——外电路电位降。

对于外电路：

$$E_0 = R_o I \tag{99.7}$$

因为式(99.6)、式(99.7)中 I 相等，所以

$$\frac{E_0}{E} = \frac{R_o}{R_o + R_i} \tag{99.8}$$

当 $R_o \gg R_i$时，

$$E \approx E_0 \tag{99.9}$$

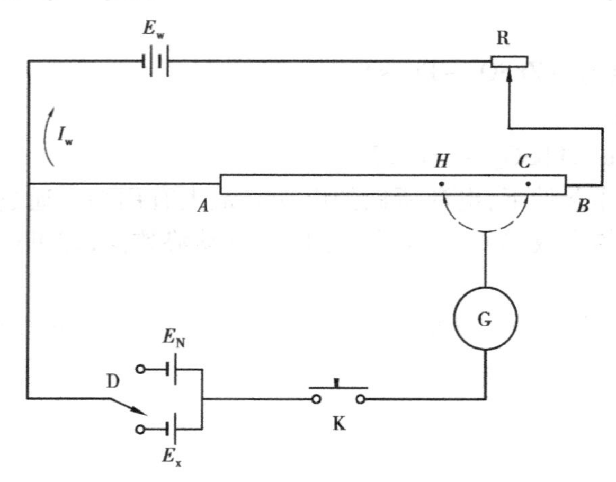

图 99.1　对消法测定电动势原理示意图

直流电位差计就是根据波根多夫对消法实验原理设计的，其简单工作原理如图99.1，AB 为均匀的电阻线，工作电池 E_w 相通，被测电池的负极与工作电池的负极并联，正极则经过检流计(G)接到滑动接置来决定。移动滑动点的位置便会找到某一点如 C 点，当电钥 K 闭合时，检流计中几乎没有电流通过，此时电池的电动势恰好和 AC 线段所代表的电位差在数值上相等而方向相反。

为了求得 AC 线段的电位差，可以将 D 向上与标准电池 E_N 接通。由于标准电池的电动势是已知的，而且能保持恒定，因此同样方法可以找出另一点 H，使检流计中几乎没有电流通过。则 AH 段的电位差就等于 E_N。因为电位差与电阻线的长度成正比，故待测电池的电动势为：

$$E_X = E_N \frac{l(AC)}{l(AH)} \quad (99.10)$$

在一定温度下标准电池电势一定,293.15 K 时,为 1.018 55 V, 所以

$$E_X = 1.018\ 55 \cdot \frac{l(AC)}{l(AH)} \quad (99.11)$$

AH 段上的电位差等于 E_N,故 E_X 等于 AC 段的电位差。

2. 实验目的

①掌握对消法测定可逆电池电动势的原理和方法以及电位差计、检流计和标准电池的使用方法;

②测定不同温度下待测可逆电池的电动势,并由此计算其化学反应的热力学函数 $\Delta_r G_m$、$\Delta_r H_m$、$\Delta_r S_m$ 及 K_a;

③掌握用图解微分进行数据处理的方法。

3. 实验器材

(1)仪器　UJ25 电位差计,检流计,工作电池,待测电池,超级恒温槽。

(2)试剂　Pt,Zn,Pb,Hg(l),$PbSO_4$(s),$ZnSO_4$ 溶液。

4. 实验方法

1)装制电池

这一电池的构造如图 99.2 所示。由 H 形管构成。管底焊接两根铂丝,作为电极的导线。管的两边分别装入锌汞齐和铅汞齐。在铅汞齐上部是悬浮固体 $PbSO_4$。整个电池管中充满 $ZnSO_4$ 溶液。在 H 形管的横臂上塞有洁净的玻璃毛,以防止悬浮的 $PbSO_4$ 固体污染锌半电池管。在管口塞上橡皮塞并用蜡密封,以便浸入恒温不槽中不致发生渗漏。将塞子钻个孔,接根玻璃管,使在热膨胀时有伸缩余地。

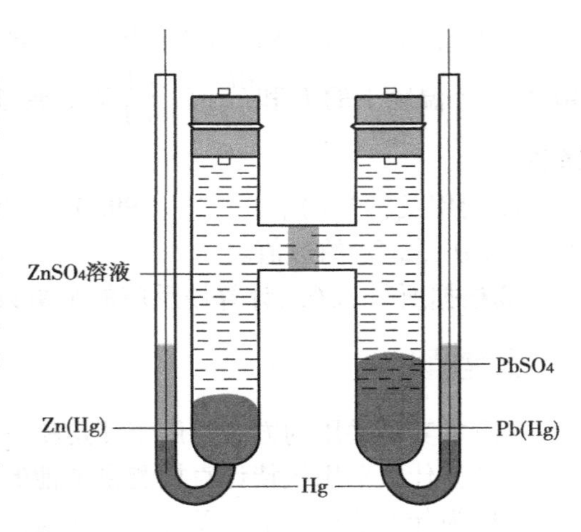

图 99.2　Zn-Pb 电池示意图

汞齐的制备方法:按质量来取金属和汞(在粗天平进行称重),在通风橱里将汞热一下,向其中加入金属,冷却后,先用蒸馏水洗汞齐,再用 $ZnSO_4$ 溶液洗三四次,用角匙将汞齐移入电池管中,要使铂丝的全部浸没。

配制 0.02 mol · L^{-1} $ZnSO_4$ 溶液,加入锌汞齐上;而铅汞齐上则加入带有悬浮 $PbSO_4$ 溶液的 0.02 mol · L^{-1}$ZnSO_4$ 溶液,即取 100 mL 的 0.02 mol $ZnSO_4$ 溶液,加入约 2 g 的 $PbSO_4$ 研磨粉,摇动后成悬浮液,再加入铅汞齐上。加时要小心,不要让 $PbSO_4$ 跑入锌极上。

2)测定不同温度下电池的电动势

(1)根据实验实验原理连接好实验仪器装置　电位差计的使用方法请参阅《实验化学导论》6.7.2.1。

(2)校正标准电池的电动势　20 ℃时标准电池的电动势为1.018 55 V,当实验时环境温度不是20 ℃时,应根据下列近似公式校正:

$$\Delta E_t/\mu V = -40(t - 20\ ℃) \tag{99.12}$$

式中　t——环境温度。

(3)标定工作电流　具体方法参阅《实验化学导论》电位差计一节。

(4)测不同温度下的电动势　将上述电池置于恒温水槽内,达到热平衡后(一般水温达到所设温度后需10～15 min)测量其电动势,并记录温度。再升温,测电动势。温度范围在15～50 ℃,每隔4～5 ℃测一次,至少测5种温度下的电动势。

5. 注意事项

①检查工作电池、标准电池、待测电池极性是否接错,各接点接触是否可靠。

②恒温水温度是否稳定,波动小于±0.1 ℃。恒温水达到指定温度后,需再等10～15 min,电池才能达到热平衡。

③切忌按键时间大于1 s或频繁按键。

④每次测定后,应重新检查是否保持标准化。

⑤要防止电池振动,如电池摇动后,要稳定30 min后再测量。

6. 数据记录和处理

①将测得的电动势E对T作图,并由图上的E-T曲线求取20 ℃,25 ℃,30 ℃,35 ℃,40 ℃ 5个温度下的E和$\frac{dU}{dT}$值。$\frac{dU}{dT}$值是通过作E-T曲线的切线(可用镜像法),由切线的斜率求得。

②利用式(99.1)、(99.2)、(99.3)、(99.4)计算25 ℃,30 ℃,35 ℃时该电池反应的$\Delta_r G_m$,$\Delta_r H_m$,$\Delta_r S_m$的数值。

③根据所得$\Delta_r G_m$,计算该反应的平衡数数K_a值,利用平衡移动原理解释实验结果。

思考题

(1)本实验采用的方法适用于测定哪一类化学反应的热力学函数?

(2)为什么不用伏特计直接测量电池的电动势?

(3)为什么要标定电位差计的工作电流?

(4)标准电池在实验中起什么作用?

实验100　电动势法测定溶液的pH值

1. 实验概述

pH值是水化学中常用的和最重要的检验项目之一。pH值与氢离子浓度$c(H^+)$的关系由下式表示：

$$pH = -\lg c(H^+) \tag{100.1}$$

确切地讲，应以氢离子的活度表示

$$pH = -\lg a(H^+) \tag{100.2}$$

电动势法可以精确测定溶液的 pH 值，只需要选择一个对氢离子可逆的电极作为氢离子指示电极，以甘汞电极作为参比电极，待测溶液为电解质溶液组成电池，通过测定电池的电动势从而求得溶液的 pH 值。常用的氢离子指示电极有标准氢电极、玻璃电极、醌氢醌电极等。使用玻璃电极，醌氢醌电极测 pH 值比使用标准氢电极简单方便，下面分别介绍它们的测量原理。

1）玻璃电极法测定溶液的 pH 值

玻璃电极法基本上不受色度、浊度、胶体物质、氧化剂、还原剂及盐度的干扰，可准确和再现至 0.1 pH 单位，较精密的仪器甚至可准确到 0.01 pH。因此，玻璃电极法是目前测定溶液的 pH 值最常用的方法。

用玻璃电极作用指示电极，饱和甘汞电极（SCE）作参比电极，同时插入被测溶液中，组成电池：

（－）玻璃电极｜被测溶液‖饱和甘汞电极（＋）

当氢离子活度发生变化时，玻璃电极和参比电极之间的电动势也随着变化，电动势变化符合下列公式：

$$E = E_0 - 2.302\,6\frac{RT}{F}\mathrm{pH} \tag{100.3}$$

式中 R——气体常数（$8.314\ \mathrm{J\cdot K^{-1}\cdot mol^{-1}}$）；

T——绝对温度；

F——法拉弟常数（$9.648\times10^4\ \mathrm{C\cdot mol^{-1}}$）；

E_0——电极系统零电位；

pH——表示被测溶液 pH 值和缓冲溶液 pH 值之差。

因为，298.15 K 时，

$$E_{SCE} = 0.241\,2\ \mathrm{V} \tag{100.4}$$

而玻璃电极的电极电势为：

$$E_G = E_G^{\ominus} - 0.059\,16\ \mathrm{pH} \tag{100.5}$$

所以由玻璃电极和饱和甘汞电极组成的电池的电动势（EMF）只随溶液的 pH 值改变而改变。298.15 K 时该电池的电动势 E 为：

$$\begin{aligned} E &= E_{SCE} - E_G \\ &= 0.241\,2 - (E_G^{\ominus} - 0.059\,16\ \mathrm{pH}) \end{aligned} \tag{100.6}$$

$$\begin{aligned} E &= E_{SCE} - E_G \\ &= 0.241\,2 - (E_G^{\ominus} - 0.059\,16\ \mathrm{pH}) \end{aligned} \tag{100.7}$$

$$\mathrm{pH} = (E + E_G^{\ominus} - 0.241\,2)/0.059\,16 \tag{100.8}$$

$E_G^{\ominus}$ 可用一个已知 pH 值的标准缓冲溶液（如邻苯二甲酸氢钾溶液）代替待测溶液来标定。若令标准缓冲溶液的 pH 值为 $\mathrm{pH_S}$，其电动势为 E_S，则

$$E_S = 0.2412 - (E_G^{\ominus} - 0.05916\ pH_S) \tag{100.9}$$

同理，若待测溶液的 pH 值为 pH_X，其电动势为 U_X，则

$$E_X = 0.2412 - (E_G^{\ominus} - 0.05916\ pH_X) \tag{100.10}$$

将以上两式相减并整理得：

$$pH_X = pH_S + \frac{E_X - E_S}{0.05916} \tag{100.11}$$

在一定温度下 pH_S 是已知的，因此，通过测定 E_X 和 E_S，即可得到溶液的 pH 值。

2)用醌氢醌电极测定溶液 pH 值的实验原理

醌氢醌电极制备简单，只要将待测溶液以醌氢醌饱和，再插入一光亮铂丝到溶液中即可。醌氢醌(QH_2Q)是等摩尔的氢醌(H_2Q，对苯二酚)和醌(Q)形成的化合物，微溶于水，在水溶液中部分分解：

$$\underset{\text{醌氢醌}}{C_6H_4O_2 \cdot C_6H_4(OH)_2} \rightarrow \underset{\text{醌}}{C_6H_4O_2} + \underset{\text{氢醌}}{C_6H_4(OH)_2} \tag{100.12}$$

氢醌为一弱酸，它在溶液中形成如下电离平衡：

$$C_6H_4(OH)_2 \rightarrow C_6H_4O_2^{2-} + 2H^+ \tag{100.13}$$

氢醌离子也可以氧化成醌：

$$C_6H_4O_2^{2-} \rightarrow C_6H_4O_2 + 2e \tag{100.14}$$

若醌氢醌电极为负极，则电极反应如下：

$$C_6H_4(OH)_2 \rightarrow C_6H_4O_2 + 2H^+ + 2e \tag{100.15}$$

若醌氢醌电极为正极，则电极上所进行的是上式的逆反应，氢醌的氧化电极电位为

$$E(QH_2) = E(QH_2)^{\ominus} - (RT/2F)\ln a(H_2) \cdot a(Q)/a(QH_2) \tag{100.16}$$

在水溶液里，氢醌的电离度很小，因此醌和氢醌的活度可以认为相等

$$a(Q) = a(QH_2) \tag{100.17}$$

$$E(QH_2) = E(QH_2)^{\ominus} - (RT/F)\ln a(H^+) \tag{100.18}$$

如果以饱和甘汞电极作为参比电极，此醌氢醌电极与饱和甘汞电极组成的电池

饱和甘汞电极 ‖ 被测溶液(醌氢醌饱和溶液) | Pt

当 pH <7.1 时，饱和甘汞电极为氧化电极，醌氢醌为还原电极，在 25 ℃时，饱和甘汞电极电位 $E_{甘汞} = -0.2412$ V，$E(QH_2Q)^{\ominus} = -0.6998$ V。电池的电动势 E 为：

$$\begin{aligned} E &= E_{甘汞} - E(QH_2) \\ &= -0.2412 - \left[-0.6995 - \frac{RT}{F}\ln a(H^+)\right] \\ &= -0.4583 - 0.05916\text{pH} \end{aligned} \tag{100.19}$$

$$\text{pH} = \frac{0.4583 - E}{0.05915} \tag{100.20}$$

同理，当 pH >7.1 以上时，醌氢醌电极为氧化电极，饱和甘汞电极为还原电极，则

$$\text{pH} = \frac{0.4583 + E}{0.05915} \tag{100.21}$$

醌氢醌电极的缺点是仅能用于弱酸或弱碱性溶液，当 pH >8.5 时，对氢醌的电离平衡影

响较大,改变了体系中平衡状态,从而对电极电位影响也较大,会使测定结果误差较大;另外,醌和氢醌易被氧化和还原,所以氢醌电极在有氧化剂或还原剂存在时,也不够准确。

2. 实验目的

①了解电动势法测定溶液的 pH 值的原理和方法;

②掌握用玻璃电极和醌氢醌电极测定溶液的 pH 值的实验技术。

3. 实验器材

(1)仪器 PHS-2C 型 pH 计,超级恒温槽,铂电极,玻璃电极,饱和甘汞电极,50 mL 烧杯,移液管。

(2)试剂 1 mol · L^{-1} HAc 溶液,1 mol · L^{-1} NaAc 溶液, KH_2PO_4(s), $Na_2HPO_4 \cdot 2H_2O$(s),醌氢醌,焦没食子酸。

4. 实验方法

1)待测溶液的配制

取 1.0 mol · L^{-1} HAc 及 1.0 mol · L^{-1} NaAc 溶液各 5 mL,混合后加蒸馏水稀释至 25 mL,作为待测溶液 1;取 1.0 mL 甲液(含 11.876 g · L^{-1} $Na_2HPO_4 \cdot 2H_2O$)、19.0 mL 乙液(含 9.078 g · L^{-1} KH_2PO_4)混合,作待测溶液 2;取 14.0 mL 甲液、6.0 mL 乙液混合,作待测溶液 3。

2)仪器的安装和校正

按照仪器安装好 pH 计、玻璃电极,开启仪器电源开关预热 30 min;由于每支玻璃电极的零电位,转换系数与理论值有差别且各不相同。因此,进行 pH 值测量,必须要对电极进行 pH 校正,其操作过程如下:

①进行仪器的校正和测量。将仪器面板上的"选择"开关置"pH 值"挡,"范围"开关置"6"挡,"斜率"旋钮顺时针旋到 100% 处,"温度"旋钮置于标准缓冲溶液的温度。

②用蒸馏水将电极洗净以后,用滤纸吸干。将电极放入盛有 pH =7 的标准缓冲溶液的烧杯内。按下"读数"开关,调节"定位"旋钮,使仪器指标值为此溶液温度下的标准 pH 值(仪器上的"范围"读数加上表头指示值即为仪器 pH 指示值),在标定结束后,放开"读数"开关,使仪器置于准备状态,此时仪器指针在中间位置。

③把电极从 pH =7 的标准缓冲溶液中取出,用蒸馏水冲洗干净,用滤纸吸干。根据将要测 pH 值的样品溶液是酸性(pH <7)或碱性(pH >7)来选择 pH =4 或 pH =9 的标准缓冲溶液。把电极放入标准缓冲溶液中,把仪器的"范围"置"4"挡(此时为 pH =4 的标准缓冲溶液时)或置"8"挡(此时为 pH =9 的标准缓冲溶液时),按下"读数"开关,调节"斜率"钮旋,使仪器指标值为该标准缓冲溶液在此溶液温度下的 pH 值,然后放开"读数"开关。

④按②的方法再测 pH =7 的标准缓冲溶液,但注意此时应将"斜率"旋钮保持不动,在按操作③后的位置不变。如仪器的指示值与标准缓冲溶液的 pH 值误差是符合 pH 测量时的精度要求,则可认为此时仪器已校正完毕。若此误差不符合 pH 测量时的精度要求,则可调节"定位"旋钮至消除误差,然后重新再按③顺序操作。仪器已进行 pH 校正以后,不能再旋动

“定位”、“斜率”旋钮，否则必须重新进行仪器 pH 校正。

3）用玻璃电极法测定待测溶液的 pH 值

4）用醌氢醌电极法测定待测溶液 pH 值

将适量醌氢醌分别加在各待测溶液中，用玻璃棒搅拌均匀，用蒸馏水淋洗铂片电极和甘汞电极支管的外壁，并用滤纸吸干，然后将光亮铂电极和饱和甘汞电极插入待测溶液中。将仪器的“温度”旋钮旋至被测样品溶液的温度值，用 pH 计的 mV 挡测定此电池的电动势。

如测量时出现数值不稳定的现象，可能醌氢醌尚未平衡或温度未恒定，故必须多测几次，以达到稳定。

5. 数据记录和处理

①记录实验温度、各待测溶液组成电池的电动势。

②根据所测各待测溶液组成电池的电动势，算出各溶液的 pH 值。

思考题

(1)醌氢醌电极具有哪些优点？

(2)使用醌氢醌电极法测溶液 pH 值应注意哪些问题？

实验 101　氢过电位的测量

1. 实验概述

当氢电极上没有电流通过时，氢离子和氢分子处于可逆平衡状态，而当电极上有电流通过时，由于氢离子在阴极上放电而析出氢气，电极反应成为单向不可逆过程，使阴极析出电位比可逆平衡状态时变得更负，它们的差值定义为氢过电位：

$$\eta = E_{可逆} - E_{不可逆} \tag{101.1}$$

$$E_{不可逆} < E_{可逆}，且\ \eta > 0 \tag{101.2}$$

氢过电位 η 主要由 3 个部分组成：

$$\eta = \eta_1 + \eta_2 + \eta_3 \tag{101.3}$$

式中　η_1——电阻过电位；

η_2——浓差过电位；

η_3——活化过电位，是由于电极反应本身需要一定的活化能所引起的。其中前二项过电位比起活化过电位要小得多，在实际测量时，可设法减小到可忽略的程度。因此，氢过电位一般是指活化过电位。

1905 年塔菲尔（Tafel）从大量的实验数据中发现，在一定电流密度范围内，过电位与电流密度的关系式，称之为塔菲尔经验公式

$$\eta = a + b \ln j \tag{101.4}$$

式中　j——电流密度；

a、b——常数。

a 是当电流密度为 1 A · cm^{-2} 时的氢过电位，a 值与电极材料的性质、表面状态、溶液组成和温度有关，它表征着电极反应不可逆程度的大小。即 a 值越大，在所给定电流密度下氢过电位也就愈大。

b 为过电位与电流密度自然对数的线性方程式的斜率，如图 101.1。b 值随电极性质等的变化不大。通常 $b \approx 2RT/F$ 或 RT/aF，对于大多数金属 $a \approx 0.5$，常温下，$b \approx 0.050$ V。

但从理论及实验上都证实了当电流密度极低时，并不服从塔菲尔公式，如图 101.1 虚线部分所示。此时氢过电位与电流密度成正比，即

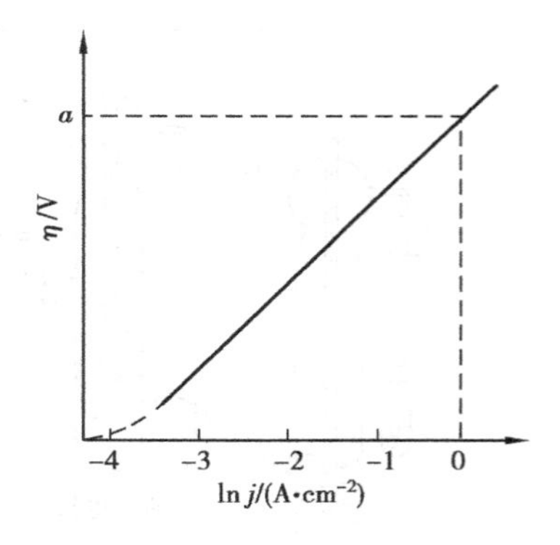

图 101.1　η 与 $\ln j$ 的关系

$$\eta \propto j \tag{101.5}$$

因此，在实验中应采取措施，尽量减小电阻过电位及浓差过电位等问题的影响。

实验采用三电极体系测定在一系列不同电流密度下的氢过电位，如图 101.2 所示。辅助电极与被测电极构成一个电解池，使氢离子在被测电极上放电。标准氢电极作为参比电极与被测电极组成电池，测量工作时电极的电极电位。

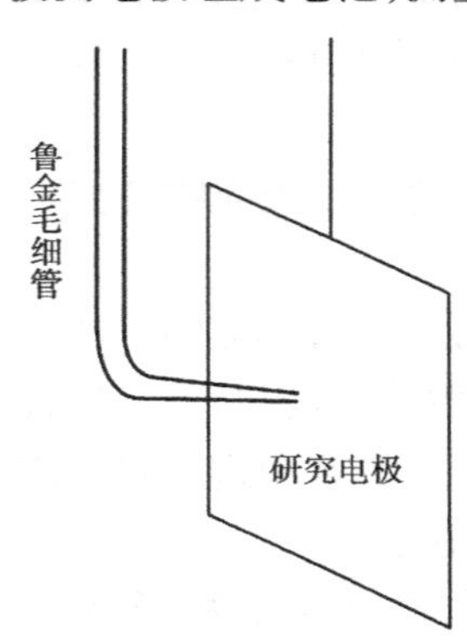

图 101.2　鲁金毛细管

在电解电流密度不太大时，一般浓差过电位较小。实验中在工作电极的下方通入氢气，不仅使工作电极被氢气饱和得到稳定的电极电位，还可使工作电极附近的溶液加速扩散，从而将浓差过电位降低到可忽略的程度。

为了尽量减小电阻过电位，工作电极与参比电极用鲁金毛细管来连接，并且使毛细管尖端紧靠工作电极，而毛细管内的溶液又几乎没有电流通过，故电阻过电位可减小到忽略不计。当电流密度较大时，电阻过电位仍不能忽略，这时可将毛细管口与工作电极置于不同的距离处，测量各个对应距离时的过电位，再外推到工作电极与毛细管距离为零时的过电位进行校正。

电极表面的物理状态、光洁程度、化学成分以及溶液中存在少量杂质，都会引起氢过电位的很大变化。因此电极和容器的处理和清洁是做好本实验的关键，所用溶液要用电导水配制。

2. 实验目的

①了解不可逆电极的意义、影响过电位的因素及其消除方法；

②掌握测量不可逆电极电位的实验方法；

③测定光亮铂电极上的氢的活化过电位，求得塔菲尔公式中的两个常数。

3. 实验器材

(1)仪器　超级恒温槽，超纯氢发生器，电化学分析仪，氢过电位测试装置(研究电极，标准氢电极、辅助电极)，如图 101.3 所示。

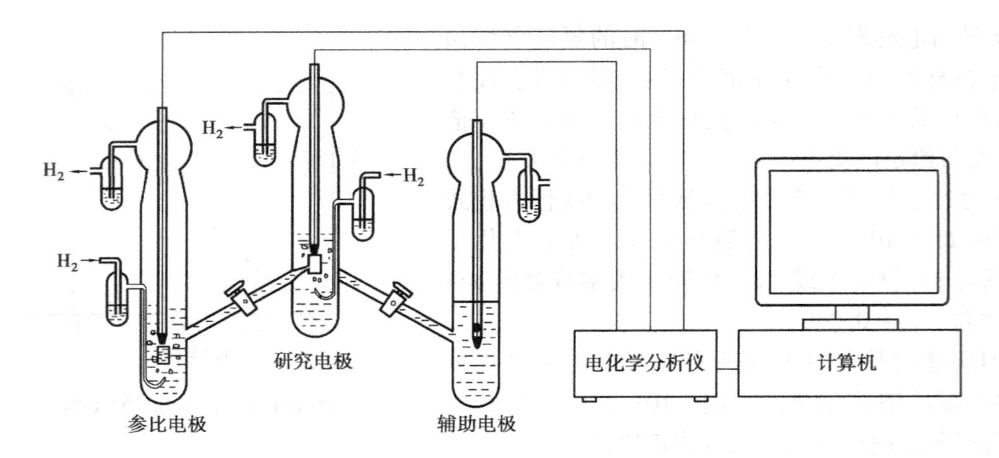

图 101.3　氢过电位测试装置示意图

(2)试剂　1.00 mol · L^{-1} HCl 溶液,浓 HNO_3 溶液,王水,KOH 乙醇溶液,电导水。

4. 实验方法

①电解池先用王水荡洗一下,用水洗净后,再用蒸馏水、电导水各荡洗 2 ~ 3 遍,然后用少量电解液(1 mol · L^{-1} HCl 溶液)荡洗 3 遍。最后倒入一定量电解液使各电极浸没为止,氢气出口处以电解溶液密封。

②参比电极(标准氢电极)依次用电导水、盐酸溶液小心冲洗(不要把电极表面物冲掉),然后插入电解池中。

③将研究电极(光亮铂电极)及辅助电极先用 KOH 乙醇溶液泡煮数分钟,用蒸馏水清洗后,在浓硝酸中泡煮数分钟,再分别用蒸馏水、电导水冲洗之,最后用电解液冲洗,将 3 个电极分别插入装有电解液(1 mol · L^{-1}HCl)的电解池中,并以电解液封闭磨口活塞和进出口。应尽量使鲁金毛细管口紧靠研究电极表面。仔细检查毛细管中不应有气泡存在。

④将电解池放置于温温槽内,使电解溶液全部处于恒温槽水面下,恒温温度为 25 ℃ ± 0.2 ℃(或 30 ℃、35 ℃)。

⑤接通氢气,开启超纯氢气发生器开关,调节活塞以控制氢气流速为 1 ~ 2 个气泡/s,通气 30 min 以上,使整个电解池中始终充满氢气,让研究电极和标准氢电极被氢气充分饱和,体系达到平衡状态。

⑥按图 101.3 接好电路,打开电化学分析仪和计算机的电源开关,预热 10 min,1 min 平衡电位的改变 $< \pm 0.001$ V,才能认为体系已达稳定,方可通极化电流,测量研究电极在不同电流强度时的电位。重复测量 3 次,其电势读数平均偏差应小于 2 mV,取其平均值作为该实验条件下的电势,然后计算其超电势。

⑦使电解电流从零逐渐增大,在 0 ~ 20 mA 范围内选择 15 ~ 20 点,测量研究电极在不同电流强度时的电位。重复测量 3 次,其重现性应小于 2 mV。

⑧测量完毕后,取出研究电极,用测量铂片表观面积,倒出电解池中的电解液,清洗电极和电解池,然后注入电导水中,放入电极。

5. 注意事项

①电极的处理和溶液的纯净是做好本实验的关键。
②清洗电极时应特别小心,避免碰损。
③通氢气对应缓慢开启,防止气流将密封液冲出。
④注意极化电流的极性不能接反。
⑤测电位时,应等读数基本稳定(即每分钟内变化不超过 1 mV)后再读数。

6. 数据记录和处理

①将无电解电流时的电位差 $\varphi_{可逆}$ 分别减去不同电流密度下的电位差 $\varphi_{不可逆}$,即得该电流密度时的过电位 η。
②将电解电流强度换成电流密度 j(单位 $A \cdot cm^{-2}$),并取其对数,得 $\ln j$ 。
③以 η 对 $\ln j$ 作图,连接线性部分得一直线,非线性部分用虚线表示。
④求出直线斜率 b,并将直线延长至横轴 $\ln j=0$ 处,读出 a 数值。或取直线上任意一点相应的 η、$\ln j$ 值及 b 值代入塔菲尔公式求出 a。
⑤将 a、b 代入 Tafel 公式即得氢过电位与电流密度关系的经验公式。

思考题

(1)电解池中 3 个电极的作用各是什么?
(2)为什么实验中参比电极和研究电极都要不断通 H_2?
(3)影响过电位的主要因素有哪些? 在实验中怎样消除这些影响?

实验 102　恒电势法测碳钢的阳极极化曲线

1. 实验概述

金属的阳极过程是指金属阳极发生的电化学溶解的过程,即:

$$M \rightarrow M^{n+} + ne^-$$

在金属阳极的电化学溶解过程中,其电极电位必须高于其热力学平衡电极电位,电极过程才能进行,这种电极电位偏离热力学平衡电极电位的现象,称为极化。当阳极极化不大时,阳极过程的速度随着电位升高而逐渐增大,这是金属的正常阳极溶解,当电极电位移到某一数值时,阳极溶解速率随电位升高而大幅度降低,这种现象称为金属的钝化。

处于钝化状态的金属其溶解速率很小,因此利用阳极钝化可以防止金属腐蚀和在电解质中保护电镀中的不溶性阳极。这种使金属表面生成一层耐腐蚀的钝化膜来防止金属的腐蚀方法,叫做阳极保护。而在另外一些情况下,金属的钝化却非常有害,例如在化学电源、电冶金以及电镀中的阳极溶解等。因此,研究阳极钝化现象具有非常重要的意义。

测绘阳极极化曲线有恒电位法(控制电位)和恒电流法(控制电流)。由于恒电位法能测得完整的阳极极化曲线,因此在金属钝化现象的研究中使用较多。用恒电位法测得的典型阳

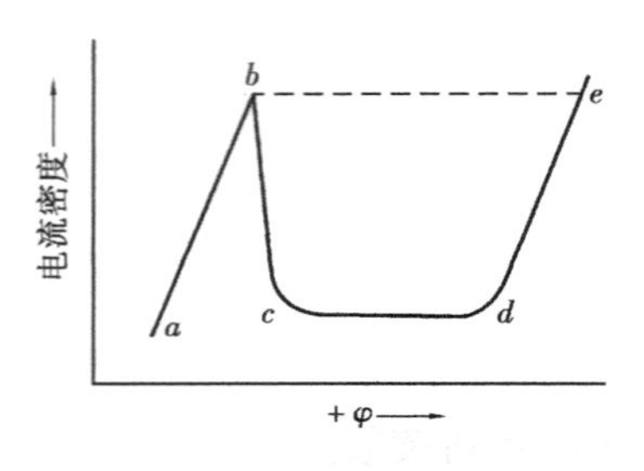

图 102.1 阳极极化曲线

极极化曲线如图 102.1 所示。

ab 段相应的电极电位范围为活性溶解区，随着电位向正方向移动，电流也随之增大，此时金属进行正常的阳极溶解，*a* 点电位是金属的自然腐蚀电位；*b* 点对应的电流称为致钝电流（或临界钝化电流），电位称为临界钝化电位；电位超过 *b* 点以后，电流迅速减小，*bc* 段为钝化过渡区，*cd* 段相应的电极电位范围为钝化稳定区，电位达到 *c* 点以后，电位继续升高，电流密度仍保持在一个几乎不变的很小数值上。此时金属的溶解速度降低到最小数值，对应于 *cd* 段的电流称为维钝电流；*de* 段相应的电极电位范围为超钝化区，电位升到 *d* 点后，电流又随电位的升高而迅速增加，其原因可能是由于阳极金属以高价离子的形式氧化溶解在溶液中，发生所谓的"超钝化现象"（这种情况在电镀中不易碰到）。也可能发生其他阳极反应，如 OH^- 离子在阳极放电析出氧气，或者上述两者同时发生。由于钝化受到破坏，金属的腐蚀速度也随之增加。如果对金属通以致钝电流，使金属表面生成一层钝化膜，再用维钝电流保持其表面的钝化膜不消失，金属的腐蚀速度就会大大地降低。

钝化现象是阳极过程的一个特殊规律，在电解、电镀生产中是经常遇到的。影响金属钝化过程及钝化性质的主要因素有以下几个方面：

（1）金属本性　有些金属比较容易钝化，如铬、镍、钛及钼等。而另一些金属如铜及银等则不容易钝化。因此，钢铁中添加铬、镍可以提高其钝化能力及钝态的稳定性。

（2）溶液成分　在电镀溶液中加入某些络合剂和阳极去极化剂（如镀镍液中的氯化物和氰化镀铜溶液中的酒石酸盐等）能使阳极活化，促使阳极溶解。而镀液中的有一些成分（如氰化镀液中积累过多的碳酸盐及存在重铬酸盐、高锰酸钾等氧化剂）会促使阳极电位变正，造成阳极钝化。

（3）酸碱性　一般在在中性溶液中，金属比较容易钝化，而在酸性或某些碱性的溶液中，则不易钝化；这往往与阳极反应产物的溶解度有关。在酸性溶液中，阳极一般不易生成难溶的物质。

（4）工作条件　阳极电流密度是对阳极过程影响最大的一个因素。一般情况是，在不大于临界钝化电流密度的情况下，提高电流密度可以加速阳极的溶解。当电流密度大于临界值时，提高电流密度将显著地加速阳极的钝化过程。

（5）外界因素　一般来说，升高温度、加剧搅拌可以促进离子扩散，推迟或防止钝化过程的发生。低温有利于发生阳极钝化，因为这时的临界钝化电流密度值比高温时要小。

采用恒电位法测量极化曲线时，是将研究电极的电位恒定地维持在所需值，然后测定相应电位下的电流。由于电极表面状态在未建立稳定状态之前，电流会随时间而改变，故一般测出的曲线为"暂态"极化曲线。

若测定某一恒定电位下电流的稳定值，并逐点改变电位从而获得完整的极化曲线为静态法。静态法的测量结果较接近稳态值，但它的测量时间太长。若控制电极电位以较慢的速度连续地改变（扫描），并测量对应电位下的瞬间电流值，以瞬时电流与对应的电极电位作图，获得整个极化曲线为动态法。当电位扫描速度较慢时，测得的极化曲线与采用静态法测得的极化曲线接近。

本实验采用恒电位仪,并用动态法测定极化曲线。恒电位仪能自动地使被研究电极的电位保持在所需的电位值。装置如图 102.2 所示。

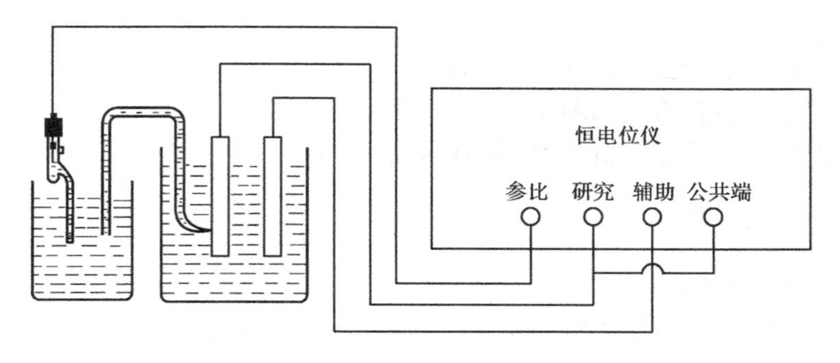

图 102.2 阳极极化曲线的测定装置图示意图

2. 实验目的

①掌握恒电位极化测绘阳极极化曲线的方法,测定碳钢在碳酸铵溶液中的阳极极化曲线;

②了解金属钝化行为的原理及其应用。

3. 实验器材

(1)仪器　恒电位仪,H 型电解池,3%琼脂-饱和 KCl 盐桥,饱和甘汞电极(参比电极),碳钢电极(研究电极),Pt 电极(辅助电极),金相砂纸。

(2)试剂　NH_4HCO_3 饱和溶液,丙酮。

4. 实验方法

①用金相砂纸把碳钢电极表面抛光,用环氧树脂或石蜡涂封电极多余表面,仅露出工作面,并用绒布擦拭镜面,再用脱脂棉吸足丙酮溶液擦拭已磨光的工作面。

②洗净电解池,注入饱和 NH_4HCO_3 溶液,安放好研究电极、辅助电极、参比电极及盐桥,接好各电极线路。

③仪器开关置于准备状态,接通恒电位仪电源,仪器预热 10 min。

④记录开路电位值。选择开关置于"参比",电压表示数即为研究电极与参比电极组成原电池的电动势(即开路电位)。

⑤量程选择开关置于最大量程,功能选择开关置于"引入"、"给定"。调节旋钮,使电压表上读数等于开路电位值。按下工作开关,选择合适的电流量程及倍率值,3 min 后读取极化电流值和电位值。

⑥每隔 3 min 使给定电位减小 50 mV,并在 3 min 末记录极化电流值和电位值。当研究电极电位进入稳定钝化区后,增加电位改变幅度(如每 3 min 降低 100 mV)。当阳极上大量氧析出时停止测量。在测量过程中应注意随时调整电流测量量程范围。因给定电位为参比电极相对于研究电极的电位,故 $E_{研究} = E_{参比} - E_{给定}$。

⑦实验完毕,将恒电位仪上所有开关置于起始位置,关闭仪器电源。取出研究电极和辅助电极,清洗电解池及电极。

5. 注意事项

①碳钢电极表面应抛光,并充分清洗干净。
②盐桥中不应有气泡,否则因断路无法进行测量。
③实验过程中,应注意观察析出 H_2 和 O_2 时的电位。

6. 数据记录和处理

①记录以下各项参数:
室温________℃,研究电极工作面积 S ________ m^2,开路电位________ mV,析出氧电位________ mV,介质________。
②实验数据列表:

$E_{阳极}$/mV	
I/A	
j/($A\cdot m^{-2}$)	
lg I	

③以 φ 为纵坐标,lg j 为横坐标作图。从所得阳极极化曲线上找出维钝电位范围和维钝电流密度值 j_m。
④据法拉第定律,计算碳钢在钝化条件下的腐蚀速率:

$$K=\frac{j_m t M_{(1/3Fe)}\times 10^3}{26.8\rho}$$

式中 K——年腐蚀速率,$mm\cdot a^{-1}$;
j_m——维钝电流密度,$A\cdot m^{-2}$;
t——时间,$h\cdot a^{-1}$,按一年 330 天计数;
$M_{(1/3Fe)}$——(1/3Fe)的摩尔质量(18.7×10^{-3} $kg\cdot mol^{-1}$);
ρ——铁的密度7.8×10^{-3} $kg\cdot m^{-3}$,26.8 为析出(1/3Fe)物质的量为 1 mol 时需要 96 485 C电量,即 26.8 $A\cdot h\cdot mol^{-1}$。

思考题

(1)阳极保护的基本实验原理是什么?什么样的介质才适合于阳极保护?
(2)致钝电流和维钝电流有什么不同?
(3)恒电位仪测定的极化电流是哪个电路中的电流?
(4)研究阳极钝化现象具有什么重要的意义?

实验 103　旋光法测定蔗糖水解速率常数

1. 实验概述

蔗糖的转化反应：

$$\underset{(蔗糖)}{C_{12}H_{22}O_{11}} + H_2O \xrightarrow{[H^+]} \underset{(葡萄糖)}{C_6H_{12}O_6} + \underset{(果糖)}{C_6H_{12}O_6}$$

是一个二级反应，该反应在纯水中反应速率很小，一般需要在 H^+ 离子的催化作用下进行。虽然反应过程中有部分水分子被消耗，但由于反应体系中水是远远过量的，所以可近似认为整个反应体系中水浓度是恒定的，另外，H^+ 离子作为催化剂，其浓度也近似保持不变，实验表明，该反应速率与蔗糖浓度的一次方成正比，因此蔗糖的水解反应是假一级反应，其反应的速率方程可表示为：

$$-\frac{dc_A}{dt} = kc_A \tag{103.1}$$

式中　k——反应速度常数；

　　　c_A——t 时刻反应物浓度。

对式(103.1)积分得：

$$\ln c_A = -kt + \ln c_A^0 \tag{103.2}$$

式中　c_A^0——反应开始时蔗糖的浓度。

当 $c_A = c_A^0/2$ 时，t 可用 $t_{1/2}$ 表示即反应的半衰期：

$$t_{1/2} = \frac{\ln 2}{k} = \frac{0.693}{k} \tag{103.3}$$

蔗糖、葡萄糖、果糖都是旋光性物质，而且它们的旋光能力不同，因此可以通过监测反应进程中体系的旋光度变化来度量反应的进程。

溶液的旋光度与溶液中所含旋光物质的旋光性、溶剂性质、溶液浓度、样品管长度、光源波长及温度等均有关系。当其他条件均固定时，旋光度 α 与反应物浓度 c 呈线性关：

$$\alpha = kc \tag{103.4}$$

式中比例常数 k 与物质之旋光能力、溶剂性能、样品管长度、温度等有关。

物质的旋光能力用比旋光度$[\alpha]$来度量，比旋光度可用下式表示：

$$[\alpha]_D^{20} = \frac{\alpha \cdot 100}{lc} \tag{103.5}$$

式中　20——实验时的温度为 20 ℃；

　　　D——所用钠灯光源 D 线(波长为 589 nm)；

　　　α——样品的旋光度；

　　　l——样品管的长度，dm；

　　　c——浓度，$g \cdot 100\ mL^{-1}$。

反应物蔗糖是右旋性的物质，其比旋光度 $[\alpha]_D^{20} = 66.6°$，生成物中葡萄糖也是右旋性的物质,其比旋光度$[\alpha]_D^{20}=52.5°$,而果糖是左旋性物质,其比旋光$[\alpha]_D^{20}=-91.9°$。由于旋光性不同的物质组成的混合溶液,其旋光度是各物质旋光度之和,而生成物中果糖的左旋性比葡萄糖的右旋性大,所以生成物呈左旋性。因此,随着反应的进行,体系的旋光度从右旋逐渐变化到左旋,当蔗糖完全水解时,左旋角达到最大值α_∞。

设反应开始($t=0$)时体系的旋光度为:

$$\alpha_0 = K_{反} c_A^0 \tag{103.6}$$

$t=\infty$时,蔗糖已完全转化,体系的旋光度为:

$$\alpha_\infty = K_{生} c_A^0 \tag{103.7}$$

式(103.6)、式(103.7)中$K_{反}$和$K_{生}$分别为反应物与生成物之比例常数。

t时刻,蔗糖浓度为c_A、旋光度α_t为

$$\alpha_t = k_{反} c_A + k_{生}(c_A^0 - c_A) \tag{103.8}$$

由式(103.6)、式(103.7)、式(103.8)联立可解得:

$$c_A^0 = \frac{\alpha_0 - \alpha_\infty}{K_{反} - K_{生}} = K'(\alpha_0 - \alpha_\infty) \tag{103.9}$$

$$c_A = \frac{\alpha_t - \alpha_\infty}{K_{反} - K_{生}} = K'(\alpha_t - \alpha_\infty) \tag{103.10}$$

将式(103.6)、式(103.10)代入式(103.2)即得:

$$\ln(\alpha_t - \alpha_\infty) = -kt + \ln(\alpha_0 - \alpha_\infty) \tag{103.11}$$

由式(103.11)可以看出,若以$\ln(\alpha_t - \alpha_\infty)$对$t$作图为一直线。从直线的斜率即可求得反应速率常数$k$。

2. 实验目的

①了解旋光度与旋光物质浓度以及实验条件等因素之间的关系;

②了解旋光仪的构造、工作原理、使用方法,掌握测定旋光度的实验操作技术;

③测定蔗糖水解反应的速率常数和半衰期。

3. 实验器材

(1)仪器　旋光仪,恒温槽,恒温箱,25 mL 移液管 2 只,50 mL 移液管 1 只,50 mL 容量瓶一只,250 mL 锥形瓶(带塞)3 只。

(2)试剂　蔗糖(AR),葡萄糖(AR),4.000 $mol \cdot L^{-1}$ HCl 溶液。

4. 实验方法

(1)开启旋光仪

①将仪器电源插头插入 220 V 交流电源,打开仪器电源开关,这时钠光灯应启亮,需经 5 min 钠光灯预热,使之发光稳定。

②打开仪器光源开关,如光源开关扳上后,钠光灯熄灭,则再将光源开关上下重复扳动 1 ~2次,使钠光灯在直流下点亮。如钠灯在直流供电系统出现故障不能使用时,仪器也可在钠灯交流供电的情况下测试,但仪器的性能可能略有降低。

③打开仪器测量开关，这时数码管应有数字显示。

(2)校正旋光仪零点

①洗净样品管，将管一端加上盖子，并向管内灌满蒸馏水或其他空白溶剂，使液体形成一凸出液面，然后在样品管另一端盖上玻璃片，使玻璃片紧贴于旋光管，管内不能有气泡，再旋上套盖，勿使漏水。注意旋紧套盖时不能用力过猛，以免压碎玻璃片，或会使玻璃片产生应力，影响旋光度。若溶液中有微小气泡，应赶至管的凸颈部分。用滤纸将样品管擦干，再用擦镜纸将样品管两端的玻璃片擦净。

②将样品管放入旋光仪样品室内，盖上箱盖，调整目镜聚焦，使视野清楚，然后旋转检偏镜使三分(或二分)视野明暗度相等且较暗为止，待示数稳定后，记下检偏镜的旋光度 α，按清零按钮。重复测量数次，取其平均值，此平均值即为零点，用来校正仪器系统误差。测量毕取出旋光管，倒出蒸馏水。

(3)测定反应过程中的旋光度

①将恒温水浴和恒温箱调节到实验所需的反应温度(如 15 ℃、25 ℃、30 ℃或 35 ℃)。

②在锥形瓶内，称取 20 g 蔗糖，加入 100 mL 蒸馏水，使蔗糖完全溶解，若溶液混浊，则需要过滤。用移液管吸取蔗糖溶液 25 mL，注入清洁干燥的 50 mL 试管内并加盖；同样用另一支移液管吸取蔗糖溶液 25 mL 的 4.000 mol·L^{-1} HCl，注入另一支 50 mL 试管内并加盖。将这两支试管一起置于恒温水浴内恒温 10 min 以上，然后将两支试管取出，擦干管外壁的水珠，将 HCl 溶液倒入蔗糖溶液中，同时记下反应开始的时间，混合均匀后，立即用少量反应液荡洗旋光管 2 次，然后将反应液装满旋光管，旋上套盖，放进已预先恒温的旋光仪样品室内，测量反应过程中的旋光度。测量时等三分视野调节暗度相等后，先记录时间，再读取旋光度。第 1 个数据，要求在离反应起始时间 1~2 min 内进行测定。在反应开始 15 min 内，每分钟测量 1 次，以后由于反应物浓度降低，使反应速率变慢，可以将每次测量的时间间隔适当延长，一直测量到旋光度为负值为止。

(4)测量反应完毕后的旋光度 α_∞　反应完毕后，将样品管内的溶液与在锥形瓶内剩余的反应混合液合并，然后置 50~60 ℃水浴内温热 30 min，再冷却至实验温度再测量其旋光度，在 10~15 min 内，读取 5~7 个数据，如在测量误差范围，取其平均值，即为 α_∞ 值。注意水浴温度不可过高，否则将产生副反应，使溶液颜色变黄，造成 α_∞ 值的偏差。

(5)实验结束后必须洗净样品管　仪器使用完毕后，依次关闭测量、光源、电源开关。

5. 数据记录和处理

①将实验条件及反应过程所测量的旋光度 α_t 和时间 t 列表，并作出 α_t-t 的曲线图。

②从 α_t-t 曲线图上，等时间间隔取 8 个(α_t-t)数值，并算出相应的($\alpha_t - \alpha_\infty$)和 $\ln(\alpha_t - \alpha_\infty)$ 的数值。

③以 $\ln(\alpha_t - \alpha_\infty)$ 对 t 作图，由直线斜率求出反应速率常数 k，并计算反应的半衰期 $t_{1/2}$。

思考题

(1)蔗糖水解速率与哪些因素有关？

(2)蔗糖水解反应过程中测的旋光度 α_t 是否需要零点校正？为什么？

(3)在混合蔗糖溶液和 HCl 溶液时,将 HCl 溶液加到蔗糖里去,可否把蔗糖加到 HCl 溶液中去? 为什么?

实验 104　电导法测定乙酸乙酯皂化反应速率常数

1. 实验概述

乙酸乙酯皂化是个典型的二级反应,在反应的过程中,OH^- 的浓度逐渐降低,CH_3COO^- 离子的浓度不断升高。在参与导电的离子中,Na^+ 在反应前后浓度不变,而 OH^- 的迁移率比 CH_3COO^- 大得多,因此体系的电导率不断下降,可以通过间接测量不同时刻溶液的电导率来检测反应的进程。为了方便计算,我们将反应物 $CH_3COOC_2H_5$ 和 NaOH 采用相同的起始浓度 c_0,设反应时间为 t 时,反应所生成的 CH_3COO^- 和 C_2H_5OH 的浓度为 c,那么,$CH_2COOC_2H_5$ 和 NaOH 的浓度则为 c_0-c,即其反应式为:

$$CH_3COOC_2H_5 + Na^+OH^- \xrightarrow{k_2} CH_3COO^-Na^+ + C_2H_3OH$$

$T=0$	c_0	c_0	0	0
$T=t$	c_0-c	c_0-c	c	c
$T\to\infty$	≈ 0	≈ 0	$\approx c_0$	$\approx c_0$

根据二级反应动力学速率方程,反应速率与反应物浓度的关系为:

$$\frac{dc}{dt} = k_2(c_0 - c)^2 \tag{104.1}$$

式中　k_2——反应速度常数。将上式作定积分:

$$\int_0^c \frac{dc}{(c_0 - c)^2} = \int_0^t k_2 dt \tag{104.2}$$

则得:

$$k_2 t = \frac{1}{(c_0 - c)} - \frac{1}{c_0} \tag{104.3}$$

从式(104.3)中可看出,原始浓度 c_0 是已知的,只要测出时刻 t 时的 c 值,就可算出反应速度常数 k_2 值。如果整个反应体系是在稀的水溶液中进行的,可以认为 CH_3COONa 在溶液中可以全部电离,那么随着时间的增加,由于 OH^- 不断被 CH_3COO^- 取代,因此体系的电导率不断下降。显然,体系电导率的减少值和 CH_3COONa 的浓度 c 的增大成正比,即:

$t = t$ 时　　$$c = \alpha(\kappa_0 - \kappa_t) \tag{104.4}$$

$t \to \infty$ 时　　$$c_0 = \alpha(\kappa_0 - \kappa_\infty) \tag{104.5}$$

式中　κ_0——起始时的电导率;

κ_t——t 时的电导率;

κ_∞——$t\to\infty$ 即反应终了时的电导率;

α——比例常数。

将(104.4)、(104.5)式代入(104.3)式得:

$$\kappa_2 t = \frac{1}{\alpha(\kappa_t - \kappa_\infty)} - \frac{1}{\alpha(\kappa_0 - \kappa_\infty)}$$
$$= \frac{\kappa_0 - \kappa_t}{\alpha(\kappa_t - \kappa_\infty)(\kappa_0 - \kappa_\infty)}$$
$$= \frac{\kappa_0 - \kappa_t}{c_0(\kappa_t - \kappa_\infty)}$$

上式可写成：

$$c_0 k_2 t = \frac{\kappa_0 - \kappa_t}{\kappa_t - \kappa_\infty} \tag{104.6}$$

从上式可知，只要测定 κ_0、κ_∞ 以及一组 κ_t 值以后，利用$\frac{\kappa_0 - \kappa_t}{\kappa_t - \kappa_\infty}$对 t 作图，应得一直线，直线的斜率就是反应速度常数 k_2 值和原始浓度 c_0 的乘积，k_2 的单位为 $min^{-1} \cdot mol^{-1} \cdot L$。

根据 Arrhenius 公式，如果测得另一温度下的反应速率常数就可以求出反应的表观活化能 E_a：

$$\ln \frac{k_2(T_2)}{k_2(T_1)} = \frac{E_a}{R}\left(\frac{1}{T_1} - \frac{1}{T_2}\right) \tag{104.7}$$

2. 实验目的

①了解二级反应的特点，学会用图解计算法求出二级反应的反应速率常数；

②测定乙酸乙酯的皂化反应速度常数，了解反应活化能的测定方法。

3. 实验器材

(1)仪器　电导率仪，恒温槽，电导池，停表，具塞锥形瓶(200 mL)2 个，移液管(50 mL)2 支。

(2)试剂　0.020 0 $mol \cdot L^{-1}$ NaOH 溶液(新鲜配制)，0.010 0 $mol \cdot L^{-1}$ NaAc 溶液(新鲜配制)，0.100 0 $mol \cdot L^{-1}$ NaOH 溶液(新鲜配制)，0.200 $mol \cdot L^{-1}$乙酸乙酯溶液(新鲜配制)，电导率($\kappa < 1 \times 10^{-4}\ S \cdot m^{-1}$)。

4. 实验方法

(1)κ_∞ 和 κ_0 的测量　用0.010 0 $mol \cdot L^{-1}$ CH_3COONa 装入干净的电导池中，液面约高出铂黑电极 10 mm 为宜。浸入 25 ℃(或 30 ℃)恒温槽内 10 min，然后接通电导仪，测定其电导率，直至读数不变为止，即为 κ_∞。按上述操作，测定 0.010 0 $mol \cdot L^{-1}$ NaOH 溶液的电导为 κ_0。注意每次往电导池中装新样品时，都要先用电导水淋洗电导池及铂黑电极 3 次，接着用所测液体淋洗 3 次。

(2)κ_t 的测量　用移液管移取 50 mL 的 0.020 0 $mol \cdot L^{-1}$ NaOH 溶液注入干燥的 200 mL 具塞锥形瓶 A 中，用另一移管移取 50 mL 的 0.020 0 $mol \cdot L^{-1}$ $CH_3COOC_2H_5$ 注入另一个干燥的具塞锥形瓶 B 中，然后用塞子塞紧，以防止 $CH_3COOC_2H_5$ 挥发。将两个锥形瓶置于恒温槽中恒温 10 min。然后将温好的 NaOH 溶液迅速倒入盛有 $CH_3COOC_2H_5$ 的锥形瓶中，同时开动停表，作为反应的开始时间。迅速将溶液混合均匀，并用少量溶液洗涤电导池和电极，然后将溶液倒入电导池（溶液高度同前），测定溶液的电导率 κ_t，在2、4、6、8、10、15、20、25、30、40、50、60 min各测电导率一次，记下时间 t 对应的电导率数值。

（3）活化能的测定　调节恒温水浴的温度35 ℃（或40 ℃），依照上述操作步骤和计算方法，测定另一温度下的 κ_∞、κ_0 和 κ_t。

（4）结束实验　实验结束后，关闭电源，取出电极，用电导水洗净并置于电导水中保存待用。

5. 数据记录和处理

①将 t、κ_t、$\kappa_0-\kappa_t$、$\kappa_t-\kappa_\infty$、$\dfrac{\kappa_0-\kappa_t}{\kappa_t-\kappa_\infty}$数值列表。

②以$\dfrac{\kappa_0-\kappa_t}{\kappa_t-\kappa_\infty}$对 t 作图，得一直线，由直线的斜率算出反应速度常数 k_2。

③由式(104.7)求出此反应得表观活化能 E_a。

思考题

（1）为何本实验要在恒温条件下进行，而且 $CH_3COOC_2H_5$ 和 NaOH 溶液在混和前还要预先恒温？

（2）如果 NaOH 和 $CH_3COOC_2H_5$ 起始浓度不相等，试问怎样计算值 k_2？

（3）如何从实验结果来验证乙酸乙酯皂化反应为二级反应？

实验105　电动势法测甲酸氧化动力学参数

1. 实验概述

在水溶液中甲酸被溴氧化的化学计量方程式如下：

$$HCOOH + Br_2 \rightarrow 2H^+ + 2Br^- + CO_2$$

其速率方程可表示为

$$-dc(Br_2)/dt = k \cdot c^m(HCOOH) \cdot c^n(Br_2) \cdot c^p(H^+) \cdot c^q(Br^-) \qquad (105.1)$$

如果在反应体系中加入过量的 Br^- 和 H^+，使其浓度在反应过程中保持近似不变，则(105.1)式可写为：

$$-dc(Br_2)/dt = k_p \cdot c^m(HCOOH) \cdot c^n(Br_2) \qquad (105.2)$$

同理，如果使反应体系中 $c(HCOOH)$ 远大于 $c(Br_2)$，则(105.2)式可写成：

$$dc(Br_2)/dt = k' \cdot c^n(Br_2) \qquad (105.3)$$

式中

$$k' = k_p c^m(HCOOH) \qquad (105.4)$$

$$k'(1) = k_p \cdot c(HCOOH,1) \qquad (105.5)$$

$$k'(2) = k_p \cdot c(HCOOH,2) \qquad (105.6)$$

联立式(105.5)、式(105.6)，即可求得反应级次 m 和速度常数 k_p。

本实验采用电动势跟踪法测定 $c(Br_2)$ 随时间的变化，以饱和甘汞电极和放在含有 Br_2/Br^- 的反应溶液中的铂电极组成如下电池：

$$Hg, | Hg_2Cl_2(s) | Cl^-(aq) || Br^-(aq), Br_2(aq) | Pt$$

电池电动势为：

$$E = E(Br_2/Br^-) + (RT/2F)\ln c(Br_2)/c^2(Br^-) - E(\text{甘汞}) \tag{105.7}$$

式中因 $c(Br_2)$ 保持不变，且 $E(Br_2/Br^-)$、E(甘汞)为已知，合并为一常数 A，则(105.7)式可写为：

$$E = (RT/2F)\ln c(Br_2) + A \tag{105.8}$$

当温度 T 一定时，如 E-t 图为一条准直线，则说明反应对 Br_2 是准一级，即(105.3)式中 $n=1$，可以写成：

$$-dc(Br_2)/dt = k'c(Br_2) \tag{105.9}$$

对式(105.9)积分可得：

$$\ln c(Br_2) = -k't + \text{常数} \tag{105.10}$$

将式(105.10)代入(105.8)式并对 t 微分：

$$k' = \frac{-2F}{RT}\cdot\frac{dE}{dt} \tag{105.11}$$

因此，可从直线斜率 dE/dt 计算出 k'。

上述电池的电动势为0.8 V，而反应过程电动势的变化只30 mV左右，当用记录仪记录电势变化时，为了提高测量精度而采用图105.1所示的连接方法，用干电池通过电位器分出一恒定电压与被测电池反向串联，使被测电池电动势大部分被对消除，调整电位器使对消后剩下50 mV左右，从而使测量电势变化的精度大大提高。

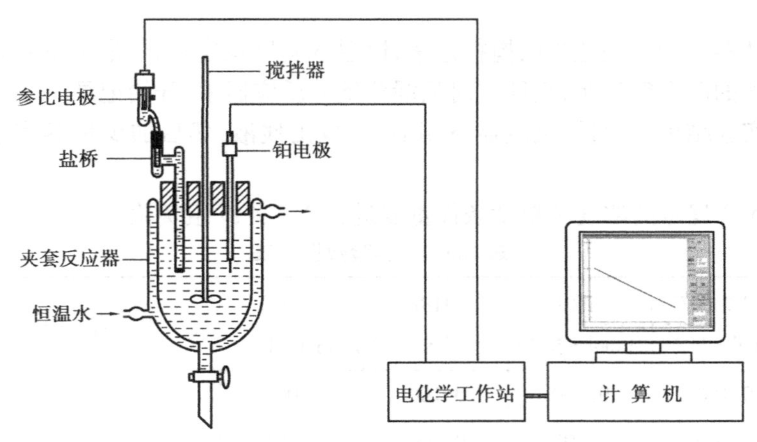

图105.1 实验装置图

2. 实验目的

①掌握电动势法跟踪反应过程的实验原理和方法；

②测定甲酸被溴氧化的反应级次、速度常数及活化能。

3. 实验器材

(1)仪器　超级恒温水浴,夹套反应器,电动搅拌器,电化学工作站, Pt 电极,饱和甘汞电极,50 mL 容量瓶 4 个,10 mL 移液管 4 支。

(2)试剂　1.00 mol · L^{-1} HCOOH 溶液,1.00 mol · L^{-1}HCl 溶液,1.00 mol · L^{-1}KBr 溶液;0.01 mol · L^{-1} Br_2 水溶液。

4. 实验方法

①铂电极先用热的浓硝酸浸泡数分钟,再用水冲洗。按图 105.1 连接好实验装置,在反应器夹套中通入循环恒温水,把超级恒温水浴调到指定温度。

②按表 105.2 规定的浓度用贮备液配制 100 mL 反应液。为了防止预热时发生反应,反应液分为 2 个 50 mL 容量瓶中配制。一个 50 mL 容量瓶中加所需甲酸及盐酸贮备液加水至刻度;另一个 50 mL 容量瓶加所需溴化钾和溴水贮备液加水至刻度,然后放入恒温水浴中恒温 20 min 左右。每组溶液所需贮备液的量见表 105.1。

表 105.1　每组溶液所需贮备液的量　　单位:mL

No	1.00 mol · L^{-1}HCOOH	1.00 mol · L^{-1} HCl	1.00 mol · L^{-1} KBr	0.01 mol · L^{-1} Br_2
1	10	10	10	10
2	20	10	10	10
3	10	10	10	10
4	10	10	10	10
5	10	10	10	10

③开动搅拌器并调节到适当的搅拌速率,恒温水温度稳定后再预热 10 min, 从恒温水中取出第一组溶液的两个容量瓶,立即同时从漏斗倒入反应器中,开始记录。

④第 1 组实验结束后,打开反应器下端活塞,放出残液,然后加少量蒸馏水到反应器中,清洗后放出。

⑤按表 105.2 规定的浓度和温度条件重复进行 2、3、4、5 组实验。

表 105.2　实验数据列表

No	温度/℃	c(HCOOH)/(mol · L^{-1})	c(HCl)/(mol · L^{-1})	c(HBr)/(mol · L^{-1})	$c(Br_2)$/(mol · L^{-1})	$K'_n \times 10^3$	$K_n \times 10^2$	$\ln K_n$	$T^{-1} \times 10^6$
1	25.0	0.100	0.100	0.100	0.001				
2	25.0	0.200	0.100	0.100	0.001				
3	30.0	0.100	0.100	0.100	0.001				
4	35.0	0.100	0.100	0.100	0.001				
5	40.0	0.100	0.100	0.100	0.001				

5. 注意事项

①电路连接应该正确、可靠,铂电极和盐桥是否浸在反应液中。
②搅拌器叶片不能碰片,电机转速要平稳。
③恒温水浴温度要稳定,溶液恒温时间不得少于 15 min。
④做完一组实验后,应清洗容量瓶和反应器,再做下一组。

6. 数据记录和处理

①U-t 图为一条准直线,可截取线性较好的与 10 mV 相当的长度,求出直线的斜率$\mathrm{d}U/\mathrm{d}t$,再根据(105.11)求出 k'。

②由 k'_1、k'_2 的值分别代入(105.5)、(105.6)式联立方程即可求得级次 m 和速度常数 k。写出反应的速率方程。

③计算各温度下的反应速度常数 K_n 列于下表中:

④根据 $\ln K = \frac{-E_\mathrm{a}}{RT} + B$, 以 $\ln K$ 对 T^{-1} 作图,所得直线的斜率为$\left(-\frac{E_\mathrm{a}}{R}\right)$,由此计算出反应的活化能 E_a。

思考题

(1)如果反应对溴不是一级,是否可用本实验提出的方法测定反应速度常数?
(2)甘汞电极在装置中起什么作用?
(3)盐桥起什么作用?对它有何具体要求?

实验 106　最大气泡法测定溶液的表面张力

1. 实验概述

在液相内部任何一个分子受四周邻近相同分子的作用力是对称的,各个方向的力彼此抵消,合力为零,因此分子在液体内部移动不需要做功。而溶液表面层内的分子一方面是受到液体内层的邻近分子的吸引,另一方面受到液面上方气体分子的吸引,由于与气体分子间的力小于液体分子间的力,所以表面分子所受的作用力是不对称的,合力指向液体内部。因此在液体表面层中,每个分子都受到垂直于液面并指向液体内部的不平衡力(如图 106.1 所示),这种吸引力使表面上的分子向内挤,液体表面具有自动缩成最小的趋势。

如果要增加液体的表面积,相当于要把更多的分子从内部迁移到表面层上来,必须克服体系内部分子间的作用力而对体系作功。在温度、压力和组成恒定时,可逆地使表面积增加 $\mathrm{d}A$,环境需对体系做的功 δW,叫做表面功。显然表面功为负值,并且与 $\mathrm{d}A$ 成正比,即:

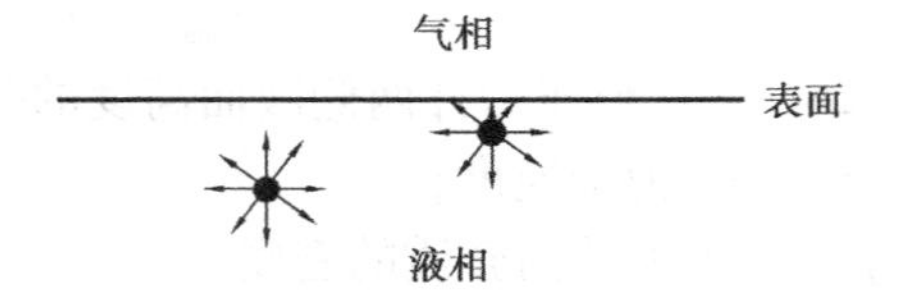

图 106.1　液体表面分子与内部分子受力情况

$$-\delta W = \gamma \mathrm{d}A \tag{106.1}$$

γ 为比例系数,它在数值上等于在温度、压力和组成恒定的条件下,增加单位表面积时所必须对体系做的可逆非膨胀功,其量纲为 $J \cdot m^{-2}$,被称为表面吉布斯自由能。γ 的物理意义也可理解为作用在单位直线长度的表面上力图使它收缩的力,故 γ 也称为表面张力。

液体的表面张力与温度、压力、液体的组成等条件有关。对纯溶剂而言,其表层与内部的组成是相同的,当加入溶质形成溶液后,液体的表面张力要发生变化,会出现溶液内部与表面浓度不同的现象,这种现象就叫溶液的表面吸附。溶质能降低溶剂的表面张力时,则表面层溶质的浓度比溶液内部大,这种现象称为正吸附。反之,称为负吸附。在一定的温度和压力下,溶质的吸附量(即表面和内部的浓差)与溶液的表面张力及溶液浓度的关系服从吉布斯吸附等温式:

$$\Gamma = -\frac{c}{RT}\left(\frac{\partial \gamma}{\partial c}\right)_T \tag{106.2}$$

式中 Γ——吸附量,$mol \cdot m^{-2}$;

γ——表面张力;

T——热力学温度;

c——溶液的浓度,$mol \cdot L^{-1}$;

R——气体常数。$(\partial\gamma/\partial c)_T$ 表示在一定的温度下表面张力随溶液浓度而改变的变化率。从式(106.2)可以看出,只要测出溶液的浓度和表面张力,就可求得各种不同浓度下溶液的吸附量。本实验用最大气泡压力法测定正丁醇水溶液的表面张力。

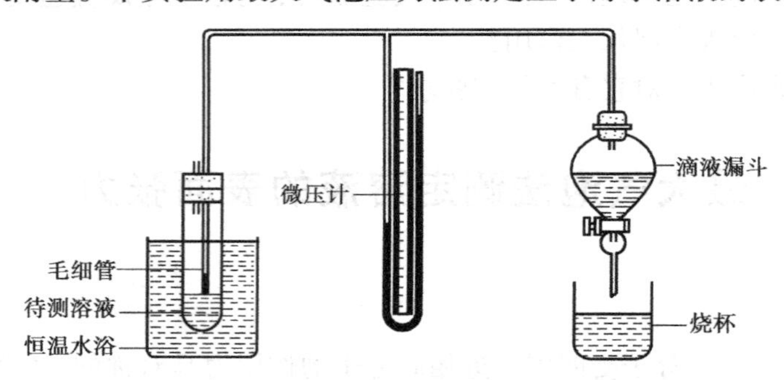

图 106.2　表面张力测定装置示意图

将待测表面张力的溶液装入试管中,使毛细管的下端口刚好与液面相切,由于沿毛细管内液面上所受的压力(大气压)大于试管液面的压力,故毛细管内的液面逐渐下降。当此压力差产生的作用力稍大于毛细管口液体的表面张力时,气泡就从毛细管口脱出。这个最大的压力差值 p_{max} 可由 U 形压力计读出。

$$p_{max} = p_{大气} - p_{系统} = \Delta h \rho g \tag{106.3}$$

式中 Δh——U 形压力计两侧液面高度的差值;

g——重力加速度;

ρ——压力计内介质的密度。

如果毛细管的内径为 r,则这个最大压力差产生的驱使气泡逸出液面的作用力为

$$F = \pi r^2 p_{max} = \pi r^2 \Delta h \rho g \tag{106.4}$$

气泡在毛细管口受到表面张力引起的作用力为

$$F' = 2\pi r\gamma \tag{106.5}$$

在刚有气泡逸出时，$F = F'$，即

$$\pi r^2 \Delta h\rho g = 2\pi r\gamma \tag{106.6}$$

$$\gamma = \Delta h r\rho g/2 \tag{106.7}$$

在实验中，若使用同一支毛细管和压力计，则 $r\rho g/2$ 是一常数，用 K 来表示。所以

$$\gamma = K\Delta h \tag{106.8}$$

如果将已知表面张力的液体作为标准，由实验测得 Δh 后，就可以求出仪器常数 K 的值。然后只要用这一仪器测定其他液体的 Δh 值。通过(106.8)式计算，可求得各种液体的表面张力 γ。

2. 实验目的

①了解表面自由能、表面张力及其和吸附量的关系；

②掌握最大气泡法测定溶液表面张力的实验原理和技术；

③通过测定不同浓度正丁醇溶液的表面张力，计算其表面吸附量和分子的横截面积。

3. 实验器材

(1)仪器　恒温槽，微压计，内径 0.2 ~ 0.5 mm 毛细管，滴液漏斗，大试管，10 个 50 mL 容量瓶，烧杯，放大镜。

(2)试剂　正丁醇。

4. 实验方法

1)正丁醇水溶液的配制

(1)正丁醇标准水溶液的配制　准确吸取 10 mL 正丁醇于 250 mL 容量瓶中配制成标准溶液，其浓度为

$$\text{标准溶液浓度} = \frac{10.00 \times 0.810 \times 99\% \times 1\,000}{74.124 \times 250}\ \text{mol} \cdot \text{L}^{-1} = 0.432\,7\ \text{mol} \cdot \text{L}^{-1}$$

正丁醇分子量为 74.124，密度 $\rho = 0.810$ g · /mL(20 ℃)，纯度为 99%。

(2)各不同浓度正丁醇溶液的配制　在 50 mL 容量瓶中配制。

容量瓶号	取标准溶液体积 /mL	浓　度 /(mol · L^{-1})	容量瓶号	取标准溶液体积 /mL	浓　度 /(mol · L^{-1})
1	2.31	0.02	6	13.87	0.12
2	4.62	0.05	7	16.18	0.14
3	6.93	0.06	8	18.49	0.16
4	9.24	0.08	9	20.80	0.18
5	11.56	0.01	10	23.11	0.20

2)仪器常数的测定

①加入适量蒸馏水于洗净的试管中,调节毛细管的端面高低使端面与液面相切,然后把试管浸入恒温水中,注意调节使毛细管处于垂直位置,恒温 10 min 左右。

②打开滴液漏斗活塞进行缓慢抽气,使气泡从毛细管逸出。调节气泡逸出的速度在8 ~ 12个/min 时,开始读出压力计两边液面的高度差,重复读数 3 次,取其平均值 Δh。

3)待测溶液表面张力的测定

①用待测溶液洗净试管和毛细管后,加入适量的待测溶液于试管中。

②按仪器常数测定时的操作方法,分别测定各种溶液的 Δh 值。

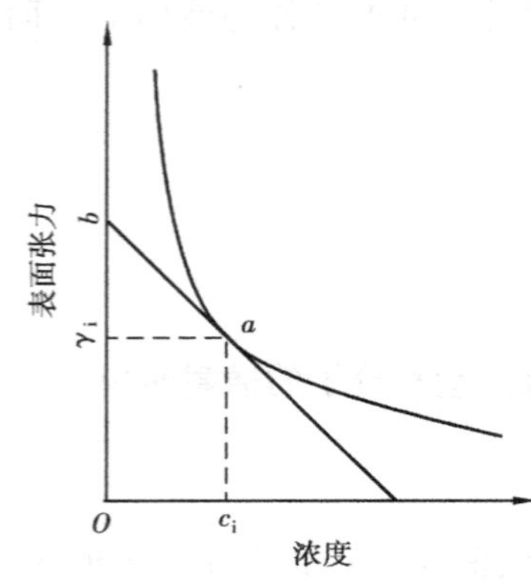

图 106.3 斜率求法示意图

5. 数据记录和处理

①以浓度 c 为横坐标,表面张力 γ 为纵坐标作图(横坐标浓度以零开始)。

②在 γ-c 曲线上任取 8 ~ 10 个点,用镜像法分别作出各点的切线,求其斜率 m。

$$m = \left(\frac{\partial \gamma}{\partial c}\right)_T$$

③根据吉布斯吸附方程式 $\Gamma = -\frac{c}{RT}\left(\frac{\partial \gamma}{\partial c}\right)_T$ 求算各浓度的吸附量,并画出吸附量与浓度的关系图。

由斜率 m 求算吸附量的方法如图 106.3 所示,在 γ-c 图上任一点 a,过 a 作切线 ab,令 b、γ_i 间的距离为 Z, 此切线的斜率为 m,则

$$m = \frac{Z}{0 - c_i}$$

而

$$\frac{Z}{c_i} = \left(\frac{\partial \gamma}{\partial c}\right)_T$$

所以

$$Z = -c_i\left(\frac{\partial \gamma}{\partial c}\right)_T$$

$$\Gamma = \frac{Z}{RT}$$

④根据 Langmuir 吸附等温式

$$\Gamma = \Gamma_\infty K_C/(1 + Kc)$$

线性化为:

$$\frac{c}{\Gamma} = \frac{c}{\Gamma_\infty} + \frac{1}{KT_\infty}$$

计算出 c/Γ 的值,以 c/Γ 对 c 作图,由直线斜率和截距求得 Langmuir 吸附等温式中的饱和吸附量 Γ_∞ 和特性常数 K。

⑤计算正丁醇分子的横截面积 S。设 N 代表 1 cm^2 溶液表面上的分子数,如果溶液是表面活性物质,则得 $N = F_\infty N_A$(N_A 为阿佛加德罗常数),每个溶液分子在溶液表面上所占的面积为:

$$S = \frac{10^{20}}{N_A \Gamma_\infty}(A^\circ)^2$$

思考题

(1)毛细管末端面为何要与刚好液面相切?

(2)本实验中为什么要读取最大压力差?

(3)玻璃器皿的洁净和温度的稳定程度对测量数据有何影响?

实验107　粘度法测定高聚物的平均分子量

1. 实验概述

高聚物的分子量是表征高聚物理化性能的重要参数之一。高聚物是由具有相同的化学组成而聚合度不等的同系物的混合物组成,因此,高聚物的分子量不均一,具有多分散性的特点,分子量一般在 $10^3 \sim 10^7$ 之间,所以通常所测高聚物的分子量是平均分子量。粘度法测定高聚物分子量,可测分子量的范围在 $10^4 \sim 10^7$ 之间。该法虽然精度较低,但设备简单,操作方便,使用范围广,是测定高聚物分子量最常用的方法之一。

高聚物稀溶液的粘度是它在流动过程中分子之间的内摩擦的反映。其中溶剂分子之间的内摩擦又称为纯溶剂的粘度,以 η_0 表示。在同一温度下,高聚物溶液的粘度一般要比纯溶剂的粘度大些,即 $\eta > \eta_0$。相对于纯溶剂,其溶液粘度增加的分数,称为增比粘度,以 η_{sp}表示:

$$\eta_{sp} = \frac{\eta - \eta_0}{\eta_0} = \frac{\eta}{\eta_0} - 1 = \eta_r - 1 \qquad (107.1)$$

其中:$\eta_r = \eta/\eta_0$ 称为相对粘度,反映的仍是整个溶液粘度的行为,而 η_{sp}扣除了溶剂分子间的内摩擦,即只是纯溶剂与高聚物分子间以及高聚物分子之间的内摩擦。η_{sp}的大小将随高聚物溶液的浓度而变化,浓度越大,粘度也越大。为此,常取单位浓度所呈现的粘度进行比较,以 η_{sp}/c 表示,称为比浓粘度。为了进一步消除高聚物分子间内摩擦的作用,将溶液无限稀释即 $c \to 0$,取比浓粘度的极限值为:

$$\lim_{c \to 0} \frac{\eta_{sp}}{c} = [\eta] \qquad (107.2)$$

$[\eta]$主要反映了高聚物分子与溶剂分子之间的内摩擦作用,称为高聚物溶液的特性粘度。

高聚物分子量可通过测定高聚物溶液溶液的特性粘度$[\eta]$,再由 Mark-Houwink 非线性方程求得。

$$[\eta] = K\overline{M}a \qquad (107.3)$$

式中　$\overline{M}$——高聚物的平均分子量;

K、a——常数,与高聚物、溶剂、温度等因素有关,其数值可通过其他绝对方法确定。a 值一般在 0.5 ~ 1 之间。对聚丙稀酰胺溶于硝酸钠溶剂中,30 ℃时,$a = 0.66$,$K = 3.72 \times 10^{-2}$。

溶液的粘度除了与分子量有关,还取决于聚合物分子的结构、形态和尺寸,因此粘度法测分子量是一种相对的方法。

粘度的测定按照液体流径毛细管的速度来进行,根据泊塞勒(Poiseuille)公式

$$\eta = \frac{\pi r^4 thg\rho}{8lV} - \frac{mV\rho}{8\pi lt} \tag{107.4}$$

式中 V——流径毛细管液体的体积；

r——毛细管半径；

ρ——液体的密度；

l——毛管的长度；

t——流出时间；

h——流过毛细管液体的平均液柱高度；

g——重力加速度；

m——与毛细管形状有关的参数（当 $r \ll 1$ 时，$m=1$）。

使用同一支粘度计，h、r、N 为定值。

当流出时间 t 大于 100 s 时第 2 项可以忽略，对于高聚物的稀溶液，溶液的密度 ρ 与纯溶剂的密度 ρ_0 可近似地认为相等，则式（107.4）可写成：

$$\eta_r = \frac{\eta}{\eta_0} = \frac{A\rho t}{A\rho_0 t_0} = \frac{t}{t_0} \tag{107.5}$$

式中 t——溶液的流出时间；

t_0——纯溶剂的流出时间。

当高聚物溶液的浓度足够稀时，有下列经验公式：

$$\frac{\eta_{sp}}{c} = [\eta] + \kappa[\eta]^2 c \tag{107.6}$$

$$\frac{\ln \eta_r}{c} = [\eta] + \beta[\eta]^2 c \tag{107.7}$$

式（107.6）、式（107.7）是两线性方程，式中 κ、β 分别称为 Huggins、Kramer 常数。如果以 η_{sp}/c 或 $\ln \eta_r/c$ 对 c 作图，外推至 $c=0$ 处，所得截距即为 $[\eta]$。

为了计算方便，引进相对浓度 c'，令

$$c' = c/c_1 \tag{107.8}$$

其中，c 表示溶液的真实浓度，c_1 表示溶液的起始浓度。

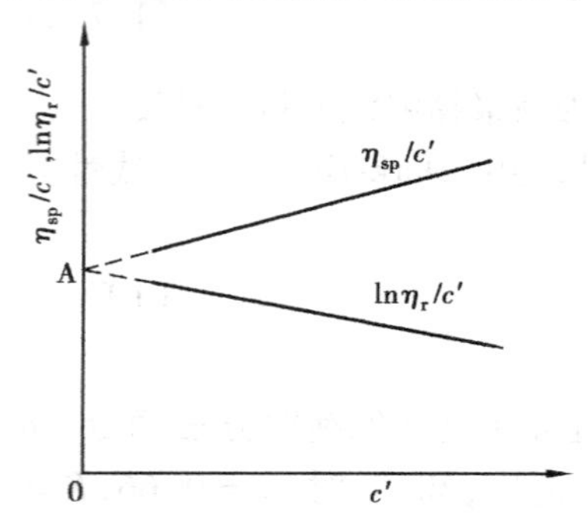

图 107.1 外推法求特性粘度[η]

代入式（107.6）、式（107.7），并令

$$A = [\eta]c_1 \tag{107.9}$$

$$B = \kappa[\eta]^2 c_1^2 \tag{107.10}$$

$$D = \beta[\eta]^2 c_1^2 \tag{107.11}$$

得

$$\frac{\eta_{sp}}{c'} = A + Dc' \tag{107.12}$$

$$\frac{\ln \eta_r}{c} = A - Bc' \tag{107.13}$$

如图 107.1，若以 η_{sp}/c' 或 $\ln \eta_r/c'$ 对 c' 作图，外推至 $c'=0$ 处，所得截距即为 A，再由式（107.9）计算即可得 $[\eta]$。

2. 实验目的

①掌握粘度法测定高聚物平均分子量的原理和方法；

②掌握使用乌贝路德粘度计测定液体粘度的方法。

3. 实验器材

(1)仪器　乌氏粘度计1支,恒温槽1套,秒表1只,10 mL移液管2支, 50 mL移液管2支,洗耳球1个,吸滤瓶(250 mL)1只,3号砂芯漏斗1只,水抽气泵1台,烧杯(50 mL)1个,锥形瓶(100 mL)1个,容量瓶(50 mL)1个,螺旋夹2只。

(2)试剂　聚丙烯酰胺(AR),$NaNO_3$(AR)。

4. 实验方法

(1)高聚物溶液的配制　本实验使用1 mol · L^{-1}硝酸钠溶液为溶剂。称取0.1 g的聚丙烯酰胺放入100 mL容量瓶中,注入60 mL左右的硝酸钠溶液,待聚丙烯酰胺全部溶解后再加硝酸钠溶液定容至刻度,摇匀。然后用3号玻砂漏斗分别将溶剂、溶液抽滤后待用。

(2)乌贝路德粘度计的使用　乌贝路德粘度计又称为气承悬柱式粘度计,其构造如图107.2所示。首先将粘度计用洗液浸洗,再用自来水,蒸馏水清洗3次,放在烘箱中烘干,冷却后备用。

(3)溶剂流出时间的测定　先用硝酸钠溶剂润洗粘度计1~2次,再用移液管准确取20 mL硝酸钠溶剂由A注入粘度计中。B管及C管均套上胶管,用夹子夹紧C管使之不漏气。然后置于30 ℃恒温水中预热,恒温水面应超过G球。严格保持粘度计处于垂直位置。

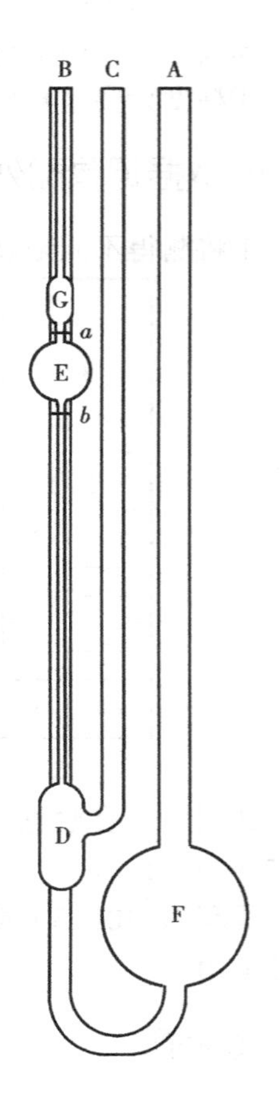

图107.2　乌氏粘度计

恒温5~10 min后,将C管用夹子夹紧使之不通气,在B管用洗耳球将溶液从F球经D球、毛细管、E球抽至G球中部,解去夹子,让C管通大气,此时D球内的溶液即回入F球,使毛细管以上的液体悬空。毛细管以上的液体下落,当液面流经a刻度时,立即按停表开始记时,当液面降至b刻度时,再按停表结束计时,测得刻度a、b之间的液体流经毛细管所需时间。重复测量至少3次,使时间相差不大于0.2 s,取3次测量的平均值即为溶剂的流出时间t_0。

(4)溶液流出时间的测定

①待t_0测完后,用移液管由A管从F球中准确取出10 mL的$NaNO_3$溶剂,然后准确取10 mL聚丙烯酰胺溶液,注入粘度计。在B管中用洗耳球将溶液反复抽洗粘度计的E球,使粘度计内的溶液混合均匀,恒温5 min,测$c'=1/2$的流出时间t_1；

②按照①的操作方法,依次分别在做完上一实验的溶液中,加入10 mL溶剂,稀释成浓度为$c'=1/3$；取出15 mL($c'=1/3$)混合液,加入5 mL溶剂稀释成浓度为$c'=1/4$；再加入5 mL溶剂稀释成浓度为$c'=1/5$。依次分别测定其流出时间t_2、t_3、t_4。

5. 注意事项

①粘度计必须洁净，待测溶液中也不能含有絮状物或其他不溶性杂质。
②每加入一次溶剂进行稀释时必须反复抽洗 E 球和 G 球，并使粘度计内溶液混合均匀。
③实验过程中恒温槽的温度要恒定，溶液每次稀释恒温后才能测量。
④粘度计要垂直放置。实验过程中注意不要移动粘度计。

6. 数据记录和处理

①将测得不同浓度的溶液的相应流出时间及通过计算所得数据记录于下表：

c'	流出时间				η_r	η_{sp}	$\frac{\eta_{sp}}{c'}$	$\ln \eta_r$	$\frac{\ln \eta_r}{c'}$
	测量次数			平均值					
	1	2	3						
溶剂				$t_0 =$					
$c' = 1/2$				$t_1 =$					
$c' = 1/3$				$t_2 =$					
$c' = 1/4$				$t_3 =$					
$c' = 1/5$				$t_4 =$					

②利用上表数据，分别以 η_{sp}/c' 和 $\ln \eta_r/c'$ 对 c' 作图，外推至 $c' = 0$ 处，得截距 A，再由(107.9)计算 $[\eta]$。

③利用(107.3)式求得高聚物聚丙烯酰胺的平均分子量 $\overline{M}$。30 ℃时，$a = 0.66$，$K = 3.72 \times 10^{-2}$。

思考题

(1)粘度法测定高聚物分子量有哪些优点？
(2) $[\eta]$ 和 $\overrightarrow{M}$ 的关系式中 K 和 a 在什么条件下是常数？
(3)乌氏粘度计中的支管 C 有什么作用？除去支管 C 是否仍可以使用？

实验 108　溶液吸附法测定固体的比表面积

1. 实验概述

测定固体比表面积有很多方法：BET 低温吸附法、气相色谱法、电子显微镜法等。这些方法需要复杂的仪器或者较长的实验时间。相比之下，溶液吸附法测量固体比表面积具有仪器简单、操作方便、能同时测量多个样品等很多优点，因此常被采用。次甲基蓝是一种具有优良吸附性能的水溶性染料，由于它具有最大的吸附倾向，因此常用来测定固体比表面。次甲基蓝具有以下矩形平面结构：

其阳离子大小为 $17.0\times7.6\times3.25\times10^{-30}\ \text{m}^3$。次甲基蓝的在固体表面的吸附有 3 种取向：

①平面吸附，其投影面积为 $135\times10^{-20}\ \text{m}^2$；

②侧面吸附，其投影面积为 $75\times10^{-20}\ \text{m}^2$；

③端基吸附，其投影面积为 $39\times10^{-20}\ \text{m}^2$。对于非石墨型的活性炭，次甲基蓝采取端基吸附取向而吸附在活性炭表面，因此其 $\sigma_A=39\times10^{-20}\ \text{m}^2$。

研究表明，在一定浓度范围内，大多数固体对次甲基蓝的吸附是单分子层吸附，符合朗格缪尔(Langmuir)单分子吸附理论。朗格缪尔单分子吸附理论是一种理想的吸附模型，其基本假定是：

①固体表面是均匀的，各吸附中心的能量是相同的，吸附粒子之间的相互作用可以忽略不计；

②吸附是单分子层吸附，吸附剂一旦被吸附质覆盖就不能被再吸附；

③吸附是可逆的，在吸附平衡时，吸附和脱附建立动态平衡；吸附平衡前，吸附速率与空白表面成正比，解吸速率与覆盖度成正比。

根据以上假定，我们可以推导出朗格缪尔等温吸附模型方程：假设固体表面的吸附位总数为 N，覆盖度为 θ，溶液中吸附质的浓度为 c，那么

吸附速率：

$$v_{吸}=k_1N(1-\theta)c \tag{108.1}$$

解吸速率：

$$v_{解}=k_{-1}N\theta \tag{108.2}$$

当达到动态平衡时：

$$k_1N(1-\theta)c=k_{-1}N\theta \tag{108.3}$$

由此可得：

$$\theta=\frac{K_{吸}c}{1+k_{吸}c} \tag{108.4}$$

式中 $K_{吸}=k_1/k_{-1}$ 称为吸附平衡常数，其值决定于吸附剂和吸附质的本质及温度，$K_{吸}$ 值越大，固体对吸附质吸附能力越强。朗格缪尔吸附的等温曲线如图 108.1 所示。

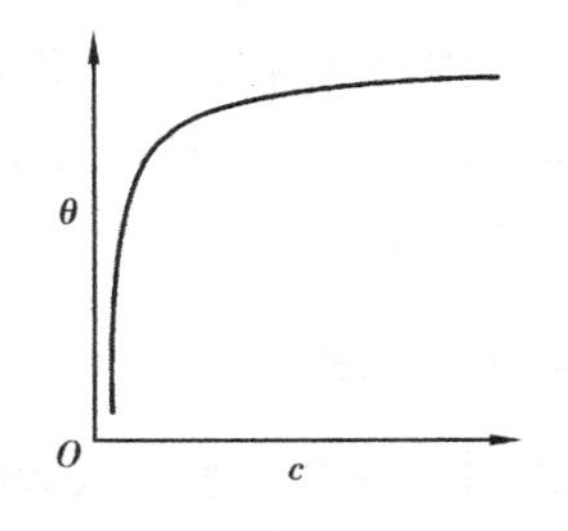

图 108.1　朗格缪尔等温吸附曲线

若以 Γ 表示浓度 c 时的平衡吸附量，以 Γ_∞ 表示全部吸附位被占据的单分子层吸附量，即饱和吸附量，则：

$$\theta=\frac{\Gamma}{\Gamma_\infty} \tag{108.5}$$

代入式(108.4)得：

$$\Gamma = \Gamma_{\infty} \frac{K_{吸} c}{1 + K_{吸} c} \tag{108.6}$$

将式(108.6)重新整理,得到如下形式:

$$\frac{c}{\Gamma} = \frac{1}{\Gamma_{\infty} K_{吸}} + \frac{1}{\Gamma_{\infty}} c \tag{108.7}$$

作 $c/\Gamma \sim c$ 图,从直线斜率可求得 Γ_{∞},再结合截距便可得到 $K_{吸}$。Γ_{∞} 指每克吸附剂饱和吸附吸附质的物质的量,若每个吸附质分子在吸附剂上所占据的面积为 σ_A,则吸附剂的比表面积可以按照下式计算:

$$S = \Gamma_{\infty} N_A \sigma_A \tag{108.8}$$

式中 S——吸附剂比表面积;

N_A——阿伏加德罗常数。

根据光吸收定律,当入射光为一定波长的单色光时,某溶液的吸光度与溶液中有色物质的浓度及溶液层的厚度成正比。

$$A = -\lg(I/I_0) = abc \tag{108.9}$$

式中 A——吸光度;

I_0——入射光强度;

I——透过光强度;

a——吸光系数;

b——比色皿厚度;

c——溶液浓度。

次甲基蓝溶液在可见区有 2 个吸收峰:445 nm 和 665 nm。但在 445 nm 处活性炭吸附对吸收峰有很大的干扰,故本试验选用的工作波长为 665 nm, 并用 721 型分光光度计进行测量。

采用溶液吸附测定固体比表面时,其测量误差通常为 10% 左右,其原因主要包括以下几个方面:

①由于非球形的吸附质在各种吸附剂表面吸附时的取向并非一样,每个吸附分子的投影面积可以相差很远,故溶液吸附法的测定结果有一定的相对误差;

②溶液温度高,吸附量低,反之吸附量就高;

③吸附质的浓度至少要满足吸附剂达到饱和吸附时所需的浓度,但溶液的浓度不能过高,否则会出现多层吸附;

④吸附剂颗粒大小不能相差太大,否则取样不均也容易造成偏差;

⑤另外,由于上述过程是物理吸附,其他物质也同样吸附,因此仪器的清洁和药品的纯净是非常重要的。

2. 实验目的

①用次甲基蓝水溶液吸附法测定颗粒活性炭的比表面积;

②了解朗格缪尔单分子层吸附理论及溶液法测定比表面的基本原理。

3. 实验器材

(1)仪器 721型分光光度计及其附件;康氏振荡器;5只2号砂芯漏斗;11只100 mL容量瓶,5只50 mL容量瓶;5只具塞锥形瓶。

(2)试剂 0.5 mg/mL次甲基蓝溶液;颗粒状非石墨型活性炭。

4. 实验方法

(1)样品活化 颗粒活性炭置于瓷坩埚中放入500 ℃马弗炉活化1 h,然后置于干燥器中备用。

(2)标准溶液配制(0.05 mg/mL) 用移液管移取25 mL 0.5 mg/mL次甲基蓝储备液与250 mL容量瓶中,用蒸馏水稀释到刻度。

(3)样品比表面积测定 用移液管分别移取10、20、30、40、50 mL 0.05 mg/mL亚甲基蓝于50 mL容量瓶中,用蒸馏水稀释到刻度,分别配制成0.01、0.02、0.03、0.04、0.05 mg/mL的次甲基蓝吸附溶液。然后把这些配制好的溶液分别转入5个100 mL清洁干燥的锥形瓶中,分别加入100 mg活性炭,盖上玻塞,放置在康氏振荡器上振荡3 h。静置后用砂芯漏斗过滤,得到吸附平衡后滤液。移取25 mL清液于100 mL容量瓶中,用蒸馏水稀释到刻度。然后以蒸馏水为空白,用721型分光光度计在次甲基蓝水溶液的最大吸光度处测定吸光度。

(4)次甲基蓝标准曲线测定 用移液管分别移取5、10、15、20、25、30 mL的0.05 mg/mL次甲基蓝标准溶液于6个100 mL容量瓶中,蒸馏水稀释到刻度。以蒸馏水为参比,用721型分光光度计在次甲基蓝水溶液的最大吸光度处测定吸光度。

5. 数据处理

(1)作次甲基蓝标准溶液的工作曲线 以浓度为横坐标,吸光度为纵坐标绘制次甲基蓝标准溶液的工作曲线。

(2)求次甲基蓝各个平衡溶液浓度 将试验测定的各个稀释后的平衡溶液吸光度,从工作曲线上查得对应的浓度,乘上稀释倍数4,即为平衡溶液的浓度c。

(3)计算吸附量 由平衡浓度c及初始浓度c_0数据,按照下式计算吸附量Γ:

$$\Gamma = \frac{(c_0 - c)V}{m} \tag{108.10}$$

式中 V——吸附溶液的总体积,L;

m——加入溶液的吸附剂质量,g。

(4)绘制朗格缪尔吸附等温线 以Γ为纵坐标,c为横坐标,作Γ对c的吸附等温线。

(5)求饱和吸附量 由Γ和c数据计算c/Γ值,然后作$c/\Gamma \sim c$图,由图求得饱和吸附量Γ_∞。将Γ_∞值用虚线作一水平线在$\Gamma \sim c$图上。这一虚线即是吸附量Γ的渐近线。

(6)计算活性炭样品的比表面积 将Γ_∞值代入式(108.8),可算得活性炭样品的比表面积。

思考题

(1)根据朗格缪尔理论的基本假设,结合本实验数据,算出各平衡浓度的覆盖度,估算饱

和吸附的平衡浓度范围。

(2)溶液产生吸附时,如何判断其达到平衡?

实验 109 介电常数溶液法测定丙醇分子的偶极矩

1. 实验概述

1)偶极矩与极化度

整个分子是呈电中性的,由于分子空间构型不同,其正、负电荷中心可以是重合的,也可以不重合。前者称为非极性分子,后者称为极性分子。

分子的极性可用“偶极矩”来度量。其定义是

$$\mu = qd \tag{109.1}$$

式中 μ——分子的偶极矩。是一个向量,其方向规定从正电荷中心到负电荷中心;

q——正、负电荷中心所带的电荷量;

d——正、负电荷中心之间的距离。

偶极矩的单位是库米(C·m)。由于分子中原子距离的数量级为 10^{-10} m,电荷的数量级为 10^{-20} C,所以,习惯用德拜(D)作为单位,1 D = 3.334×10^{-30} C·m。

分子偶极矩与分子的对称性、分子的几何构型和分子结构中有关电子云分布之间存在一定的关系,因此,通过测定分子的偶极矩可以用来判别分子的几何构体和立体结构等。

极性分子具有永久偶极矩,但在没有外电场的情况下,由于分子无规则的热运动,偶极矩指向各个方向的机会相同,所以偶极矩的统计值等于零。在有外加电场的情况下,分子沿电场方向做定向运动,同时分子中电子云对分子骨架发生相对位移,分子骨架也发生变形,这叫分子被极化。极化的程度可用摩尔极化度 P 来衡量。因转向而引起的称为摩尔转向极化度 $P_{转向}$,因变形而引起的称为摩尔变形极化度 $P_{变形}$,摩尔转向极化度 $P_{转向}$ 又包括电子极化 $P_{电子}$ 和原子极化 $P_{原子}$,即

$$P = P_{转向} + P_{电子} + P_{原子} \tag{109.2}$$

由统计力学方法可以证明 $P_{转向}$ 与永久偶极矩 μ 和绝对值温度 T 间关系为:

$$\begin{aligned} P_{转向} &= \frac{4}{3}\pi N_A \frac{\mu^2}{3kT} \\ &= \frac{4}{9}\pi N_A \frac{\mu^2}{kT} \end{aligned} \tag{109.3}$$

式中 k——波尔兹曼常数;

N_A——阿伏加德罗常数。

对于非极性分子,$\mu = 0$,因此 $P_{转向} = 0$,$P = P_{电子} + P_{原子}$。

如果外电场是交变电场,极性分子的极化情况则与交变电场的频率有关。在电场频率小于 $10^9 \sim 10^{10}$ s^{-1} 的低频电场或静电场中,极性分子所产生的摩尔极化度 $P = P_{转向} + P_{电子} + P_{原子}$。在电场频率为 $10^{12} \sim 10^{14}$ s^{-1} 的中频电场(红外 1 光区)中,由于电场的交变周期小于分子偶极矩的松弛时间,极性分子的转向运动跟不上电场的变化,即极性分子来不及沿电场定

向,故 $P_{转向}=0$,这时$P=P_{变形}$。当电场的频率为大于 $10^{15}\ s^{-1}$的高频(可见光和紫外光频率)时,极性分子的转向运动和分子骨架变形都跟不上电场变化,此时 $P=P_{电子}$。

对于分子间相互作用非常小的体系,即温度不太低的气相体系,物质宏观介电性质和分子微观极化性质间的关系可用克劳修斯-莫索第-德拜(Clausius-Mosottl-Debye)公式表示:

$$\frac{\varepsilon-1}{\varepsilon+2}\cdot\frac{M}{\rho}=P \tag{109.4}$$

式中 ε——介电常数;

ρ——密度;

M——摩尔质量;

P——摩尔极化度。

由 Maxwell 电磁理论,物质介电常数 ε 与折射率 n 之间有如下关系:

$$\varepsilon(v)=n^2(v) \tag{109.5}$$

当使用高频电场,即用可见光或紫外光测定物质折射率时,

$$R=P_{电子}=\frac{n^2-1}{n^2+2}\cdot\frac{M}{\rho} \tag{109.6}$$

式中 R——摩尔折射度;

n——折射率。

2)溶液法测定偶极矩

所谓溶液法就是将极性待测物溶于非极性溶剂中进行测定,然后外推到无限稀释。因为在无限稀的溶液中,极性溶质分子所处的状态与它在气相时十分相近,此时分子的偶极矩可按下式计算:

$$\mu=0.042\ 6\times10^{-30}\sqrt{(P_2^{\infty}-R_2^{\infty})T} \tag{109.7}$$

式中 P_2^{∞}——无限稀时极性分子的摩尔极化度;

R_2^{∞}——无限稀时极性分子的摩尔折射度;

T——热力学温度。

将待测物质溶于非极性溶剂中形成稀溶液,然后在低频电场中测量溶液的介电常数和溶液的密度求得 P_2^{∞};在可见光下测定溶液的 R_2^{∞},然后由式(109.7)计算待测物质的偶极矩。

(1)极化度的测定　无限稀时,溶质的摩尔极化度 P_2^{∞} 的公式为

$$P=P_2^{\infty}=\lim_{x_2\to0}P_2=\frac{3\alpha\varepsilon_1}{(\varepsilon_1+2)^2}\cdot\frac{M_1}{\rho_1}+\frac{\varepsilon_1-1}{\varepsilon_1+2}\cdot\frac{M_2-\beta M_1}{\rho_1} \tag{109.8}$$

式中 ε_1——溶剂的介电常数;

M_1——溶剂的相对分子质量;

ρ_1——溶剂的密度,$g\cdot cm^{-3}$;

M_2——待测物质的相对分子质量;

α 和 β——常数。可通过稀溶液的近似公式求得:

$$\varepsilon_{溶液}=\varepsilon_1(1+\alpha X_2) \tag{109.9}$$

$$\rho_{溶液}=\rho_1(1+\beta X_2) \tag{109.10}$$

式中 $\varepsilon_{溶液}$——溶液的介电常数;

$\rho_{溶液}$——溶液的密度；

X_2——待测物质的摩尔分数。

无限稀释时，溶质的摩尔折射度 R_2^{∞} 的公式为

$$P_{电子} = R_2^{\infty} = \lim_{x_2 \to 0} \frac{n_1^2 - 1}{n_1^2 + 2} \cdot \frac{M_2 - \beta M_1}{\rho_1} + \frac{6n_1^2 M_1 \gamma}{(n_1^2 + 2)^2 \rho_1} \tag{109.11}$$

式中　n_1——溶剂的折射率；

γ——常数，可由稀溶液的近似公式求得：

$$n_{溶液} = n_1(1 + \gamma X_2) \tag{109.12}$$

式中　$n_{溶液}$——溶液的折射率。

(2)介电常数的测定　介电常数是通过测定电容计算而得。设 C_0 为电容器极板间处于真空时的电容量，C 为充以电介质时的电容量，则 C 与 C_0 之比值 ε 称为该电介质的介电常数

$$\varepsilon = C/C_0 \tag{109.13}$$

通常空气介电常数接近于1，故介电常数可近似地写为

$$\varepsilon = C/C_{空} \tag{109.14}$$

式中　$C_{空}$——电容器以空气为介质时的电容。

将待测样品放在电容的样品池中测量，所测得的电容值 C_x 包括了样品的电容 $C_{样}$ 和电容池的分布电容 C_d，即

$$C_x = C_{样} + C_d \tag{109.15}$$

因此，应从 C_x 中扣除 C_d。

C_d 的测定方法是：先测定无样品时空气的电容 $C'_{空}$

$$C'_{空} = C_{空} + C_d \tag{109.16}$$

再测定一已知介电常数($\varepsilon_{标}$)的标准物质的电容 $C'_{标}$

$$C'_{标} = C_{标} + C_d = \varepsilon_{标} C_{空} + C_d \tag{109.17}$$

近似取 $C_0 \approx C_{空}$，可以导出：

$$C_0 \approx C_{空} = \frac{C'_{标} - C'_{空}}{\varepsilon_{标} - 1} \tag{109.18}$$

$$C_d \approx C'_{空} - \frac{C'_{标} - C'_{空}}{\varepsilon_{标} - 1} \tag{109.19}$$

若测得样品的电容为 C_x，待测样品的真实电容为

$$C_{样} = C_x - C_d \tag{109.20}$$

2. 实验目的

①掌握溶液法测定偶极矩的原理和方法，用溶液法测定正丁醇分子的偶极矩；

②掌握 PCM1A 精密电容测量仪的使用方法；

③了解偶极矩与分子结构之间的关系。

3. 实验器材

(1)仪器　阿贝折光仪，电子天平，PCM1A 精密电容测量仪，超级恒温槽，电容池，电吹

风,干燥器,4 支滴管,20 mL 注射器,2 支长针头。

(2)试剂　环己烷(AR),正丁醇(AR)。

4. 实验方法

(1)溶液配制　配制丙酮的摩尔分数分别为 0.020、0.040、0.060、0.080、0.100 的正丁醇-环己烷溶液 50 mL,分别盛于磨口试剂瓶中,操作时应注意防止挥发以及吸收水气,溶液配好后迅速盖上瓶塞,并放存于干燥器中。

(2)密度的测定　在(25.0 ±0.1)℃条件下,用比重瓶分别测定环己烷和 5 份溶液的密度。

(3)折射率测定　在(25.0 ±0.1)℃条件下,用阿贝折射仪分别测定环己烷和 5 份溶液的折射率。用阿贝折光仪分别测定环己烷及各溶液的折射率。

(4)介电常数测定　电容 C_0 和 C_d 的测定。

(5)电容的测定

①将精密电容测量仪通电,预热 20 min。

②将电容仪与电容池连接线先接一根(只接电容仪,不接电容池),调节零电位器使数字表头指示为零。

③将两根连接线都与电容池接好,此时数字表头上所示值既为 $C'_{空}$ 值。

④用 1 mL 移液管移取 1 mL 环己烷加入到电容池中,盖好,数字表头上所示值既为 $C'_{标}$ 已知环己烷的介电常数与温度 t 的关系式为:

$$\varepsilon_{环己烷} = 2.023 - 0.001\,6 \times (t - 20) \tag{109.21}$$

式中　t——测定时摄氏温标,℃。

⑤溶液电容的测定。测定方法与溶剂的测量相同。重新测定时,不但要用注射器吸去电极间的溶液,还要用电次风将二极间的空隙吹干,然后复测 $C'_{空}$ 值。再加入该浓度溶液,测出电容值。两次测定数据的差值应小于 0.05 pF,否则要继续复测。

5. 注意事项

①操作时应注意防止挥发以及吸收水气,为此溶液配好后应迅速盖上瓶塞,并于干燥器中放存。取样动作迅速,取样后立即加盖进行测定。

②每次测定前要用冷风将电容池吹干,并重测 $C'_{空}$,与原来的 $C'_{空}$ 值相差应小于 0.01 pF。严禁用热风吹样品室。

③用阿贝折射仪测定环己烷和溶液的折射率,温度波动应控制在 ±0.2 ℃范围内。

6. 数据记录和处理

①将所测实验数据列入表 109.1。

表 109.1　电容测定数据表

电容/pF 待测样		C'				$C^{25°}$
		1	2	3	平均值	
空　气						
环己烷						
溶液	0.020 0					
	0.040 0					
	0.060 0					
	0.080 0					
	0.100 0					

②根据式(109.21)计算 $\varepsilon_{标}$。

③根据式(109.18)和式(109.19)分别计算 $C_{空}$ 和 C_d。

④根据式(109.15)和式(109.14)计算 $C_{溶}$ 和 $\varepsilon_{溶}$。

⑤分别作 $\varepsilon_{溶}$-x_2 图、$\rho_{溶}$-x_2 图和 $n_{溶}$-x_2 图，由各图的斜率求 α,β,γ。

⑥根据式(109.8)和式(109.11)分别计算 P_2^∞ 和 R_2^∞。

⑦由式(109.7)计算正丁醇的 μ。

思考题

(1)本实验测定偶极矩时做了哪些近似处理？

(2)准确测定溶质的摩尔极化度和摩尔折射度时，为何要外推到无限稀释？

(3)试分析实验中误差的主要来源，实验中应该如何注意避免？

实验 110　古埃磁天平法测定物质的磁化率

1. 实验概述

1)物质的磁化率

物质在外加磁场$\vec{H}$的作用下会感应产生一个附加磁场$\vec{H}'$，该物质磁感应强度 B 为外磁场强度$\vec{H}$与附加磁场$\vec{H}'$之和

$$\vec{B} = \mu_0(\vec{H} + \vec{H}') \tag{110.1}$$

式中　$\mu_0 = 4\pi \times 10^{-7}\ \mathrm{N \cdot A^{-2}}$，称为真空磁导率。

对于非铁磁质：

$$\vec{H}' = \chi \vec{H} \tag{110.2}$$

式中　χ——物质的体积磁化率。

化学上常用单位质量磁化率 χ_m 和摩尔磁化率 χ_M 来表示物质的磁性质。

$$\chi_m = \frac{\chi}{\rho} \tag{110.3}$$

$$\chi_M = M\chi_m = \frac{M\chi}{\rho} \tag{110.4}$$

式中 ρ——物质的密度，$kg \cdot m^{-3}$；

M——摩尔质量，$kg \cdot mol^{-1}$。

根据χ的特点可以把物质分为3类：$\chi>0$的物质为顺磁性物质；$\chi<0$的物质称为反磁性物质；另外少数物质的χ值与外磁场$\vec{H}$有关，它随外磁场强度的增加而急剧地增强，当外加磁场消失时，其附加磁场并不立即随之消失，这类物质为铁磁性物质。

2)摩尔磁化率与分子的磁矩

物质的磁性与组成物质的原子、离子或分子的微观结构有关。当原子、离子或分子的两个自旋状态电子数不相等，即有未成对电子时，该物质具有永久磁矩。反之，则无永久磁矩。

在外磁场作用下，具有永久磁矩的原子、离子或分子其永久磁矩会顺着外磁场方向同向排列，表现为顺磁性。同时，它内部电子轨道运动有感应的磁矩，其方向与外磁场相反，表现出反磁性。无永久磁矩的原子、离子或分子则只有反磁性。所以这类物质的摩尔磁化率为顺磁化率$\chi_{顺}$和反磁化率$\chi_{反}$之和：

$$\chi_M = \chi_{顺} + \chi_{反} \tag{110.5}$$

对于顺磁性物质，当$|\chi_{顺}| \gg |\chi_{反}|$，$\chi_M \approx \chi_{顺}$。对于反磁性物质，则只有$\chi_{反}$，故$\chi_M = \chi_{反}$。摩尔顺磁化率$\chi_{顺}$和分子永久磁矩$\mu_m$间的关系为：

$$\chi_{顺} = \frac{N_A \mu_m^2 \mu_0}{3kT} \tag{110.6}$$

$$\chi_M \approx \frac{N_A \mu_m^2 \mu_0}{3kT} \tag{110.7}$$

式中 k——玻尔兹曼常数$=1.380\ 662 \times 10^{-23}\ J \cdot K^{-1}$。

因此通过测定χ_M的可计算分子的磁矩μ_m。

物质的永久磁矩与它所包含的未成对电子数n的关系为：

$$\mu_m = \sqrt{n(n+2)} \cdot \mu_B \tag{110.8}$$

式中 μ_B——波尔磁子，其物理意义为单个自由电子自旋产生的磁矩：

$$\mu_B = \frac{eh}{4\pi m_e c} = 9.273 \times 10^{-24}\ J \cdot T^{-1}$$

式中 m_e——电子静止质量，g；

e——电子电荷，e·s·u；

c——光速，$cm \cdot s^{-1}$。

在SI单位制中，$\mu_B = 9.273 \times 10^{-24}\ J \cdot T^{-1}$。T为特[斯拉]，系磁感应强度单位。

根据n值可以推断有关络合物分子是共价配键或是电价配键。由磁矩的测定可以判别化合物如Fe^{2+}外层含6个d电子，可能有两种排布结构见图101.1、图110.2。

在图110.1的结构中Fe^{2+}未成对电子数n为4，$\mu_m = \sqrt{n(n+2)}\mu_B = 4.9\mu_B$；

在图110.2的结构中，Fe^{2+}无未成对电子数，$\mu_m = 0$。电子发生了重排，形成了6个d^2sp^3

轨道,能接受6个配位体 。共价络合物以中心离子的空的价电子轨道接收配位体的孤对电子以形成共价配键。

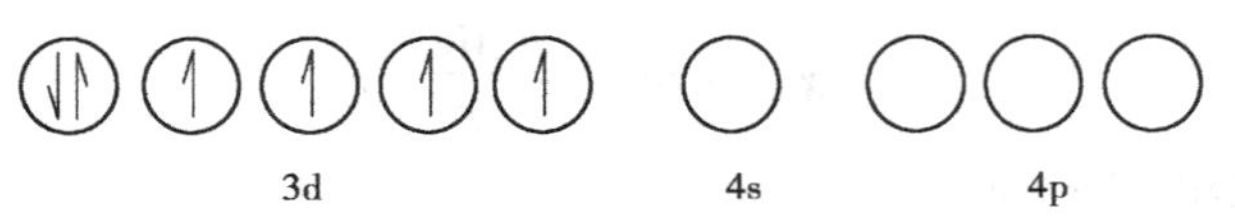

图 110.1　Fe^{2+}在自由离子状态下的电子排布

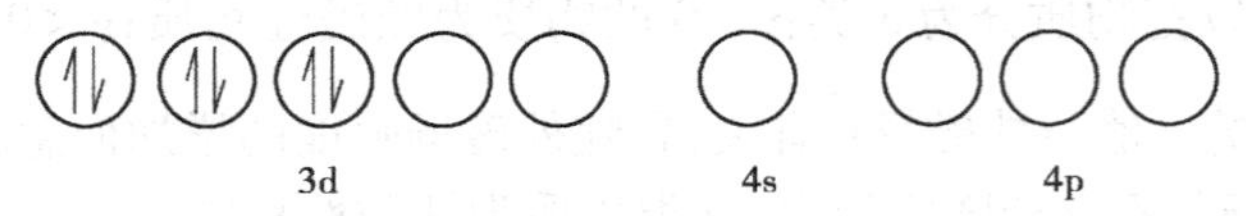

图 110.2　Fe^{2+}在配位场中的电子排布

$Fe(CN)_6^{4-}$ 和 $Fe(CN)_5(NH_3)^{3-}$ 等络离子的磁矩为零,故为共价络离子。$Fe(H_2O)_6^{2+}$,磁矩为5.3 μ_B,其中心离子 Fe^{2+}采用 sp^3d^2 杂化,配位体与 Fe^{2+}是电价配键。这是因为 H_2O 有相当大的偶极矩,能与中心 Fe^{2+}离子以库仑静电引力相结合而成电价配键。电价配键不需中心离子腾出空轨道,即中心离子与配位体以电价配键结合的数目与空轨道无关,而是取决于中心离子与配位体的相对大小和中心离子所带的电荷。

3)摩尔磁化率的测定

本实验采用 Gouy 磁天平法测定物质的摩尔磁化率 x_M 其实验装置如图 110.3 示。Gouy 法是测量物质磁化率的原理请参阅《实验化学导论》。

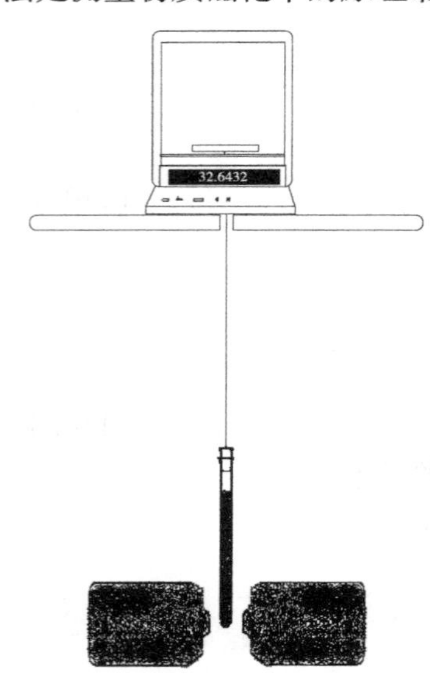

图 110.3　Gouy 磁天平示意图

将盛有样品的圆柱形玻璃管悬挂在两磁极中间,使样品管底部处于两磁极中心、磁场强度最强处。若样品足够长,则其上端所在处磁场强度几乎为零。这样圆柱形样品就处在一不均匀磁场中。沿样品的长度方向 Z 存在一磁场强度梯度($\partial H/\partial Z$)。若样品截面积为 A,作用在样品一体积元 $A\mathrm{d}Z$ 上的磁矩为$(\chi-\chi_0)HA\mathrm{d}Z$,该体积元样品沿磁场方向受力 $\mathrm{d}f$ 为:

$$\mathrm{d}f=(\chi-\chi_0)HA\left(\frac{\partial H}{\partial Z}\right)\mathrm{d}Z \qquad (110.9)$$

作用在整个样品上的力 f 为:

$$f=\int_{H_0}^{H}(\chi-\chi_0)HA\left(\frac{\partial H}{\partial Z}\right)\mathrm{d}Z \qquad (110.10)$$

式中　χ_0——空气的磁化率;

积分边界条件 H——磁场中心的磁场强度;

H_0——样品顶端的磁场强度。若忽略空气的磁化率,$H_0=0$,得

$$f=\frac{1}{2}\chi H^2A \qquad (110.11)$$

对于顺磁性物质,在磁场中能量降低,力 f 把样品拉入磁场,样品质量增大。反磁性物质,在磁场外能量较小,力 f 把样品推出磁场,样品质量减小。设 ΔW 为样品置于磁场内外称量的重量差,则

$$f=\frac{1}{2}\chi H^2 A = \Delta W g = g(\Delta W_{空管+样品} - \Delta W_{空管}) \tag{110.12}$$

由于$\chi=\chi_m \rho$，$\rho=\frac{W}{Ah}$，代入上式得摩尔磁化率：

$$\chi_M = \frac{2(\Delta W_{空管+样品} - \Delta W_{空管})ghM_{样品}}{\mu_0 H^2 W_{样品}} \tag{110.13}$$

式中 h——样品高度；

W——样品在无磁场作用下的质量；

$M_{样品}$——样品的摩尔质量；

H——磁场强度，可由标准物质莫尔盐[$(NH_4)_2SO_4 \cdot FeSO_4 \cdot 6H_2O$]标定。

已知莫尔盐的单位质量磁化率χ_m与热力学温度T的关系为：

$$\chi_m = \frac{9\ 500}{T+1} \times 4\pi \times 10^{-9} m^3 \cdot kg^{-1} \tag{110.14}$$

在实际应用时，可采用“相对法”，即待测样品和标定用样品使用同一样品管，样品装填高度相同，并在同一磁场强度下进行测量，这时由式(110.13)可得：

$$\chi_{M,样} = \chi_{m,标} \cdot \frac{\Delta W_{样}}{\Delta W_{标}} \cdot \frac{W_{标}}{W_{样}} \cdot M_{样} \tag{110.15}$$

式中下标“样”代表待测样品，“标”代表莫尔盐。

2. 实验目的

①测定络合物的摩尔磁化率，推算分子磁矩，估算中心离子未成对电子数，判断络合物分子的配键类型；

②掌握古埃(Gouy)磁天平测定磁化率的原理和方法。

3. 实验器材

(1)仪器　Gouy 磁天平(配电子天平)，CT-S 高斯计，玻璃样品管，直尺(200 mm)，研钵，角匙，玻棒，小漏斗等。

(2)试剂　$Fe(NH_4)_2(SO_4)_2$，$6H_2O$(AR)，$K_3Fe(CN)_6$(AR)，$FeSO_4 \cdot 7H_2O$(AR)，$CuSO_4 \cdot 5H_2O$(AR)。

4. 实验方法

(1)用已知χ_m的莫尔盐标定磁场强度　将干燥清洁的样品管(长约 120 mm，带塞，未装样品)挂在天平托盘下的挂钩上，高节连结线的长度，使样品管底距磁极中心距离在 150 mm 以上，称空样品管在磁场外的质量$W_{管}$。改变样品管位置，使样品管底处于磁场中心处，再称取空样品管在磁场中的质量$W'_{管}$。

取下样品管，用小漏斗把事先研细的莫尔盐装入样品管中，边装边振动并用玻棒压紧，使样品层装填均匀，紧密，样品层高约 70 mm。准确量取样品层高h，同样称取样品及管在磁场外和磁场内的质量$W_{管+样品}$及$W'_{管+样品}$。

称量过程中，样品管不得与磁极有任何摩擦。磁极距不得变动，如有变动，需重新进行标定，每样称量3次，再取平均值。

(2)测定样品的摩尔磁化率　按上述操作方法，在样品管中分别装入 $K_3Fe(CN)_6$、$Fe(NH_4)_2\cdot(SO_4)_2\cdot 6H_2O$、$CuSO_4\cdot 5H_2O$ 等样品，测出它们在磁场内外的重量变化。

(3)结束实验　实验完毕，将试样倒入回收瓶，洗净样品管。

5. 数据记录和处理

①由莫尔盐的测定数据按式(110.13)和式(110.12)计算在热力学温度 T 下磁场强度 H。

②将实验数据列于下表：

样　品	$W_{管}$/g	$W'_{管}$/g		$W_{样+管}$/g	$W'_{样+管}$/g	
$Fe(NH_4)_2\cdot(SO_4)_2\cdot 6H_2O$		1			1	
		2			2	
		3			3	
		平均			平均	
$K_3Fe(CN)_6$		1			1	
		2			2	
		3			3	
		平均			平均	
$CuSO_4\cdot 5H_2O$		1			1	
		2			2	
		3			3	
		平均			平均	

③由式(110.15)、式(110.7)、式(110.8)计算各样品的 χ_m、μ_m 和 n 值，并将各项计算结果列于下表：

样　品	$Fe(NH_4)_2(SO_4)_2\cdot 6H_2O$	$K_3Fe(CN)_6$	$CuSO_4\cdot 5H_2O$
H/T			
$M/(kg\cdot mol^{-1})$			
$W_{样}$/kg			
$\Delta W_{样}$/kg			
$\chi_m/(m^{-3}\cdot mol^{-1})$			
$\mu_m/(J\cdot T^{-1})$			
$n_{实验}$			
$n_{理论}$			

④根据未成对电子数 n,推断络合物的外电子层结构和配键类型。

6. 注意事项

①装填样品应紧密,每加入约 10 mm 高样品,应振动并用玻棒逐层压紧样品。
②放入磁场中的样品管底部应处于磁场中心位置,称量中样品管不能与磁极发生接触。
③称量时应使样品静止后再开启天平。挂取样品管时动作应轻,避免天平受损。

思考题

(1)不同磁场强度下测得的摩尔磁化率是否不同?为什么?
(2)本实验对装样有何要求?装样太多、太少或装填不均匀对实验结果有何影响?
(3)若样品管在磁场中未处于中心位置对测定结果有何影响?

7 综合应用实验

实验 111 水质检验

1. 实验概述

水是非常优良的溶剂，自然界不存在纯净的水，无论是生活或生产用水，都要先经过净化处理。净化水的方法有很多，常用的有蒸馏法、化学转化法、电渗析法、反渗透法和离子交换法。

1）离子交换法净化水

离子交换法是用离子交换树脂除去水中杂质离子，对水进行净化。离子交换树脂是分子中含有活性基团并能与其他物质进行离子交换的高分子化合物。含有酸性基团而能与其他物质交换阳离子的称为阳离子交换树脂（用 R—H 表示，R 表示有机离子部分）。含有碱性基团而能与其他物质交换阴离子的称为阴离子交换树脂（用 R—OH 表示）。

自来水经过阳离子交换树脂时，水中的阳离子如 Na^+、Ca^+、Mg^{2+} 等被树脂吸附住，而交换出 H^+，发生如下反应：

$$RH + Na^+ \longrightarrow RNa + H^+$$

$$2RH + Ca^{2+} \longrightarrow R_2Ca + 2H^+$$

$$2RH + Mg^{2+} \longrightarrow R_2Mg + 2H^+$$

从阳离子交换树脂流出来的水流经阴离子交换树脂时，水中阴离子如 Cl^-、SO_4^{2-}、CO_3^{2-} 等被阴离子交换树脂吸附住，交换出 OH^-，发生如下反应：

$$ROH + Cl^- \longrightarrow RCl + OH^-$$

$$2ROH + SO_4^{2-} \longrightarrow R_2SO_4 + 2OH^-$$

$$2ROH + CO_3^{2-} \longrightarrow R_2CO_3 + 2OH^-$$

阳离子交换树脂中产生的 H^+ 和阴离子交换树脂产生的 OH^- 结合成水。

$$H^+ + OH^- \longrightarrow H_2O$$

为了进一步提高水质，可在阴离子交换树脂柱后串接一个阴阳离子交换树脂混合柱，其作用相当于多级交换。

树脂与水中离子进行交换后，交换量就会逐渐下降。到一定程度时，必须再生，才能继续使用。再生就是用酸、碱淋洗树脂，将交换上去的离子洗入溶液，使其复原。

2）电导率仪测定水的纯度

自来水中溶有无机盐离子，是一种极稀的电解质溶液。这种稀电解质溶液也有导电现象,离子浓度愈大,导电能力越强。

导体导电能力的大小,一般用电阻 R 或电导 G 表示,二者互为倒数,即

$$G = 1/R \tag{111.1}$$

在温度一定时,两极间溶液的电阻与两极间的距离 l 成正比,与电极面积 A 成反比,即

$$R \propto l/A$$

或

$$R = \rho l/A \tag{111.2}$$

比例常数 ρ 称为电阻率,单位为 $\Omega \cdot m$。电阻率的倒数,称为电导率 κ

$$1/\rho = \kappa \tag{111.3}$$

电导率单位 $S \cdot m^{-1}$。

将式(111.2)、式(111.3)代入式(111.1)得

$$G = \kappa A/l$$

$$\kappa = Gl/A \tag{111.4}$$

由(4)可知,当 $l/A = 1$ 时,$\kappa = G$,所以 κ 在数值上等于相距为 1 单位长度和大小为 1 单位面积的两个电极间的溶液的电导。

水中含盐量越高导电性越好,电导率越大。反之,水的纯度越高,电导率越小。各种水样的电导率参考值如下:

水　样	自来水	蒸馏水	去离子水	高纯水
电导率 $\kappa/(S \cdot m^{-1})$	$0.5 \times 10^{-2} \sim 5 \times 10^{-2}$	10^{-3}	10^{-4}	5.5×10^{-6}

3)水体化学耗氧量的测定

化学耗氧量(COD)是指水中发生化学氧化还原反应所消耗的氧化剂的量,它是表示水中有机物含量的一项水质指标。化学耗氧量越高,表示水中有机物污染越重。常用的氧化剂有高锰酸钾和重铬酸钾。本实验是采用高锰酸钾法测定耗氧量,并用 1 L 水中有机物或还原性物质在规定条件下被高锰酸钾氧化时所消耗的氧的毫克数表示。

在酸性条件下用高锰酸钾($KMnO_4$)将废水中某些有机物及还原性物质氧化,剩余的 $KMnO_4$ 用过量草酸($H_2C_2O_4$)还原,再以 $KMnO_4$ 标准溶液回滴过剩的 $H_2C_2O_4$,然后计算水中有机物和还原性物质所消耗 $KMnO_4$ 的量并换算成氧含量。

$$5H_2C_2O_4 + 2MnO_4^- + 16H^+ \xlongequal{} 2Mn^{2+} + 10CO_2\uparrow + 8H_2O$$

实验时应使溶液保持足够的温度,室温下此反应缓慢,温度高于 90 ℃则草酸分解:

$$H_2C_2O_4 \xlongequal{} CO_2\uparrow + CO\uparrow + H_2O$$

因此,滴定操作应保持 70 ~85 ℃为宜。

由于 MnO_4^- 与 $C_2O_4^{2-}$ 的反应是自动催化反应(Mn^{2+} 催化剂)。故滴定开始时,加入第一滴 $KMnO_4$ 溶液褪色很慢。在 $KMnO_4$ 红色没有褪去以前,不要加入第二滴。等几滴 $KMnO_4$ 溶液作用之后,滴定速度才可稍快,但仍应控制滴定速度。否则加入的 $KMnO_4$ 溶液来不及完全与 $C_2O_4^{2-}$ 反应,在热的酸性溶液中会部分发生分解,使结果偏高。

$$4MnO_4^- + 12H^+ \xlongequal{} 4Mn^{2+} + 5O_2\uparrow + 6H_2O$$

溶液中稍微过量的 MnO_4^-（约10^{-5} mol · L^{-1}）即可显示出粉红色，因此滴定中不需另加指示剂。

2. 实验目的

①学习离子交换法净化水的原理与方法；
②学习电导率仪的使用方法并测定各种水样的电导率；
③了解化学耗氧量（COD）的测定原理及方法。

3. 实验器材

（1）仪器　电导率仪，4 只 250 mL 锥形瓶，3 只 50 mL 烧杯，50 mL 量筒，2.5 mL、25 mL 吸量管，2 支 50 mL 酸式滴定管，3 支 50 mL 碱式滴定管，滴定管夹，铁架，乳胶管，T 形玻璃管，螺丝夹，玻璃纤维，电炉，温度计（100 ℃）。

（2）试剂　1∶3 H_2SO_4 溶液，0.005 mol · L^{-1} $H_2C_2O_4$ 溶液，0.002 mol · L^{-1} $KMnO_4$ 溶液[1]，阳离子交换树脂，阴离子交换树脂，玻璃珠。

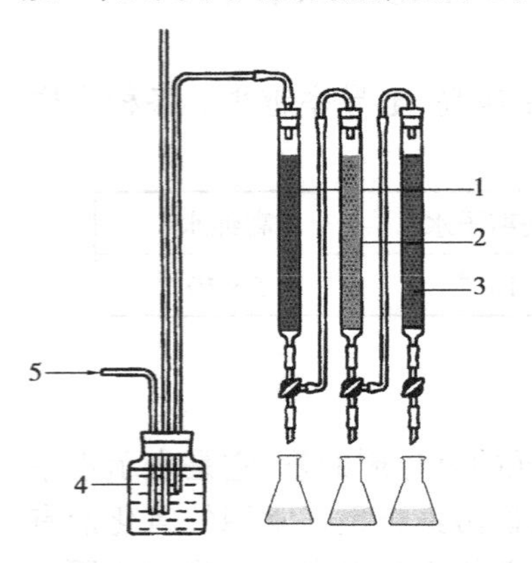

图 111.1　离子交换装置示意图
1—阳离子交换柱；2—阴离子交换柱；3—阴阳离子混和交换柱；4—稳压瓶；5—自来水入口

4. 实验方法

1）离子交换法净化水

（1）仪器的安装　按图 111.1 安装离子交换装置[2]。在已拆除尖嘴的 3 支碱式滴定管底部塞少量玻璃纤维，拧紧下端的螺丝夹，先各加入数 mL 去离子水，再分别加入阳离子交换树脂和阴离子交换树脂及质量比为 1∶1 混合的阴、阳离子交换树脂[3]，树脂层高度约 25 cm。装柱时，应尽可能使树脂紧密，不留气泡，否则必须重装。然后将套有粗橡皮管的乳胶管另一端与下一支滴定管的上端连接。

（2）离子交换　拧开高位槽螺丝夹及各交换柱间的螺丝夹，让自来水流入。调节每支交换柱底部的螺丝夹，使流出液先以 25 ~ 30 滴/min 流速通过交换柱。开始流出的约 30 mL 水应弃去，然后重新控制流速为 15 ~ 20 滴/min。用烧杯分别收集水样各约 30 mL，待检验。

2）用电导率仪测定水样的纯度

用 3 只小烧杯各取自来水、蒸馏水、去离子水 50 mL（取样前应用待测水样将烧杯清洗2 ~ 3 次）。用电导率仪依次测出它们的电导率，记录数据。

水　样	自来水	蒸馏水	去离子水
电导率 κ/(S · m^{-1})			

3）水体化学耗氧量的测定

①取25 mL自来水样2份，废水样取2.5 mL 2份，分别加入4只锥形瓶中，以蒸馏水稀释到100 mL，各加入5 mL 1∶3 H_2SO_4溶液，再用滴定管加入10 mL 0.002 mol·L^{-1} $KMnO_4$溶液（设加入量为V_1 mL），并加入用粗砂纸磨过的玻璃珠5～8粒。

②将锥形瓶用均匀火加热，从开始沸腾时计时，准确煮沸10 min（严格保证，否则COD偏大！），如加热过程中红色明显减退，说明水样的耗量过高，应减少水样量另行测定。

③取下锥形瓶，在70～85 ℃时用滴定管加入10 mL的0.005 mol·L^{-1} $H_2C_2O_4$溶液（设加入量为V_2），充分振荡。此时剩余的高锰酸钾红色应完全消失。

④趁热于白色背景上由滴定管滴入0.002 mol·L^{-1} $KMnO_4$溶液至出现微红色（0.5～1 min微红色不褪）即为终点（设滴入体积为V_1 mL）。

按下列公式计算耗氧量，并进行比较。

$$\mathrm{COD}=\frac{\{5c(\mathrm{KMnO_4})\times(V_1+V_1')(\mathrm{KMnO_4})-2c(\mathrm{H_2C_2O_4})\times V_2\}\times 8\times 100}{V_{\text{水样}}}$$

式中　$5c(KMnO_4)$——5倍$KMnO_4$浓度值；

$2c(H_2C_2O_4)$——2倍$H_2C_2O_4$浓度值；

V_1——$KMnO_4$溶液开始加入的体积，mL；

V_1'——滴至终点用去$KMnO_4$溶液mL数；

V_2——$H_2C_2O_4$加入体积，mL；

$V_{水样}$——所取水样的体积。

［**注释**］

［1］称取0.32 g分析纯$KMnO_4$溶于少量蒸馏水中并稀释至1 000 mL，煮沸15 min，静置2 d，小心吸取上层清液于棕色瓶中，置暗处保存，用标准草酸标定。

$KMnO_4$溶液的标定方法：

（1）取10 mL $KMnO_4$溶液置于250 mL锥形瓶中，加入40 mL蒸馏水及2.5 mL的1∶3H_2SO_4溶液，加热煮沸10 min。

（2）待温度低于90 ℃，移取25 mL的0.01 mol·L^{-1} $H_2C_2O_4$标准溶液，立即用$KMnO_4$溶液滴定，不停振荡，直至发生微红色为止，记录用量，计算$KMnO_4$溶液的准确浓度。

［2］交换柱Ⅰ也可直接与自来水管相连。

［3］若交换树脂已经再生，则应先用去离子水洗涤至pH＝7，并浸泡过夜。洗涤和浸泡由实验预备室准备。

思考题

（1）从各离子交换柱底部所取的水样的水质是否有差别？为什么？

（2）用电导率仪测定水纯度的根据是什么？

（3）下列情况对测定电导率有何影响？

①测定电导率时，电导电极上的铂片未全部浸入水样中。

②测定电导率时，烧杯或电导电极洗涤不干净。

（4）用COD作为衡量水中有机物含量的指标有何特点和不足？

（5）测定COD实验中，滴定操作为什么必须趁热进行？

实验 112　酸牛乳酸度的测定

1. 实验概述

酸牛乳是新鲜优质牛乳经消毒后加入乳酸链球菌发酵而成的，测定酸牛乳酸度，可鉴定牛乳发酵的程度。酸牛乳中主要为有机弱酸，用 NaOH 滴定时应选用酚酞为指示剂。

2. 实验目的

①掌握滴定非澄清液观察终点的方法。

②学习测定酸牛乳酸度的方法。

3. 实验器材

(1)仪器　滴定装置。

(2)试剂　$0.1\ mol \cdot L^{-1}$ NaOH 标准溶液，酚酞指示剂(0.1% 乙醇溶液)。

(3)样品　酸牛乳(在测定前于 10 ℃以下贮存)。

4. 实验方法

取 250 mL 酸牛乳，充分搅拌均匀。然后，准确称取此酸牛乳 15～20 g 于 250 mL 锥形瓶中，加入 50 mL 热至 40 ℃的蒸馏水(注意：边加水，边用玻棒充分搅拌)。加 3 滴 0.1% 酚酞指示剂，用 $0.1\ mol \cdot L^{-1}$ NaOH 标准溶液滴定至微红色在 30 s 内不消失，即为终点。重复测定 3 次。根据用去 NaOH 溶液的用量，计算酸牛乳的酸度。以 100 g 酸牛乳消耗的 NaOH 的克数来表示。

思考题

(1)测定酸牛乳酸度，取样应不少于 250 mL，并应充分搅拌均匀。为什么？

(2)本实验是否属于酸碱非水滴定？为什么？

实验 113　维生素 C 药片的分析检验

1. 实验概述

维生素 C 又称为抗坏血酸，分子式为 $C_6H_8O_6$。由于分子中的烯二醇基具有还原性，能被碘定量地氧化为二酮基，反应式为：

```
                              H   OH                                  H   OH
  ┌──────O──────┐             |   |           ┌──────O──────┐         |   |
  C ── C ══ C ── C ──── C ── CH + I2  ⇌   C ── C ── C ── C ──── C ── CH + 2HI
  ‖     |     |    |       |    |            ‖     ‖     ‖    |       |    |
  O    OH   OH   H      OH   H            O     O     O    H      OH   H
```

1 mol 的维生素 C 与 1 mol 的 I_2 定量反应。由于维生素 C 的还原性很强，在空气中极易被氧化，尤其在碱性介质中更甚，测定时加入 HAc 使溶液呈弱酸性，减少维生素 C 的副反应。

维生素 C 在医药和化学中应用非常广泛。在分析化学中常用在光度法和络合滴定法中，如 Fe^{3+} 还原为 Fe^{2+}，Cu^{2+} 还原为 Cu^{+} 等。

2. 实验目的

掌握碘量法测定维生素 C 的原理和方法。

3. 实验器材

(1)仪器　滴定装置。

(2)试剂　6 mol · L^{-1} HCl 溶液，2 mol · L^{-1} HAc 溶液，6 mol · L^{-1} NaOH 溶液，0.1 mol · L^{-1} $Na_2S_2O_3$(标准溶液)，0.05 mol · L^{-1}碘标准溶液(在通风橱中，称取 3.3 g I_2 和 5 g KI，置于研钵中，加入少量水研磨，待 I_2 全部溶解后，将溶液转入棕色瓶中，加水稀释至 250 mL，充分摇匀，放置暗处保存)，As_2O_3(基准物质)，$NaHCO_3$(s)，0.5% 淀粉溶液。

(3)样品　维生素 C 药片。

4. 实验方法

1) I_2 标准溶液的标定

(1) As_2O_3 标定 I_2 标准溶液　准确称取 As_2O_3 1.1 ~ 1.4 g，置于 100 mL 的烧杯中，加入 6 mol · L^{-1} NaOH 溶液 10 mL，加热溶解，加酚酞指示剂 2 滴，用 6 mol · L^{-1} HCl 溶液中和至溶液刚好无色为止，然后加入 2 ~ 3 g $NaHCO_3$，搅拌，使之溶解。溶液定量地转移入 250 mL 容量瓶中，加水稀释至刻度，摇匀。移取 25.00 mL 溶液 3 份，分别置于 250 mL 锥形瓶中，加水 50 mL，5 g $NaHCO_3$，2 mL 淀粉指示剂，用 I_2 标准溶液滴定至蓝色，并在0.5 min内稳定即为终点。计算 I_2 标准溶液的浓度。

(2)用 $Na_2S_2O_3$ 标准溶液标定 I_2 溶液　吸取 $Na_2S_2O_3$ 标准溶液 25.00 mL 溶液 3 份，分别置于 250 mL 锥形瓶中，加水 50 mL，2 mL 淀粉指示剂，用 I_2 标准溶液滴定至蓝色，并在 0.5 min内稳定，即为终点。计算 I_2 标准溶液的浓度。

2)维生素 C 药片中抗坏血酸含量测定

称取维生素 C 药片约 0.2 g，加新煮沸过的蒸馏水 100 mL，加 10 mL 2 mol · L^{-1}HAc 溶液，2 mL 淀粉溶液，立即用 I_2 标准溶液滴定至呈稳定的蓝色，平行测定 3 份后，计算抗坏血酸的含量(蒸馏水中含有溶解氧，一定要煮沸赶出大量的氧，否则水中的氧会消耗一定量的维生素 C)。

思考题

(1)测定维生素 C 为什么要在醋酸介质中进行？

(2) As_2O_3 标定 I_2 溶液时为什么要加入固体 $NaHCO_3$？能否改用 Na_2CO_3？为什么？

实验114　土壤中腐殖质含量的测定

1. 实验概述

腐殖质是土壤中结构复杂的有机物质，其含量与土壤肥力有密切的关系。重铬酸钾法测定土壤中的腐殖质，是基于在浓 H_2SO_4 存在下，用已知过量的 $K_2Cr_2O_7$ 溶液与土壤共热，使其中的碳被氧化，而多余的 $K_2Cr_2O_7$，以邻菲罗啉为指示剂，用 $(NH_4)_2Fe(SO_4)_2$ 标准溶液滴定，根据消耗的 $K_2Cr_2O_7$ 计算有机碳的含量。再换算成腐殖质含量，反应式如下：

$$2\ K_2Cr_2O_7 + 8\ H_2SO_4 + 3\ C \longrightarrow 2\ Cr_2(SO_4)_3 + 2\ K_2SO_4 + 3\ CO_2 + 8\ H_2O$$

$$K_2Cr_2O_7 + (NH_4)_2Fe(SO_4)_2 + 7\ H_2SO_4 \longrightarrow Cr_2(SO_4)_3 + 3\ Fe_2(SO_4)_3 + 6(NH_4)_2SO_4 + K_2SO_4 + 7\ H_2O$$

本实验中，由于土壤中腐殖质氧化率平均只能达到90%，故需乘以系数1.1(100/90)才能代表土壤中腐殖质的含量。由于实验误差较大，故只需取3位有效数字。

2. 实验目的

①掌握重铬酸钾法的应用；

②学习土壤中腐殖质含量的测定方法。

3. 实验器材

(1)仪器　滴定装置。

(2)试剂　2 mol·L^{-1} H_2SO_4 溶液，0.07 mol·L^{-1} $K_2Cr_2O_7H_2SO_4$ 溶液(0.5 g $K_2Cr_2O_7$ 溶于25 mL浓 H_2SO_4)，邻菲罗啉指示剂。

(3)样品　已风干的土壤样[1]。

4. 实验方法

1)标准溶液的配制和标定

(1)配制0.1 mol·L^{-1} $(NH_4)_2Fe(SO_4)_2$ 标准溶液　用台天平称取40 g的 $(NH_4)_2Fe(SO_4)_2 \cdot 6H_2O$ 溶于120 mL 2 mol·L^{-1} H_2SO_4 中，加水稀释至1 L。

(2)配制0.017 mol·L^{-1} $K_2Cr_2O_7$ 标准溶液　准确称取约5 g在140 ℃下烘干的分析纯 $K_2Cr_2O_7$，溶于少量水中，转入1 000 mL容量瓶中，用水稀释至刻度线，计算其准确浓度。

(3)标准溶液的标定　用移液管移取25.00 mL $K_2Cr_2O_7$ 标准溶液于250 mL锥形瓶中，加25 mL 2 mol·L^{-1} H_2SO_4，加3滴邻菲罗啉指示剂，用 $(NH_4)_2Fe(SO_4)_2$ 标准溶液滴定至绿色刚刚变成橘红色即为终点，计算 $(NH_4)_2Fe(SO_4)_2$ 标准溶液的浓度。

2)试样的测定

准确称取通过100目筛孔的风干土样0.1~0.5 g(视土壤中腐殖质的含量而定，当含量为7%~15%时称取0.1 g，2%~4%称取0.3 g，小于2%称取0.5 g)，放入一硬质试管中(注意勿粘在管壁上)。准确加入10 mL 0.07 mol·L^{-1} $K_2Cr_2O_7$ H_2SO_4 溶液。在试管口加一小漏斗，以冷凝煮沸时蒸出的水气。将试管放在170～180 ℃的油浴中加热，使溶液沸腾5 min。取出试管，拭净管外油质，加少许水稀释，将管内物质仔细洗入250 mL锥形瓶中。反复用蒸馏水洗涤试管和漏斗数次（控制溶液总量不超过70 mL，以保持溶液的酸度）。加入3滴邻菲罗啉指示剂，用0.1 mol·L^{-1} $(NH_4)_2Fe(SO_4)_2$标准溶液滴定至绿色恰变为橘红色即为终点。同时做空白测定。

空白测定是用纯沙或灼烧过的土壤代替土样，其他手续与土样测定相同。按下式计算土壤中腐殖质的质量分数：

$$w = \frac{(V_0 - V) \times c \times 0.020\,7 \times 1.1 \times 100\%}{4m_s}$$

式中 V_0——空白实验所消耗的$(NH_4)_2Fe(SO_4)_2$标准溶液的体积，mL；

V——试样所消耗的$(NH_4)_2Fe(SO_4)_2$标准溶液的体积，mL；

c——$(NH_4)_2Fe(SO_4)_2$标准溶液的浓度，mol·L^{-1}；

m_s——试样质量，g；

0.020 7——1 mmol C相当于腐殖质的质量，g·$mmol^{-1}$（土壤腐殖质中碳的平均含量为58%）。

［**注释**］

［1］除了测定某些项目如田间水分、硝态氮、铵态氮、亚铁等需用新鲜土样外，一般分析项目均用风干样品进行分析。样品的风干可在温度25～35 ℃，通风干燥的地方进行。把土壤铺成2 cm厚的薄层，间隔地进行翻拌，促使均匀的风干。在半干时需将大块的捏碎。一般风干3～5 d。将风干样品充分混匀后，用四分法淘汰到所需要的样品量，然后用木棍压碎，使其全部通过1 mm的筛孔，但岩石不需要压碎，而是将它们筛出。分析腐殖质、磷等项目的土样还需继续研细，使之全部通过0.25 mm筛孔（60目）或0.16 mm筛孔（100目）。

思考题

（1）试与$KMnO_4$法相比较，说明$K_2Cr_2O_7$法的特点。

（2）本实验所用的0.07 mol·L^{-1} $K_2Cr_2O_7$的H_2SO_4溶液，其浓度为什么不需要很准确？而标定$(NH_4)_2Fe(SO_4)_2$用的0.017 mol·L^{-1} $K_2Cr_2O_7$溶液，其浓度却要求准确？

实验115 硅酸盐中硅含量的测定

1. 实验概述

硅酸盐在自然界分布很广，绝大多数硅酸盐是不溶于酸的，因此试样一般需用碱性溶剂熔融，再加酸处理。此时金属元素成为离子溶于酸中，而硅酸根则大部分成胶状硅酸$SiO_2 \cdot xH_2O$析出，小部分仍分散在溶液中，需要脱水后才能沉淀。经典方法是用盐酸反复蒸干脱水，其准确度高，但手续麻烦，费时较长。后来改用动物胶凝聚法，即利用动物胶吸附H^+离子而带正电荷（蛋白质中氨基酸中氨基吸附H^+离子），与带负电荷的硅酸胶粒发生胶凝而析出。但是必须蒸干，沉淀才能完全。近年来采用长链季铵盐如十六烷基三甲基溴化铵（CT-

MAB)作沉淀剂，它在溶液中为带正电荷的胶粒，可以不再加盐酸蒸干，即能将硅酸定量沉淀。所得的沉淀疏松而易洗涤，比动物胶法优越，但试剂较贵。

得到的硅酸沉淀，需经高温灼烧才能完全脱水和除去带入的凝聚剂。即使经过灼烧，沉淀中一般还可能带有不挥发的杂质如铁、铝的化合物。在准确度要求较高的分析中，经灼烧后称重的沉淀，还需用氢氟酸和硫酸处理，使 SiO_2 成 SiF_4 挥发逸去，再灼烧、称重，从两次质量差即可得纯 SiO_2 质量。

硅酸盐的经典分解法都是用无水 Na_2CO_3 或 K_2CO_3 和 Na_2CO_3 的混合物(1∶1)作熔剂在铂金坩埚内熔融，现采用镍坩埚或银坩埚中用 NaOH 作熔剂，熔点低，熔融较快。

2. 实验目的

①了解动物胶脱水法测定硅酸盐中 SiO_2 含量的原理和方法；

②学习碱熔融分解试样的操作技术；

③掌握非晶形沉淀的过滤、洗涤和灼烧等操作技术。

3. 实验器材

(1)仪器　2 只镍(或银)坩埚，2 只瓷坩埚，电炉，马弗炉，电热板，坩埚钳，中速定量滤纸。

(2)试剂　2%、6 $mol \cdot L^{-1}$、浓 HCl 溶液，1% 动物胶溶液，NaOH(s)。

(3)样品　河砂、或尘土、或岩石(由学生自行采集)。

4. 实验方法

准确称取磨细样品约 0.5 g 于镍(或银)坩埚内，滴加少量酒精加润湿试样，防止试样随热气流损失，加 2～5 g NaOH，加盖，在电炉上加热使 NaOH 略熔(小心，防止骤热时 NaOH 爆溅伤人！)，再放入马弗炉中，逐渐升稳至 600 ℃左右，保持 15～20 min，使试样全熔。取出并转动坩埚使熔融物凝结于坩埚壁上(这样易于溶出)。稍冷后，将坩埚直立放入 8～12 cm 有柄蒸发皿中，加大半坩埚沸水，待熔融物大部分脱落后，取出坩埚，用水淋洗干净，加 50 mL 6 $mol \cdot L^{-1}$ HCl 溶液，盖上表面皿，使熔融物分解。加 20～25 mL 浓 HCl 溶液，在电热板上慢慢蒸发至干，加 20 mL 浓 HCl，微热使其中盐类溶解，保持在 70～80 ℃，加入 10 mL 的 1% 动物胶溶液，充分搅拌约 5 min，加入沸水 30～40 mL，搅匀，用中速定量滤纸过滤。先用 6 $mol \cdot L^{-1}$ HCl 热溶液洗涤 4～5 次，再用 2% 的热 HCl 溶液洗涤 10～12 次，将滤纸及沉淀取出，放入已恒重的瓷坩埚(或铂坩埚)中，烘干并使滤纸炭化完全，再放入马弗炉中在 950～1 000 ℃灼烧 30 min，冷却，称至恒重。计算 SiO_2 的百分含量(质量分数)。

对含氟磷灰石样品，其熔融物加酸蒸发时，可能使 SiO_2 成为 SiF_4 挥发损失，应在加盐酸前，加约 0.3 g 硼酸使氟离子成为 BF_3 蒸发逸去。但加硼酸会使沉淀的 SiO_2 中带有硼酸，应在蒸至近干时每次加 10～20 mL 甲醇，反复蒸干 3～4 次，使硼酸生成易挥发的硼酸甲酯而除去。若含有杂质，要用氢氟酸处理时，需用铂坩埚灼烧。灼烧至恒重后，加入浓硫酸 4～5 滴，再加氢氟酸约 5 mL，在通风橱内，不沸腾下蒸干，再于 600～700 ℃灼烧 20 min，冷却，称重，直至恒重。另外，灼烧后的 SiO_2 吸湿性很强，称量应尽可能迅速。

思考题

(1)分解硅酸盐时,为什么要用熔融法?用什么熔剂?

(2)熔融硅酸盐试样是否可用瓷坩埚?为什么要用镍坩埚或银坩埚?什么情况下需要铂坩埚?用铂坩埚需要注意哪些问题?

实验116　离子交换法测定氯化铅的溶解度

1.实验概述

离子交换树脂是高分子化合物,这类化合物具有可供离子交换的活性基团。具有酸性交换基因(如磺酸基 SO_3H,羧酸基 COOH)能和阳离子进行交换的叫阳离子交换树脂;具有碱性交换基团(如 NH_3Cl)能和阴离子进行交换的叫阴离子交换树脂。本实验中采用的是732#强酸型阳离子交换树脂,这种树脂出厂时一般是钠型,即活性基团为 SO_3Na,需用 H^+ 把 Na^+ 交换下来,即得氢型树脂。

一定量的饱和 $PbCl_2$ 溶液与氢型阳离子树脂充分接触后,下列交换反应能进行得很完全。

$$2RSO_3H + PbCl_2 = (RSO_3)_2Pb + 2HCl$$

交换出的 HCl 的量,可用已知浓度的 NaOH 溶液来测定。

再根据上述方程算出一定量饱和溶液中 $PbCl_2$ 的量(mol),进而算得 $PbCl_2$ 的溶解度($mol \cdot L^{-1}$)。

2.实验目的

①了解离子交换法测定氯化铅溶解度的原理及方法;

②测定氯化铅的溶解度。

3.实验器材

(1)仪器　温度计,离子交换柱(或碱式滴定管),小烧杯,螺旋夹,玻璃漏斗,锥形瓶、台天平,pH 试纸,玻璃纤维,定量滤纸。

(2)试剂　2 $mol \cdot L^{-1}$ HCl 水溶液,2 $mol \cdot L^{-1}$ HNO_3 水溶液,0.100 $mol \cdot L^{-1}$ NaOH 水溶液,$PbCl_2(s)$、酚酞,732#阳离子交换树脂。

4.实验方法

图116.1　离子交换柱
1,3—玻璃纤维;
2—离子交换树脂;
4—橡皮管;5—螺旋夹

(1)装柱　将离子交换柱(如图116.1所示,也可用碱式滴定管代用)洗净,底部填以少量玻璃纤维。称取15~20 g 732#阳离子交换树脂,放入小烧杯中,加蒸馏水浸泡(最好先用蒸馏水浸泡24~48 h),搅拌,漂去悬浮的微粒和杂质后,连水转移到交换柱中。如水太多,可打开螺旋夹,让水慢慢流出,直至液面略高于离子交换树脂时，夹紧螺旋夹。在以后的操作中，一定要使树脂始终浸在溶液中，勿使溶液流干，否则气泡浸入树脂床中，将影响离子交换的进行。若出现气泡，可加入少量蒸馏水或溶液，使液面高出树脂，并用玻璃棒搅动树脂，以便赶走气泡。

(2)转型　因市售阳离子交换树指一般为钠型，故需将钠型转型变为氢型。为此，取 40 mL 2 mol·L^{-1} HCl 溶液，分几次加入交换柱中，控制 80～85 滴/min 的流速，让其流过离子交换树脂，此时，树脂收缩，高度下降。HCl 溶液流完后用蒸馏水(50～70 mL)淋洗树脂，直到流出液的 pH 值为 6～7(用 pH 试纸检验)。

(3)氯化铅饱和溶液的制备　将 1 g 分析纯 $PbCl_2$ 固体溶于约 70 mL 蒸馏水(经煮沸并冷却至室温)中，搅拌约 15 min，再放置约 15 min，使之达到平衡。测量并记录饱和 $PbCl_2$ 溶液的温度，然后用定量滤纸进行过滤(所用的漏斗、接收器必须是干燥的)。

(4)交换　用移液管移取 25 mL 饱和 $PbCl_2$ 水溶液，放入离子交换柱中，控制交换柱流出液的速率为 20～25 滴/min。用洗净的锥形瓶承接流出液。在 $PbCl_2$ 饱和溶液差不多完全流进树脂床时，加蒸馏水淋洗树脂(用约 50 mL 蒸馏水分批淋洗)，至流出液的 pH 值为 6～7。淋洗时的流出液也承接在同一锥形瓶中。

(5)滴定　以酚酞作指标剂，用 0.100 mol·L^{-1} NaOH 溶液滴定锥形瓶中的收集液，记下所用 NaOH 溶液的体积，并计算 $PbCl_2$ 的溶解度。

5. 数据记录和结果处理

$PbCl_2$ 饱和溶液的温度	=	℃
$PbCl_2$ 饱和溶液的体积	=	mL
NaOH 溶液的浓度	=	mol·L^{-1}
NaOH 溶液的体积	=	mL
锥形瓶中 $PbCl_2$ 物质的量	=	mol
$PbCl_2$ 的溶解度	=	mol·L^{-1}

离子交换树脂的再生：如要重复上述实验，所用离子交换树脂必须再生，即把吸附在树脂上的 Pb^{2+} 交换下来，使树脂全部变成氢型。为此，用 30 mL 2 mol·L^{-1} 不含 Cl^- 的 HNO_3 溶液，以 25～30 滴/min 的流速流过离子交换树脂，然后用蒸馏水(50～70 mL)淋洗树脂直流出液的 pH 值为 6～7，此时，树脂方可继续使用。如进行第二次再生，用酸量可减少到25 mL 1.6 mol·L^{-1} HNO_3。

思考题

(1)离子交换操作过程中，为什么要控制液体的流速不宜太快？为什么要自始至终保持液面高于离子交换树脂层？

(2)制 $PbCl_2$ 饱和溶液时，为什么要用煮沸过的水溶解 $PbCl_2$ 固体？

(3)树脂转型可用 HCl 溶液而在此处再生时为什么只能用 HNO_3 而不能用 HCl 或 H_2SO_4 溶液？

(4)能否用实验中测得的溶解度算得 $PbCl_2$ 的 K_{sp}？试说明理由。

(5)以下情况对实验结果有何影响？

①转型时，所用的酸太稀、量太少以致树脂未能完全转变为氢型。

②$PbCl_2$ 饱和溶液的体积不准确。

③转型时，流出的淋洗液呈明显酸性就停止淋洗并进行交换。

实验 117 混合溶液(MnO_4^-/$Cr_2O_7^{2-}$)的分光光度分析

1. 实验概述

如果混合溶液中含有数种吸光物质，而它们的吸收曲线彼此重叠，则总的吸光度应等于各个组分的吸光度的总和。就是说，吸光度具有加和性。在混合试样分析时，可以不必预先分离，实现分别测定。方法是选定若干个适宜波长，测得几个总吸光度值，列出联立方程，求解，即可将各组分含量求出。例如，设混合试样含 x，y 两种成分，则

$$A_1 = \varepsilon_{x1}bc_x + \varepsilon_{y1}bc_y$$

$$A_2 = \varepsilon_{x2}bc_x + \varepsilon_{y2}bc_y$$

式中 A_1，A_2——λ_1，λ_2 处的吸光度；

ε_{x1}，ε_{y1}——x 和 y 组分在波长 λ_1 时的摩尔吸光系数；

ε_{x2}，ε_{y2}——x 和 y 组分在波长 λ_2 时的摩尔吸光系数。

需注意，λ_1 和 λ_2 的选择应以两组分的吸光度差值 ΔA 较大处为宜。

2. 实验目的

了解吸光光度法在测定多组分试样中的应用。

3. 实验器材

1)仪器

722 型分光光度计。

2)试剂

(1)$K_2Cr_2O_7$ 标准溶液　在分析天平上准确称取 0.049 03 g 基准物 $K_2Cr_2O_7$，溶于蒸馏水中，转移至 1 L 容量瓶内，稀释至刻度，混匀。该溶液准确浓度为 0.001 000 $mol \cdot L^{-1}$。

(2)$KMnO_4$ 标准溶液　在台平上称取 0.2 g 固体 $KMnO_4$，溶于 1 L 蒸馏水中，煮沸 1～2 h，放置过夜。用 4 号玻璃砂漏斗过滤，贮于棕色瓶中，暗处存放。其近似浓度为 0.001 000 $mol \cdot L^{-1}$，准确浓度需用 $Na_2C_2O_4$ 基准物标定。

3)样品

MnO_4^-、$Cr_2O_7^{2-}$ 混合溶液。

4. 实验方法

1)吸收曲线的绘制

选用2 cm比色皿,分别盛入$KMnO_4$、$K_2Cr_2O_7$标准溶液,选定波长范围$\lambda=400\sim600$ nm,每隔10 nm测一次吸光度。以吸光度为纵坐标,波长为横坐标,绘制两条吸收曲线。并由图中找出最大吸收峰值λ_1和λ_2,并保证该处的ΔA也较大。根据公式$\varepsilon=A/bc$求出λ_1和λ_2处$K_2Cr_2O_7$和$KMnO_4$的摩尔吸光系数$\varepsilon_{Cr\lambda1}$,$\varepsilon_{Cr\lambda2}$,$\varepsilon_{Mn\lambda1}$,$\varepsilon_{Mn\lambda2}$。

2)混合试样测定

从实验指导教师处领取一份含有MnO_4^-,$Cr_2O_7^{2-}$混合离子的试液,放入50 mL容量瓶中,稀释至刻度,混匀。选用2 cm比色皿,在λ_1和λ_2处分别测得吸光度A_1和A_2,代入前述联立方程中,即可求出MnO_4^-,$Cr_2O_7^{2-}$离子的浓度。

思考题

(1)混合物中各组分吸收曲线重叠时,为什么要找出吸光度差值ΔA较大处测定?

(2)如果吸收曲线重叠,而又不遵从朗伯-比耳定律时,该法是否还可以应用?

实验118　含铬废水的处理与检验

1. 实验概述

含铬的工业废液,其铬的形式多为Cr(Ⅵ)及Cr^{3+}。Cr(Ⅵ)的毒性比Cr^{3+}大100倍,它能诱发皮肤溃疡、贫血、肾炎、肌神经炎等。工业废水排放时,要求Cr(Ⅵ)的含量不超过0.3 mol·L^{-1},而饮用水和地面水,则要求Cr(Ⅵ)的含量不超过0.05 mol·L^{-1}。Cr(Ⅵ)的去除方法,通常是在酸性条件下用还原剂将Cr(Ⅵ)还原为Cr^{3+},然后,在碱性条件下,将Cr^{3+}沉淀为$Cr(OH)_3$,经过滤去除沉淀而使水净化。

比色法测定微量Cr(Ⅵ),常用二苯碳酰二肼[$CO(NH\cdot NH\cdot C_6H_5)_2$],在微酸性条件下作为显色剂,生成紫红色配合物,其最大吸收波长在540 nm处。该反应机理可参见文献[1]~[3]。

2. 实验目的

①了解含Cr(Ⅵ)废液的常用处理方法。

②了解比色法测定Cr(Ⅵ)的原理及方法。

3. 实验器材

(1)仪器　721型分光光度计,5 mL吸量管,10 mL移液管,烧杯,容量瓶,量筒,漏斗,台秤,漏斗架,玻棒,滤纸,pH试纸。

(2)试剂　6 mol·L^{-1} H_2SO_4溶液,6 mol·L^{-1} NaOH溶液,0.5% 二苯胺磺酸钠,Cr(Ⅵ)标准溶液[1],二苯碳酰二肼乙醇溶液[2],$FeSO_4$(s),硫磷混酸[3]。

4. 实验方法

1)除去含Cr(Ⅵ)废水中的Cr(Ⅵ)

视含 Cr(Ⅵ)废水的酸碱性及含量高低等具体情况,可先在实验室进行小型试验。具体步骤如下:

首先检查废液的酸碱性,若为中性或碱性,可用工业硫酸(或不含有害物质的工业副产品硫酸)调节废液至弱酸性。

取出一定量的上述溶液,滴入几滴二苯胺磺酸钠指示剂,使溶液呈紫红色,慢慢加入 $FeSO_4$(s)或饱和 $FeSO_4$ 溶液并充分搅拌,直至溶液变为绿色,再多加入所加 $FeSO_4$ 的 2% 左右,加热,继续充分搅拌 10 min。

将 CaO 粉末或 NaOH 溶液加入上述热溶液中,直至有大量棕黄色(当 Cr(Ⅵ)含量高时,可为棕黑色)沉淀产生,并使溶液 pH 在 10 左右。

待溶液冷却后过滤,滤液应基本无色。该水样留作下面分析 Cr(Ⅵ)含量。

2)工作曲线的绘制

在 6 个 25 mL 的容量瓶中,用移液管分别加入 0.50,1.00,2.00,4.00,6.00,8.00 mL 的铬标准溶液(含铬 1.00 $mg \cdot L^{-1}$),加入硫磷混酸 0.5 mL,加蒸馏水至 20 mL 左右,然后加入 1.5 mL二苯碳酰二肼乙醇溶液,用蒸馏水稀释至刻度,摇匀。放置 10 min 后,立即以水为参比溶液,在 540 nm 波长下,测出每个溶液的吸光度,并绘制吸光度 A 与 Cr(Ⅵ)含量(质量分数)的工作曲线。

3)水样的测定

将上述水样首先用 6 $mol \cdot L^{-1}$ H_2SO_4 调至 pH 约为 7,准确取两份 20 mL 水样,置于 25 mL容量瓶中,按上述方法显色,定容,在同样条件下测定吸光度,从工作曲线上求出相应的 Cr(Ⅵ)含量(质量分数),然后计算水中含 Cr(Ⅵ)浓度($mg \cdot L^{-1}$)。

5.注意事项

①Cr(Ⅵ)的还原需要在酸性条件下进行,故必须首先检查废液的酸碱性。

②若废水中 Cr(Ⅵ)的含量在 1 $g \cdot L^{-1}$以下,可用 $FeSO_4 \cdot 7H_2O$ 配置为饱和溶液加入,这样容易控制 Fe^{2+} 的加入量。

③二苯碳酰二肼乙醇溶液应接近无色,如已经变成棕色,则不宜使用。

④比色测定时最适宜的显色酸度为 0.2 $mol \cdot L^{-1}$左右。

[**注释**]

[1]称取 0.141 4 g $K_2Cr_2O_7$(已在 140 ℃下烘干 2 h)溶解于适量蒸馏水中,然后用500 mL容量瓶定容此溶液含 Cr(Ⅵ)量为 100 $mol \cdot L^{-1}$。准确吸取上述标准溶液 10.00 mL,置于 1 000 mL 容量瓶中,用蒸馏水定容至刻度,此时溶液含 Cr(Ⅵ)量为 1 $mol \cdot L^{-1}$。

[2]称取邻苯二甲酸酐 2 g,溶于 50 mL 乙醇中,再加入二苯碳酰二肼 0.25 g,溶解后存储于棕色瓶中,此溶液可保存两星期左右。

[3]150 mL 浓硫酸与 300 mL 水混合,冷却,再加 150 mL 浓磷酸,然后稀释至 1 000 mL。

思考题

(1)本实验以吸光度求得的是处理后的废液中的 Cr(Ⅵ)含量,Cr^{3+} 的存在对测定有无影响?如何测定处理后溶液中的总铬含量?

(2)本实验比色测定中所用的各种玻璃器皿能否用铬酸洗液洗涤？如何洗涤可保证结果的准确性？

实验119 三草酸合铁(Ⅲ)酸钾的制备及其配阴离子电荷数的测定

1.实验概述

三草酸合铁(Ⅲ)酸钾 $K_3[Fe(C_2O_4)_3]\cdot 3H_2O$ 是一种绿色的单斜晶体，溶于水而不溶于乙醇，受光照易分解。本实验制备纯的三草酸合铁(Ⅲ)酸钾晶体，首先用硫酸亚铁铵与草酸反应制备出草酸亚铁：

$$(NH_4)_2Fe(SO_4)_2\cdot 6H_2O + H_2C_2O_4 = FeC_2O_4\cdot 2H_2O\downarrow + (NH_4)_2SO_4 + H_2SO_4 + 4H_2O$$

草酸亚铁在草酸钾和草酸的存在下，被过氧化氢氧化为草酸高铁配合物：

$$2FeC_2O_4\cdot 2H_2O + H_2O_2 + 3K_2C_2O_4 + H_2C_2O_4 = 2K_3[Fe(C_2O_4)_3]\cdot 3H_2O + H_2O$$

加入乙醇后，便析出三草酸合铁(Ⅲ)酸钾晶体。

本实验用阴离子交换法测定三草酸合铁(Ⅲ)酸根离子的电荷数。将准确称量的三草酸合铁(Ⅲ)酸钾晶体溶解于水，使其通过装有国产717型苯乙烯强碱性阴离子交换树脂 $R\equiv N^+Cl^-$ 的交换柱，三草酸合铁(Ⅲ)酸钾溶液中的配阴离子 X^{Z-} 与阴离子树脂上的 Cl^- 进行交换：

$$ZR\equiv N^+Cl^- + X^{Z-} \rightleftharpoons (R\equiv N^+)_Z X^{Z-} + ZCl^-$$

只要收集交换出来的含 Cl^- 的溶液，用标准硝酸银溶液滴定(莫尔法)，测定氯离子的含量，就可以确定配阴离子的电荷数 Z：

$$Z = \frac{n(Cl^-)}{n(\text{配合物})} = \frac{Z(Cl^-)}{Z\{R_3[Fe(C_2O_4)_3]\cdot 3H_2O]\}}$$

2.实验目的

①用自制的硫酸亚铁制备三草酸合铁(Ⅲ)酸钾；

②用离子交换法测定三草酸合铁(Ⅲ)酸钾配阴离子的电荷数。

3.实验器材

(1)仪器　托盘天平，分析天平，酸式滴定管，称量瓶，移液管、温度计(373 K)，40 mm 玻璃管，100 mL 容量瓶，滤纸。

(2)试剂　1 mol·L^{-1} H_2SO_4 水溶液，饱和 $H_2C_2O_4$ 水溶液，3% H_2O_2 水溶液，1 mol·L^{-1} NaCl 水溶液，饱和 $K_2C_2O_4$ 水溶液，5% K_2CrO_4 水溶液，0.1 mol·L^{-1} $AgNO_3$，95%乙醇，$(NH_4)_2Fe(SO_4)_2\cdot 6H_2O$(自制的)，国产717型苯乙烯强碱性阴离子交换树脂。

4.实验方法

1)草酸亚铁的制备

在200 mL烧杯中加入5.0 g自制的$(NH_4)_2Fe(SO_4)_2 \cdot 6H_2O$固体,15 mL蒸馏水和几滴3 mol·$L^{-1}$ H_2SO_4水溶液,加热溶解后再加入25 mL饱和$H_2C_2O_4$水溶液,加热至沸,搅拌片刻,停止加热,静置。待黄色晶体$FeC_2O_4 \cdot 2H_2O$沉降后倾析弃去上层清液,加入20~30 mL蒸馏水,搅拌并温热,静置,弃去上清液。

2)三草酸合铁(Ⅲ)酸钾的制备

在上述沉淀中加入10 mL饱和K_2CO_3水溶液,水浴加热至313 K。用滴管慢慢加入20 mL 3% H_2O_2水溶液,恒温在313 K左右(此时有什么现象?),边加边搅拌,然后将溶液加热至沸,并分两次加入8 mL饱和$H_2C_2O_4$水溶液:第一次加5 mL,第二次慢慢加入3 mL趁热过滤。滤液中加入10 mL 95%乙醇,温热溶液使析出的晶体再溶解后用表面皿盖好烧杯,静置,自然冷却(避光静置过夜),晶体完全析出后抽滤,称重,计算产率,产品保留作测定用。

3)三草酸合铁(Ⅲ)酸根离子电荷的测定

(1)装柱　将预先处理好的国产717型乙烯强碱性阴离子交换树脂(氯型)$R\equiv N^+Cl^-$装入一支20×400 mm的玻璃管中,要求树脂高度约为20 cm,注意树脂顶部应保留0.5 cm的水,放入一小团玻璃丝,以防止注入溶液时将树脂冲起,装好的交换柱应该均匀无裂缝、无气泡。

(2)交换　用蒸馏水淋洗树脂床至检查流出的水不含Cl^-为止,再使水面下降至树脂顶部相距0.5 cm左右,即用螺旋夹夹紧柱下部的胶管。

称取1 g(准至1 mg)三草酸合铁(Ⅲ)酸钾,用10~15 mL蒸馏水溶解,全部转移入交换柱。松开螺旋夹,控制3 mL/min的速度流出,用100 mL容量瓶收集流出液,当柱中液面下降离树脂0.5 cm左右时,用少量蒸馏水(约5 mL)洗涤小烧杯并转入交换柱,重复2~3次后再用滴管吸取蒸馏水洗涤交换柱上部管壁上残留的溶液,使样品溶液尽量全部流过树脂床。待容量瓶收集的流出液达60~70 mL时,可检查流出液不含Cl^-为止(与开始淋洗时比较),将螺旋夹夹紧。用蒸馏水稀释容量瓶内溶液至刻度,摇匀,作滴定用。

准确吸取25.00 mL淋洗液于锥形瓶内,加入1 mL 5% K_2CrO_4溶液,以0.1 mol·L^{-1} $AgNO_3$标准溶液滴定至终点,记录数据。重复滴定1~2次。

用1 mol·L^{-1} NaCl溶液淋洗树脂柱,直至流出液酸化后检不出Fe^{3+}为止,树脂回收。

5. 实验记录与结果

①以表格形式记录本实验的有关数据。

②计算出收集到的Cl^-的物质的量和配阴离子的电荷数。

思考题

(1)复习离子交换法的有关原理和操作方法。

(2)查阅利用莫尔法(沉淀滴定法之一)测定氯离子含量的有关资料。

(3)思考下列问题:

①影响三草酸合铁(Ⅲ)酸钾产量的主要因素有哪些?

②三草酸合铁(Ⅲ)酸钾见光易分解,应如何保存?

③用离子交换法测定三草酸合铁(Ⅲ)酸钾配阴离子的电荷时,如果交换后的流出速度过

快，对实验结果有什么影响？

实验120　铬铁矿制备重铬酸钾及产品检验

1. 实验概述

重铬酸钾又名红矾钾，为橙红色晶体，是重要的化工原料，广泛应用于火柴、三氧化铬、钾铬黄颜料、医药、氧化剂、搪瓷、电焊条及制硫酸铬钾等工业。

铬铁矿的主要成分为 $FeO \cdot Cr_2O_3$-Cr_2O_3（约40%），除铁外还含有硅、铝等杂质。在铬铁矿中铬是以+3价形式存在，要将它转化为+6价铬，必须选择适当的氧化剂和介质条件。由于在酸性介质中Cr(Ⅲ)很稳定，不易被氧化，而在碱性介质中Cr(Ⅲ)不稳定，有较强的还原性，易被氧化成Cr(Ⅳ)，所以我们选择碱性介质。常见的碱有氢氧化钠和碳酸钠等，考虑原料价格与来源等因素，在工业上一般选择碳酸钠；常见的可供选择的氧化剂有氧气、氯酸钾、硝酸钠等，工业上选择价廉物美的富氧化氧化剂。

$$4FeO \cdot Cr_2O_3 + 8Na_2CO_3 + 7O_2 \xlongequal{1\,000 \sim 1\,300\ ℃} 8Na_2CrO_4 + 2Fe_2O_3 + 8CO_2\uparrow$$

而在实验室中为了降低熔点，以便在较低温度下实现上述反应，可加入固体氢氧化钠作为助熔剂(700～800 ℃)，并以硝酸钠代替氧气加速氧化。

$$2Fe \cdot Cr_2O_3 + 4Na_2CO_3 + 7NaNO_3 \xlongequal{} 4Na_2CrO_4 + Fe_2O_3 + 7NaNO_2 + 4CO_2\uparrow$$

同时杂质 Al_2O_3、SiO_2 转变为相应的可溶性盐。用水浸取碱熔体时，大部份铁以 $Fe(OH)_3$ 形式留于残渣中，过滤后将滤液的pH值调至7～8，加热可促使 $Al(OH)_3$ 和 $SiO_2 \cdot xH_2O$ 沉淀析出。再将滤液酸化铬酸盐即转化为重铬酸盐。

$$2CrO_4^{2-} + 2H^+ \rightleftharpoons Cr_2O_7^{2-} + H_2O$$

为避免酸化过程中因酸性强引起重铬酸盐与亚硝酸盐反应，将六价铬还原为三价铬，所以用冰醋酸酸化，维持pH =5。新的杂质（醋酸钠）可利用除铝和控制溶液体积的方法除去。

在同一温度下，重铬酸钾的溶解度比重铬酸钠小（见表120.1），可利用 $Na_2Cr_2O_7$ 与KCl作用，蒸发结晶得到 $K_2Cr_2O_7$。

表120.1　$K_2Cr_2O_7$ 与 $Na_2Cr_2O_7 \cdot 2H_2O$ 的溶解度　单位：g/100 g H_2O

物质 \ T/K	273	303	323	353
$Na_2Cr_2O_7 \cdot 2H_2O$	163	177.8	244.8	376.2
$K_2Cr_2O_7$	5	12	34	61

重铬酸钾含量的测定方法：在酸性介质中，试样中的 $Cr_2O_7^{2-}$ 与 Fe^{2+} 发生氧化还原反应，以邻苯氨基苯酸作指示剂，用硫酸亚铁铵标准滴定液直接滴定。

$$Cr_2O_7^{2-} + 6Fe^{2+} + 14H^+ \xlongequal{} 2Cr^{3+} + 6Fe^{3+} + 7H_2O$$

2. 实验目的

①了解由铬铁矿制取重铬酸钾的原理；

②掌握碱熔法分解矿物的基本操作；

③掌握重铬酸钾含量的测定方法。

3. 实验器材

(1)仪器　粗天平，分析天平，烧杯，量筒，250 mL 容量瓶，25 mL、50 mL 移液管，比色管，称量瓶，50 mL 酸式与碱式滴定管，微量滴定管(分度值为 0.02 mL)，铁坩埚，泥三角，铁搅拌棒，吸滤装置，坩埚钳，酒精喷灯，铁夹台，烘箱。

(2)试剂　冰 HAc，浓 H_2SO_4，浓 H_3PO_4，浓 HCl，0.019 $mol \cdot L^{-1}$ $NaCO_3$ 溶液(饱和)，0.15 $mol \cdot L^{-1}$ $K_2Cr_2O_7$ 基准液，0.034 $mol \cdot L^{-1}$ $K_2Cr_2O_7$(AR)溶液，0.5 $mol \cdot L^{-1}$ $AgNO_3$ 标准液，0.05 $mol \cdot L^{-1}$ $AgNO_3$ 标准液，0.46 $mol \cdot L^{-1}$ $BaCl_2$ 溶液，5.1×10^{-4} $mol \cdot L^{-1}$硫酸盐标准液，1 $g \cdot L^{-1}$邻苯氨基苯甲酸溶液，NaOH(s)，Na_2CO_3(s)，KCl(s)，$NaNO_3$(s)，铬铁矿粉。

4. 实验方法

1)制备重铬酸钾

按下述工艺流程进行实验制备 $K_2Cr_2O_7$，所需药品用量及仪器设备自拟。

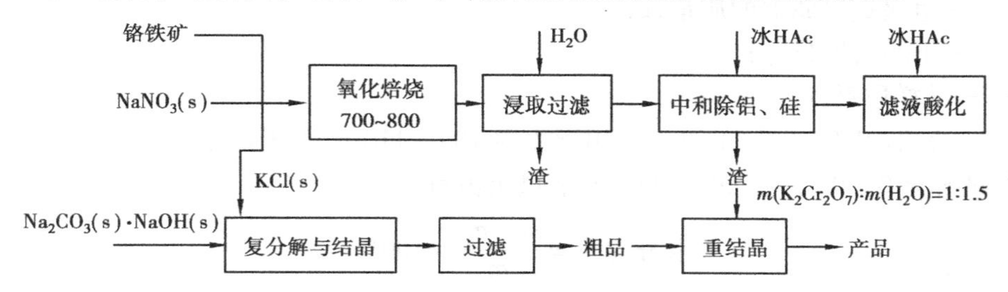

2)产品检验

(1)重铬酸钾含量(质量分数)的测定　称取 2.5 g 试样精确至 0.000 2 g，置于 150 mL 烧杯中，加水溶解，全部移入 250 mL 容量瓶中，稀释至刻度，摇匀。用移液管移取 25 mL 试验溶液置于 500 mL 锥形瓶中，加入 150 mL 水，15 mL H_2SO_4 溶液 20%，5 mL H_3PO_4，用硫酸亚铁铵标准滴定至溶液呈黄绿色，然后加入 1 mL 邻苯氨基苯甲酸溶液，继续滴定至紫红色变为绿色为终点。

$$K_2Cr_2O_7\ 含量 = \frac{V \cdot c\ 0.049\ 03}{m \cdot 25/250} = \frac{49.03V \cdot c}{m} \times 100\%$$

式中　V——滴定试验溶液消耗的$(NH_4)_2Fe(SO_4)_2$ 标准液的体积，mL；

c——$(NH_4)_2Fe(SO_4)_2$ 标准液的实际浓度，$mol \cdot L^{-1}$；

m——试样的质量，g；

0.049 03——与 1.00 mL$(NH_4)_2Fe(SO_4)_2$ 标准滴定液 $c = 1.000$ $mol \cdot L^{-1}$相当，以克表示的 $K_2Cr_2O_7$。

(2)氯化物含量(质量分数)的测定　称取 3.00 g 试样置于 250 mL 锥形瓶中，加入 50 mL 水溶解，小心滴加饱和 Na_2CO_3 溶液使溶液变为黄色，此时 pH 值为 7.5 ~ 8.0(以精密 pH 试纸检验)，然后用 $AgNO_3$ 标准滴定液滴定到溶液呈微砖红色为终点。

称取 3.00 g $K_2Cr_2O_7$(分析纯)做对比试验。当试剂和水无变化时可只做一次对比试验。

$$\text{氯化物(以 Cl 计)含量} = \frac{(V - V_0)c \times 0.035\ 45}{m} \times 100\%$$

式中 V——试验溶液消耗 $AgNO_3$ 标准液的体积,mL;

V_0——对比试验消耗 $AgNO_3$ 标准液的体积,mL;

c——$AgNO_3$ 标准溶液的实际浓度,$mol \cdot L^{-1}$;

m——试样的质量,g;

0.035 45——与 1.00 mL$AgNO_3$ 标准液 $c = 1.000\ mol \cdot L^{-1}$ 相当的,以克表示的氯化物(以 Cl 计)的质量。

(3)水不溶物含量(质量分数)的测定　称取约 10 g 试样,精确至 0.01 g,置于 400 mL 烧杯中,加入 40 mL 水,盖上表面皿,加热至沸,在沸水浴中保温 1 h,用预先在105 ~ 110 ℃下烘至恒重的坩埚式过滤器抽,滤渣用热水洗涤至滤板无色,将坩埚式过滤器连同水不溶物于 105 ~ 110 ℃烘至恒重。

$$\text{水不溶物含量} = \frac{m_2 - m_1}{m} \times 100\%$$

式中 m_1——坩埚式过滤器的质量,g;

m_2——干燥后质量,g;

m——试样质量,g。

(4)水分含量(质量分数)的测定　用预先在 105 ~ 110 ℃下干燥至恒重的称量瓶称取约 10 g 试样,精确至 0.002 g,在 105 ~ 110 ℃下烘至恒重。

$$\text{水分含量} = \frac{m - m_1}{m} \times 100\%$$

式中 m——试样质量,g;

m_1——烘干后试样质量,g。

(5)硫酸盐含量的测定　用移液管移取 25 mL 在(1)条中制备的试验溶液(相当于0.25 g 试样),置于比色管中,用移液管移取 1.0 mL 硫酸盐标准溶液,再加入 5 mL 1∶1 HCl 溶液,5 mL 0.48 $mol \cdot L^{-1}$ $BaCl_2$,用水稀至 50 mL,摇匀,置于 30 ~ 40 ℃水浴保温 20 ~ 30 min,其浊度不得大于标准。

标准比浊液的制备:用移液管移取硫酸盐标准溶液,优等品:2.0 mL,一等品:3.5 mL,分别置于两个比色管中,各加 25 mL 0.034 $mol \cdot L^{-1}$ $K_2Cr_2O_7$ 溶液,从"再加入 5 mL HCl 溶液……"开始与试验溶液同时同样处理。

[**注释**]

[1] $K_2Cr_2O_7$ 晶体的技术指标(HG2324—92)

①外观:橙红色晶体。

②工业 $K_2Cr_2O_7$ 应符合下列指标要求。

单位:%

项　　目	指　标		
	优等品	一等品	合格品
$w(K_2Cr_2O_7)\geqslant$	99.7	99.5	99.0
w[氯化物(以 Cl 计)]$\leqslant$	0.050	0.050	0.080
w(水不溶物)$\leqslant$	0.020	0.020	0.050
w[硫酸盐(以 SO_4^{2-} 计)]$\leqslant$	0.02	0.05	
w(水分)$\leqslant$	0.030	0.050	

思考题

(1)铬酸钠溶液酸化时,为什么选用醋酸而不选盐酸或硫酸?

(2)将重铬酸钾粗品进行重结晶时,每克 $K_2Cr_2O_7$ 加入 1.5 mL 去离子水是怎样确定的?

(3)试设计在碱熔中用其他氧化剂及调 pH 值时用其他酸的实验步骤,并与本实验方法比较其优缺点。

实验 121　沸石分子筛的水热合成及表征

1. 实验概述

1)沸石分子筛的结构与合成

沸石分子筛是一类重要的无机微孔材料,具有优异的择形催化、酸碱催化、吸附分离和离子交换能力,在许多工业过程包括催化、吸附和离子交换等有广泛的应用。

如图 121.1 所示,NaX、NaY 型分子筛是由二级结构单元削角八面体通过六角柱相连组成 X、Y 型八面沸石分子筛。八面沸石分子筛的主孔道为十二元环,它的孔口直径为 9Å 左右。八面沸石分子筛的骨架硅铝比(即 $SiO_2/A1_2O_3$ 摩尔比)为 2.5～6.0,习惯上把 $SiO_2/A1_2O_3$ 摩尔比大于 3.0 的叫做 Y 型分子筛,而 $SiO_2/A1_2O_3$ 摩尔比为 2.2～3.0 的叫做 X 型分子筛。它们的骨架结构都属于六方晶系,空间群为 Fd-3 m,晶胞参数 $a=24.6\sim24.85$Å。

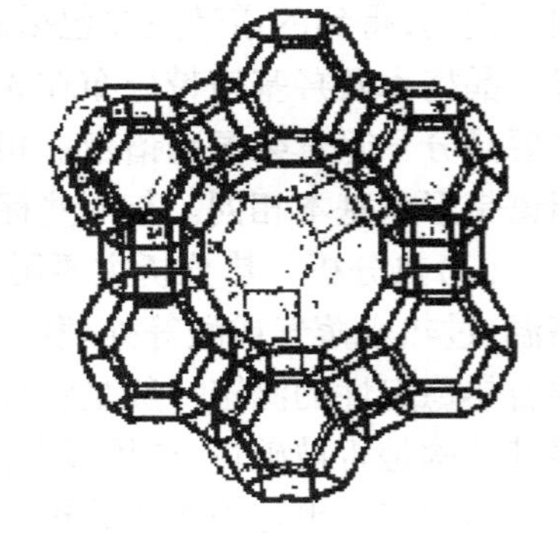

图 121.1　NaX、NaY 型分子筛晶穴结构示意图

沸石分子筛合成最常用的方法有:水热合成法、非水合成法、蒸汽相合成法、纯固体配料合成法以及微波合成法等。合成沸石分子筛最常用的方法就是水热合成法。水热合成源于地质学家模拟地质成矿条件合成某些矿物的方法,是诞生最早、发展最为成熟、应用最为广泛的沸石分子筛的合成方法。

2)沸石分子筛的表征

(1)物相分析　X 射线衍射法(XRD)是分子筛物相分析的最经典和最重要的方法之一，可以测定分子筛的类型、纯度或结晶度。不同的分子筛类型有不同的组成和点阵结构，因而具有一组特征的 d 值，当用 X 射线照射时就会产生特征的衍射图样。每种晶体物质的 X 射线粉末衍射图如同一个人的指纹一样，都有其自己的特征，即有独特的衍射峰数目、位置及强度。因此将所测的样品分子筛的衍射峰谱图和标准谱图对照，即可确定样品属于何种类型的分子筛。

测定某种类型沸石的结晶度或纯度，需首先测出该类型沸石标准样(一般用已知结晶度的工业分子筛)的 X 射线衍射谱图，从中选出若干个衍射峰，测量其积分峰面积和 $\sum I_i$；然后在相同条件下测量样品相应的衍射峰的积分峰面积和 $\sum I_m$，样品的结晶度可以由下式给出：

$$P_i = \frac{\sum I_i}{\sum I_m} \times P_m$$

式中　P_i, P_m——分别为样品分子筛和工业标样的结晶度；

$\sum I_i, \sum I_m$——分别为样品分子筛和工业标样的特定衍射峰的积分峰面积。实际应用中，一般可以只选取最强的衍射峰进行计算。

(2)结构分析　由于 XRD 结构分析是建立在物质结构的长程有序排列的基础之上的，因此对长程无序而短程有序的物质(如无定形样品、溶液或气体样品)则无法采用 XRD 来进行结构分析。红外光谱(IR)则不同，它不受检测物质结晶程度的限制。

在分子筛的结构研究中，红外光谱法是不可缺少的重要工具。借助该法，可进行很多有关分子筛结构与性能的研究，如：对分子筛骨架构型的判别、骨架元素组成分析、一些阳离子在分子筛骨架中的分布情况、分子筛表面羟基结构、表面酸性、催化性能以及分子筛中形成的络合物的结构与性能等方面的研究。

通常沸石分子筛的红外光谱研究是采用溴化钾压片法，在 4 000 ~ 200 cm^{-1}(波数)区间内测定的，得到的谱带主要包括沸石分子筛的骨架振动谱峰和它们所带的晶格水、羟基等谱峰。晶格水及羟基谱带分布在 3 700 cm^{-1} 及 1 600 cm^{-1} 附近，而 1 300 ~ 200 cm^{-1} 区间的谱峰主要是分子筛骨架振动谱带。相同构型的沸石，其组成上的差别也会引起谱峰位置的变化，但谱带形状基本相同。与一些标准谱图相对照，可鉴别未知沸石分子筛样品的骨架构型。

(3)热分析　热分析主要用于沸石热稳定性的测定。沸石的热稳定性通常是指它在经受高温、过热水蒸气或酸等处理后，晶体结构是否破坏以及性能(如吸附分离性能等)是否降低。沸石热稳定性的测定一般是将样品在某个温度下处理一段时间，然后用 XRD 或其他方法考察其结构是否被破坏，或用吸附法等考察其吸附性能是否变差。

热稳定性也可采用热分析法测定。其中，热重分析和差热分析是热分析法中最常用的两种技术。

热重法是在程序控制温度下，测量物质的质量与温度关系的一种技术，而差热分析法则是将沸石与中性物质(亦称参考物或标准物，一般为 α-Al_2O_3)同时加热，考察沸石在升温过程中因沸石水的排出、沸石晶体结构的破坏、重结晶等吸-放热反应的出现而造成的与中性物之间的温度差(热效应)，把这些热效应转化为电信号，经放大自动记录下来就得到沸石的差热分析曲线(即热谱图)。沸石的热分析曲线可以说明许多问题。例如:判断沸石的热稳定性、估计沸石的吸附性能、确定适当的活化和再生温度、粗略估计合成沸石产品的结晶度。

(4)粒径分析　激光粒度分析是用激光(单一波长)作为光源,根据颗粒的光散射现象而进行分析的一种方法。具有应用灵活、样品用量少、对样品无损坏等特点。其中又包括:

①激光衍射:又称为小角激光散射(LALLS)。当一束平行激光辐射到粒子上时,会引起Frannhofer 散射效应,产生各方向强度不同的散射光,并且在特定的方向上会产生衍射现象。粒子的大小不同,衍射线的角度与强弱也不同,一般地,粒子大小与入射光衍射角成反比。数目众多的颗粒所造成的互相重叠的衍射光环,包含了粒度分布的信息。用多枚检测器收集这些信息后,依据 Fraunhofe 及 Mie 理论进行数学分析,求解计算出粒度分布。测量的粒度范围 0.04 ~3 000 μm。

②光子相干光谱:当激光照射到小颗粒上时会产生 Fraunhofe 散射效应,而颗粒在流体介质中的扩散会引起散射光的波动变化,测量这些波动变化的速率即可获得有关颗粒粒度大小及其分布的信息。

2. 实验目的

①学习 NaY 分子筛的水热合成方法;

②学习采用 XRD、IR、差热-热重分析仪、激光粒度仪等仪器分析表征微孔材料的原理及方法。

3. 实验器材

(1)仪器　Nicolet 550II FT-IR 光谱仪,Shimadzu XRD-6 000X 射线衍射仪,Shimadzu DGT-60H 型差热-热重分析仪,RISE-2008 激光粒度仪,磁力搅拌器,机械搅拌器,电热烘箱,马福炉,水热反应釜。

(2)试剂　氢氧化钠,硫酸铝,25%硅溶胶,硅酸钠,四丙基溴化铵(TPABr)。

4. 实验方法

1)NaY 型分子筛的制备

(1)Y 型导向剂的制备　NaY 型分子筛的制备需在反应胶中添加 Y 型导向剂,提供 Y 型分子筛晶体成长的晶核,才能高选择性地完成晶化过程。Y 型导向剂反应胶配比为$m(Na_2O):m(SiO_2):m(Al_2O_3):m(H_2O)=16:15:1:310$。具体实验步骤为:在 250 mL 的烧杯中,将 18.4 g NaOH 溶解于 42.6 mL 去离子水中,冷却后,在搅拌状态下缓慢注入 60 mL 硅酸钠溶液(SiO_2 浓度为 5 mol/L,Na_2O 浓度为 2.5 mol/L),然后用滴管缓慢滴加 20 mL 1 mol/L $Al_2(SO_4)_3$,搅拌 30 min,室温下陈化 24 h 以上。

(2)NaY 型分子筛的制备　反应胶最终配比为 $m(Na_2O):m(SiO_2):m(Al_2O_3):m(H_2O)=4.5:10:1:300$,导向剂含量为 10%(以 SiO_2 物质的量为参比)。具体实验步骤为:在 250 mL 的烧杯中,将 8.2 g NaOH 溶解于 50 mL 去离子水中,冷却后分别加入 16.7 g Y 型导向剂和 40.8 g 25% 硅溶胶,均匀搅拌 10 min,在强烈机械搅拌状态下,用滴管缓慢加入 18 mL 1 mol/L硫酸铝溶液,充分搅拌约 10 min,所得白色凝胶转移入洁净的不锈钢水热反应釜中,密封,送入恒温 90 ℃的电热烘箱中,24 h 后取出。将反应釜水冷至室温,打开密封盖,抽滤洗涤晶化产物至滤液为中性,移至表面皿中,放在 120 ℃烘箱中干燥过夜,取出称重后置于硅胶干燥器中存放。

2)实验表征方法

(1)X 射线粉末衍射　采用 Shmadzu ZD-3A X 射线衍射仪分析分子筛产物的结晶度及纯度。实验条件:Cu 靶,Ka 射线(λ =0.154 184 nm),电压 40 kV,电流 30 mA,扫描范围:3°~50°/(2θ),扫描速度:0.06°/s。

(2)傅立叶变换红外光谱仪　采用美国 Nicolet 公司 550II FT-IR 光谱仪对样品的骨架振动进行分析。采用 KBr 压片,波数范围为 400~4 000 cm^{-1}。

(3)热分析　采用热重法(TG)和差热分析(DTA)测试制备的沸石分子筛热稳定性。称少量(10 mg 左右)样品,放入样品池中,在不用 N_2 的保护下进行,温度由室温匀速加热升温到 1 300 ℃,升温速率为 10 ℃/min。

(4)粒度分析　将合成的分子筛超声分散后,采用激光粒度仪分析合成的分子筛的粒径分布。

(5)数据记录与处理　将所测得的样品分子筛的衍射峰谱图和标准谱图相对照,确定样品属于何种类型的沸石分子筛。由 XRD 谱图分析沸石分子筛的晶体结构、结晶度高低和硅铝比,并计算晶粒尺寸;根据红外光谱图分析样品的骨架振动,鉴别合成的分子筛的骨架构型;根据热重和差热分析结构,判断合成的分子筛的热稳定性;根据激光粒度分布仪的测试结果,分析分子筛的粒径分布。

思考题

(1)对沸石分子筛粒径的测定可采用哪些方法?与其他方法相比,激光粒度分布仪测试沸石分子筛的粒径有何不同?

(2)如何测试沸石分子筛的化学组成?

实验 122　四苯基卟啉的制备及结构表征

1. 实验概述

卟啉是以卟吩为核心骨架的一类化合物的总称,在自然界中广泛存在,如叶绿素、血红蛋白、细胞色素等。它是生命体新陈代谢过程中重要的组成部分,故被誉为生命色素。

卟啉由于它们独特的光物理和电化学性质成为一类特别具有吸引力的大分子。因为卟啉是一种刚性结构并且有 12 个活性点,因此可以通过有效地调节周边的取代基而达到很好的控制它们性质的目的。四苯基卟啉是在 β,β′吡咯之间的碳原子上发生苯取代而成为一个扩展的 π 电子共轭环体系。π 电子离域的扩展引起广泛的兴趣,特别是对光学和电学性质的研究。近年来,不对称取代基卟啉在催化、光学、生物医学、生化的应用研究逐渐增多,反应式为

CHO
4 + 4 N H —丙酸→ NH N N HN

2. 实验目的

①了解四苯基卟啉实验室制备的原理及其广泛的应用价值；
②掌握实验室制备四苯基卟啉的基本操作技术。

3. 实验器材

(1)仪器　201 标准磨口合成仪,布氏漏斗,抽滤瓶,油泵。
(2)试剂　丙酸,苯甲醛,吡咯,甲醇。

4. 实验方法

1)四苯基卟啉的制备

在 500 mL 三口瓶中,加入 200 mL 丙酸、7.5 mL 苯甲醛,摇匀使苯甲醛溶于丙酸中。瓶口分别安装回流冷凝管和滴液漏斗。滴液漏斗中加入 5 mL 新蒸的吡咯。先将三口瓶加热至微沸,再自滴液漏斗中缓慢滴入吡咯,控制 5 mL 吡咯大约用 15 min 滴加完毕。滴加完毕后,继续加热保持体系回流 30 min。

待反应溶液冷却至室温之后,放入冰箱冷却 6 h。抽滤收集析出的晶体,用少量甲醇洗涤,产品为亮紫色晶体。

2)紫外可见光谱对卟啉进行表征

用二氯甲烷为溶剂,溶解少量的四苯基卟啉,测紫外可见光谱,得到图 122.1。

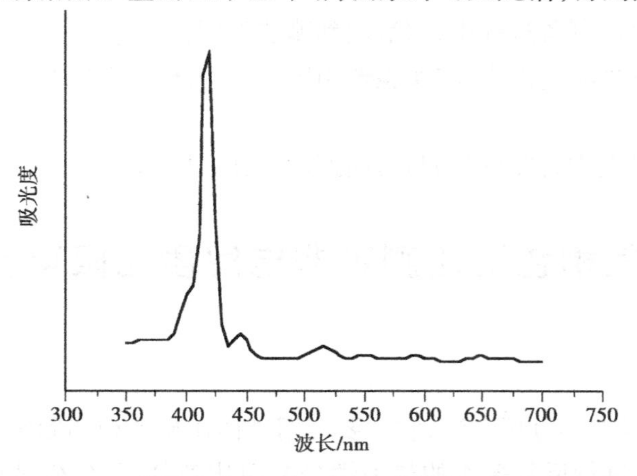

图 122.1　四苯基卟啉在二氯甲烷中的紫外可见吸收光谱图

在 420 nm 有强的 Soret 带,4 个弱的 Q 带位于长波区。此谱图属于卟啉类物质的典型吸收峰。

3)红外吸收光谱对卟啉进行表征

用 KBr 压片,得四苯基卟啉的红外吸收光谱,如图 122.2 所示。其中,3 317 cm^{-1}处的强吸收峰为该化合物中吡咯环上的 N—H 伸缩振动所致,3 102,3 054 以及 3 024 cm^{-1}处的吸收峰为吡咯环和苯环上 C—H 的伸缩振动吸收,1 596,1 473,1 441 cm^{-1}为苯环及吡咯环骨架振动吸收,799,700 cm^{-1}为苯环上 C—H 面外弯曲振动吸收,746,730 cm^{-1}为吡咯环上 C—H 面外弯曲振动吸收,而 3 452 cm^{-1}处的吸收峰为水峰。

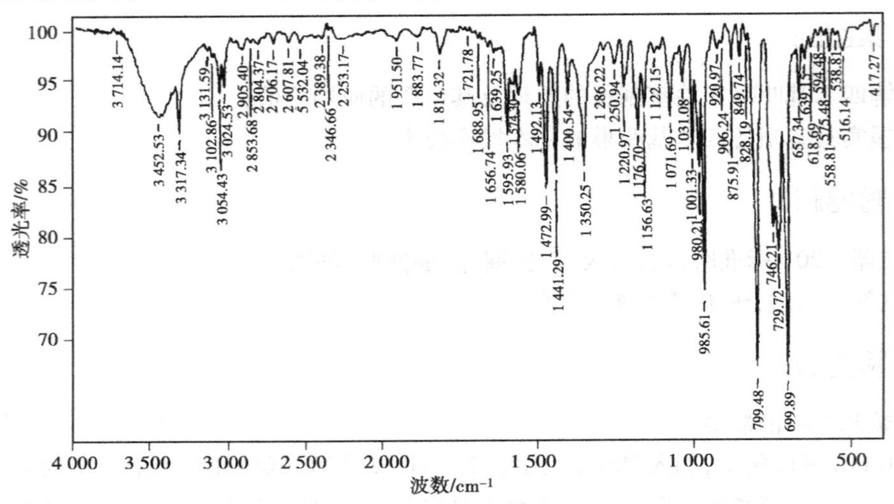

图 122.2　四苯基卟啉的红外吸收光谱图

[注释]

[1]吡咯使用前需新鲜蒸馏。

[2]吡咯在滴加时最好减小加热火力,因为此反应放热。

思考题

(1)在四苯基卟啉的制备过程中,丙酸起到哪些作用?

(2)在四苯基卟啉抽滤洗涤中,本实验选用甲醇作为洗涤剂,如果改用乙醇可不可以?为什么?

(3)红外可见光谱图中,伸缩振动与弯曲振动有什么区别?

实验 123　气相色谱法测定非电解质无限稀释活度系数

1. 实验概述

气相色谱是一种经典的分析方法,它主要利用试样在流动相和固定相之间性质的微小差别,使其在这两相之间进行反复多次的热力学分配而达到分离、分析试样的方法。由于试样在两相之间分配情况与试样和固定相之间的相互作用的热力学性质密切相关,因此气相色谱在热力学领域得到了广泛的应用,一些热力学函数如活度系数、溶解焓、偏摩尔超额溶解焓、吉布斯自由能以及维利系数可以通过气相色谱法进行测定。

1)比保留体积 V_g

气相色谱的固定相是把固定液涂渍在固体担体上,担体充填于色谱柱中,流动相为气体。当载气将某一气体组分带入色谱柱时,视该组分在固定液中溶解度大小经过不同时间流出色谱柱。典型的色谱流出曲线如图 123.1 所示,图中 t_r^0 为死时间,t_r 为 B 组分保留时间,V_R^0 为死体积,V_R 为 B 组分保留体积,$V_B = V_R - V_R^0$,为 B 组分的校正保留体积。

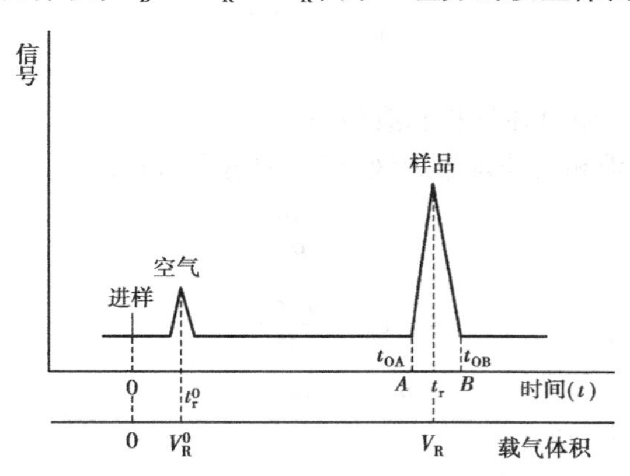

图 123.1 典型的色谱流出曲线

为了便于比较,这里还采用比保留体积,即 273 K 时单位质量固定液的校正保留体积:

$$V_g = \frac{V_B(T = 273\ K)}{W_A} \tag{123.1}$$

式中 W_A ——柱内固定液的质量,kg。

若柱内气体可视为理想气体,则比保留体积可由柱温 T_C 下的保留体积 $V_B(T_C)$ 求出:

$$V_g = \frac{V_B(T_C)}{W_A} \cdot \frac{273.2}{T_C} \tag{123.2}$$

当柱温柱压下载气的平均流速为 $\vec{F}$ 时:

$$V_B(T_C) = t_B \overline{F} \tag{123.3}$$

若对流速 $\vec{F}$ 进行压力、温度校正,可得

$$V_g = \frac{273.2}{T_r} \cdot \frac{p_o - p_W^*}{p_o} \cdot jF \cdot \frac{t_r - t_r^o}{W_A} \tag{123.4}$$

$$j = \frac{3}{2} \times \frac{(p_b/p_o)^2 - 1}{(p_b - p_o)^3 - 1}$$

式中 j——压力校正因子;

T_r ——柱后皂膜流量计温度(通常为室温);

p_o ——色谱柱出口压力(通常为大气压);

p_W^* ——温度 T_r 时水的饱和蒸汽压;

F——由皂膜流量计测定的色谱柱出口载气平均流速；

p_b——色谱柱进口压力。

通过实验测定式(123.4)右端各项，则可计算比保留体积 V_g。

2) V_g 与活度系数 γ^∞ 的关系

根据色谱理论，从进样开始经过保留时间 t_r 出现 i 组分峰峰顶时，正好有一半的溶质成为蒸汽通过了色谱柱，另一半尚留在柱的气相空隙(死体积 V_R^o)和液相中，即

$$V_R c_B^g = V_R^o c_B^g + V_l c_B^l \tag{123.5}$$

或

$$V_B c_B^g = V_l c_B^l \tag{123.6}$$

式中 V_l——液相体积；

c_B^g, c_B^l——分别为 B 组分在气相和液相中浓度。

设气相为理想气体，液相为非理想溶液，气液相达平衡时：

$$c_B^g = \frac{p_B}{RT_C} \tag{123.7}$$

$$c_B^l = \frac{\rho_l X_B}{M_l} \tag{123.8}$$

$$p_B = \gamma_B p_B^* X_B \tag{123.9}$$

式中 p_B——B 组分气相分压；

p_B^*——纯 B 的饱和蒸汽压；

γ_B——B 组分的活度系数；

X_B——B 组分在液相中的物质的量分数；

ρ_l, M_l——分别为液相的密度和摩尔质量。

将式(123.7)~式(123.9)代入式(123.6)中，且当溶液无限稀时，近似取 V_l, ρ_l, M_l 为固定液(溶剂 A)的体积 V_A、密度 ρ_A 和摩尔质量 M_A，得

$$V_B = \frac{V_A \rho_A RT_C}{M_A \gamma_B^\infty p_B^*} = \frac{W_A RT_C}{M_A \gamma_B^\infty p_B^*} \tag{123.10}$$

式(123.10)代入式(123.2)中

其中

$$V_g = \frac{273.2R}{M_A \gamma_B^\infty p_B^*}$$

$$\gamma_B^\infty = \frac{273.2R}{M_A V_g p_B^*} \tag{123.11}$$

由柱温下的比保留体积 V_g 和纯组分 B 的蒸汽压，则可求得无限稀释的活度系数 γ_B^∞。

3) V_g, γ_B^∞ 与热力学函数的关系

将式(123.11)取对数

$$\ln V_g = \ln \frac{273.2R}{M_A} - \ln \gamma_B^\infty - \ln p_B^* \tag{123.12}$$

再对 $1/T$ 求微分

$$\begin{aligned}\frac{\mathrm{d}\ln V_{\mathrm{g}}}{\mathrm{d}(1/T)} &= -\frac{\mathrm{d}\ln p_{\mathrm{B}}^{*}}{\mathrm{d}(1/T)} - \frac{\mathrm{d}\ln \gamma_{\mathrm{B}}^{\infty}}{\mathrm{d}(1/T)} \\ &= \frac{\Delta_{\mathrm{vap}}H_{\mathrm{m}}(\mathrm{B})}{R} - \frac{H_{\mathrm{m}}^{\infty}(\mathrm{B}) - H_{\mathrm{m}}(\mathrm{B})}{R} \\ &= \frac{\Delta_{\mathrm{vap}}H_{\mathrm{m}}(\mathrm{B})}{R} - \frac{\Delta_{\mathrm{sol}}H_{\mathrm{m}}(\mathrm{B})}{R}\end{aligned} \tag{123.13}$$

式中　$\Delta_{\mathrm{vap}}H_{\mathrm{m}}(\mathrm{B})$——纯溶质 B 的摩尔气化焓变；

$H_{\mathrm{m}}(\mathrm{B})$——纯溶质 B 的摩尔焓；

$H_{\mathrm{m}}^{\infty}(\mathrm{B})$——无限稀释溶液中溶质 B 的偏摩尔焓，$H_{\mathrm{m}}^{\infty}(\mathrm{B}) - H_{\mathrm{m}}(\mathrm{B}) = \Delta_{\mathrm{sol}}H_{\mathrm{m}}(\mathrm{B})$ 为溶质 B 的摩尔溶解焓。

如为理想溶液则 $\gamma_{\mathrm{B}}^{\infty}=1$，等式右边第二项为零，$\ln V_{\mathrm{g}} \sim \frac{1}{T}$ 作图，由直线斜率可求纯溶质的摩尔气化焓；若为非理想溶液，且 $\Delta_{\mathrm{vap}}H_{\mathrm{m}}(\mathrm{B})$ 随温度变化不大，以 $\ln V_{\mathrm{g}}$ 对 $\frac{1}{T}$ 作图，由直线的斜率和 $\Delta_{\mathrm{vap}}H_{\mathrm{m}}(\mathrm{B})$ 可求 $\Delta_{\mathrm{sol}}H_{\mathrm{m}}(\mathrm{B})$。

2. 实验目的

①由气液色谱法测定环已烷和苯在环丁砜中无限稀释活度系数和摩尔溶解焓；
②掌握气相色谱仪的基本原理、构造及使用方法；
③了解气相色谱在化学热力学方面的一些应用。

3. 实验器材

(1)仪器　气相色谱仪(使用热导池检测器)，秒表，微量注射器。
(2)试剂　苯(AR)，环已烷(AR)，环丁砜(AR)，101 白色硅烷化担体(40～60 目)。

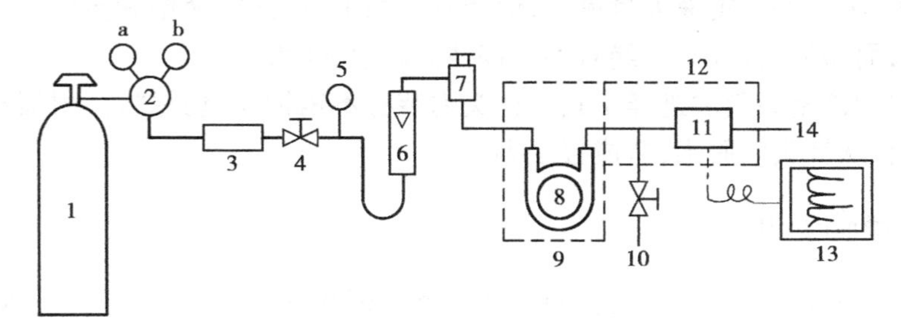

图 123.2　气液色谱法测定装置示意图

1. 载气瓶；2. 压力调节器；3. 净化器；4. 稳压阀；5. 柱前压力表；6. 转子流量计；7. 进样器；8. 色谱柱；9. 色谱柱恒温箱；10. 馏分收集口；11. 检测器；12. 检测器恒温箱；13. 记录器；14. 尾气出口

4. 实验方法

1)色谱柱的制备

按 w(环丁砜):w(担体)=1:4,准确称取一定量环丁砜放在蒸发皿中,再倒入适量溶剂氯仿以稀释环丁砜,然后倒入已称量的担体,混匀后在红外灯下缓慢加热使溶剂挥发。

将涂好固定液的担体小心装入已洗净并干燥的色谱柱中,柱长为 1~1.5 m,管径 3~5 mm。柱的一端塞以少量玻璃棉接上真空泵抽气,在柱的另一端用小漏斗加入担体,同时不断振动柱管,以减少死体积。填满后同样塞以少量玻璃棉,准确计算装入色谱柱的固定液质量。

2)色谱条件

接通载气气路,确证气路畅通后再开启色谱仪电源。采用热导池检测器,N_2 为载气,用流量计测定其流速为 30~40 $cm^3 \cdot min^{-1}$,起始柱温控制为(60.0±0.1)℃,气化室 100 ℃。柱前压控制在 175~180 kPa。

3)进样

待基线稳定后,用微量注射器注入 1 μL 环已烷和苯的混合液,用两只秒表分别记录进样到环已烷和苯峰顶出现的时间比保留时间。同时记录皂膜流量计流速、柱温、柱前压。单独进 100 μL 空气样,测定死时间 t_R^0。改变柱温为 65.0 ℃、70.0 ℃、75.0 ℃、80.0 ℃,重复步骤 3,测定不同柱温下环已烷和苯的保留时间及死时间。

4)关机

实验结束后,首先逐一关闭各个部分开关,然后再关闭电源。待柱温接近室温后再关闭气源。

5. 注意事项

实验要求系统达到热力学平衡,因此一定要等到色谱仪全部条件稳定后(记录仪基线平直无漂移)才开始进样。

实验过程中,不允许固定液大量流失,但随着柱温上升,固定液饱和蒸汽压升高且粘度下降,流动性增加,而易流失。因此,绝对不允许柱温超过 90 ℃。

微量注射器为价格昂贵的进样工具。针头内装有不锈钢丝,切忌将注射器拉杆拉过最大刻度,否则钢丝将从针头内脱出,造成报废事故。

6. 数据记录和处理

室温________℃,大气压________Pa,室温下水饱和蒸汽压 p_W^* ________Pa,固定液摩尔质量 M_A ________kg · mol^{-1},固定液质量 W_A ________kg。

编号 No.	柱温 T_C/K	柱前压 p_b/Pa	出口流速 F/($m^3 \cdot s^{-1}$)	死时间 t_R^0/s	保留时间 t_R/s	
1	60.0				环已烷	
					苯	

按式(123.4)计算不同柱温下各组分的比保留体积 V_g；按式(123.11)计算不同柱温下各组分的活度系数 γ_B^{∞} 。式中所需环己烷和苯的蒸汽压数据由经验公式求算，计算结果列于下表中。

<table>
<tr><th>编　号
No.</th><th>p_b/Pa</th><th>因子 j</th><th>组分 B</th><th>比保留体积
$V_g/(m^3 \cdot kg^{-1})$</th><th>蒸汽压
p_B^*/Pa</th><th>活度系数
γ_B^{∞}</th></tr>
<tr><td rowspan="2">1</td><td rowspan="2"></td><td rowspan="2"></td><td>环己烷</td><td rowspan="2"></td><td>环己烷</td><td></td></tr>
<tr><td>苯</td><td>苯</td><td></td></tr>
<tr><td></td><td></td><td></td><td></td><td></td><td></td><td></td></tr>
</table>

作 $\ln V_g \sim 1/T_C$ 图，分别求环己烷和苯在环丁砜中的摩尔溶解焓。

思考题

(1)由计算结果说明苯和环己烷在环丁砜中的溶液对 Raoult 定律是正偏差还是负偏差？为什么环己烷的 γ^{∞} 更偏离 1？

(2)固定液流失对实验结果将产生什么影响？

(3)为什么本实验所测得的是无限稀释活度系数？如何进行实验使测定体系接近无限稀释？

(4)什么样的溶液体系适合用气相色谱法测定 γ_B^{∞}？

实验 124　B-Z 振荡反应

1. 实验概述

化学振荡现象是化学反应体系中呈现出的一种周期性动力现象，即体系中某些宏观状态量如物质浓度等发生周期变化或呈现出时空有序演变规律。1873 年，G. Lippmann 首次报道了化学振荡现象，他把汞放在玻璃杯中央，再把硫酸和重铬酸钾溶液注入杯中，然后将一颗铁钉放在紧靠汞附近的溶液中，发现汞会像心脏一样地跳动，这就是汞心实验。1921 年，勃雷(W. C. Bray)在碘酸和碘氧化物耦联催化分解 H_2O_2 反应时，发现在一定条件下氧的生成速率和溶液中碘的浓度都呈周期变化，表现出明显的振荡特性。但这种报道并未曾受到重视，甚至否定了这个发现，认为 Bray 反应是由于尘埃或杂质引起的假象。当时的化学家们认为这样的振荡现象是极难思议的，因为它和热力学原理特别是和热力学第二定律的预言相违背的。按照化学热力学的传统观点，化学反应该单向地不可逆地趋于平衡态，即宇宙的熵或随机性趋向于增加。从经典动力学观点来看，振荡现象更是不可思议，经典动力学化学反应是由碰撞引起的，由于碰撞的杂乱性和随机性，从反应几率来说，在空间的任意一点应该是没有差别的，在时间的任意时刻的反应事件应该是彼此独立的和等几率的。但在化学振荡和形成有序花纹过程中，反应分子在宏观的空间尺度上和宏观的时间间隔上呈现出一种长程的一致性,即长程的相关,就好象受到了某种统一的命令,自己组织起来形成宏观空间上和时间上的一致行动。因而经典动力学无法解释此类现象。

1951 年,前苏联生物学家别洛索夫(Belousov)用金属铈离子作催化剂的情况下进行了柠檬酸的溴酸氧化反应。发现在均相溶液中铈离子从黄色的高氧化态(四价)到无色的低氧化态(三价)来回变化时振荡过程很明显。他把该实验结果公布于众却遭到拒绝,因为缺少理论依据不能发表论文。Belousov 又对他的发现进行了深入全面的研究,6 年后提供了一份含有结论细节的手稿,但再一次遭到了拒绝,只发表了一篇不包含任何新的理论分析的短评。1961 年研究生柴波廷斯基(Zhabotinsky)对该反应体系做了进一步的研究,先用丙二酸代替柠檬酸,然后又用亚铁啉菲啰邻络合物作指示剂,发现溶液的颜色在红色和蓝色之间来回变化,比单独使用铈离子颜色变化更明显。柠檬酸也可用其他具有亚甲基或者氧化时易生成这种基团的有机物(如丙二酸、苹果酸、丁酮二酸等)代替。其后又有人用锰离子作催化剂,甚至不用金属离子作催化剂的情况下也实现了某些有机化合物(如各种酚和苯胺的衍生物)被溴酸氧化的振荡反应。振荡反应被人们逐渐接受,并开始探索其理论实质和理论根源。

20 世纪 70 年代初,比利时科学家普里高京(I. Prigogine)首次提出耗散结构理论,为深入研究振荡反应提供了理论基础。耗散结构理论认为:一个远离平衡态的开放体系,通过与外界交换物质和能量,在一定的条件下,可能从原来的无序状态转变为一种在时间、空间或功能上的有序状态。形成新的有序结构是靠不断地耗散物质的能量来维持的,这种状态称为"耗散结构"。例如浓度随时间有序的变化(化学振荡)、浓度随时间和空间有序的变化(化学波)等。

电化学振荡现象在许多电化学体系中广泛存在。根据非平衡态热力学和耗散结构理论,产生时空有序的现象必须具备两个条件:第一,体系必须远离热力学平衡;第二,体系内部的动力学过程必须有适当的非线性反馈步骤。对于许多电化学体系,上述两个条件很容易得到满足。首先,许多交换电流小的易极化电极可以很方便地通过"极化"使电极电位偏离它的平衡电位,到达非平衡的非线性区域,若实验中采用连续流动的搅拌反应器可以很方便地实现。其次,由于电极过程本身就是一种复杂的多相反应过程,往往包含有非线性动力学反馈步骤,而且许多电化学过程和其他过程发生耦合更容易产生非线性反馈。B-Z 反应是由许多基元反应构成的,报道的反应机理中最多的反应步骤有 80 多步,由于这些反应的相互耦合作用,表现出丰富的非线性行为。

1972 年,Fiela R J、Körös. E、Noyes. R 等人通过实验对 B-Z 反应进行深入研究,提出的 FKN 机理比较成功地解释并描述了 B-Z 振荡反应的很多性质,为理论研究提供了依据,使B-Z 反应的研究上升到一个新的高度。该机理包括 20 多个基元反应步骤,其中 3 个有关的变量通过 3 个非线性微分方程组成的方程组联系起来,该机理非常复杂以致 20 世纪的数学尚不能一般地解出这类问题,只能引入各种近似方法。体系中存在着两个受 $c(Br^-)$ 控制过程 A 和 B,当 $c(Br^-)$ 高于临界浓度 $c(Br_2\text{-Crit})$ 时发生 A 过程,当 $c(Br^-)$ 低于 $c(Br_2-\text{Crit})$ 时发生 B 过程。也就是说 $c(Br^-)$ 起着开关作用,它控制着从 A 到 B 过程,再由 B 到 A 过程的转变。即

当 $c(Br^-)$ 足够高时,发生下列 A 过程:

$$BrO_3^- + Br^- + 2H^+ \xrightarrow{K_1} HBrO_2 + HOBr \qquad (124.1)$$

$$HBrO_2 + Br^- + H^+ \xrightarrow{K_2} 2HOBr \quad (124.2)$$

其中第一步是速率控制步，当达到准定态时，有

$$c(HBrO_2) = K_1 c(BrO_3^-) c(H^+)/K_2$$

当 $c(Br^-)$ 低时，发生下列 B 过程 Ce^{3+} 被氧化

$$BrO_3^- + HBrO_2 + H^+ \xrightarrow{K_3} 2BrO_2 + H_2O \quad (124.3)$$

$$BrO_2 + Ce^{3+} + H^+ \xrightarrow{K_4} HBrO_2 + Ce^{4+} \quad (124.4)$$

$$2HBrO_2 \xrightarrow{K_5} BrO_3^- + HOBr + H^+ \quad (124.5)$$

其中，反应(124.3)是速率控制步骤。反应经(124.3)、(124.4)将自催化产生 $HBrO_2$，达到准定态时：

$$c(HBrO_2) = K_3 \cdot c(BrO_3^-) c(H^+)/2K_5 \quad (124.6)$$

由反应式(124.2)、式(124.3)可以看出：Br^- 和 BrO_3^- 是竞争 $HBrO_2$ 的。当 $K_2 c(Br^-) > K_3 c(BrO_3^-)$ 时，自催化过程式(124.3)不可能发生。自催化是 BZ 振荡反应中必不可少的步骤，否则该振荡不能发生。Br^- 的临界浓度为：

$$c(Br^-, Crit) = K_3 c(BrO_3^-)/K_2 = 5 \times 10^{-6} c(BrO_3^-) \quad (124.7)$$

Br^- 的再生可通过下列 C 过程式(124.6)实现：

$$4Ce^{4+} + BrCH(COOH)_2 + H_2O + HOBr \xrightarrow{K_6} 2Br^- + 4Ce^{3+} + 3CO_2 + 6H^+ \quad (124.8)$$

A、B、C 3 个过程合起来完成一个振荡周期，振荡的控制物种是 Br^-。
该体系的总反应为：

$$2H^+ + 2BrO_3^- + 3CH_2(COOH)_2 \rightarrow 2BrCH(COOH)_2 + 3CO_2 + 4H_2O \quad (124.9)$$

B-Z 反应在封闭体系中能持续振荡几天，而在开放体系中，由于反应过程中 CO_2 不断挥发，$CH_2(COOH)_2$、BrO_3^- 以及 H + 都会被消耗一部分，随着振荡反应的进行，体系的能量与物质逐渐耗散，振荡周期将越来越长，振荡现象逐渐衰减，如果不补充新的原料将导致振荡结束。

本实验采用电动势法测量离子浓度的变化。以甘汞电极作为参比电极，用铂电极测定反应过程中 Ce^{4+}、Ce^{3+} 浓度的变化，体系发生振荡反应有一个诱导期，因为

$$t_{诱}^{-1} \propto k \quad (124.10)$$

式中 $t_{诱}$——振荡反应的诱导期；
k——反应速率。

$$t_{振}^{-1} \propto k \quad (124.11)$$

式中 $t_{诱}$——反应的振荡诱周期。

根据阿仑尼乌斯经验公式：

$$\ln k = \frac{-E_a}{RT} + B \quad (124.12)$$

式中 E_a——表观活化能；
T——热力学温度；
B——常数。

可得

$$\ln t_{诱}^{-1} = \frac{-E_{a诱}}{RT} + B_1 \tag{124.13}$$

式中　$E_{a诱}$——诱导表观活化能；

T——热力学温度；

B_1——常数。

同理

$$\ln t_{振}^{-1} = \frac{-E_{a振}}{RT} + B_2 \tag{124.14}$$

式中　$E_{a振}$——振荡表观活化能；

T——热力学温度；

B_2——常数。

以 $\ln t^{-1}$ 对 T^{-1} 作图得一直线，该直线的斜率为 $-E_a/R$，由此可求出反应的诱导表观活化能；同理，作 $\ln t^{-1} \sim T^{-1}$ 图可求出振荡表观活化能。

2. 实验目的

①了解 B-Z 反应的基本原理，初步认识自然界中普遍存在的非平衡非线性的现象；

②测定 B-Z 反应的诱导表观活化能和振荡表观活化能。

3. 实验器材

(1)仪器　夹套反应器(100 mL)，甘汞电极，铂电极，超级恒温槽，磁力搅拌器，记录仪。

(2)试剂　0.50 $mol \cdot L^{-1}$ 丙二酸溶液，0.25 $mol \cdot L^{-1}$ $KBrO_3$ 溶液，3.00 $mol \cdot L^{-1}$ H_2SO_4 溶液，4×10^{-3} $mol \cdot L^{-1}$ $(NH_4)_2Ce(SO_4)_3$ 溶液。

4. 实验方法

①按图 124.1 安装好仪器，在反应器夹套中通入循环恒温水，开启超级恒温槽，将水浴温度调节到 25.0 ℃ ±0.1 ℃。取 20 mL $(NH_4)_2Ce(SO_4)_3$ 溶液置于恒温水浴中预热。

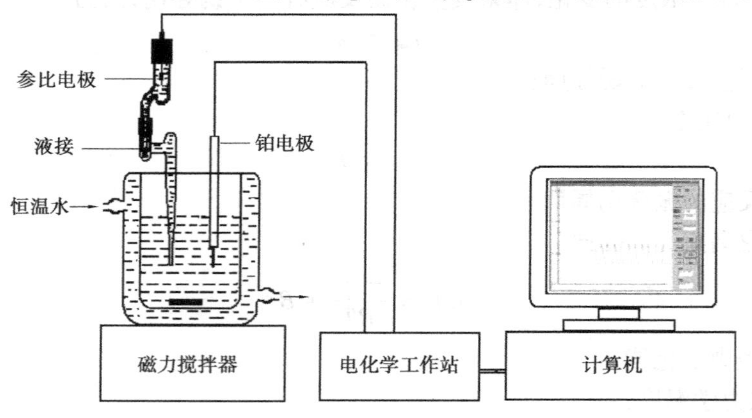

图 124.1　振荡反应实验装置图

②在反应器中加入丙二酸溶液、$KBrO_3$ 溶液、H_2SO_4 溶液各 20 mL，打开搅拌器，恒温 5 ~ 10 min 后，开始记录相应的电势曲线，待基线走稳后，加入预热的 $(NH_4)_2Ce(SO_4)_3$ 溶液 20 mL，注意观察电势曲线的变化，记下起点，同时观察溶液的颜色变化。至少记录 10 个以上振荡周期。做完一组实验后，放出残液，清洗反应器。

③用上述方法改变温度为 30 ℃、35 ℃、40 ℃时重复实验。

5. 注意事项

①本实验所有试剂均要求使用分析纯，配制溶液使用二次蒸馏水。

②甘汞电极用 1 $mol \cdot L^{-1}$ H_2SO_4 作液接，不能使用盐溶液。

③Ce^{4+} 易水解，因此，配制 0.004 $mol \cdot L^{-1}$ $(NH_4)_2Ce(SO_4)_3$ 溶液时，一定要在 0.20 $mol \cdot L^{-1}$ H_2SO_4 介质中进行，防止发生水解。

④搅拌器电机转速要平稳，叶片不能碰片，转子位置及速度都必须加以控制。

6. 数据记录和处理

①从加入 $(NH_4)_2Ce(SO_4)_3$ 溶液为起点到开始振荡经过的时间为诱导期 $t_{诱}$，以 $\ln t^{-1}$ 对 T^{-1} 作图得一直线，该直线的斜率为 $-E_a/R$，由此求出反应的诱导表观活化能。

②取 5 ~ 10 个振荡周期求出平均振荡周期 $\bar{t}_{振}$，作 $\ln t^{-1} \sim T^{-1}$ 图，求出振荡表观活化能。

思考题

(1)影响诱导期的主要因素有哪些？

(2)本实验记录的电势主要代表什么意思？与 Nernst 方程求得的电位有何不同？

实验 125　BET 法测定固体催化剂的比表面

1. 实验概述

气体与清洁固体表面接触时，在固体表面上气体的浓度高于气相，这种现象称为吸附现象；吸附气体的固体物质称为吸附剂，被吸附的气体称为吸附质。吸附质和吸附剂合称为吸附体系。由于吸附体系和条件不同，吸附质和吸附剂产生的吸附作用力也不同，据此吸附现象上可分为物理吸附和化学吸附两种类型。物理吸附时吸附质分子以范德华力在吸附剂表面进行吸附，它类似于蒸汽的凝聚和气体的液化。物理吸附作用力较弱，因此物理吸时分子结构变化不大，接近于气体或液体中分子的状态。化学吸附类似于化学反应，吸附质分子与吸附剂表面原子间形成化学键。被化学吸附的分子与原吸附质分子相比，由于吸附键的强烈影响，结构变化较大。物理吸附和化学吸附的特征列于表 125.1 中。

比表面是指单位质量的固体所具有的总表面积，包括外表面和内表面。显然，如果单位质量的吸附剂内外表面形成完整的单分子吸附层形成饱和吸附，那么只要将此饱和吸附量（吸附质分子数）乘以每个分子在吸附剂上占据的面积，就可以得出吸附剂的比表面。朗格谬尔（Langmuir）于 1916 年提出的吸附理论就是建立在此单分子吸附层理论上的。然而，大量事实表明，多数物理吸附不是单分子层吸附。1938 年，布朗诺尔（Brunauer）、埃米特（Emmett）和泰勒（Teller）（简称 BET）三人将朗格谬尔吸附理论推广到多分子层吸附现象，建立了 BET 多分子层吸附理论。BET 模型的基本假设是：

表 125.1　物理吸附和化学吸附的特征

	物理吸附	化学吸附
吸附热	102 ~ 103 J/mol	接近化学键生成热，103 ~ 105 J/mol
吸附温度	低	高
活化能	几乎不需要活化能	需要相当高的活化能
吸附层	单层、多层	单层
吸附平衡	因不需要活化，吸附速率很快	需要活化，吸附速率很慢
可逆性	可逆	不可逆
吸附作用	弱	强
选择性	无选择性，任何气体可在任何吸附剂上吸附	有选择性，与吸附质和吸附剂的性质有关

①吸附表面在能量上是均匀的，即各吸附位具有相同的能量；

②被吸附分子间的作用力可忽略不计；

③固体吸附剂对吸附质的吸附可以是多层的，第一层吸附未饱和时就可以有第二层、第三层等开始吸附，因此各吸附层之间存在着动态平衡；

④自第二层开始至第 n 层，各层的吸附热都等于吸附质的液化热。根据这些假设，推导得到 BET 方程式如下：

$$\frac{p}{V(p_0-p)}=\frac{1}{V_mC}+\frac{C-1}{V_mC}\cdot\frac{p}{p_0} \tag{125.1}$$

式中　P_0——吸附温度下吸附质的饱和蒸汽压；

P——平衡压力；

V_m——单分子层饱和吸附量（以标准状况毫升计）；

V——平衡时的吸附量（以标准状况毫升计）；

C——与温度、吸附热和液化热有关的常数。

通过实验可以测量一系列的 P 和 V 以 $P/V(P_0\text{-}P)$ 对 P/P_0 作图得一直线，其斜率 $m=(C-1)/V_mC$，截距为 $b=1/V_mC$，所以根据斜率和截距数据可以算出单分子层饱和吸附量 $V_m=1/(m+b)$。若知道一个吸附质分子的截面积，则可以算出吸附剂的比表面积 A

$$A=\frac{V_mL\sigma}{22\,400W} \tag{125.2}$$

式中　L——阿伏加德罗常数；

σ——一个吸附质分子的截面积；

W——吸附剂量，g；

22 400——标准状况下 1 mol 气体的体积，mL。

本实验是以氮气分子作为吸附质，布朗诺尔（Brunauer）、埃米特（Emmett）曾经提出 77 K

$(-196\ ℃)$时液态六方密堆积的氮分子截面积取0.162 nm^2,将它带入式(125.2)中,简化得到BET氮吸附法比表面积的常见公式:

$$A = 4.353 \cdot \frac{V_m}{W} \tag{125.3}$$

式中 A——比表面,m^2/g;

W——吸附剂质量,g。

实验结果表明,BET公式的适用范围是相对压力P/P_0在0.05~0.35,因而实验时气体的引入量应控制在该范围内。由于BET方法在计算时需假定吸附质分子的截面积,因此严格地说,该方法只能说是相对方法。本实验达到的精度一般可在±5%之内。

BET容量法适用的比表面积测量范围为1~1 500 $m^2 \cdot g^{-1}$。本实验选择ZSM-5分子筛作为氮气的吸附剂。对于催化剂来说,具有丰富的表面活性中心是一个高性能催化剂的基础。ZSM-5分子筛是一种很重要的催化剂,其内部丰富的孔道为催化反应的发生提供了大量的反应场所,目前ZSM-5分子筛已经在石油化工等领域得到了广泛的应用。在比表面测定之前,需将吸附剂表面上原已吸附的气体或蒸汽分子除去,否则会影响比表面积的测定结果。这个脱附过程,在催化实验中又称为活化。活化的温度和时间,因吸附剂的性质而异。本实验选用的活化温度为400 ℃,活化时间约2 h,活化后的固体催化剂保存在真空干燥器里备用。

2. 实验目的

①了解固体表面气体吸附的基本理论,清楚物理吸附和化学吸附的区别;

②熟悉BET法测定固体催化剂比表面的基本原理;

③熟悉并掌握高真空技术。

3. 实验器材

简易BET装置(图125.1),真空泵,加热炉,氧气温度计,储气球胆2只,温控仪,标准体积球,N_2气钢瓶,He气钢瓶,气体净化装置,液氮冷阱,ZSM-5分子筛,马弗炉。

4. 实验方法

(1)样品预处理　取ZSM-5分子筛,在马弗炉中500 ℃处理4 h,然后放入干燥器中备用。

(2)加热脱附　取适量处理过的ZSM-5分子筛,粗称后放入样品管。在样品管外小心套上加热套炉,调节控温仪,使炉温上升。打开样品管活塞,升温至100 ℃左右。关闭活塞D、5、6,其余活塞都打开,将机械泵前的三通活塞A转向大气,然后打开机械泵开始抽气,然后再将三通活塞A由通大气慢慢转向体系,这样压力计两臂基本上能保持平衡,而且所测样品不会被抽出而影响结果。继续升温至所需脱附温度(400 ℃),体系抽空至0.133 3 Pa并保持2 h。脱附结束后,关上所有活塞,将活塞A通向大气,关泵,取下加热炉。

(3)样品吸附量的测试　样品管套上液氮冷阱,将纯净的氮气接在活塞5的开口上,先以少量气体排出活塞接头处的空气。然后打开活塞C,放一定量的N_2气,使等位计H上的高度差约为100 mm,关闭活塞5,用活塞D调节等位计H,使左右两臂水银面相平(恢复到初始读

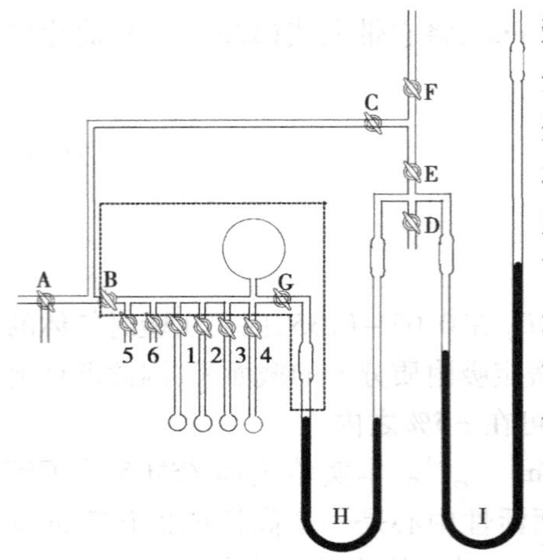

图 125.1　简易 BET 吸附仪示意图

数),记下压力计 I 的压力差 p_1。打开样品管 1,使之充分吸附,待平衡约 20 min 后(视等位计两臂的高度差不变)开泵。用活塞 G、E 调节等位计使左右两臂水银面相平,记下此时压力计 I 上的压力差 p_2',关闭样品管活塞 1,再放 N_2 气,记下压力计 I 上的压力差 p_2,平衡后记下 p'_2。同样如此重复测 4 个点(在第二次以后放气量约 80 mm,平衡时间约 10 min)。整个过程的比压应控制在 0.05 ~ 0.35,并记下每次测试的室温。每测完一个样品,需测定液氮冷阱温度。氮气的饱和蒸汽压通过氧气温度计测定(氧气温度计的使用请参阅《化学实验导论》6.2.2.6)。

(4)测定死体积　测定死体积可以在测试前进行,也可以在测试后进行,所用气体为氦气。将吸附 N_2 气后的样品管的活塞打开,在移去液氮冷阱下抽去 N_2 气后(同上去),再套上液氮冷阱(液氮冷阱仍保持与测试时同样高度),以氦气代替氮气进行测定。

(5)称量　最后将测定样品倒出并称量。

按照上述方法同样对样品管 2、3、4 进行测试。

5. 数据处理

1)计算每一样品管的死体积

根据波义耳定律:
$$V_{自}\,p_1 = (V_{自} - V_{死})p_2$$

可得:第一次放气后的死体积:$V_{死1} = \dfrac{p_1 - p_2}{p_2}V_{自} = A_1V_{自}$

第二次放气后的死体积:$V_{死2} = \dfrac{(p_3 - p_4) + (p_1 - p_2)}{p_4}V_{自} = A_2V_{自}$

第三次放气后的死体积:$V_{死3} = \dfrac{(p_5 - p_6) + (p_3 - p_4) + (p_1 - p_2)}{p_6}V_{自} = A_3V_{自}$

其中 p_1、p_3、p_5 为第一、二、三次放气时测定的压力,p_2、p_4、p_5 为达到平衡时测定的压力。$\dfrac{p_1 - p_2}{p_2}$、$\dfrac{(p_3 - p_4) + (p_1 - p_2)}{p_4}$、$\dfrac{(p_5 - p_6) + (p_3 - p_4) + (p_1 - p_2)}{p_6}$ 均称为死因子,分别以 A_1、A_2、A_3 表示。其平均值为:

$$\bar{A} = \frac{A_1 + A_2 + A_3}{3},$$

故
$$V_{死} = \bar{A}V_{自}$$

2)计算 BET 公式中的平衡吸附量 V

V = 吸附前 $V_{自}$ 中气体物质的量 - 吸附平衡后 $V_{自}$ 中的气体物质的量 - $V_{死}$ 中剩余的气体物质的量

因此

$$V_1=\frac{p_1V_{自}}{RT}-\frac{p_1'V_{自}}{RT}-\frac{p_1'V_{死}}{RT}=(p_1-p_1'-\bar{A}p_1')\frac{V_{自}}{RT}$$

$$V_2=(p_2-p_2'-\bar{A}p_2'+\bar{A}p_1')\frac{V_{自}}{RT}+V_1$$

V_3、V_4 则依此类推。

3)计算相对压力

根据吸附平衡温度下吸附质的饱和蒸汽压 p_0,计算出 $\frac{p_1}{p_0},\frac{p_2}{p_0},\cdots$

4)计算单分子层覆盖量 V_m

根据式(125.1),以$\frac{p}{V(p_0-p)}$对$\frac{p}{p_0}$作图可得一直线,其斜率为

$$a=\frac{C-1}{V_mC}$$

截距为
$$b=\frac{1}{V_mC},$$

所以
$$V_m=\frac{1}{a+b}$$

5)求所测样品的比表面

$$A=\frac{V_mL\sigma}{22\,400W}$$

6. 注意事项

①本实验装置中活塞较多,实验前必须弄清楚每个活塞的作用。

②测定前要记下压力计零点,以便校正读数。

③抽气脱附时,开始使体系的活塞全部打开,机械泵前的三通活塞也通大气,打开机械泵,然后再将三通活塞 A 由通大气慢慢转向体系,这样压力计两臂基本上能保持平衡,而且所测样品不会被抽出而影响结果。

④每个样品测定前,必须检查真空度是否符合要求。

⑤氮气的饱和蒸汽压使用氧气温度计测定。

⑥每测定一个样品需测定一次液氮温度,在实验过程中,冷阱中的液氮会逐渐减少,需不断补充,使其始终保持一定的高度。

⑦本实验所用 N_2 气与 He 气的纯度都要求很高。因氦气在液氮温度下不凝聚,但如含有其他气体,一般在此温度都会凝集,这样会增大死体积测量误差,因此,气体需经过净化。

⑧使用液氮时,操作要小心,防止液氮撒在手上而冻伤。

思考题

(1)本实验是根据什么实验原理测定体系的压力的?为什么要将 H 压力计调到等位?如不调到等位对实验结果会产生什么影响?

(2)在测定吸附量时,为什么要使液氮保持一定的高度?

(3)为什么要测定死体积?测定死体积时为什么要用氦气?

附　录

附录 1　不同温度下水的饱和蒸汽压

t/℃	0.0		0.2		0.4		0.6		0.8	
	mmHg	kPa	mmHg	kPa	mmHg	kPa	mmHg	kPa	mmHg	kPa
0	4.579	0.610 5	4.647	0.619 5	4.715	0.628 6	4.785	0.637 9	4.855	0.647 3
1	4.926	0.656 7	4.998	0.666 3	5.070	0.675 9	5.144	0.685 8	5.219	0.695 8
2	5.294	0.705 8	5.370	0.715 9	5.447	0.726 2	5.525	0.736 6	5.605	0.747 3
3	5.685	0.757 9	5.766	0.768 7	5.848	0.779 7	5.931	0.790 7	6.015	0.801 9
4	6.101	0.813 4	6.187	0.824 9	6.274	0.836 5	6.363	0.848 3	6.453	0.860 3
5	6.543	0.872 3	6.635	0.884 6	6.728	0.897 0	6.822	0.909 5	6.917	0.922 2
6	7.013	0.935 0	7.111	0.948 1	7.209	0.961 1	7.309	0.974 5	7.411	0.988 0
7	7.513	1.001 7	7.617	1.015 5	7.722	1.029 5	7.828	1.043 6	7.936	1.058 0
8	8.045	1.072 6	8.155	1.087 2	8.267	1.102 2	8.380	1.117 2	8.494	1.132 4
9	8.609	1.147 8	8.727	1.163 5	8.845	1.179 2	8.965	1.195 2	9.086	1.211 4
10	9.209	1.227 8	9.333	1.244 3	9.458	1.261 0	9.585	1.277 9	9.714	1.295 1
11	9.844	1.312 4	9.976	1.330 0	10.109	1.347 8	10.244	1.365 8	10.380	1.383 9
12	10.518	1.402 3	10.658	1.421 0	10.799	1.439 7	10.941	1.452 7	11.085	1.477 9
13	11.231	1.497 3	11.379	1.517 1	11.528	1.537 0	11.680	1.557 2	11.833	1.577 6
14	11.987	1.598 1	12.144	1.619 1	12.302	1.640 1	12.462	1.661 5	12.624	1.683 1
15	12.788	1.704 9	12.953	1.726 9	13.121	1.749 3	13.290	1.771 8	13.461	1.794 6
16	13.634	1.817 7	13.809	1.841 0	13.987	1.864 8	14.166	1.888 6	14.347	1.912 8
17	14.530	1.937 2	14.715	1.961 8	14.903	1.986 9	15.092	2.012 1	15.284	2.037 7
18	15.477	2.063 4	15.673	2.089 6	15.871	2.116 0	16.071	2.142 6	16.272	2.169 4
19	16.477	2.196 7	16.685	2.224 5	16.894	2.252 3	17.105	2.280 5	17.319	2.309 0
20	17.535	2.337 8	17.753	2.366 9	17.974	2.396 3	18.197	2.426 1	18.422	2.456 1
21	18.650	2.486 5	18.880	2.517 1	19.113	2.548 2	19.349	2.579 6	19.587	2.611 4
22	19.827	2.643 4	20.070	2.675 8	20.316	2.706 8	20.565	2.741 8	20.815	2.775 1
23	21.068	2.808 8	21.342	2.843 0	21.583	2.877 5	21.845	2.912 4	22.110	2.947 8
24	22.377	2.983 3	22.648	3.019 5	22.922	3.056 0	23.198	3.092 8	23.476	3.129 9
25	23.756	3.167 2	24.039	3.204 9	24.326	3.243 2	24.617	3.282 0	24.912	3.321 3
26	25.209	3.360 9	25.509	3.400 9	25.812	3.441 3	26.117	3.482 0	26.426	3.523 2
27	26.739	3.564 9	27.055	3.607 0	27.374	3.649 6	27.696	3.692 5	28.021	3.735 8
28	28.349	3.779 5	28.680	3.823 7	29.015	3.868 3	29.354	3.913 5	29.697	3.959 3
29	30.043	4.005 4	30.392	4.051 9	30.745	4.099 0	31.102	4.146 6	31.461	4.194 4
30	31.824	4.242 8	32.191	4.291 8	32.561	4.341 1	32.934	4.390 8	33.312	4.441 2
31	33.695	4.492 3	34.082	4.543 9	34.471	4.595 7	34.864	4.648 1	35.261	4.701 1
32	35.663	4.754 7	36.068	4.808 7	36.477	4.863 2	36.891	4.918 4	37.308	4.974 0
33	37.729	5.030 1	38.155	5.086 9	38.584	5.144 1	39.018	5.202 0	39.457	5.260 5
34	39.898	5.319 3	40.344	5.378 7	40.796	5.439 0	41.251	5.499 7	41.710	5.560 9
35	42.175	5.622 9	42.644	5.685 4	43.117	5.748 4	43.595	5.812 2	44.078	5.876 6
36	44.563	5.941 2	45.054	6.008 7	45.549	6.072 7	46.050	6.139 5	46.556	6.206 9
37	47.067	6.275 1	47.582	6.343 7	48.102	6.413 0	48.627	6.483 0	49.157	6.553 7
38	49.692	6.625 0	50.231	6.696 9	50.774	6.769 3	51.323	6.842 5	51.879	6.916 6
39	52.442	6.991 7	53.009	7.067 3	53.580	7.143 4	54.156	7.220 2	54.737	7.297 6
40	55.324	7.375 9	55.91	7.451	56.51	7.534	57.11	7.614	57.72	7.695

附录2　常用浓酸浓碱的相对密度和浓度

试剂名称	密　度	质量分数/%	浓度/(mol·L^{-1})
盐酸	1.18～1.19	36～38	11.6～12.4
硝酸	1.39～1.40	65.0～68.0	14.4～15.2
硫酸	1.83～1.84	95～98	17.8～18.4
磷酸	1.69	85	14.6
高氯酸	1.68	70.0～72.0	11.7～12.0
冰醋酸	1.05	99.8(优级纯),99.0(分析纯、化学纯)	17.4
氢氟酸	1.13	40	22.5
氢溴酸	1.49	47.0	8.6
氨水	0.88～0.90	25.0～28.0	13.3～14.8

附录3　常用酸碱指示剂

指示剂	变色范围 pH	颜色变化	pK_{HIn}	浓　度
百里酚蓝	1.2～2.8	红 ～ 黄	1.65	0.1% 的 20% 乙醇溶液
甲基黄	2.9～4.0	红 ～ 黄	3.25	0.1% 的 90% 乙醇溶液
甲基橙	3.1～4.4	红 ～ 黄	3.45	0.1% 的水溶液
溴酚蓝	3.0～4.6	黄 ～ 紫	4.1	0.1% 的 20% 乙醇溶液或其钠盐水溶液
溴甲酚绿	4.0～5.6	黄 ～ 蓝	4.9	0.1% 的 20% 乙醇溶液或其钠盐水溶液
甲基红	4.4～6.2	红 ～ 黄	5.0	0.1% 的 60% 乙醇溶液或其钠盐水溶液
溴百里酚蓝	6.2～7.6	黄 ～ 蓝	7.3	0.1% 的 20% 乙醇溶液或其钠盐水溶液
中性红	6.8～8.0	红 ～ 黄橙	7.4	0.1% 的 60% 乙醇溶液
苯酚红	6.8～8.4	黄 ～ 红	8.0	0.1% 的 60% 乙醇溶液或其钠盐水溶液
酚酞	8.0～10.0	无 ～ 红	9.1	0.2% 的 90% 乙醇溶液
百里酚蓝	8.0～9.6	黄 ～ 蓝	8.9	0.1% 的 20% 乙醇溶液
百里酚酞	9.4～10.6	无 ～ 蓝	10.0	0.1% 的 90% 乙醇溶液

附录4　常用络合滴定指示剂

名　称	配　制	用于测定		
		元素	颜色变化	测定条件
酸性铬蓝 K	0.1% 乙醇溶液	Ca	红 ~ 蓝	pH = 12
		Mg	红 ~ 蓝	pH = 10(氨性缓冲液)
K-B 指示剂	0.2 g 酸性铬蓝 K + 0.4 g 萘酚绿溶于水,稀释至 100 mL	Ca	绿 + 红 ~ 绿 + 蓝	pH = 12
		Mg	绿 + 红 ~ 绿 + 蓝	pH = 10(氨性缓冲液)
钙指示剂	与 NaCl 配成 1∶100 的固体混合物	Ca	酒红 ~ 蓝	pH > 12(KOH 或 NaOH)
铬天青 S	0.4% 水溶液	Al	紫 ~ 黄橙	pH = 4(醋酸缓冲溶液),热
		Cu	蓝紫 ~ 黄	pH = 6 ~ 6.5(醋酸缓冲溶液)
		Fe(Ⅲ)	蓝 ~ 橙	pH = 2 ~ 3
		Mg	红 ~ 黄	pH = 10 ~ 11(氨性缓冲液)
双硫腙	0.03% 乙醇溶液	Zn	红 ~ 绿紫	pH = 4.5,50% 乙醇溶液
紫脲酸铵	与 NaCl 配成 1∶100 的固体混合物	Ca	红 ~ 紫	pH > 10(NaOH), 25%
		Co	黄 ~ 紫	pH = 8 ~ 10(氨性缓冲液)
		Cu	黄 ~ 紫	pH = 7 ~ 8(氨性缓冲液)
		Ni	黄 ~ 紫红	pH = 8.5 ~ 11.5(氨性缓冲液)
PAN	0.1% 乙醇(或甲醇)溶液	Cd	红 ~ 黄	pH = 6(醋酸缓冲溶液)
		Co	黄 ~ 红	醋酸缓冲溶液,70 ~ 80 ℃,以 Cu^{2+} 回滴
		Cu	紫 ~ 黄	pH = 10(氨性缓冲液)
			红 ~ 黄	pH = 6(醋酸缓冲溶液)
		Zn	粉红 ~ 黄	pH = 5 ~ 7(醋酸缓冲溶液)
邻苯二酚紫	0.1% 水溶液	Cd	蓝 ~ 红紫	pH = 10(氨性缓冲液)
		Co	蓝 ~ 红紫	pH = 8 ~ 9(氨性缓冲液)
		Cu	蓝 ~ 黄绿	pH = 6 ~ 7(吡啶溶液)
		Fe(Ⅲ)	黄绿 ~ 蓝	pH = 6 ~ 7 吡啶存在下,以 Cu^{2+} 回滴
		Mg	蓝 ~ 红紫	pH = 10(氨性缓冲液)
		Mn	蓝 ~ 红紫	pH = 9(氨性缓冲液,加羟胺)
		Pb	蓝 ~ 黄	pH = 5.5(六次甲基四胺)
		Zn	蓝 ~ 红紫	pH = 10(氨性缓冲液)

续表

名 称	配 制	用于测定		
		元素	颜色变化	测定条件
PAR	0.05% 或 0.2% 水溶液	Bi	红~黄	pH=1~2(HNO_3)
		Cu	红~黄(绿)	pH=5~11(六次甲基四胺或氨性缓冲液)
		Pb	红~黄	六次甲基四胺或氨性缓冲液
磺基水扬酸	1%~2% 水溶液	Fe(Ⅲ)	红紫~黄	pH=1.5~2
试钛灵	2% 水溶液	Fe(Ⅲ)	蓝~黄	pH=2~3(醋酸热溶液)
二甲酚橙(XO)	0.5% 乙醇(或水)溶液	Bi	红~黄	pH=1~2(HNO_3)
		Cd	粉红~黄	pH=5~6(六次甲基四胺)
		Pb	红紫~黄	pH=5~6(醋酸缓冲溶液)
		Th(Ⅳ)	红~黄	pH=1.6~3.5(HNO_3)
		Zn	红~黄	pH=5~6(醋酸缓冲溶液)
铬黑 T(EBT)	与 NaCl 配成 1:100 的固体混合物	Al	蓝~红	pH=7~8,吡啶存在下以 Zn^{2+} 离子回滴
		Bi	蓝~红	pH=9~10,以 Zn^{2+} 离子回滴
		Ca	红~蓝	pH=10,加入 EDTA-Mg
		Cd	红~蓝	pH=10(氨性缓冲液)
		Mg	红~蓝	pH=10(氨性缓冲液)
		Mn	红~蓝	氨性缓冲液,加羟胺
		Ni	红~蓝	氨性缓冲液
		Pb	红~蓝	氨性缓冲液,加酒石酸氢钾
		Zn	红~蓝	pH=6.8~10(氨性缓冲液)

附录 5 常用氧化还原指示剂

名 称	配 制	$E^{0'}$/V (pH=0)	氧化型颜色	还原型颜色
中性红	0.01% 的 60% 乙醇溶液	+0.240	红	无色
次甲基蓝	0.05% 水溶液	+0.532	天蓝	无色
二苯胺	1% 浓硫酸溶液	+0.78	紫	无色
二苯胺磺酸钠	0.2% 水溶液	+0.85	红紫	无色
邻苯胺基苯甲酸	0.2% 水溶液	+0.89	红	无色
邻二氮菲亚铁铬离子	1.624 g 邻二氮菲和 0.695 g $FeSO_4 \cdot 7H_2O$ 配成 100 mL 水溶液	+1.06	浅蓝	

附录6　常用缓冲溶液

缓冲溶液组成	pKa	缓冲溶液 pH	配制方法
一氯乙酸-NaOH	2.86	2.8	200 g 一氯乙酸溶于 200 mL 水中,加 NaOH 40 g,溶解后稀释至 1 L
甲酸-NaOH	3.76	3.7	95 g 甲酸和 40 g NaOH 溶于 500 mL 水中,稀释至 1 L
NH_4Ac-HAc	4.74	4.5	77 g NH_4Ac 溶于 200 mL 水中,加冰醋酸 10 mL,稀释至 1 L
NaAc-HAc	4.74	5.0	120 g 无水 NaAc 溶于水,加冰醋酸 20 mL,稀释至 1 L
$(CH_2)_6N_4$-HCl	5.15	5.4	40 g 六次甲基四胺溶于 200 mL 水中,加浓 HCl 10 mL,稀释至 1 L
NH_4Ac-HAc	4.74	6.0	600 g NH_4Ac 溶于水,加冰醋酸 220 mL,稀释至 1 L
NH_4Cl-NH_3	9.26	9.2	54 g NH_4Cl 溶于水,加浓 NH_3 水 63 mL,稀释至 1 L
NH_4Cl-NH_3	9.26	9.5	45 g NH_4Cl 溶于水,加浓 NH_3 水 126 mL ,稀释至 1 L
NH_4Cl-NH_3	9.26	10.0	54 g NH_4Cl 溶于水,加浓 NH_3 水 350 mL ,稀释至 1 L

附录7　常见难溶物质的溶度积

难溶物质	分子式	温度 t/℃	$K_{\infty}^{*}/(\mathrm{mol \cdot dm^{-3}})^{\nu^{+}+\nu^{-}}$
氯化银	AgCl	25	1.77×10^{-10}
溴化银	AgBr	25	5.35×10^{-13}
碘化银	AgI	25	8.51×10^{-17}
氢氧化银	AgOH	20	1.52×10^{-8}
铬酸银	Ag_2CrO_4	14.8	1.12×10^{-12}
		25	9.0×10^{-12}
硫化银	Ag_2S	18	6.69×10^{-50}(α 型)
硫酸钡	$BaSO_4$	25	1.07×10^{-10}
碳酸钡	$BaCO_3$	25	2.58×10^{-9}
铬酸钡	$BaCrO_4$	18	1.17×10^{-10}
碳酸钙	$CaCO_3$	25	4.96×10^{-9}
硫酸钙	$CaSO_4$	25	7.10×10^{-9}
磷酸钙	$Ca_3(PO_4)_2$	25	2.07×10^{-33}
氢氧化铜	$Cu(OH)_2$	25	5.6×10^{-20}
硫化铜	CuS	18	1.36

续表

难溶物质	分子式	温度 t/℃	$K_{\infty}^{*}/(\mathrm{mol \cdot dm^{-3}})^{\nu^{+}+\nu^{-}}$
氢氧化铁	$Fe(OH)_3$	18	2.64×10^{-39}
氢氧化亚铁	$Fe(OH)_2$	18	4.87×10^{-17}
硫化亚铁	FeS	18	1.59×10^{-19}
碳酸镁	$MgCO_3$	12	6.82×10^{-6}
氢氧化镁	$Mg(OH)_2$	18	5.61×10^{-12}
氢氧化锰	$Mn(OH)_2$	18	2.06×10^{-13}
硫化锰	MnS	18	4.65×10^{-14}
硫酸铅	$PbSO_4$	18	1.82×10^{-8}
硫化铅	PbS	18	9.04×10^{-27}
碘化铅	PbI_2	25	8.49×10^{-7}
碳酸铅	$PbCO_3$	18	4.16×10^{-13}
铬酸铅	$PbCrO_4$	18	1.77×10^{-14}
碳酸锌	$ZnCO_3$	18	1.19×10^{-10}
硫化锌	ZnS	18	2.93×10^{-29}
硫化镉	CdS	18	1.40×10^{-29}
硫化钴	CoS	18	3×10^{-26}
硫化汞	HgS	18	$4 \times 10^{-53} \sim 2 \times 10^{-49}$

附录 8 常见弱电解质在水溶液中的电离常数

电解质	电离平衡	温度 t/℃	$\frac{K_a}{(\mathrm{mol \cdot dm^{-3}})}$ 或 $\frac{K_b}{(\mathrm{mol \cdot dm^{-3}})}$	* pK_a 或 pK_b
醋酸	$HAc \rightleftharpoons H^+ + Ac^-$	25	1.76×10^{-5}	4.75
硼酸	$H_3BO_3 + H_2O \rightleftharpoons B(OH)_4^- + H^+$	20	7.3×10^{-10}	9.14
碳酸	$H_2CO_3 \rightleftharpoons H^+ + HCO_3^-$	25	$(K_1)4.30 \times 10^{-7}$	6.37
	$HCO_3^- \rightleftharpoons H^+ + CO_3^{2-}$	25	$(K_2)6.61 \times 10^{-11}$	10.25
氢氰酸	$HCN \rightleftharpoons H^+ + CN^-$	25	4.93×10^{-10}	9.31
氢硫酸	$H_2S \rightleftharpoons H^+ + HS^-$	18	$(K_1)9.1 \times 10^{-8}$	7.04
	$HS^- \rightleftharpoons H^+ + S^2$	18	$(K_2)1.1 \times 10^{-12}$	11.96

续表

电解质	电离平衡	温 度 $t/℃$	$\frac{K_a}{(mol \cdot dm^{-3})}$ 或 $\frac{K_b}{(mol \cdot dm^{-3})}$	* pK_a 或 pK_b
草酸	$H_2C_2O_4 \rightleftharpoons H^+ + HC_2O_4^-$	25	$(K_1)5.90 \times 10^{-2}$	1.23
	$HC_2O_4^- \rightleftharpoons H^+ + C_2O_4^{2-}$	25	$(K_2)6.40 \times 10^{-5}$	4.19
蚁酸	$HCOOH \rightleftharpoons H^+ + HCOO^-$	20	1.77×10^{-4}	3.75
磷酸	$H_3PO_4 \rightleftharpoons H^+ + H_2PO_4^-$	25	$(K_1)7.52 \times 10^{-3}$	2.12
	$H_2PO_4^- \rightleftharpoons H^+ + HPO_4^-$	25	$(K_2)6.23 \times 10^{-8}$	7.21
	$HPO_4^{2-} \rightleftharpoons H^+ + HPO_4^{3-}$	25	$(K_3)2.2 \times 10^{-13}$	12.67
亚硫酸	$H_2SO_3 \rightleftharpoons H^+ + HSO_3^-$	18	$(K_1)1.54 \times 10^{-2}$	1.81
	$HSO_3^- \rightleftharpoons H^+ + HSO_3^{2-}$	18	$(K_2)1.02 \times 10^{-7}$	6.91
亚硝酸	$HNO_2 \rightleftharpoons H^+ + NO_2^-$	12.5	4.6×10^{-4}	3.37
氢氟酸	$HF \rightleftharpoons H^+ + F^-$	25	3.53×10^{-4}	3.45
硅酸	$H_2SiO_3 \rightleftharpoons H^+ + SiO_3^-$	(常温)	$(K_1)2 \times 10^{-10}$	9.70
	$HSiO_3^- \rightleftharpoons H^+ + SiO_3^{2-}$	(常温)	$(K_2)1 \times 10^{-12}$	12.00
氨水	$NH_3 + H_2O \rightleftharpoons NH_4^+ + OH^-$	25	1.77×10^{-5}	4.75

附录9　配离子的稳定常数

配离子	$K_稳/(mol \cdot dm^{-3})^{\Sigma v}$②	配离子	$K_稳/(mol \cdot dm^{-3})^{\Sigma v}$②
$[Cd(NH_3)_6]^{2+}$	1.4×10^5	$[Fe(C_2O_4)_3]^{4-}$	1.6×10^{20}
$[Co(NH_3)_6]^{2+}$	1.29×10^5	$[Ni(C_2O_4)_3]^{4-}$	$\sim 3.2 \times 10^8$
$[Co(NH_3)_6]^{3+}$	1.59×10^{35}	$[CuI_2]^-$	7.08×10^8
$[Cu(NH_3)_2]^+$	7.24×10^{10}	$[PbI_4]^{2-}$	2.95×10^4
$[Cu(NH_3)_4]^{2+}$	2.09×10^{13}	$[HgI_4]^{2-}$	6.76×10^{29}
$[Ni(NH_3)_6]^{2+}$	5.5×10^8	$[AgI_2]^-$	5.50×10^{11}
$[Pt(NH_3)_6]^{2+}$	1.59×10^{35}	$[AlF_6]^{3-}$	6.92×10^{19}
$[Ag(NH_3)_2]^+$	1.1×10^7	$[FeF_3]$	1.15×10^{12}
$[Zn(NH_3)_4]^{2+}$	2.88×10^9	$[Al(OH)_4]^-$	1.07×10^{33}
$[HgCl_4]^{2-}$	1.17×10^{15}	$[Cr(OH)_4]^-$	7.9×10^{29}
$[PtCl_4]^{2-}$	1.0×10^{16}	$[Cu(OH)_4]^{2-}$	3.2×10^{18}
$[AgCl_2]^-$	1.1×10^5	$[Zn(OH)_4]^{2-}$	4.57×10^{17}

续表

配离子	$K_{稳}/(mol\cdot dm^{-3})^{\sum\nu}$②	配离子	$K_{稳}/(mol\cdot dm^{-3})^{\sum\nu}$②
$[Cd(CN)_4]^{2-}$	5.75×10^{18}	$[Cu(SCN)_2]^{-}$	1.51×10^{5}
$[Cu(CN)_4]^{2-}$	2.00×10^{30}	$[Hg(SCN)_4]^{2-}$	1.70×10^{21}
$[Hg(CN)_4]^{2-}$	2.5×10^{41}	$[Ag(SCN)_2]^{-}$	1.20×10^{9}
$[Ni(CN)_4]^{2-}$	2.0×10^{31}	$[Ag(py)_2]^{+}$	2.24×10^{4}
$[Ag(CN)_2]^{-}$	5.01×10^{21}	$[Cu(py)_2]^{2+}$	3.47×10^{6}
$[Fe(CN)_6]^{4-}$	1×10^{35}	$[Cu(S_2O_3)_2]^{3-}$	1.66×10^{12}
$[Fe(CN)_6]^{3-}$	1.0×10^{42}	$[Ag(S_2O_3)_2]^{3-}$	2.89×10^{13}
$[Zn(CN)_4]^{2-}$	5.01×10^{16}	$[Cu(P_2O_7)_2]^{6-}$	1.0×10^{9}
$[Ag(gly)_2]^{+}$	7.76×10^{6}	$[Ni(P_2O_7)_2]^{6-}$	2.5×10^{7}
$[Al(C_2O_4)_3]^{3-}$	2.0×10^{16}	$[Cu(acac)_2]^{2+}$	2.19×10^{16}
$[Co(C_2O_4)_3]^{4-}$	5.01×10^{9}	$[Zn(acac)]^{2+}$	6.5×10^{8}(303 K)

附录 10　298.15 K 时在水溶液中一些电对的标准电极电势（标准态压力 $p^{\ominus}=100$ kPa）

电对(氧化态/还原态)	电极反应(氧化态 $+ze^{-}\rightleftharpoons$ 还原态)	$E^{\ominus}/V$
Li^{+}/Li	$Li^{+}+e^{-}\rightleftharpoons Li$	−3.04
K^{+}/K	$K^{+}+e^{-}\rightleftharpoons K$	−2.93
Ba^{2+}/Ba	$Ba^{2+}+2e^{-}\rightleftharpoons Be$	−2.90
Ca^{2+}/Ca	$Ca^{2+}+2e^{-}\rightleftharpoons Ca$	−2.76
Na^{+}/Na	$Na^{+}+e^{-}\rightleftharpoons Na$	−2.71
Mg^{2+}/Mg	$Mg^{2+}+2e^{-}\rightleftharpoons Mg$	−2.37
$H_2O/H_2(g)$	$2H_2O+2e^{-}\rightleftharpoons H_2(g)+2OH^{-}$	−0.827
Zn^{2+}/Zn	$Zn^{2+}+2e^{-}\rightleftharpoons Zn$	−0.762
Cr^{3+}/Cr	$Cr^{3+}+3e^{-}\rightleftharpoons Cr$	−0.74
Fe^{2+}/Fe	$Fe^{2+}+2e^{-}\rightleftharpoons Fe$	−0.447
Cd^{2+}/Cd	$Cd^{2+}+2e^{-}\rightleftharpoons Cd$	−0.403
Co^{2+}/Co	$Co^{2+}+2e^{-}\rightleftharpoons Co$	−0.28
Ni^{2+}/Ni	$Ni^{2+}+2e^{-}\rightleftharpoons Ni$	−0.257
Sn^{2+}/Sn	$Sn^{2+}+2e^{-}\rightleftharpoons Ni$	−0.138
Pb^{2+}/Pb	$Pb^{2+}+2e^{-}\rightleftharpoons Fb$	−0.126
$H^{+}/H_2(g)$	$H^{+}+e^{-}\rightleftharpoons 1/2H_2(g)$	0.000 0
$S_4O_6^{2-}/S_2O_3^{2-}$	$1/2S_4O_6^{2-}+e^{-}\rightleftharpoons S_2O_3^{2-}$	+0.08

续表

电对(氧化态/还原态)	电极反应(氧化态 + ze^- $\rightleftharpoons$ 还原态)	$E^{\ominus}$/V
Sn^{4+}/Sn^{2+}	$Sn^{4+} + 2e^- \rightleftharpoons Sn^{2+}$	+0.151
Cu^{2+}/Cu^+	$Cu^{2+} + e^- \rightleftharpoons Cu^+$	+0.158
$S/H_2S(g)$	$S + 2H^+ + 2e^- \rightleftharpoons H_2S(g)$	+0.142
SO_4^{2-}/H_2SO_3	$SO_4^{2-} + 4H^+ + 2e^- \rightleftharpoons H_2SO_3 + H_2O$	+0.172
AgCl/Ag	$AgCl(s) + e^- \rightleftharpoons Ag + Cl^-$	+0.222
Cu^{2+}/Cu	$Cu^{2+} + 2e^- \rightleftharpoons Cu$	+0.342
O_2/OH^-	$1/2O_2 + H_2O + 2e^- \rightleftharpoons 2OH^-$	+0.401
H_2SO_3/S	$H_2SO_3 + 4H^+ + 4e^- \rightleftharpoons S + 3H_2O$	+0.45*
Cu^+/Cu	$Cu^+ + e^- \rightleftharpoons Cu$	+0.521
$I_2(s)/I^-$	$I2(s) + 2e^- \rightleftharpoons 2I^-$	+0.536
H_3AsO_4/H_3AsO_3	$H_3AsO_4 + 2H^+ + 2e^- \rightleftharpoons H_3AsO_3 + H_2O$	+0.56*
$MnO_4^{2-}/MnO_2(s)$	$MnO_4^{2-} + 2H_2O + 2e^- \rightleftharpoons MnO_2(s) + 4OH^-$	+0.60*
$O_2(g)/H_2O_2$	$O_2(g) + 2H^+ + 2e^- \rightleftharpoons H_2O_2$	+0.695
Fe^{3+}/Fe^{2+}	$Fe^{3+} + e^- \rightleftharpoons Fe^{2+}$	+0.771
${Hg_2}^{2+}/Hg$	$Hg_2^{2+} + 2e^- \rightleftharpoons 2Hg$	+0.797
Ag^+/Ag	$Ag^+ + e^- \rightleftharpoons Ag$	+0.800
Hg^{2+}/Hg	$Hg^{2+} + 2e^- \rightleftharpoons Hg$	+0.851
$NO_3^-/NO(g)$	$NO_3^- + 4H^+ + 3e^- \rightleftharpoons NO(g) + 2H_2O$	+0.957
$HNO_2/NO(g)$	$HNO_2 + H^+ + e^- \rightleftharpoons NO(g) + H_2O$	+0.983
$Br_2(1)/Br^-$	$Br_2(1) + 2e^- \rightleftharpoons 2Br^-$	+1.066
$MnO_2(s)/Mn^{2+}$	$MnO_2(s) + 4H^+ + 2e^- \rightleftharpoons Mn^{2+} + 2H_2O$	+1.224
$O_2(g)/H_2O$	$O_2(g) + 4H^+ + 4e^- \rightleftharpoons 2H_2O$	+1.229
$Cr_2O_7^{2-}/Cr^{3+}$	$1/2Cr_2O_7^{2-} + 7H^+ + 3e^- \rightleftharpoons Cr^{3+} + 7/2H_2O$	+1.232
$Cl_2(g)/Cl^-$	$Cl_2(g) + 2e^- \rightleftharpoons 2Cl^-$	+1.358
$PbO_2(s)/Pb^{2+}$	$PbO_2(s) + 4H^+ + 2e^- \rightleftharpoons Pb^{2+} + 2H_2O$	+1.46*
$ClO_3^-/Cl_2(g)$	$ClO_3^- + 6H^+ + 5e^- \rightleftharpoons 1/2Cl_2(g) + 3H_2O$	+1.47*
MnO_4^-/Mn^{2+}	$MnO_4^- + 8H^+ + 5e^- \rightleftharpoons Mn^{2+} + 4H_2O$	+1.507
$HOCl/Cl_2(g)$	$HOCl + H^+ + e^- \rightleftharpoons 1/2Cl_2(g) + H_2O$	+1.63*
Au^+/Au	$Au^+ + e^- \rightleftharpoons Au$	+1.68
H_2O_2/H_2O	$H_2O_2 + 2H^+ + 2e^- \rightleftharpoons 2H_2O$	+1.776
Co^{3+}/Co^{2+}	$Co^{3+} + e \rightleftharpoons$	+1.808
$S_2O_8^{2-}/SO_4^{2-}$	$1/2S_2O_8^{2-} + e^- \rightleftharpoons SO_4^{2-}$	+2.010
$F_2(G)/F^-$	$F_2(g) + 2e^- \rightleftharpoons 2F^-$	+2.866

附录11　常用有机溶剂沸点、相对密度

名　称	沸点/℃	密　度	名　称	沸点/℃	密　度
甲　醇	64.96	0.791 4	苯	80.1	0.878 65
乙　醇	78.5	0.789 3	甲　苯	110.6	0.866 9
乙　醚	34.51	0.713 78	正丁醇	117.25	0.809 8
丙　酮	56.2	0.789 9	氯　仿	61.7	1.483 2
乙　酸	117.9	1.049 2	四氯化碳	76.54	1.594 0
乙　酐	139.55	1.082 0	二硫化碳	46.25	1.263 2
乙酸乙酯	77.06	0.900 3	硝基苯	210.8	1.203 7
二氧六环	101.1	1.033 7	二甲苯	140	

附录12　有机化合物的主要基团和化学键的红外特征吸收频率

化合物	基　团	振动类型	吸收缝位置/cm^{-1}
烷烃	$—CH_2—$	C—H 伸缩振动	2 925
		C—H 伸缩振动	2 850
		C—H 弯曲振动	1 465
	$—CH_3$	C—H 伸缩振动	2 960
		C—H 伸缩振动	2 870
		C—H 弯曲振动	1 450
	$—(CH_3)_3$	C—C 伸缩振动	1 225
		C—H 弯曲振动	1 390
		C—H 弯曲振动	1 365
	$—C(CH_3)_2—$	C—H 弯曲振动	1 380
		C—H 弯曲振动	1 365
		C—C 伸缩振动	1 170
		C—C 伸缩振动	1 155
	$—(CH_2)_n—$	CH_2 面外摇摆	750～725
烯烃	$R—CH═CH_2$	C—H 伸缩振动	3 080
		C—H 伸缩振动	3 020
		C═C 伸缩振动	1 640
		C—H 弯曲振动	995～985
		C—H 弯曲振动	910～905
	$R'RC═CH_2$	C—H 伸缩振动	3 080
		C═C 伸缩振动	1 658～1 648
		C—H 弯曲振动	895～885
	$RCH═CHR'$（顺式）	C—H 伸缩振动	3 020
		C═C 伸缩振动	1 660
		C—H 弯曲振动	730～665
	$RCH═CHR'$（反式）	C—H 伸缩振动	3 020
		C═C 伸缩振动	1 675
		C—H 弯曲振动	980～960

续表

化合物	基　团	振动类型	吸收缝位置/cm^{-1}
烯烃	R′RC ═CHR″	C—H 伸缩振动 C ═C 伸缩振动 C—H 弯曲振动	3 020 1 670 840 ~ 790
	C ═C(共轭) C ═C—卤素	C ═C 伸缩振动 C ═C 伸缩振动	~ 1 600 1 650 ~ 1 593
炔烃	═C—H H—C ═C—R R—C ═C—R′	C—H 伸缩振动 C ═C 伸缩振动 C ═C 伸缩振动	3 310 ~ 3 300 2 140 ~ 2 100 2 260 ~ 2 190
芳烃	Ar —H	C—H 伸缩振动	3 100 ~ 3 000
		C ═C 伸缩振动	1 600 ~ 1 450(多峰)
	单取代	C—H 面外弯曲振动	770 ~ 735 和 710 ~ 690
	1,2-二取代	C—H 面外弯曲振动	775 ~ 735
	1,3-二取代	C—H 面外弯曲振动	810 ~ 760 和 710 ~ 690
	1,4-二取代	C—H 面外弯曲振动	833 ~ 800
	1,2,3-三取代	C—H 面外弯曲振动	800 ~ 760
	1,2,4-三取代	C—H 面外弯曲振动	830 ~ 790 和 710 ~ 690
	1,3,5-三取代	C—H 面外弯曲振动	710 ~ 690
醇酚酸	—OH	O—H 伸缩振动	3 650 ~ 3 600(游离)
	—OH	O—H 伸缩振动	3 500 ~ 3 200(分子间氢键)
	—OH	O—H 伸缩振动	3 400 ~ 2 500(缔合)
	—OH	O—H 面内弯曲振动	1 410 ~ 1 250
	酸	C—O 伸缩振动	1 280
	酚	C—O 伸缩振动	1 220
	伯醇	C—O 伸缩振动	1 050
	仲醇	C—O 伸缩振动	1 100
	叔醇	C—O 伸缩振动	1 150
羰基化合物	醛	C ═O 伸缩振动	1 745 ~ 1 700
		C—H 伸缩振动	2 900 ~ 2 700
	二烷基酮	C ═O 伸缩振动	1 725 ~ 1 705
	芳酮	C ═O 伸缩振动	1 700 ~ 1 660
	α-二酮	C ═O 伸缩振动	1 730 ~ 1 710
	β-二酮	C ═O 伸缩振动	1 640 ~ 1 535
	烷基酸	C ═O 伸缩振动 O—H 伸缩振动 C—O 伸缩振动 O—H 弯曲振动	1 725 ~ 1 700 3 560 ~ 3 500(游离) 3 300 ~ 2 500(缔合) 1 440 ~ 1 395 1 320 ~ 1 210
	芳香酸	C ═O 伸缩振动 O—H 伸缩振动	1 700 ~ 1 680 3 560 ~ 3 500(游离) 3 300 ~ 2 500(缔合)

续表

化合物	基 团	振动类型	吸收缝位置/cm^{-1}
羰基化合物	芳香酸	C—O 伸缩振动	1 440～1 395
		O—H 弯曲振动	1 320～1 210
	羧酸盐	C═O 伸缩振动	1 610～1 550
		C—O 伸缩振动	1 430～1 200
	酯	C═O 伸缩振动	1 750～1 730
		C—O—C 伸缩振动	1 300～1 100
	酸酐	C═O 伸缩振动	1 840～1 800
			1 780～1 740
		C—O—C 伸缩振动	1 175～1 045
	酰卤	C═O 伸缩振动	1 815～1 715
	酰胺	C═O 伸缩振动	1 690～1 630
		N—H 伸缩振动	3 500～3 100
胺	伯胺	N—H 伸缩振动	3 500～3 300(两条)
		N—H 伸缩振动	3 400～3 100(缔合)
		N—H 面内弯曲振动	1 650～1 580
		N—H 面外弯曲振动	900～650
		C—N 伸缩振动	1 220～1 020(烷基)
			1 340～1 250(芳香)
	仲胺	N—H 伸缩振动	3 500～3 310
		N—H 面外弯曲振动	750～700
		C—N 伸缩振动	1 350～1 280(芳香)
硝基化合物	$C—NO_2$ (脂肪族)	N—O 伸缩振动	1 565～1 545
		N—O 伸缩振动	1 385～1 360
		C—N 伸缩振动	920～830
	$C—NO_2$ (芳香族)	N—O 伸缩振动	1 550～1 510
		N—O 伸缩振动	1 365～1 335
有机卤化物	C—F	C—F 伸缩振动	1 100～1 000(单氟)
			1 400～1 000(多氟)
	C—Cl	C—Cl 伸缩振动	830～620
	C—Br	C—Br 伸缩振动	600～500
	C—I	C—I 伸缩振动	600～465
醚	C—H	C—H 伸缩振动	见烷烃部分
	二烷基醚	C—O—C 伸缩振动	1 150～1 060
	芳烷基醚	C—O—C 伸缩振动	1 270～1 230
		C—O—C 伸缩振动	1 120～1 030
	二芳基醚	C—O—C 伸缩振动	1 250～1 150
	环氧化物	C—O—C 伸缩振动	1 250

附录 13 化学文献和手册中常见的英文缩写

A	aniline	苯胺
aa	acetic acid	醋酸
abs	absolute	绝对的
ABS	acrylonitrile-butadiene-styrene	ABS 树脂
ac	acid	酸
Ac	acetyl	乙酰基
ace	acetone	丙酮
al	alcohol	醇
agg	aggregate	聚集体
AH	aromatic hydrocarbon	芳香烃
AIBN	azo-bis-isobutyronitrile	偶氮二异丁腈
ald	aldehyde	乙醛
alk	alkali	碱
Am	amyl	戊基
AN	acrylonitrile	丙烯腈
anh	anhydrous	无水的
aqu	aqueous	水的
as	asymmetric	不对称的
atm	atmosphere	大气压
b	boiling	沸腾
bk	black	黑
bl	blue	蓝
br	bright	浅的
Bu	butyl	丁基
bz	benzene	苯
c	percentage cencetration	百分浓度
chl	chloroform	氯仿
co	columns	柱
col	colorless	无色
comp	compound	化合物
con	concentrated	浓的
cor	corrected	正确的
cr	crystals	结晶
cy	cyclohexane	环已烷
d	decomposses	分解
dil	diluted	稀释
diox	dioxane	二氧杂环已烷
distb	distillable	可蒸馏的
dk	dark	黑暗的
diq	deliquescent	潮解的
DMF	dimethyl formamide	二甲基甲酰胺
Et	ethyl	乙基
eth	ether	乙醚
et. ac.	ethyl acetate	乙酸乙酯
fl	flakes	絮片体
flr	fluorescent	荧光
fr	freezes	冻结
fr. p.	freezing point	冰点
fum	fuming	发烟的

gel	gelatinous	凝胶的
gl	glacial	冰的
gold	golden	金色的
gr	green	绿色的
gran	granular	粒状
gy	gray	灰的
glye	glycerin	甘油
h	hot	热的
hex	hexagonal	六方形的
hp	heptane	庚烷
hing	heating	加热的
hx	hexane	己烷
hyd	hydrate	水合物
hyg	hygroscopic	吸湿的
i	iso-	异
in	inactine	不活泼的
inflam	inflammable	易燃的
infus	infusible	不熔的
inter	intermediate	中间体
IR	infrared	红外(线)
la	large	大的
lf	leaf	薄片
lo	long	长的
lt	light	光、浅的
m	melting	熔化
m	meta	间位
Me	methyl	甲基
met	metallic	金属的
mior	microscopic	微观的
min	mineral	无机的
MO	molecular orbital	分子轨道
MS	mass spectrum	质谱
mut	mutarotatory	变旋光
n	normal chain refractive index	折光率
nd	needles	针状结晶
o	ortho-	邻位
og	orange	橙色的
ord	ordinary	普通的
org	organic	有机的
orh	othorhombic	斜方的
os	organic solvents	机熔剂
p	para-	对位
pa	pale	苍(色)的
par	partial	部分的
peth	petroleum ether	石油醚
pk	pink	桃红
Ph	phenyl	苯基
pl	plates	片
pr	prisms	棱柱体
pr	propyl	丙基

purp	purple	红紫色
pym	pyramids	棱锥形
rac	racemic	外消旋的
res	resinous	树脂的
rh	rhombic	正交(晶)的
rhd	rhombodral	菱形的
s	soluble	可溶解的
s	secondary	仲
sc	scales	秤
sf	softens	软化
sh	shoulder	肩
silv	silvery	银的
sl	slightly	轻微的
so	solid	固体
sol	solution	溶液
solv	solvent	溶剂
sph	sphenoidal	半面晶形的
st	stable	稳定的
sty	styrene	苯乙烯
sub	sublimes	升华
sulf	sulfuric acid	硫酸
sym	symmetrical	对称的
syr	syrup	浆
t	tertiary	叔
ta	tablets	平片体
tel	triclinic	三斜(晶)的
ter-	tertiary	第三,叔
tet	tetrahedron	四面体
tetr	tetragonal	四方(晶)的
THF	tetrahydrofuran	四氢呋喃
to	toluene	甲苯
tr	transparent	透明的
trg	trigonal	三角的
U	urea	尿素
uns	unsymmetrical	不对称的
unst	unstable	不稳定的
vac	vacuum	真空
var	variable	蒸汽
visc	viscous	粘(滞)的
volat	volatile	挥发性的
vp	vapor pressure	蒸汽压
vt	violet	紫色
w	water	水
wh	white	白色的
wt	weight	重量
wx	waxy	蜡状的
ye	yellow	黄色的
xyl	xylene	二甲苯

附录 14 国际相对原子量表(Ar 1989)

元素		相对原子质量	元素		相对原子质量	元素		相对原子质量
符号	名称		符号	名称		符号	名称	
Ag	银	107.868 2	Hf	铪	178.49	Rb	铷	85.467 8
Al	铝	26.981 539	Hg	汞	200.59	Re	铼	186.207
Ar	氩	39.948	Ho	钬	164.930 32	Rh	铑	102.905 5
As	砷	74.921 59	I	碘	126.904 447	Ru	钌	101.07
Au	金	196.966 54	In	铟	114.82	S	硫	32.066
B	硼	10.811	Ir	铱	192.22	Sb	锑	121.757
Ba	钡	137.327	K	钾	39.098 3	Sc	钪	44.955 910
Be	铍	9.012 182	Kr	氪	83.80	Se	硒	78.96
Bi	铋	208.980 37	La	镧	138.905 5	Si	硅	28.085 5
Br	溴	79.904	Li	锂	6.941	Sm	钐	150.36
C	碳	12.011	Lu	镥	174.967	Sn	锡	118.710
Ca	钙	40.078	Mg	镁	24.305 0	Sr	锶	87.62
Cd	镉	112.411	Mn	锰	54.938 05	Ta	钽	180.947 9
Ce	铈	140.115	Mo	钼	95.94	Tb	铽	158.925 34
Cl	氯	35.452 7	N	氮	14.006 74	Te	碲	127.60
Co	钴	58.933 20	Na	钠	22.989 768	Th	钍	232.038 1
Cr	铬	51.996 1	Nb	铌	92.906 38	Ti	钛	47.88
Cs	铯	132.905 43	Nd	钕	144.24	Tl	铊	204.383 3
Cu	铜	63.546	Ne	氖	20.179 7	Tm	铥	168.934 21
Dy	镝	162.50	Ni	镍	58.693 4	U	铀	238.028 9
Er	铒	167.26	Np	镎	237.048 2	V	钒	50.941 5
Eu	铕	151.965	O	氧	15.999 4	W	钨	183.85
F	氟	18.998 403 2	Os	锇	190.2	Xe	氙	131.29
Fe	铁	55.847	P	磷	30.973 762	Y	钇	88.905 85
Ga	镓	69.723	Pb	铅	207.2	Yb	镱	173.04
Gd	钆	157.25	Pd	钯	106.42	Zn	锌	65.39
Ge	锗	72.61	Pr	镨	140.907 65	Zr	锆	91.224
H	氢	1.007 94	Pt	铂	195.08			
He	氦	4.002 602	Ra	镭	226.025 4			

主要参考书目

[1] 王巍杰,贾晓东. 菠菜叶中叶绿素 a 和其他有效成分的分析提纯[J]. 河北理工学院学报,2006.
[2] 杨家玲,刘艳伟. 柱层分离法分级提取菠菜色素的研究,广西师范大学学报(自然科学版),2002,S1.
[3] GB 7484—87:水中 F^- 的测定(氟离子选择电极).
[4] 地质矿产部水文地质工程地质研究所. 水的分析[M]. 北京:地质出版社,1990.
[5] 桑德尔达 EB,等. 痕量金属的比色测定[M]. 容庆新,等,译. 北京:地质出版社,1982.
[6] Fortune W B. Ind Eng Chem Anal Ed[J]. 1983(10):60.
[7] 艾有年,阎立荣. 环境监测新方法[M]. 北京:中国环境科学出版社,1992.
[8] 冯世昌,等. 无机化合物辞典[M]. 西安:陕西科技出版社,1987.
[9] 西丁 M. 李怀光,译. 金属与无机废物回收百科全书(金属分册)[M]. 北京:冶金工业出版社,1989.
[10] GB 15347—94:维生素 C 分析.
[11] GB 7858—87:森林土壤腐殖质的测定.
[12] GB 9742—88:硅酸盐测定通用方法.
[13] Willems G J. Anal Chem Acta. 1977,88:345.
[14] 王志坚,方国春,李星辉. 武汉大学学报(自然科学版)[J]. 1988(3):128.
[15] 王志坚. 分析化学[J]. 1991,19(2):197.
[16] 化学工业部天津化工研究院,等. 化工产品手册[M]. 北京:化学工业出版社,1993.
[17] 甘孟瑜,曹渊. 大学化学实验[M]. 4 版. 重庆:重庆大学出版社,2008.
[18] 甘孟瑜,郭铭模. 工科大学化学实验[M]. 重庆:重庆大学出版社,1996.
[19] 宋毛平,何占航. 基础化学实验与技术[M]. 北京:化学工业出版社,2008.
[20] 陈六平,邹世春. 现代化学实验与技术[M]. 北京:科学出版社,2007.
[21] 周井炎. 基础化学实验(上、下)[M]. 武汉:华中科技大学出版社,2005.
[22] 邱光正,张天秀,刘耘. 大学基础化学实验[M]. 济南:山东大学出版社,2000.
[23] 南京大学大学化学实验教学组. 大学化学实验[M]. 北京:高等教育出版社,1999.
[24] 刘约权,李贵深. 实验化学(上)[M]. 北京:高等教育出版社,1999.
[25] 宋光泉. 通用化学实验技术(上、下)[M]. 广州:广东高等教育出版社,1998.
[26] 李江中,罗志刚. 通用化学实验技术[M]. 广州:华南理工大学出版社,1997.
[27] 浙江大学普通化学教研组. 普通化学实验[M]. 3 版. 北京:高等教育出版社,1996.
[28] 武汉大学无机化学教研室. 无机化学实验[M]. 2 版. 北京:高等教育出版社,1997.

[29] 南开大学.基础无机化学实验[M].天津:南开大学出版社,1991.
[30] 钱可萍.无机及分析化学实验[M].北京:高等教育出版社,1987.
[31] 武汉大学分析化学教研室.分析化学实验[M].2版.北京:高等教育出版社,1985.
[32] 华中师范大学,东北师范大学,陕西师范大学.分析化学实验[M].2版.北京:高等教育出版社,1987.
[33] 北京大学化学系有机化学教研室.有机化学实验[M].北京:北京大学出版社,1990.
[34] 王清廉洁,沈凤嘉.有机化学实验[M].2版.北京:高等教育出版社,1994.
[35] 谷珉珉,贾韵仪,姚子鹏.有机化学实验[M].上海:复旦大学出版社,1991.
[36] 杨深楷.仪器分析实验[M].厦门:厦门大学教育出版社,1996.
[37] 张济新.仪器分析实验[M].北京:高等教育出版社,1994.
[38] 朱明华.仪器分析实验[M].北京:高等教育出版社,1983.
[39] 北京师范大学化学分析教研室.基础仪器分析实验[M].北京:北京师范大学出版社,1985.
[40] Matta M S and Willbraham A C. Experiments for General, Organic, and Biological Chemistry (2nd Ed). The Benjamin/Cummings Publishing Company, Inc., Menlo Park, California, 1986.
[41] Durst H D, Gokel G W. Experimental Organic Chemistry (2nd Ed). McGraw-Hill Book Company, New York, 1987.
[42] 朱裕贞,顾达,黑恩成.现代基础化学(上、下)[M].北京:化学工业出版社,1998.
[43] 曹锡章,等.无机化学[M].3版.北京:高等教育出版社,1994.
[44] 天津大学无机化学教研室.无机化学[M].2版.北京:高等教育出版社,1992.
[45] 吴集贵,王流芳.基础无机化学[M].2版.兰州:兰州大学出版社,1995.
[46] 武汉大学分析教研室.分析化学[M].3版.北京:高等教育出版社,1995.
[47] 华东化工学院分析化学教研组,成都科技大学分析化学教研组.分析化学[M].北京:高等教育出版社,1989.
[48] 史启祯.无机及分析化学[M].北京:高等教育出版社,1998.
[49] 傅献彩,沈文霞,姚天扬,等.物理化学[M].5版.北京:高等教育出版社,2005.
[50] 朱明华.仪器分析[M].北京:高等教育出版社,1983.
[51] 赵藻藩.仪器分析[M].北京:高等教育出版社,1990.
[52] 陈贻文.有机仪器分析[M].长沙:湖南大学出版社,1996.
[53] 康云月.工业分析[M].北京:北京理工大学出版社,1995.
[54] 庄继华,等.物理化学实验[M].3版.北京:高等教育出版社,2004.
[55] 张春晔,赵谦.物理化学实验[M].南京:南京大学出版社,2003.
[56] 罗澄源,等.物理化学实验[M].北京:高等教育出版社,2002.